国产数控系统应用技术丛书

数控机床电气控制与调试教程

——华中数控

主　编　陈吉红　龚承汉　毛　勖
副主编　孙　瑞　冯邦军

华中科技大学出版社
中国·武汉

内 容 提 要

本书针对华中数控 HNC-8 系列数控系统的维护、连接、调试和维修的工程技术人员的需要，主要介绍了 HNC-8 系列数控系统的硬件结构和连接、HNC-8 系列数控系统的参数详解与设定、HNC-8 系列数控系统 PLC 编程和 PLC 编程工具使用方法以及 HNC-8 系列数控系统的特殊应用。

本书具有比较完整的体系和实用价值，可作为普通高等学校和职业院校机电一体化、自动控制、数控以及相关专业的教材，也可供从事数控机床使用、调试、维护、维修等各类工程技术人员使用。

本书可作为数控技术应用专业、机械制造及自动化专业、机电一体化专业与机械设计及制造专业教材或数控技能培训教材，还可作为数控机床操作与系统调试人员的参考书。

图书在版编目(CIP)数据

数控机床电气控制与调试教程：华中数控/陈吉红，龚承汉，毛勖主编. —武汉：华中科技大学出版社，2016.9（2023.7 重印）
ISBN 978-7-5680-1842-5

Ⅰ.①数… Ⅱ.①陈… ②龚… ③毛… Ⅲ.①数控机床-电气控制 ②数控机床-接口
Ⅳ.①TG659

中国版本图书馆 CIP 数据核字(2016)第 120003 号

数控机床电气控制与调试教程
——华中数控　　　　陈吉红　龚承汉　毛勖　主编
Shukong Jichuang Dianqi Kongzhi yu Tiaoshi Jiaocheng
——Huazhong Shukong

策划编辑：万亚军
责任编辑：刘　飞
封面设计：原色设计
责任校对：李　琴
责任监印：周治超
出版发行：华中科技大学出版社(中国·武汉)　　电话：(027)81321913
　　　　　武汉市东湖新技术开发区华工科技园　　邮编：430223
录　　排：武汉三月禾文化传播有限公司
印　　刷：武汉科源印刷设计有限公司
开　　本：710mm×1000mm　1/16
印　　张：20.25
字　　数：428 千字
版　　次：2023 年 7 月第 1 版第 11 次印刷
定　　价：59.80 元

前　言

无论是德国提出的“工业 4.0”，还是美国提出的工业互联网，或我国的“中国制造 2025”，其基础就是制造业的信息化和智能化，而制造业的关键部件就是数控系统。所以，数控系统无论是国外品牌，还是国内品牌，均朝着多通道、总线传输、网络化、信息化、智能化技术方面发展，实现从单机、单线到整个工厂完整的智能化。

华中数控全面布局智能制造系统，HNC-8 系列数控系统是新一代智能化数控系统，具有开放式数控系统软硬件技术平台，大数据采集、传输与储存技术平台，云计算、云服务技术平台。本书全面、系统地介绍了 HNC-8 系列数控系统的硬件结构和连接、参数详解与设定、PLC 编程和 PLC 编程工具使用方法以及该数控系统的特殊应用，具有很强的实操性。本书可作为数控技术应用专业、机械制造及自动化专业、机电一体化专业与机械设计及制造专业教材或数控技能培训教材，还可作为数控机床操作与系统调试人员的参考书。

本书由武汉华中数控股份有限公司陈吉红、龚承汉、毛勖主编，孙瑞、冯邦军副主编。

书中涉及的相关产品，由于改进、升级的需要，部分参数等难免发生变化而与本书的内容不完全一致，但技术内容等的参考价值不变，还请读者谅解。

限于编者的水平，加上数控技术日新月异的发展，许多问题还有待探讨，本书的谬误与不妥之处在所难免，恳请读者不吝赐教，提出宝贵的意见。

编　者

2016 年 1 月

目　　录

模块一　HNC-8 系列数控系统硬件连接

项目一　认识华中数控系统

一、华中数控系统简介

1. 华中数控系统的发展历史

武汉华中数控股份有限公司是集数控系统研发、生产、销售、服务和培训于一体的高新技术企业，是国内中、高档数控系统的主要研发及生产基地。

华中数控系统产品系列如图 1-1 所示。

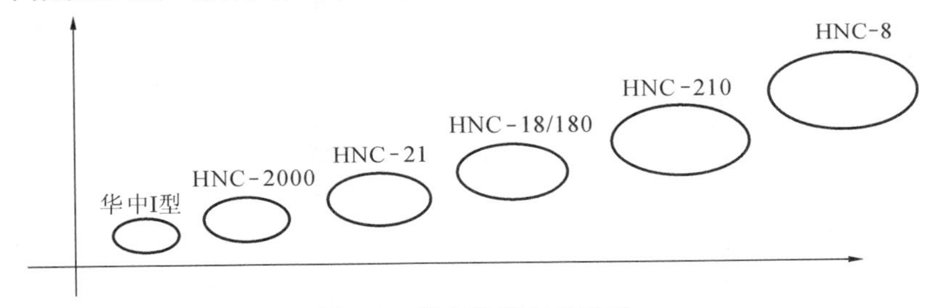

图 1-1　华中数控产品系列

2. HNC-8 系列数控系统简介

HNC-8 系列数控系统是武汉华中数控股份有限公司 2010 年推出的新一代总线式数控系统，目前已全面推广应用。该产品采用 Linux 平台、工业以太网 NCUC 总线/光纤 NCUC 总线、全数字伺服，具有纳米插补功能，可实现高精度纳米加工；具有优异的操作性能、高可靠性易于维护、强大的内置 PLC 功能、丰富的软件工具。

HNC-8 系列数控系统规格如表 1-1 所示。

表 1-1　HNC-8 系列数控系统规格

项　目		HNC-808e	HNC-808		HNC-818		HNC-848	
		T	M	T	M	T	M	T
进给轴/通道	标配	2	3	2	3	2	5	4
	最大	2	4	3	9			
主轴/通道	标配	1	1		1			
	最大	1			2		4	
通道数	标配	1	1		1			
	最大	1			2		10	

续表

项　　目	HNC-808e	HNC-808		HNC-818		HNC-848	
	T	M	T	M	T	M	T
最大同时运动轴数	2	3	2	8		80	20
最大进给轴数	2	4	3	9		64	
最大联动轴数/通道	2	3	2	4	2	9	3
PMC 控制轴数	—	3	2	4		32	
插补周期/ms	1	1	1	0.5～4		0.125～4	
最大支持输入/输出点数	72/48	128/128		2048/2048		4096/4096	
适用范围	平床身/斜床身车床	数控铣床全功能车床		加工中心车削中心		车铣复合/多轴多通道高档数控机床	

二、HNC-8 系列数控系统的基本组成

1. HMI

图 1-2 中，HMI 包括上下两部分，其中上半部，包括液晶显示器（8，8.4，9，10.4 和 15 英寸多种）、MDI 键盘等。

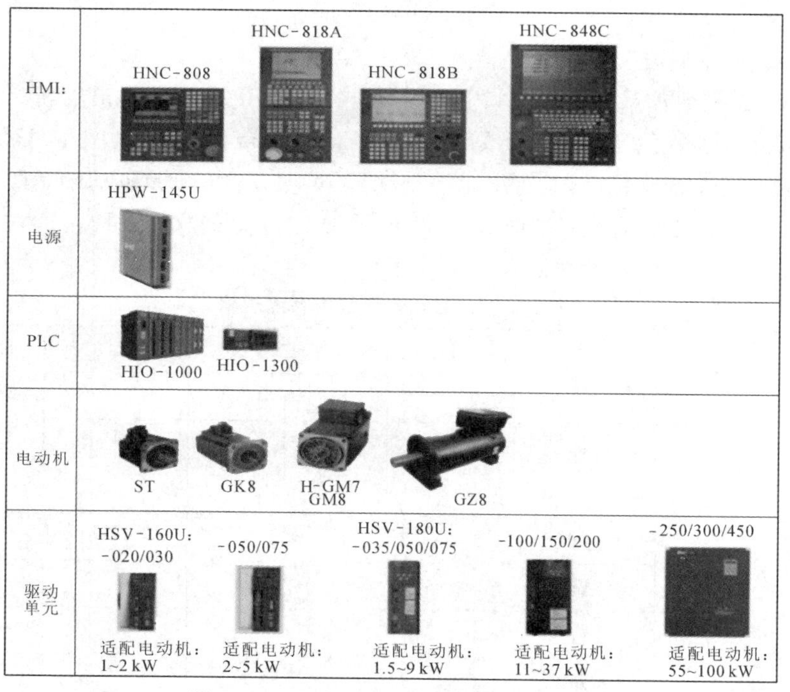

图 1-2　HNC-8 系列数控系统基本组成

2. MCP

图 1-2 中，HMI 的下半部分即为 MCP（工程面板）部分，包括急停按钮、电源开关、模式按钮等操作按钮。

3. HPC-100

HPC-100 又称为 IPC-100，如图 1-3 所示。

图 1-3　HPC-100

负责整个数控系统的运行与管理、插补控制、NCUC 总线控制、全数字伺服控制、整个数控系统的软件存储以及电源接口、总线接口等。

4. UPS 电源模块

提供断电 UPS 功能，给 HMI 及 HPC-100 供电，使断电保存、断电回退变得轻松。同时给 HIO-1000 的通信板 HIO-1061 供电。

(1) HPW-145U　如图 1-4 所示。

(2) HPW-85U　如图 1-5 所示。

图 1-4　HPW-145U

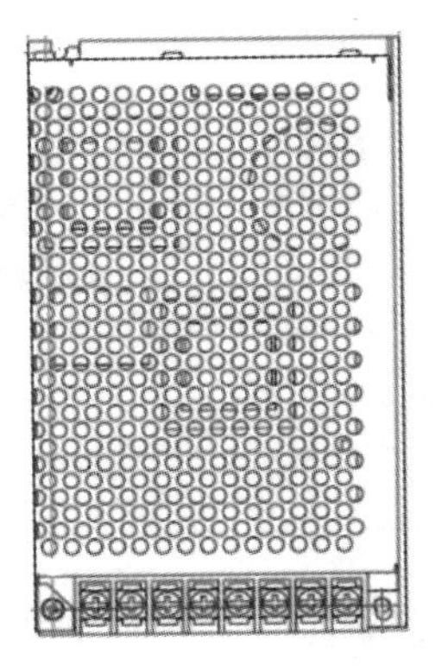

图 1-5　HPW-85U

5. 模块式总线 I/O

数控机床的刀具选择与转换、液压（气动）及润滑系统的启停、液压（气动）卡盘及尾座控制、刀具冷却、加工中心刀库控制等都是通过 PLC 来控制的，数控系统与外围设备的 I/O 控制是通过模块式总线 I/O（HIO-1000 或 HIO-100）联系起来的。可根据实际机床需要选择不同的模块式总线 I/O 单元。

（1）HIO-1000 模块式总线 I/O　如图 1-6 所示。

（2）HIO-100 模块式总线 I/O 单元　如图 1-7 所示，用于 HNC-808e 数控系统远程I/O单元。

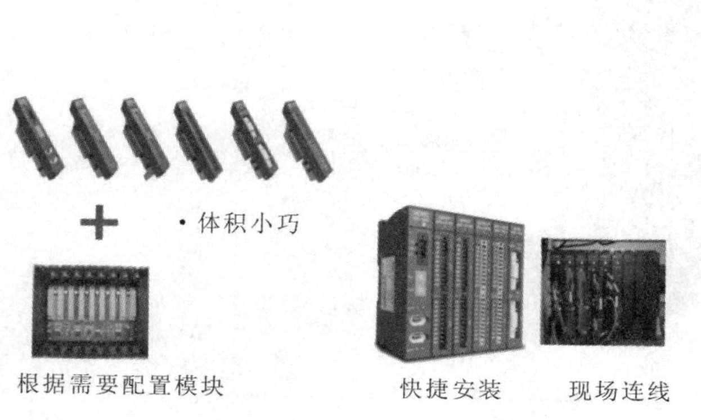

图 1-6　HIO-1000 模块式总线 I/O

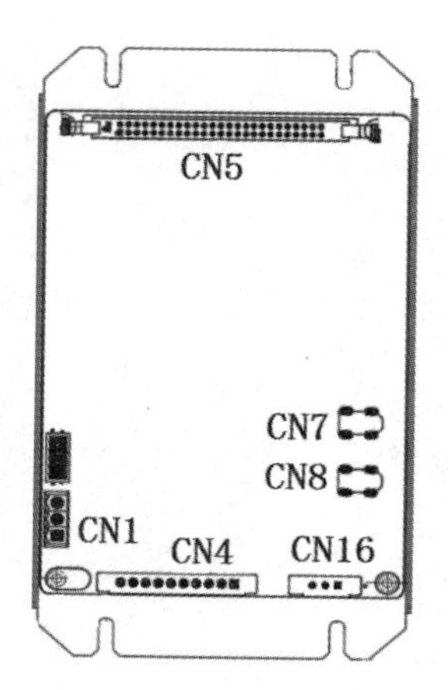

图 1-7　HIO-100 模块式总线 I/O

对于 HIO-1000 模块式总线 I/O 单元，其 I/O 单元板和块数以及其他功能板卡由实际电气设计需要决定（见表 1-2）。

表 1-2　HIO-1000 配置规格表

HIO-1009	底板模块	A 型，支持 1 个通信模块＋8 个 I/O 模块
HIO-1006		B 型，支持 1 个通信模块＋5 个 I/O 模块
HIO-1061	通信模块	NCUC 总线
HIO-1011N	I/O 模块	16 路 NPN 型开关量输入
HIO-1011P		16 路 PNP 型开关量输入
HIO-1021N		16 路 NPN 型开关量输出
HIO-1021P		16 路 PNP 型开关量输出
HIO-1073		4 路 A/D＋4 路 D/A
HIO-1041		2 路脉冲＋模拟指令轴接口

6. 伺服驱动单元和伺服电动机

数控机床的进给运动是由数控系统根据用户加工程序进行插补运算进行位置控制，其运算的结果通过伺服驱动单元进行运动控制，然后驱动伺服电动机进行旋转运动，直线轴通过滚珠丝杠副或齿轮齿条副等将伺服电动机的旋转运动转变成直线运动，实现机床各坐标轴的位置控制。HNC-8 系列数控系统与伺服驱动单元之间通过 NCUC 总线连接。根据机床选择使用伺服电动机的不同，伺服驱动单元有 HSV-160U和 HSV-180U 两种伺服驱动单元；伺服电动机有 GK 系列和 ST 系列两种，并且伺服电动机的编码器反馈装置有增量式和绝对值式两种。伺服驱动单元和伺服电动机如图 1-2 所示。

7. 主轴驱动装置及主轴电动机

数控系统对机床的主运动有三种控制方式：一是数控系统将主运动指令通过 NCUC 总线传递给伺服主轴驱动单元进而控制伺服主轴电动机；二是数控系统将主运动指令通过 NCUC 总线传递给 HIO-1000（或 HIO-100）中的模拟量控制板，再传递给变频器（或直流调速装置）控制主轴变频电动机（或直流主轴电动机）；三是数控系统将主运动指令通过 NCUC 总线传递给 HIO-1000（或 HIO-100）中的 I/O 控制板，直接控制主轴普通三相异步电动机。

8. 数控系统的通信

数控系统装置配置有 USB 接口、以太网接口等。

三、HNC-8 系列数控系统的命名

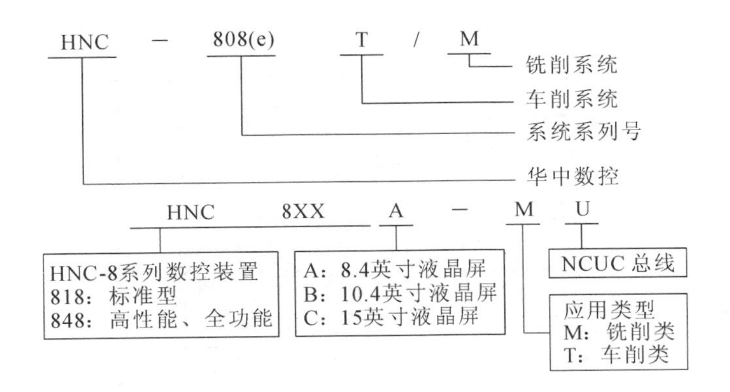

项目二 HNC-8 系列数控系统的典型硬件及其综合连接

一、HNC-8 系列数控系统典型硬件结构及接口

从硬件角度来看，HNC-8 系列数控系统主要由 HMI、HPC-100（IPC-100）、电源模块（HPW-145U 或 HPW-85U）、主轴模块、伺服驱动模块以及 I/O 模块等构成。数控系统通过接口和这些模块建立联系，然后通过这些模块驱动数控机床执行部件，

从而使数控机床按照指令要求有序的工作。

1. HMI 的结构与接口

1）图 1-8 所示为 HNC-808e 数控系统接口

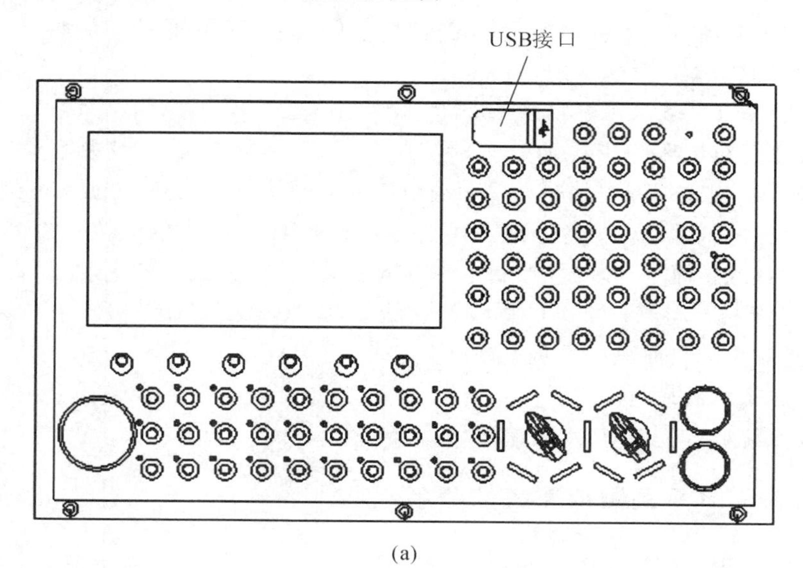

(a)

XS6A：NCUC总线输入接口
XS6B：NCUC总线输出接口
XS8：手持单元接口
PWR：电源接口
XS7：USB接口（USB2.0）

(b)

图 1-8 HNC-808e 数控系统接口图

(a) HNC-808e 数控系统接口图-正面 (b) HNC-808e 数控系统接口图-背面

2）图 1-9 所示为 HNC-808 数控系统接口

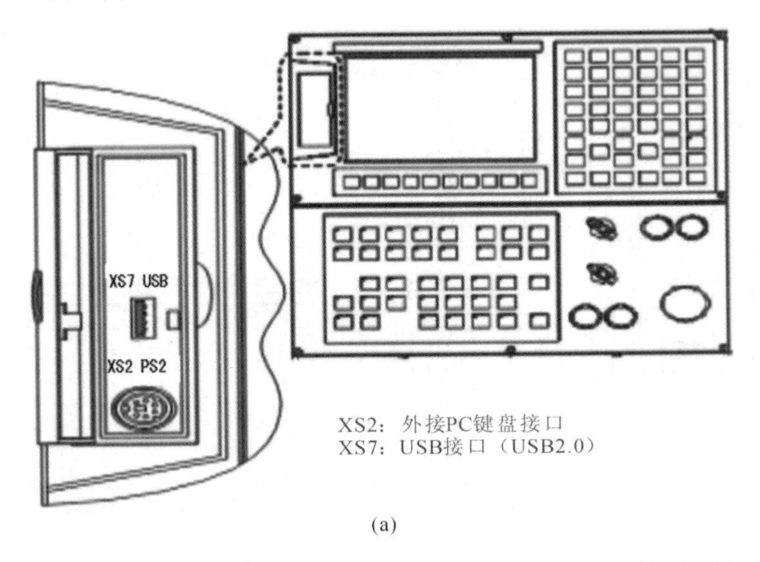

(a)

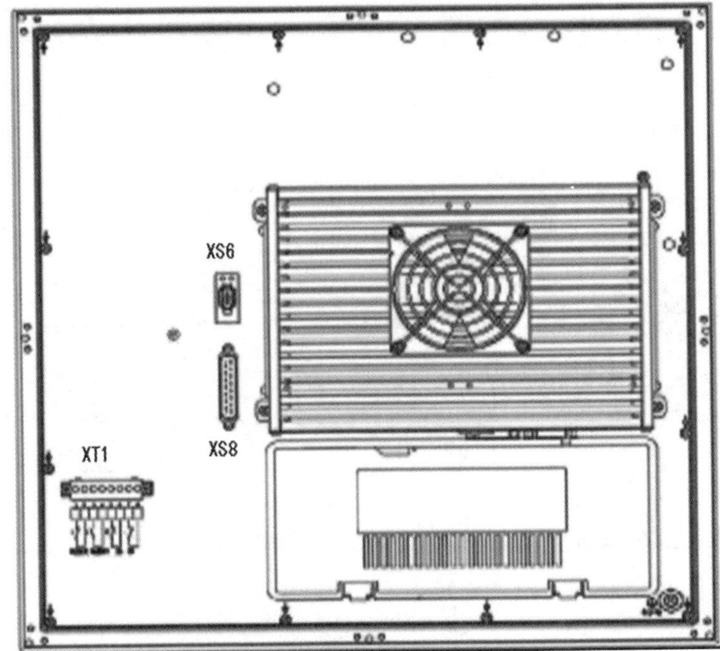

XS6：NCUC总线接口
XS8：手持单元接口
XT1：外部电源开、电源关、急停接口

(b)

图 1-9　HNC-808 数控系统接口图

（a）HNC-808 数控系统接口图-正面　（b）HNC-808 数控系统接口图-背面

3）图 1-10 所示为 HNC-818A 数控系统接口

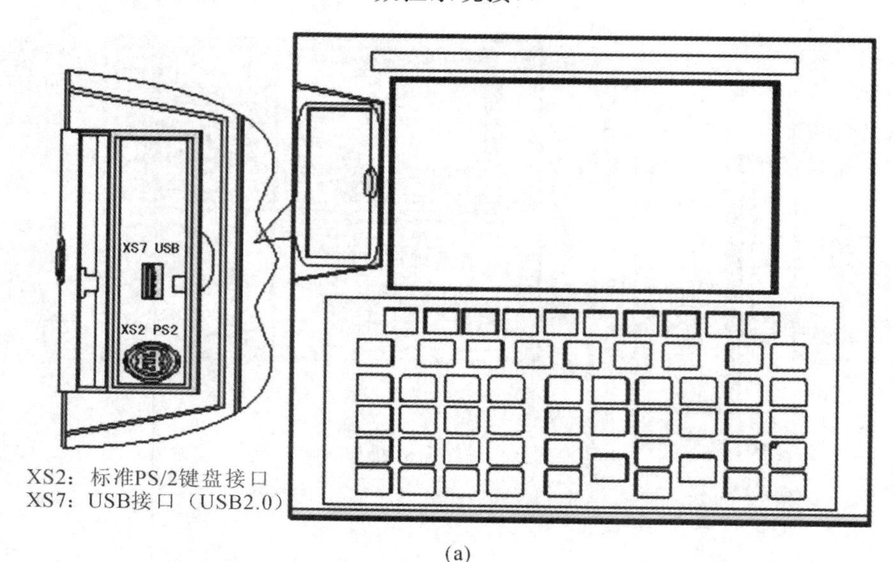

(a)

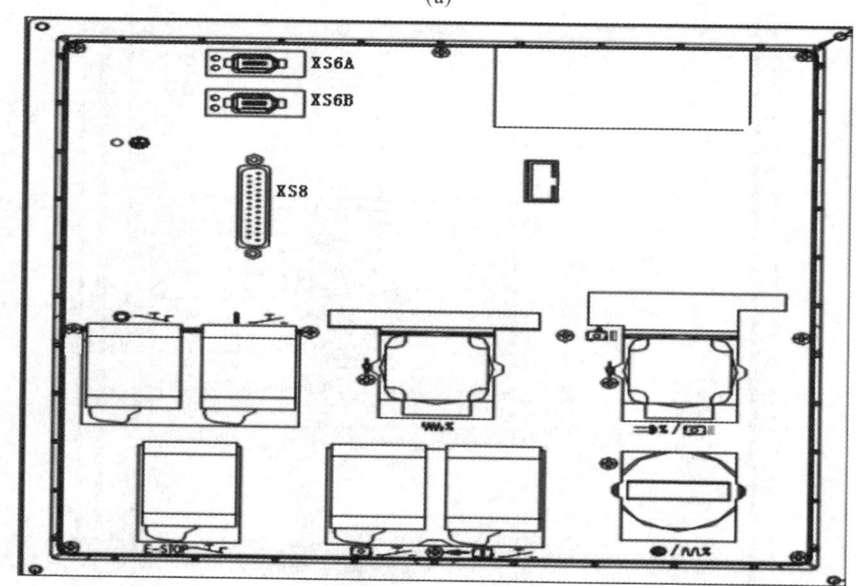

(b)

图 1-10　HNC-818A 数控系统接口图

(a) HNC-818A 数控系统接口图-上面板正面　(b) HNC-818A 数控系统接口图-下面板背面

4）图 1-11 所示为 HNC-818/848B 数控系统接口

5）图 1-12 所示为 HNC-848C 数控系统接口

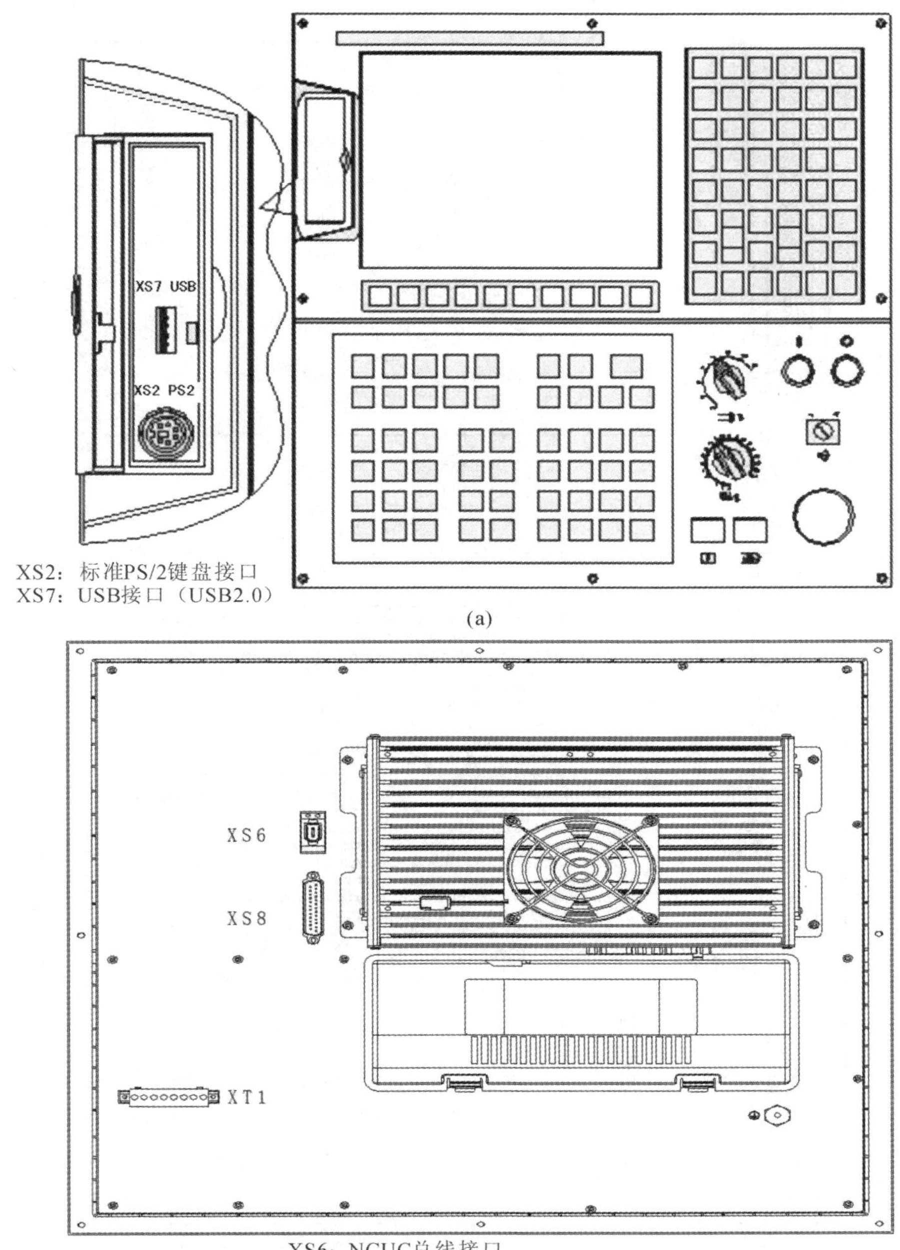

XS2：标准PS/2键盘接口
XS7：USB接口（USB2.0）

(a)

XS6：NCUC总线接口
XS8：手持单元接口
XT1：外部电源开、电源关、急停接口

(b)

图 1-11　HNC-818/848B 数控系统接口图

(a) HNC-818/848B 数控系统接口图-正面　(b) HNC-818/848B 数控系统接口图-背面板

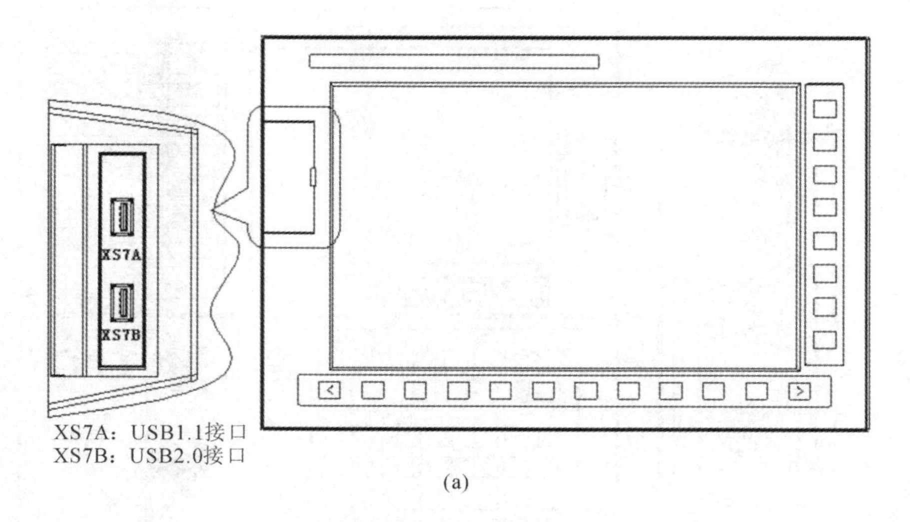

(a)

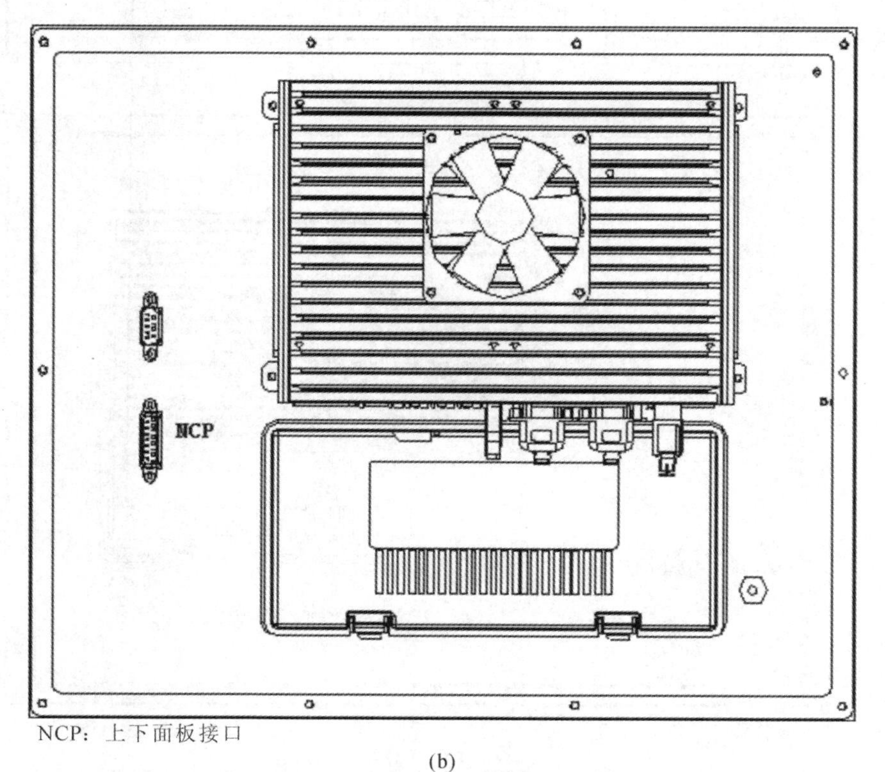

(b)

图 1-12 HNC-848C 数控系统接口图

(a) HNC-848C 数控系统接口图-上面板正面 (b) HNC-848C 数控系统接口图-上面板背面

(c) HNC-848C 数控系统接口图-下面板背面

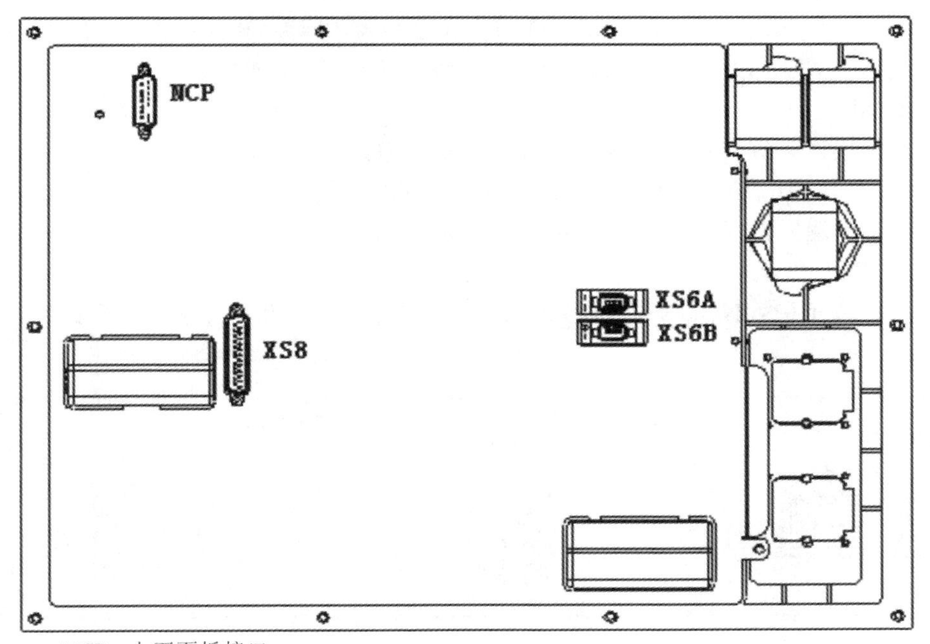

NCP：上下面板接口
XS8：手持单元接口
XS6A：NCUC总线输入接口
XS6B：NCUC总线输出接口

(c)

续图 1-12

HNC-8 系列数控系统接口功能介绍如下。

（1）电源接口 POWER：数控系统 HMI 正常工作时需要外部提供 DC 24 V 电源，同时为保证 HNC-8 系列数控系统突然掉电能有足够的时间保存设备的运行状态，外部 AC 220 V 电源提供带 UPS（不间断电源系统）功能的开关电源 HPW-145U，它可提供带有 UPS 功能的 DC 24 V 电源，通过 POWER 接口输入，供 HMI 使用。

（2）总线入接口：因为 HNC-808、HNC-818、HNC848B 这三种 8 系列数控系统的上下面板是一体化的结构，故其总线是由 IPC-100 直接从面板内部到下面板（MCP）的，因此在 HMI 外部就没有此总线的输入接口标志；而 HNC-818A 及 HNC-848C 这两种 8 系列数控系统的上下面板是分离的，故其总线是由 IPC-100 到下面板（MCP）的 XS6A 总线输入接口。

（3）总线出接口：HNC-808、HNC-818、HNC848B 的总线出接口为 XS6，而 HNC-808e、HNC-818A 及 HNC-848 的总线出接口为 XS6B。

（4）手持单元接口 XS8。

（5）USB 接口 XS7：此为标准 USB 接口。HNC-8 系列数控系统可以使用的 U

盘最大容量为 8 GB,其使用的文件系统必须是 FAT32 格式。

(6) 标准 PS/2 键盘接口 XS2:可以外接标准 PS/2 计算机用键盘,使用此键盘可以进行程序调试,以及 LINUX 平台下的系统调试。

HMI 功能:

(1) 提供人机交互界面,包括显示器、键盘和操作面板。

(2) 内置 IPC 单元,可运行数控装置人机交互软件。

(3) 内置短信通信模块,用于远程机床状态监控。

2. IPC-100 模块接口

IPC 单元是 HNC-8 系列数控系统的核心控制单元,相当于网络中的服务器,接口如图 1-13 所示。

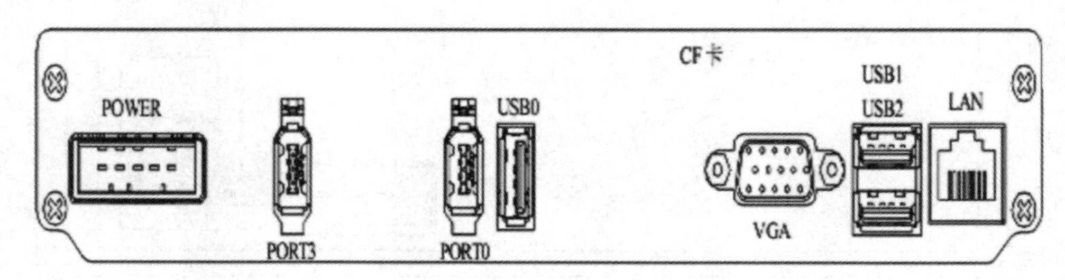

图 1-13 IPC 单元的接口示意图

POWER:24 V 电源接口:接 HPW-145U 带 UPS 功能的 DC 24 V 电源,保证系统在异常掉电后,能够保存设备的运行状态。

PORT0/3:NCUC 总线出/入接口。

USB0:外部 USB1.1 接口。

VGA:内部使用的视频信号口。

USB1&USB2:内部使用的 USB2.0 接口。

LAN:外部标准以太网接口。

IPC-100 功能:

(1) 嵌入式工业计算机模块,可运行 LINUX、WINDOWS 操作系统;

(2) 具备 PC 机的标准接口:VGA、USB、以太网等;

(3) 配置 DSP+FPGA+以太网物理层接口。

IPC-100 应用:

(1) 可用于数控系统 HMI 的控制;

(2) 可用于数控系统 MLU 的控制;

(3) 可用于数控系统内部智能模块的控制。

3. UPS 开关电源

功能:

(1) 提供 DC 24 V 电源;

（2）支持 AC 220 V 输入电源掉电报警信号；

（3）提供 UPS 功能。

应用：

（1）为 IPC 单元、数控系统、I/O 单元等提供电源；

（2）提供掉电后的 UPS 功能，保证系统在异常掉电后，能够保存设备的运行状态。

1）HPW-145U

UPS 开关电源（HPW-145U）是 HNC-8 数控系统所需的开关电源，该开关电源具有掉电检测及 UPS 功能。共有 4 路额定输出电压 DC 24 V，总额定输出电流 6 A，额定功率 145 W，具有短路保护、过流保护。图 1-14 所示为 HPW-145U 开关电源接口示意图及说明。

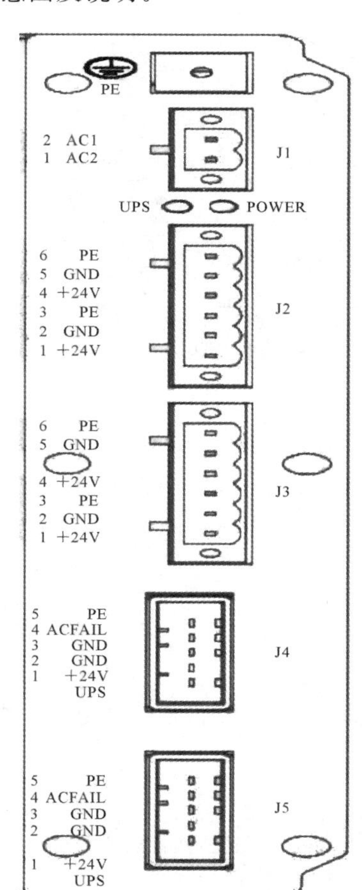

信号名	说明
PE	保护地

J1：交流电输入端口

信号名	说明
AC1	220 V 交流输入
AC2	220 V 交流输入

J2、J3：DC ＋24 V 输出端口

信号名	说明
＋24 V	DC＋24 V 输出
GND	电源地
PE	保护地

J4、J5：带 UPS 功能的 DC＋24 V 输出端口

信号名	说明
＋24 V UPS	带 UPS 功能的 DC＋24 V 输出
GND	电源地
SGND	信号地
ACFail	掉电检测信号输出
PE	保护地

图 1-14　HPW-145U 开关电源接口示意图及说明

2）HPW-85U

HPW-85U 开关电源是 HNC-808e 数控系统所需的开关电源，该开关电源具有

掉电检测及 UPS 功能。共有 2 路额定输出电压 DC 24 V，总额定输出电流3.5 A，额定功率 85 W，具有短路保护、过流保护。图 1-15 所示为 HPW-85U 开关电源接口示意图及说明。

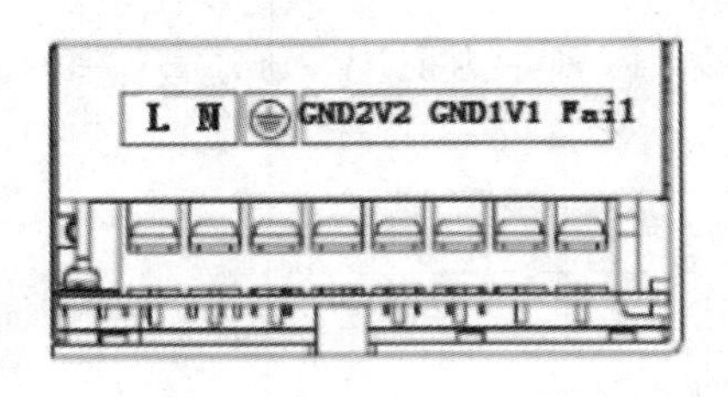

信号名	说明
PE	保护地

	交流输入接口
信号名	说明
L	220 V 交流输入
N	220 V 交流输入

	输出端口
信号名	说明
V1(+24 V)	带 UPS 功能的 DC+24 V 输出
V2(+24 V)	带 UPS 功能的 DC+24 V 输出
GND1	电源地/信号地
GND2	电源地/信号地
Fail	掉电检测信号输出
PE	保护地

图 1-15　HPW-85U 开关电源接口示意图及说明

4. 模块式总线 I/O 单元

应用：

(1) 机床外部开关量输入/输出；

(2) 机床传感器输入/输出；

(3) 传统接口的主轴驱动/变频器的连接。

1) HIO-1000 模块式总线 I/O 单元

HIO-1000 模块式总线 I/O 单元的结构图如图 1-16 所示，其特性简介如下：

(1) 通过总线最多可扩展 16 个 I/O 单元；

(2) 采用不同的底板子模块可以组建两种 I/O 单元，其中 HIO-1009 底板子模块可提供 1 个通信子模块插槽和 8 个功能子模块插槽；HIO-1006 底板子模块可提供 1 个通信子模块插槽和 5 个功能子模块插槽；

(3) 功能子模块包括开关量输入/输出子模块、模拟量输入/输出子模块、轴控制子模块等；

开关量输入/输出子模块——提供 16 路开关量输入或输出信号；

模拟量输入/输出子模块——提供 4 通道 A/D 信号和 4 通道的 D/A 信号；

轴控制子模块——提供 2 个轴控制接口，包含脉冲指令、模拟量指令和编码器反

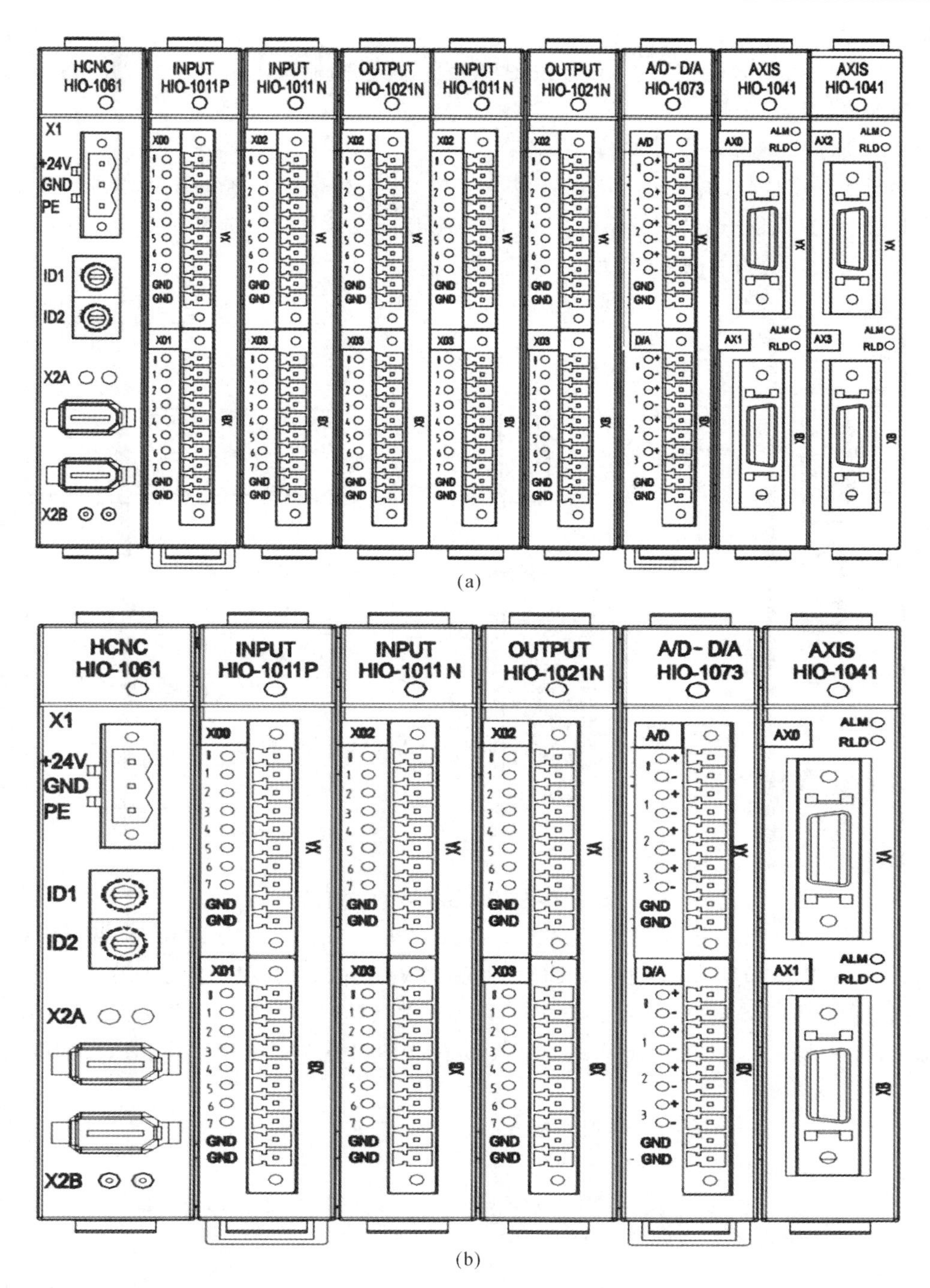

图 1-16　HIO-1000 模块式总线 I/O 单元

(a) 九槽 HIO-1000 总线式 I/O 单元　(b) 六槽 HIO-1000 总线式 I/O 单元

馈接口；

(4) 开关量输入子模块 NPN、PNP 两种接口可选，输出子模块为 NPN 接口，每个开关量均带指示灯。

① 通信子模块功能及接口。

通信子模块(HIO-1061)负责完成与 HNC-8 系列数控系统的通信功能(X2A、X2B 接口)并提供电源输入接口(X1 接口)，外部开关电源输出功率应不小于 50 W。其功能及接口说明如图 1-17 所示。

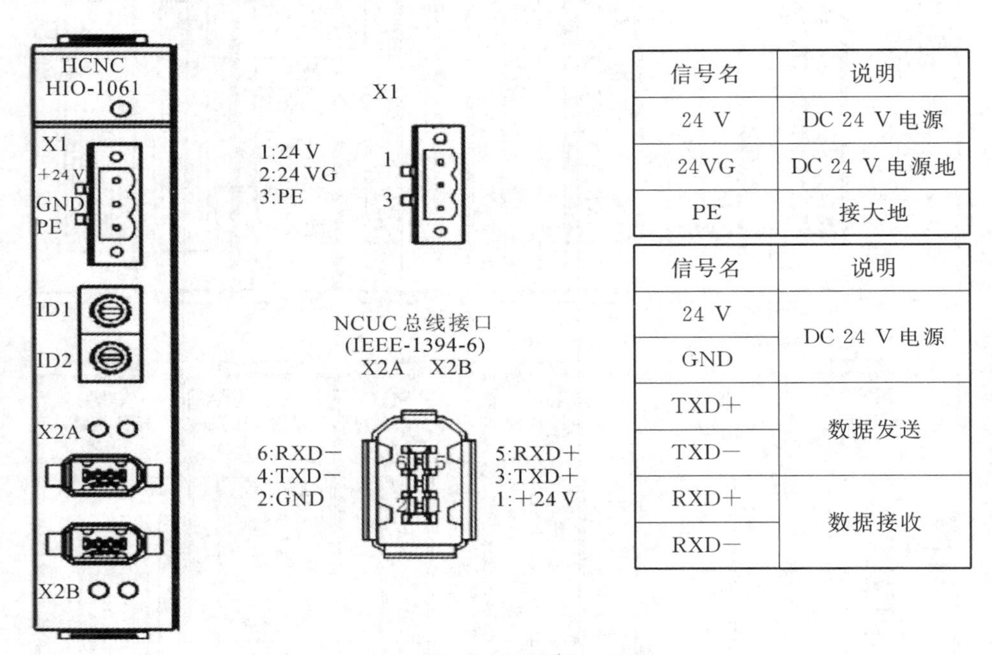

信号名	说明
24 V	DC 24 V 电源
24VG	DC 24 V 电源地
PE	接大地

信号名	说明
24 V	DC 24 V 电源
GND	
TXD+	数据发送
TXD−	
RXD+	数据接收
RXD−	

图 1-17　通信子模块接口说明

注意：由通信子模块引入的电源为总线式 I/O 单元的工作电源(使用 HPW-145U 无 UPS 功能的绿色插头供 DC 24 V)，该电源应该与输入/输出子模块涉及的外部电路(即 PLC 电路，如无触点开关、行程开关、继电器等)分别采用不同的开关电源，后者称 PLC 电路电源；输入/输出子模块 GND 端子应该与 PLC 电路电源的电源地可靠连接。

② 开关量输入/输出子模块功能及接口。

(a) 开关量输入子模块功能及相关接口。

开关量输入子模块包括 NPN 型(HIO-1011N)和 PNP 型(HIO-1011P)两种，区别在于：NPN 型为低电平有效，PNP 型为高电平(+24 V)有效，每个开关量输入子模块提供 16 路开关量信号输入。开关量输入接口 XA、XB(灰色)说明如图 1-18 所示。

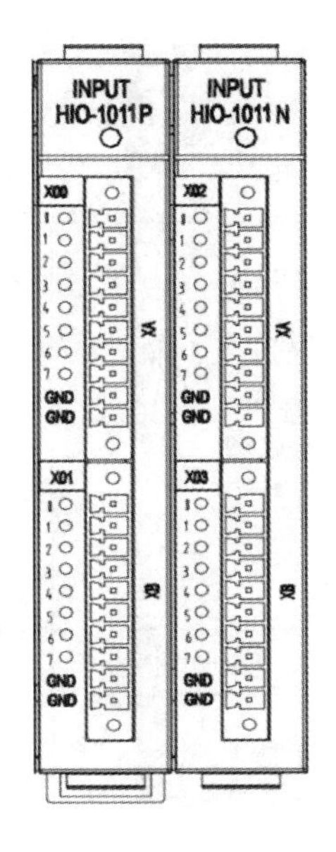

开关量输入接口
XA、XB

1:0
2:1
3:2
4:3
5:4
6:5
7:6
8:7
9:GND
10:GND

信号名	说明	
	HIO-1011N XA、XB	HIO-1011P XA、XB
0～7	NPN 输入 N0～N7 低电平有效	PNP 输入 P0～P7 高电平有效
GND	DC 24 V 地	

注意：GND 必须与 PLC 电路开关电源的电源地可靠连接。

图 1-18　开关量输入子模块接口说明

(b) 开关量输出子模块功能及接口。

开关量输出子模块(HIO-1021N)为 NPN 型，有效输出为低电平，否则输出为高阻状态，每个开关量输出子模块提供 16 路开关量信号输出。开关量输出接口 XA、XB(黑色)说明如图 1-19 所示。

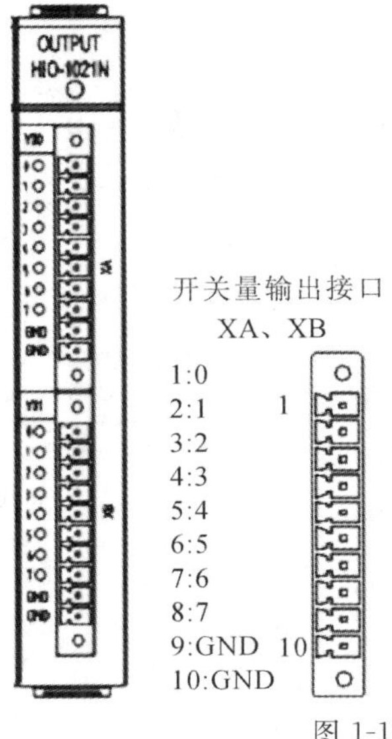

开关量输出接口
XA、XB

1:0
2:1
3:2
4:3
5:4
6:5
7:6
8:7
9:GND
10:GND

信号名	说明
0～7	NPN 输出 O0～O7 低电平有效
GND	DC 24 V 地

注意：GND 必须与 PLC I/O 点使用的开关电源地可靠连接。

图 1-19　开关量输出子模块接口说明

③ 模拟量输入/输出子模块功能及接口。

模拟量输入/输出(A/D-D/A)子模块(HIO-1073)负责完成机床到数控系统的

A/D信号输入和数控系统到机床的D/A信号输出。每个A/D-D/A子模块提供4通道12位差分/单端模拟信号输入和4通道12位差分/单端模拟信号输出。A/D输入接口XA:(绿色);D/A输出接口XB:(橙色)。其接口说明如图1-20所示。

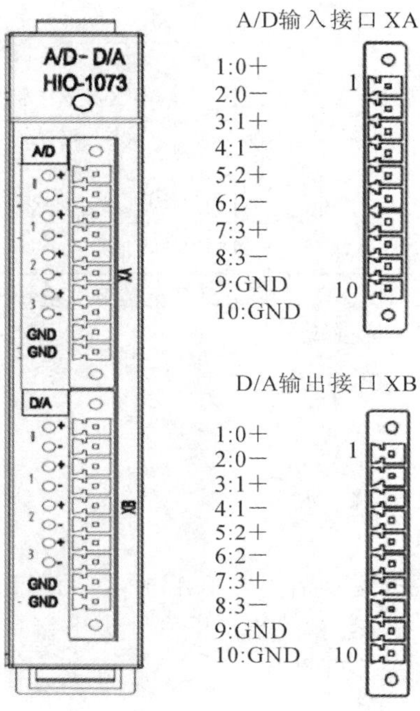

信号名	说明
0+、0−	4通道A/D输入 A/D0～A/D3 (输入范围:−10 V～+10 V)
1+、1−	
2+、2−	
3+、3−	
GND	地

信号名	说明
0+、0−	4通道D/A输出 D/A0～D/A3 (输出范围:−10 V～+10 V)
1+、1−	
2+、2−	
3+、3−	
GND	地

图1-20 模拟量输入/输出子模块接口说明

④ 轴控制子模块功能及接口。

轴控制子模块(HIO-1041)可提供2路主轴模拟接口和2路脉冲式接口。脉冲式接口XA、XB(26芯高密),其接口说明如图1-21所示。

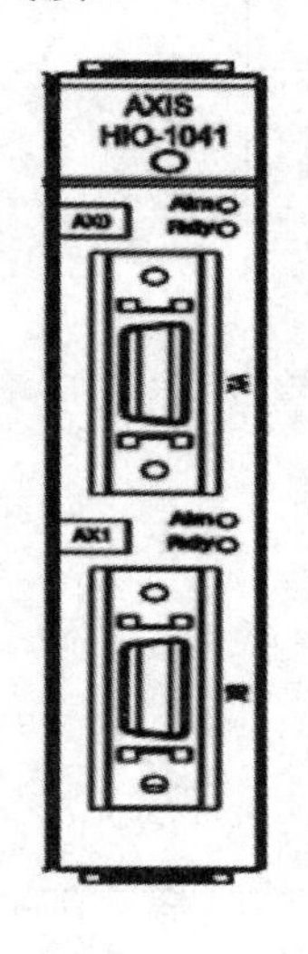

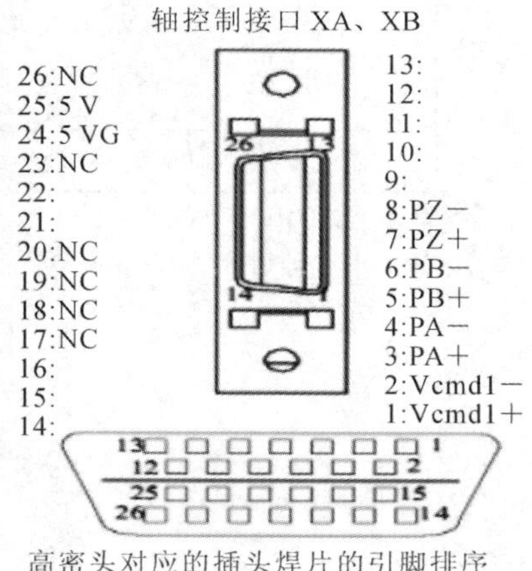

信号名	说明
Vcmd1+、Vcmd1−	模拟输出 (−10V～+10V)
PA+、PA−	编码器A相反馈信号
PB+、PB−	编码器B相反馈信号
PZ+、PZ−	编码器Z相反馈信号
5V、5VG	DC5V电源
NC	空

图1-21 轴控制子模块接口说明

⑤ 温度模块。

华中数控 HNC-8 系列数控系统支持两种型号的温度控制板，型号为：HIO-1075、HIO-1076。HIO-1075 仅支持三线制和两线制热电阻 PT100 的温度测量；HIO-1076 仅支持两线制 KTY84 热电阻的温度测量。

(a) HIO-1075。

HIO-1075 子模块接口说明如图 1-22 所示。

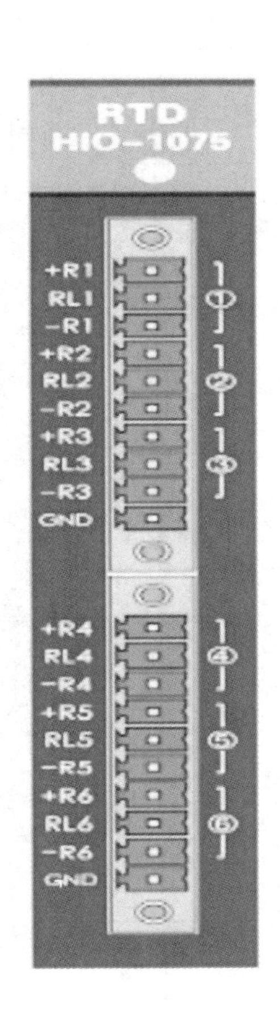

两线制接法			三线制接法(无)		
HIO-1075 端口	PT100 引脚	可选端口组	HIO-1075 端口	PT100 引脚	可选端口组
＋R1	红		＋R1	红	
RL1			RL1	红	
－R1	白		－R1	白	
＋R2	红	②	＋R2	红	②
RL2			RL2	红	
－R2	白		－R2	白	
＋R3	红	③	＋R3	红	③
RL3			RL3	红	
－R3	白		－R3	白	
GND			GND		
＋R4	红	④	＋R4	红	④
RL4			RL4	红	
－R4	白		－R4	白	
＋R5	红	⑤	＋R5	红	⑤
RL5			RL5	红	
－R5	白		－R5	白	
＋R6	红	⑥	＋R6	红	⑥
RL6			RL6	红	
－R6	白		－R6	白	
GND			GND		

图 1-22　HIO-1075 子模块接口说明

(b) HIO-1076。

HIO-1076 子模块接口说明如图 1-23 所示。

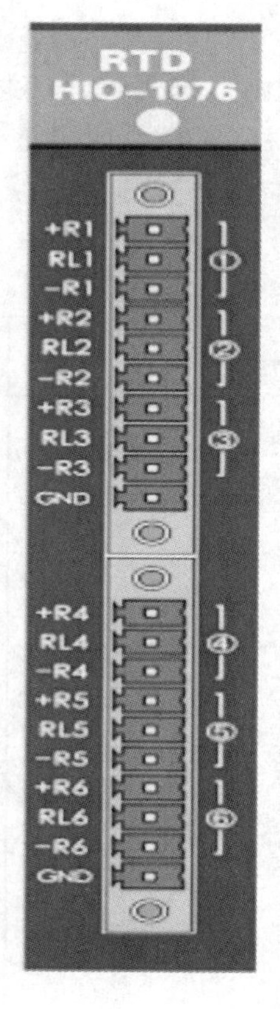

两线制接法			三线制接法(无)		
HIO-1076 端口	KTY84 引脚	可选端口组	HIO-1076 端口	KTY84 引脚	可选端口组
＋R1	黄		＋R1		
RL1		①	RL1		无
－R1	绿		－R1		
＋R2	黄		＋R2		
RL2		②	RL2		无
－R2	绿		－R2		
＋R3	黄		＋R3		
RL3		③	RL3		无
－R3	绿		－R3		
GND			GND		
＋R4	黄		＋R4		
RL4		④	RL4		无
－R4	绿		－R4		
＋R5	黄		＋R5		
RL5		⑤	RL5		无
－R5	绿		－R5		
＋R6	黄		＋R6		
RL6		⑥	RL6		无
－R6	绿		－R6		

图 1-23　HIO-1076 子模块接口说明

2）HIO-100

HIO-100 型 I/O 单元特性简介如下：

（1）提供 24 路输入信号、16 路输出信号、一组编码器反馈、一组模拟最输出；扩展可支持 72 路输入信号、48 路输出信号；

（2）开关量输入支持 NPN、PNP 兼容，输出子模块为 NPN 接口。

① 开关量输入/输出接口说明如图 1-24 所示。

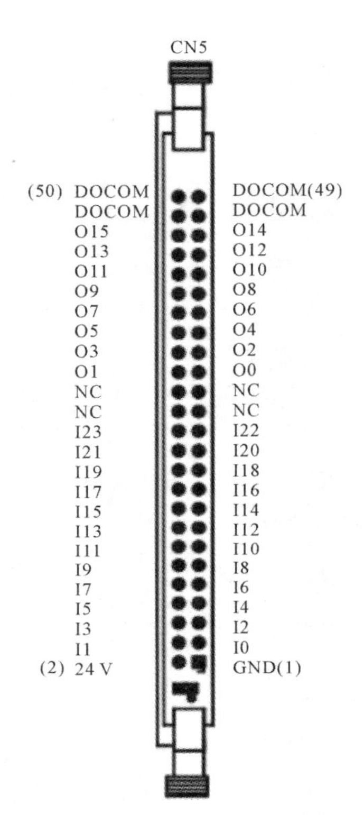

信号名	说明
GND	DC 24 V 地
24 V	DC 24 V 电源输出
I0～I23	NPN/PNP 兼容型 24 位输入信号。 小于 8 V，大于 16 V 时表示有输入信号 8～16 V 之间表示没有输入信号
NC	未定义
O0～O15	PNP 型输出信号 PNP 型为高电平(＋24 V)有效
DOCOM	DC 24 V 电源输入，用于输出公共端

图 1-24　开关量输入/输出接口说明

② 电源接口说明如图 1-25 所示。

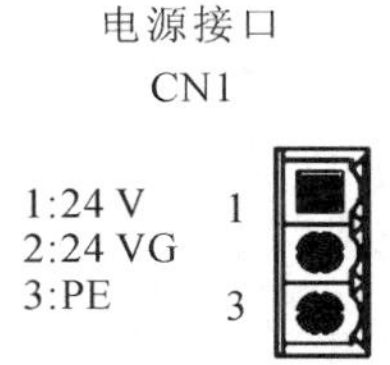

信号名	说明
24 V	DC 24 V 电源
24 VG	DC 24 V 电源地
PE	接大地

图 1-25　电源接口说明

③ NCUC 总线接口说明如图 1-26 所示。

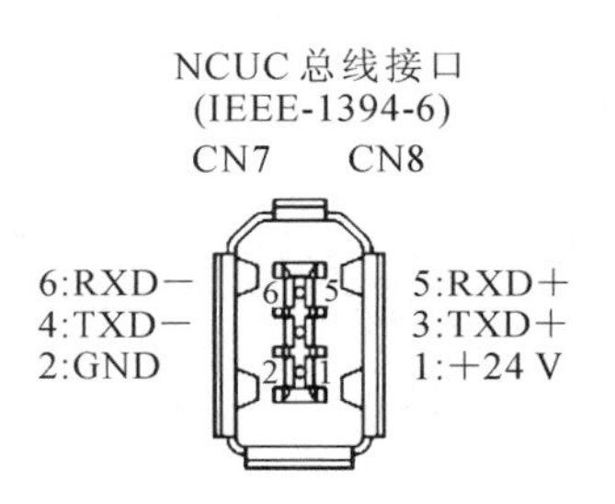

信号名	说明
24 V	DC 24 V 电源
GND	
TXD＋	数据发送
TXD−	
RXD＋	数据接收
RXD−	

图 1-26　NCUC 总线接口说明

④ 模拟量输出接口说明如图1-27所示。

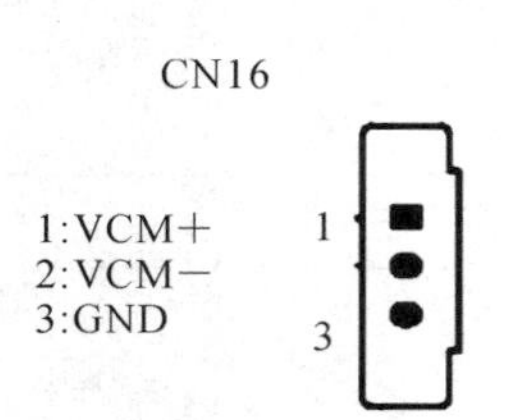

信号名	说明
VCM+	(输出范围:−10 V～+10 V)
VCM−	
GND	接大地

图1-27　模拟量输出接口说明

⑤ 编码器接口说明如图1-28所示。

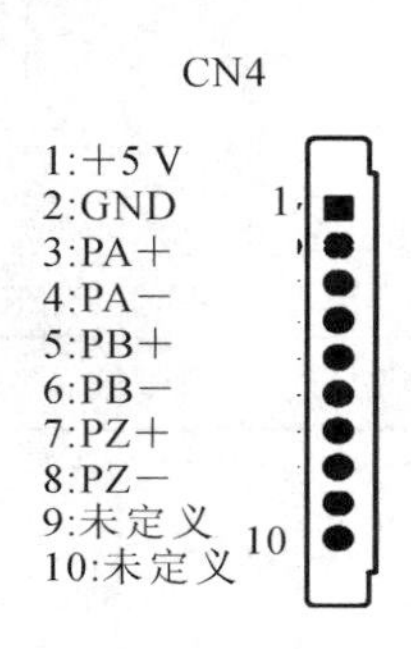

信号名	说明
+5	DC 5 V 电源
GND	DC 5 V 地
PA+、PA−	编码器A相反馈信号
PA+、PA−	编码器B相反馈信号
PA+、PA−	编码器Z相反馈信号

图1-28　编码器接口说明

5. 手持单元(选件)

手持单元提供急停按钮、使能按钮、工作指示灯、坐标选择(OFF、X、Y、Z、4)、倍率选择(×1、×10、×100)及手摇脉冲发生器。手持单元仅有一个DB25的接口。

HWL-1003手持单元接口说明如图1-29所示，HWL-1013手持单元接口说明如图1-30所示。

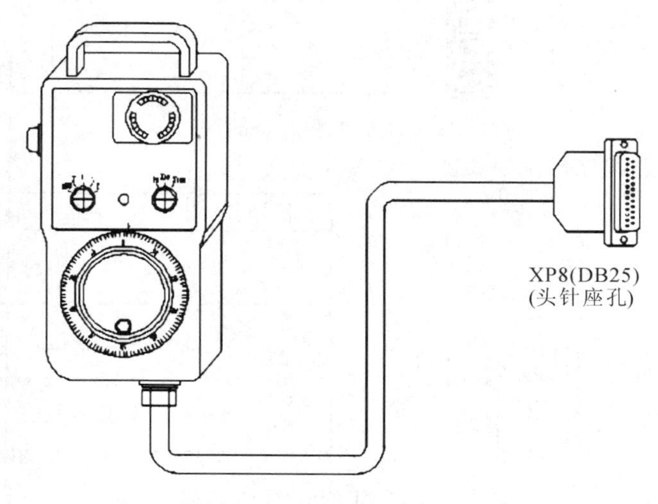

图1-29　HWL-1003手持单元接口说明

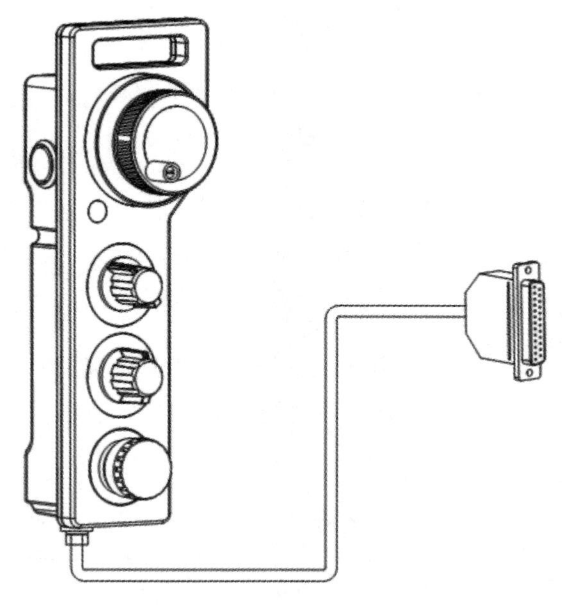

图 1-30　HWL-1013 手持单元接口说明

手持接口插头连接到 HNC-8 系列数控系统的手持控制接口 XS8 上。

6. 总线式伺服驱动单元

产品特点分述如下。

(1) HSV-160U 低压系列(220 V 电压等级):20 A、30 A、50 A、75 A 共 4 种规格。HSV-180U 高压系列(380 V 电压等级):35 A、50 A、75 A、100 A、150 A、200 A、300 A、450 A 共 8 种规格等级,功率回路最大功率输出达到 75 kW。

(2) 采用统一的编码器接口,可以适配复合增量式光电编码器、全数字绝对式编码器、正余弦绝对值编码器;支持 ENDAT2. 1/2. 2,BISS,HIPERFACE,多摩川等串行绝对值编码器通信传输协议,支持单圈/多圈绝对位置处理。

(3) 采用工业以太网总线接口,支持 NCUC 和 EtherCAT 两种总线数据链路层协议,实现和数控装置的高速数据交换,如状态监控、参数修改、故障诊断等功能。

(4) HSV-180U 支持第二编码器接口,实现全闭环控制。

(5) 通过集成不同的软件模块,可以适配伺服电动机、主轴电动机、力矩电动机等类型的电动机。

应用场合分述如下。

① 数控机床进给电动机和主轴电动机的控制。

② 高档数控机床精密转台和主轴摆头电动机的控制。

1) HSV-160U 系列交流伺服驱动单元

HSV-160U 系列具有高速工业以太网总线接口,采用具有自主知识产权的 NCUC 总线协议,实现和数控装置高速的数据交换;具有高分辨率绝对式编码器接口，可以适配复合增量式、正余弦、全数字绝对式等多种信号类型的编码器，位置反馈分辨率最高达到 23 位。

HSV-160U 交流伺服驱动单元形成 20 A、30 A、50 A、75 A 共四种规格，如图 1-31 所示，功率回路的最大输出功率达到 5.5 kW。

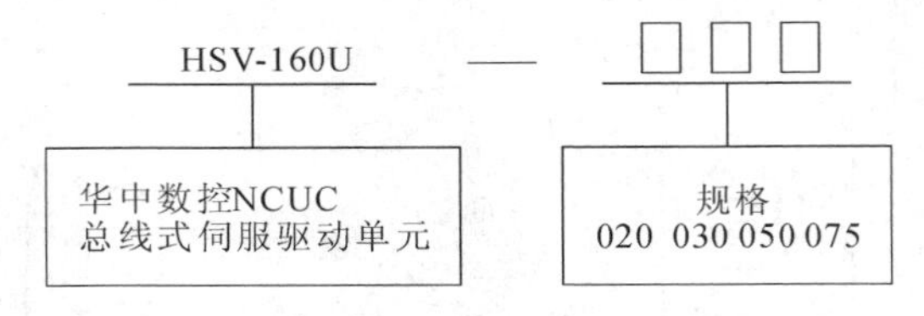

图 1-31　HSV-160U 驱动单元规格说明

(1) HSV-160U 伺服驱动单元主回路端子如图 1-32 所示。表 1-3 至表 1-5 所示为各端子定义。

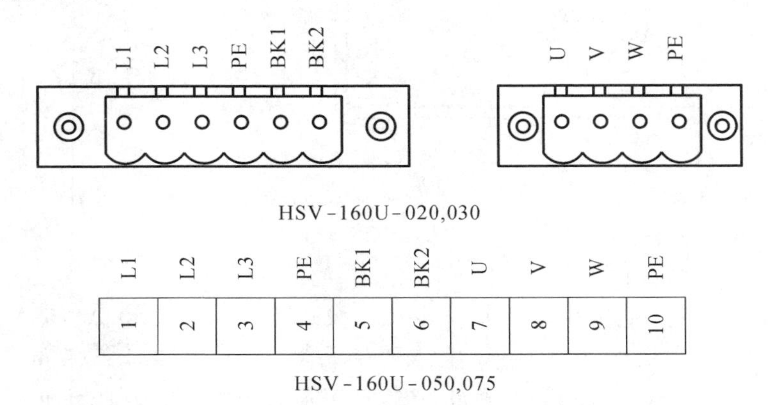

图 1-32　HSV-160U 伺服驱动单元主回路接口图

表 1-3　HSV-160U-020,030 **电源输入端子** XT1

端子号	端子记号	信号名称	功　能
1	L1	主回路电源三相输入端子	主回路电源输入端子，输入电源为三相 AC 220 V/50 Hz 注意：禁止同电动机输出端子 U、V、W 连接，否则会损坏驱动单元
2	L2		
3	L3		
4	PE	保护接地端子	与电源地线相连，保护接地电阻应小于 4 Ω
5	BK1	外接制动电阻连接端子	驱动单元内置 70 Ω/200 W 的制动电阻。 ①若仅使用内置制动电阻，则 BK1 端与 BK2 端悬空即可。 ②若需使用外接制动电阻，则直接将制动电阻接在 BK1、BK2 端即可，此时内置制动电阻与外接制动电阻是并联关系。注意：BK1 端不能与 BK2 端短接，否则会损坏驱动单元
6	BK2		

表 1-4　HSV-160U-020,030 驱动单元输出端子 XT2

端子号	端子记号	信号名称	功　能
1	U	伺服电动机输出	伺服电动机输出端子,必须与电动机 U、V、W 端子对应连接
2	V		
3	W		
4	PE	系统接地	为接地端子 接地电阻要求小于 4 Ω 伺服电动机输出和电源输入公共一点连接
	⏚	系统接地	为接地端子 接地电阻要求小于 4 Ω 伺服电动机输出和电源输入公共一点连接

表 1-5　HSV-160U-050,075 规格端子连接

端子号	端子记号	信号名称	功　能
1	L1	主回路电源 三相输入端子	主回路电源输入端子,输入电源为三相 AC 220 V/50 Hz 注意:不要同电动机输出端子 U、V、W 连接
2	L2		
3	L3		
4	PE	系统接地	接地端子　接地电阻小于 4 Ω 伺服电动机输出和电源输入公共一点连接
5	BK1	外接制动电阻	外接的制动电阻与内部的制动电阻并联,内部制动电阻阻值为 70Ω/200 W 警告:切勿短接 BK1 和 BK2,否则会烧坏驱动器
6	BK2		
7	U	伺服电动机输出	伺服电动机输出端子,必须与电动机 U、V、W 端子对应连接
8	V		
9	W		
10	PE	系统接地	为接地端子 接地电阻要求小于 4 Ω 伺服电动机输出和电源输入公共一点连接
	⏚	系统接地	为接地端子 接地电阻要求小于 4 Ω 伺服电动机输出和电源输入公共一点连接

(2) HSV-160U 伺服驱动单元总线如图 1-33 所示,HSV-160U 伺服驱动单元的 XS2、XS3 端子信号说明见表 1-6。HSV-160U 的 XS1 编码器接口插座和插头引脚分布图如图 1-34 所示,图 1-35 至图 1-39 为不同伺服电动机配装不同协议编码器与驱动单元编码器接线图,表 1-7 至表 1-11 为相应的接线表。

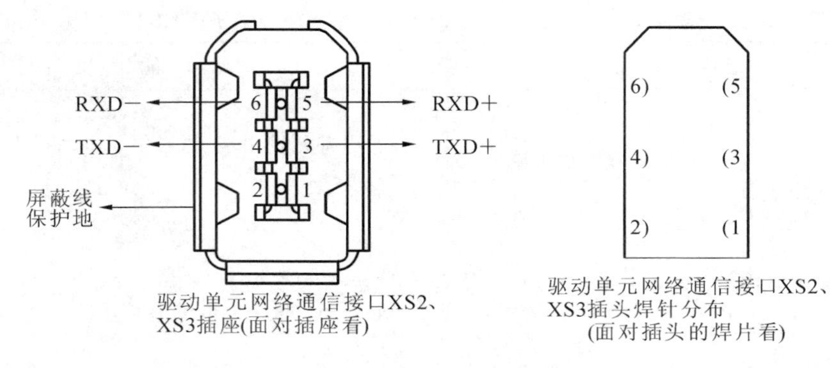

图 1-33　HSV-160U 伺服驱动单元总线通信接口图

表 1-6　HSV-160U 伺服驱动单元 XS2、XS3 端子信号说明

端子号	端子记号	信 号 名 称	功　　能
3	TXD＋	网络数据发送＋	与控制器或上位机网络通信接口的接收（RXD＋）连接
4	TXD－	网络数据发送－	与控制器或上位机网络通信接口的接收（RXD－）连接
5	RXD＋	网络数据接收＋	与控制器或上位机网络通信接口的发送（TXD＋）连接
6	RXD－	网络数据接收－	与控制器或上位机网络通信接口的发送（TXD－）连接

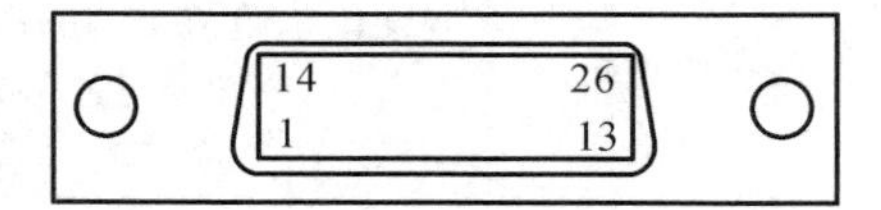

XS1 伺服电动机编码器输入接口插座(面对插座看)

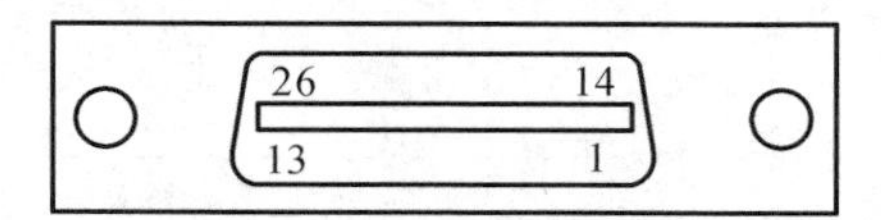

XS1 伺服电动机编码器输入接口插座(面对插头看)

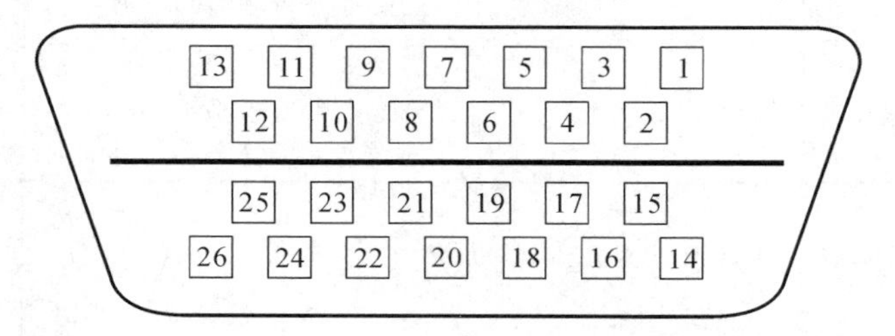

XS1 伺服电动机编码器输入接口插头焊片(面对插头的焊片看)

图 1-34　HSV-160U 的 XS1 编码器接口插座和插头引脚分布图

驱动单元编码器插头　　　　登奇电动机装光电编码器插头

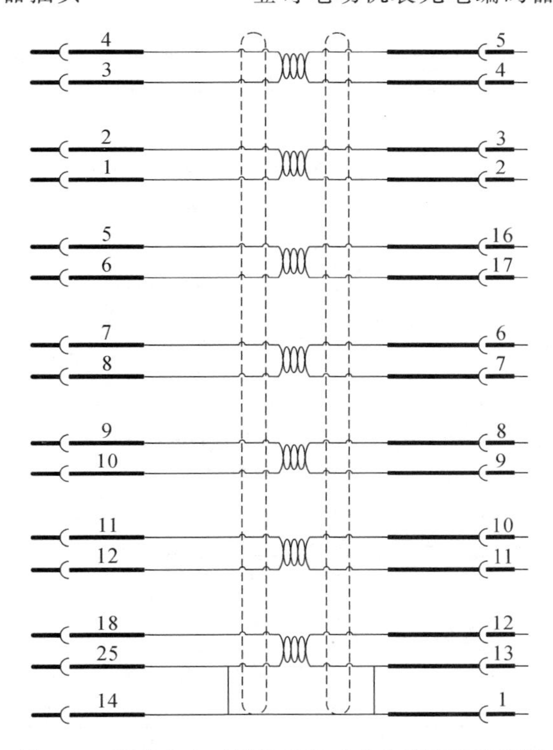

图 1-35　配登奇电动机装增量式光电编码器接线图

表 1-7　配登奇电动机装增量式光电编码器接线表

驱动单元编码器插头端子号	伺服电动机编码器插头	
	端子号	端子记号
4	5	B－
3	4	B＋
2	3	A－
1	2	A＋
5	16	Z＋
6	17	Z－
7	6	U＋
8	7	U－
9	8	V＋
10	9	V－
11	10	W＋
12	11	W－
18	12	＋5 V
25	13	0 V
4	1	PE

驱动单元编码器插头　　　　　　登奇电动机装 Endat2.1 协议编码器插头

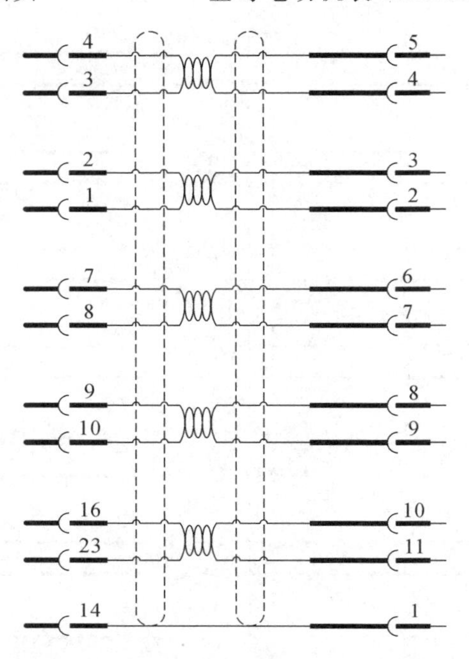

图 1-36　配登奇电动机装 Endat2.1 协议编码器接线图

表 1-8　配登奇电动机装 Endat2.1 协议编码器接线表

驱动单元编码器插头		伺服电动机编码器插头	
端子号	端子记号	端子号	端子记号
4		5	COSB−
3		4	COSB+
2		3	SINA−
1		2	SINA+
7		6	DATA+
8		7	DATA−
9		8	CLOCK+
10		9	CLOCK−
16	+5 V	10	UP
23	0 V	11	0 V
14	PE	1	PE

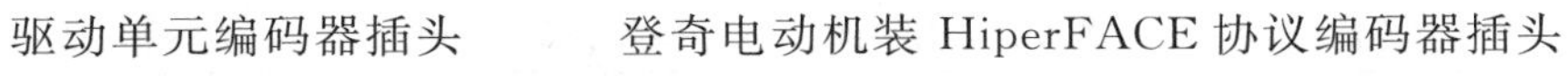

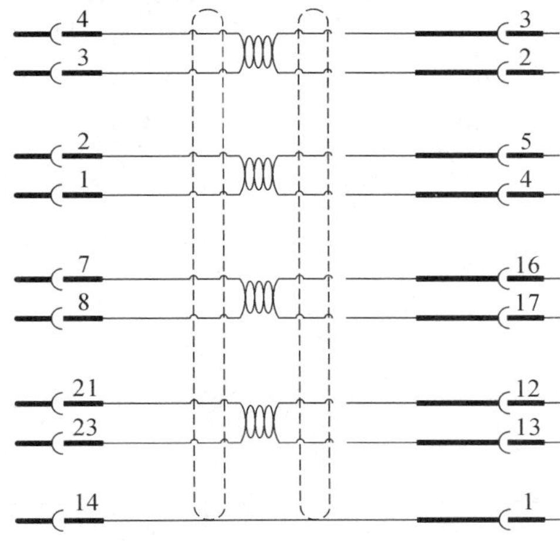

图 1-37 配登奇电动机装 HiperFACE 协议编码器接线图

表 1-9 配登奇电动机装 HiperFACE 协议编码器接线表

驱动单元编码器插头		伺服电动机编码器插头	
端子号	端子记号	端子号	端子记号
4		3	REFSIN
3		2	+SIN
2		5	REFCOS
1		4	+COS
7		16	
8		17	
21	+9 V	12	US
23	0 V	13	0 V
14	PE	1	PE

驱动单元编码器插头　　　　登奇电动机装多摩川协议编码器插头

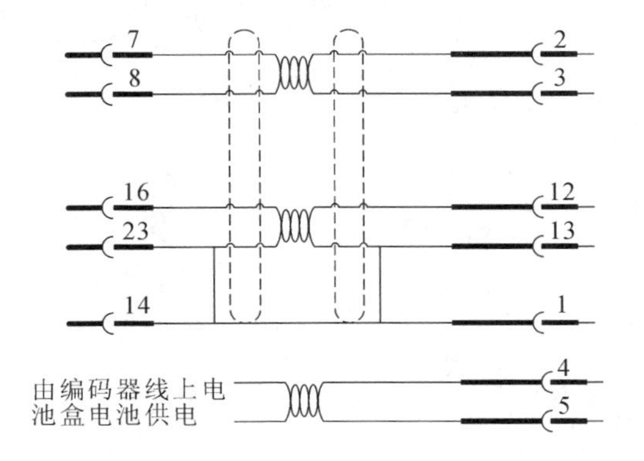

图 1-38 配登奇电动机装多摩川协议编码器接线图

表 1-10　配登奇电动机装多摩川协议编码器接线表

驱动单元编码器插头		伺服电动机编码器插头	
端子号	端子记号	端子号	端子记号
7	PU+	2	SD+
8	PU−	3	SD−
16	+5 V	12	+5 V
23	GNDD	13	0 V
14	PE	1	PE
由编码器线上电池盒的电池供电			
		4	VB
		5	0 V

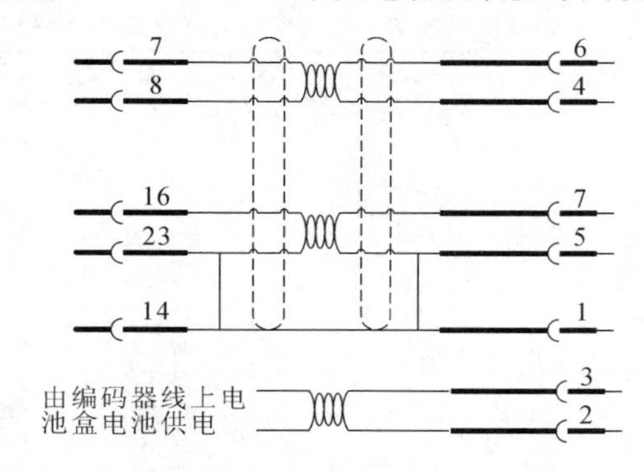

图 1-39　配华大电动机装多摩川协议编码器接线图

表 1-11　配华大电动机装多摩川协议编码器接线表

驱动单元编码器插头		伺服电动机编码器插头	
端子号	端子记号	端子号	端子记号
7	PU+	6	SD+
8	PU−	4	SD−
16	+5 V	7	+5 V
23	GNDD	5	0 V
14	PE	1	PE
由编码器线上电池盒的电池供电			
		3	VB
		2	0 V

2）HSV-180U 系列交流伺服驱动单元

HSV-180U 具有高速工业以太网总线接口，采用具有自主知识产权的 NCUC 总线协议，实现和数控装置高速的数据交换；具有高分辨率绝对式编码器接口，可以适配复合增量式、正余弦、全数字绝对式等多种信号类型的编码器，位置反馈分辨率最高达到 23 位。支持双编码器接口，可以实现全闭环控制。

HSV-180U 交流伺服驱动单元形成从 035 到 450 共八种规格，如图 1-40 所示，功率回路的最大输出功率达到 75 kW。

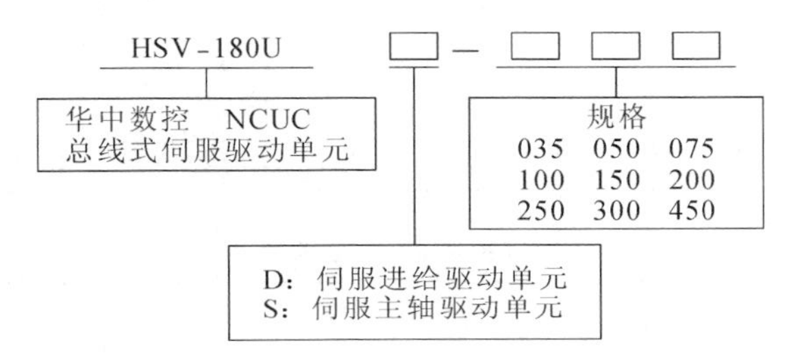

图 1-40　HSV-180U 驱动单元规格说明

（1）HSV-180U 伺服驱动单元主回路端子如图 1-41 所示。表 1-12 至表 1-15 所示为各端子定义。

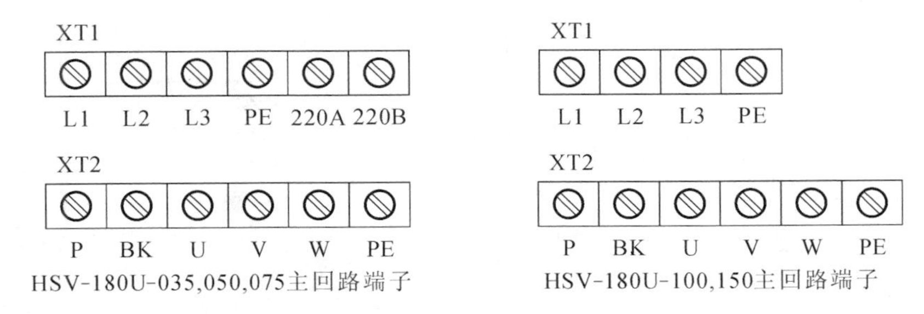

图 1-41　HSV-180U-150 及以下规格端子连接

表 1-12　HSV-180U-035，050，075，100，150 驱动单元电源输入端子

端子号	端子记号	信号名称	功　能
1	L1	主回路电源三相输入端子	主回路电源输入端子，三相 AC 380 V/50 Hz。注意：禁止同电动机输出端子 U、V、W 连接，会损坏驱动单元
2	L2		
3	L3		
4	PE	保护接地端子	与电源地线相连，保护接地电阻应小于 4 Ω
220A	保留		
220B	保留		

表 1-13　HSV-180U-035,050,075 驱动单元输出端子

端子号	端子记号	信号名称	功能
1	P	外接制动电阻连接端子	驱动单元内置 70Ω/500W 的制动电阻。 ①若仅使用内置制动电阻,则 P 端与 BK 端悬空即可。 ②若需使用外接制动电阻,则直接将制动电阻接在 P、BK 端即可,此时内置制动电阻与外接制动电阻是并联关系。 注意:P 端不能与 BK 端短接,否则会损坏驱动单元
2	BK		
3	U	驱动单元三相输出端子	与电动机 U、V、W 端子连接
4	V		
5	W		
6	PE	保护接地端子	与电动机地线相连,保护接地。电阻应小于 4 Ω

表 1-14　HSV-180U-100,150 驱动单元输出端子

端子号	端子记号	信号名称	功能
1	P	外接制动电阻连接端子	驱动单元内无制动电阻,必须外接制动电阻。 注意:P 端不能与 BK 端短接,否则会损坏驱动单元
2	BK		
3	U	驱动单元三相输出端子	与电动机 U、V、W 端子连接
4	V		
5	W		
6	PE	保护接地端子	与电动机地线相连,保护接地电阻应小于 4 Ω

表 1-15　HSV-180U-200 及以上规格端子连接

端子号		端子记号	信号名称	功能
1	XT1	L	控制电源单相输入端子	驱动单元控制电源输入端子,单相 AC 220/50 Hz
2		N		
1	XT2	L1	主回路电源三相输入端子	主回路电源输入端子, 三相 AC 380V/50 Hz。 注意:禁止同电动机输出端子 U、V、W 连接,否则会损坏驱动单元
2		L2		
3		L3		
4		PE	保护接地端子	与电源地线相连,保护接地电阻应小于 4 Ω
5		P	外接制动电阻连接端子	驱动单元没有内置制动电阻,必须外接制动电阻。将制动电阻直接接在 P、BK 端即可。 注意:P 端不能与 BK 端短接,否则会损坏驱动单元
6		N		
7		BK		
8		U	驱动单元三相输出端子	与电动机 U、V、W 端子对应连接
9		V		
10		W		
11		PE	保护接地端子	与电动机地线相连,保护接地电阻应小于 4 Ω

（2）HSV-180U 伺服驱动单元总线及电动机编码器反馈接口

HSV-180U XS3、XS4 总线通信接口与图 1-33 及表 1-6 完全相同。

XS5 电动机编码器反馈接口连接不同伺服电动机配装不同协议编码器接线表与表 1-7 至表 1-11 完全相同。

（3）XS6 外部编码器反馈接口

XS6 第二位置反馈输入接口如图 1-42 所示。表 1-16、表 1-17 为接不同协议位置反馈的端子定义。XS6 作为第二位置反馈信号输入接口，例如机床光栅尺反馈信号输入接口。

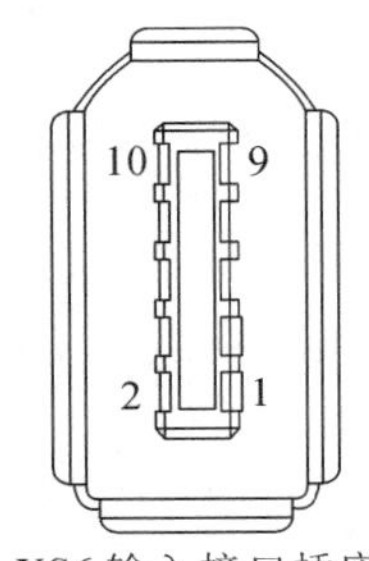

XS6 输入接口插座
(面对插座看)

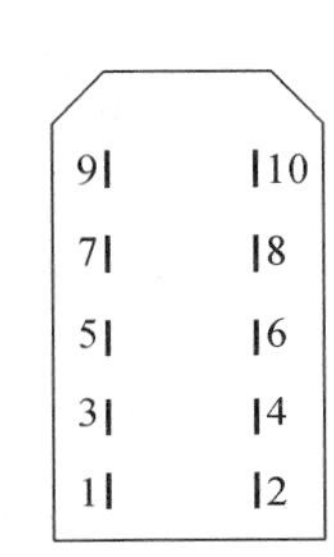

XS6 输入接口插头
(面对插头看)

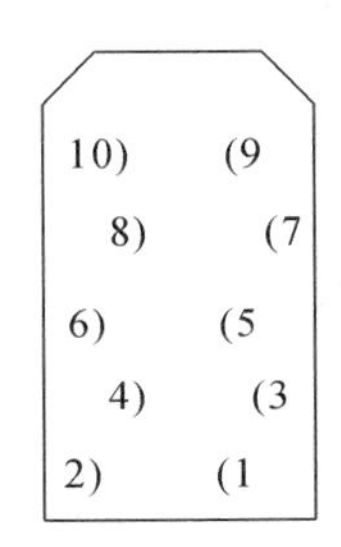

XS6 输入接口插头焊片
(面对插头的焊片看)

图 1-42　HSV-180U 驱动单元 XS6 第二位置反馈输入接口图

表 1-16　XS6 外部编码器反馈接口连接增量式位置反馈

端子序号	端子记号	信号名称	功　　能
1	+5 V	输出+5 V	（1）为 XS6 所接编码器提供 +5 V 电源。 （2）与编码器的电源引脚相连接。 （3）当电缆长度较长时，应使用多根芯线并联
2	GNDD	信号地	（1）与编码器的 0 V 引脚相连接。 （2）当电缆长度较长时，应使用多根芯线并联
3	A+/SINA+	编码器 A+ 输入	与工作台位置编码器的 A+（或 SINA+）相连接
4	A−/SINA−	编码器 A− 输入	与工作台位置编码器的 A−（或 SINA−）相连接
5	B+/COSB+	编码器 B+ 输入	与工作台位置编码器的 B+（或 COSB+）相连接
6	B−/COSB−	编码器 B− 输入	与工作台位置编码器的 B−（或 COSB−）相连接
7	DATA+	编码器 DATA+	与工作台位置编码器的 Z+相连接
8	DATA−	编码器 DATA−	与工作台位置编码器的 Z−相连接
9	保留		
10	保留		

表 1-17　XS6 外部编码器反馈接口连接 Endat2.1/2.2 协议绝对式位置反馈

端子序号	端子记号	信号名称	功　能
1	+5 V	电源输出+	(1) 为 XS6 所接的 Endat2.1/2.2 协议编码器提供 +5 V 电源。 (2) 与编码器的电源引脚相连接。 (3) 当电缆长度较长时，应使用多根芯线并联
2	GNDD	电源输出−	(1) 与编码器的 0 V 引脚相连接。 (2) 当电缆长度较长时，应使用多根芯线并联
3	A+/SINA+	编码器 A+输入	与工作台 ENDAT2.1 协议位置编码器的 SINA+相连接
4	A−/SINA−	编码器 A−输入	与工作台 ENDAT2.1 协议位置编码器的 SINA−相连接
5	B+/COSB+	编码器 B+输入	与工作台 ENDAT2.1 协议位置编码器的 COSB+相连接
6	B−/COSB−	编码器 B−输入	与工作台 ENDAT2.1 协议位置编码器的 COSB−相连接
7	DATA+	编码器 DATA+	与工作台 ENDAT2.1 协议位置编码器的 DATA+相连接
8	DATA−	编码器 DATA−	与工作台 ENDAT2.1 协议位置编码器的 DATA−相连接
9	CLOCK+	编码器 CLOCK+	与工作台 ENDAT2.1 协议位置编码器的 CLOCK+相连接
10	CLOCK−	编码器 CLOCK−	与工作台 ENDAT2.1 协议位置编码器的 CLOCK−相连接

7. 伺服电动机

上海登奇电动机技术有限公司和武汉华大新型电动机科技股份有限公司为华中数控控股公司，华中数控所使用的进给伺服电动机和伺服主轴电动机都是控股公司的产品。

(1) 登奇伺服电动机如图 1-43 所示。登奇电动机规格型号及含义说明如图 1-44 所示，从图 1-44 可以获得设定驱动单元所需与电动机有关的参数值。

图 1-43　登奇伺服电动机

(2) 华大电动机如图 1-45 所示。

华大电动机的规格型号中有 LMBB 或 LM(1) DD 这样的字母或数字，表示该伺服电动机为低压伺服电动机；而 HMBB 这样的字母，表示该伺服电动机为高压伺服电动机。其位置编码器如下：规格型号中的字母 M 为多摩川(单圈 2^{17}、多圈 2^{12})绝对值编码器(须外接电池)；而 M1 则为多摩川(单圈 2^{23}、多圈 2^{12})绝对值编码器(须外接电池)。这样的伺服电动机的磁极对数均为 4。如果在规格型号中还有字母 Z，表示该伺服电动机还具有失电抱闸功能。

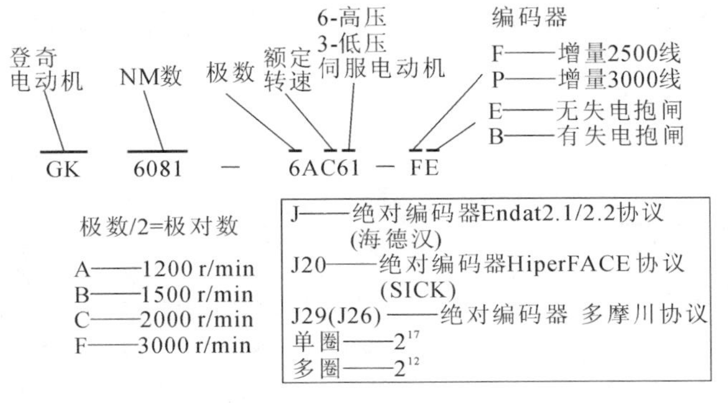

图 1-44　登奇电动机规格型号及含义说明

图 1-45　华大伺服电动机

二、HNC-8 系列数控系统硬件的综合连接

1. HNC-8 系列数控系统综合连接图

HNC-808e 数控系统配伺服主轴综合连接如图 1-46 所示，HNC-808e 数控系统

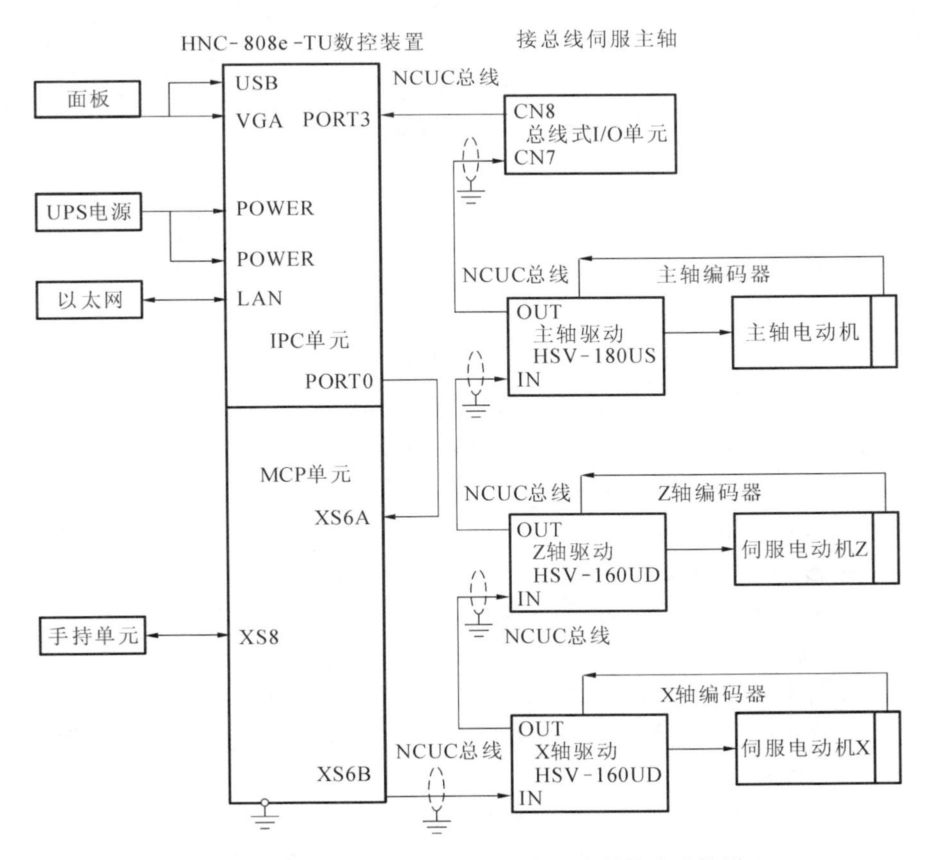

图 1-46　HNC-808e 数控系统配伺服主轴综合连接图

配变频主轴综合连接如图 1-47 所示。HNC-808/818/848 系列数控系统综合连接如图 1-48 所示。

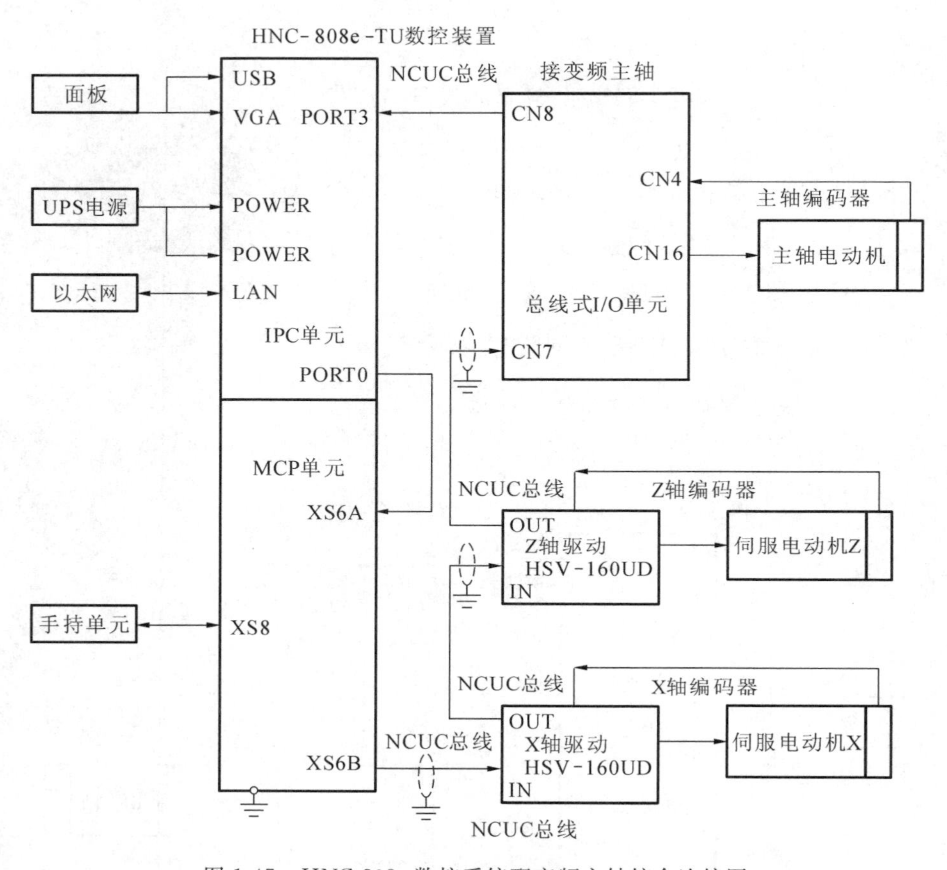

图 1-47　HNC-808e 数控系统配变频主轴综合连接图

HNC-8 系列数控系统驱动器连接如图 1-49 所示。

HNC-8 系列数控系统 PLC 部分连接如图 1-50 所示。

2. 电气柜的设计

电气柜的设计应满足下列要求：

(1) 电气柜应具有 IP54(IP65)的防护等级；

(2) 各电气部件应安装在无漆的镀锌板上；

(3) 强电部件，如驱动器、变频器与弱电部件的安装位置间距应大于 200 mm；

(4) 主轴电动机或变频电动机的动力电缆应采用屏蔽电缆，且在电柜中应与信号电缆分开布线；

(5) 伺服电动机动力电缆的屏蔽喉箍应与屏蔽连接架连接；

(6) 伺服电动机的信号电缆的屏蔽网应压在功率模块上部；

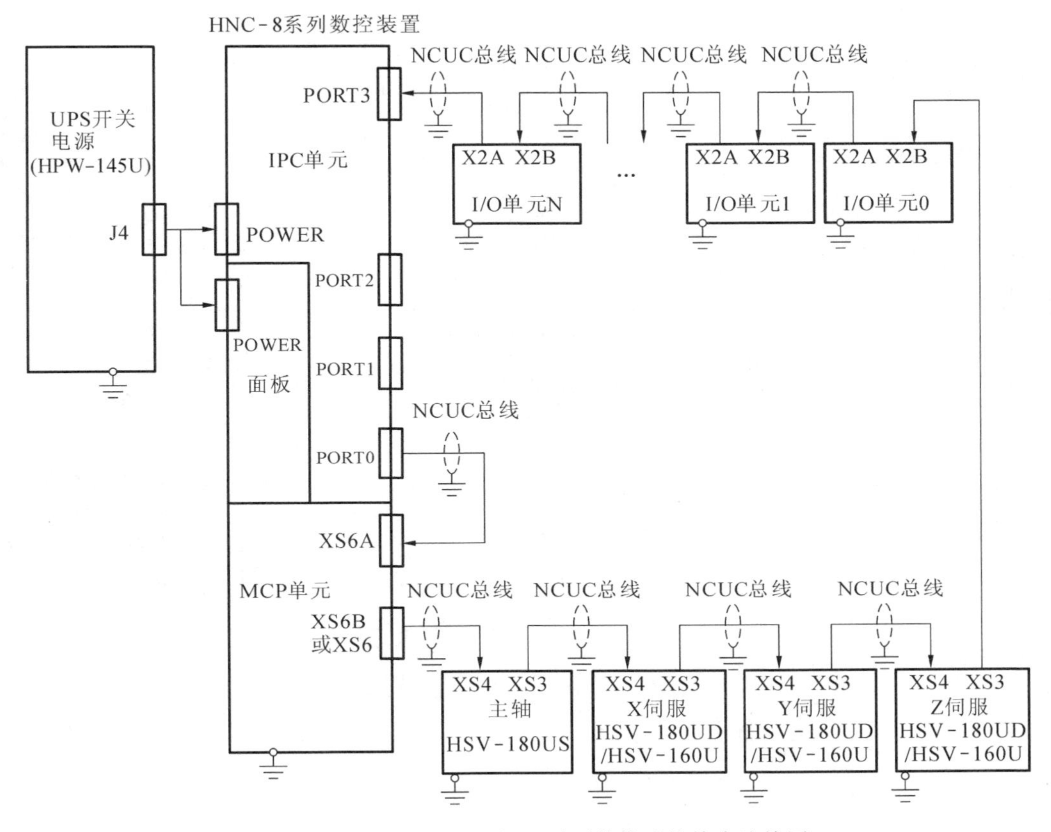

图1-48　HNC-808/818/848系列数控系统综合连接图

(7) 电气设计时，三相四线制的N(零)线一定不能进入电柜，更不能用一根火线和N(零)线作为电柜内的AC 220 V电源使用。电柜内所需的AC 220 V电源必须采用火线电压，用隔离变压器变压提供AC 220 V电源。而且电柜只允许进真真正正的PE。不可进PEN(零地混合)或N(零)线。否则将会出现如烧坏驱动器、电动机或系统等不可预测的重大事故；

(8) 电气设计及电柜配线(包括接地等)必须按照华中数控《电磁兼容设计》的要求进行(如续流二极管、单相或三相灭弧器、配线尽可能强弱的分开并尽可能交叉走线等)。

3. 第一次通电

通电前必须确保DC 24 V回路无短路；确保各部件的连接正确无误。

1) 脱机调试

为了防止出现意外，驱动、电动机在和执行机构连接之前最好经过脱机调试。在调试大型机床时，本环节尤为重要。

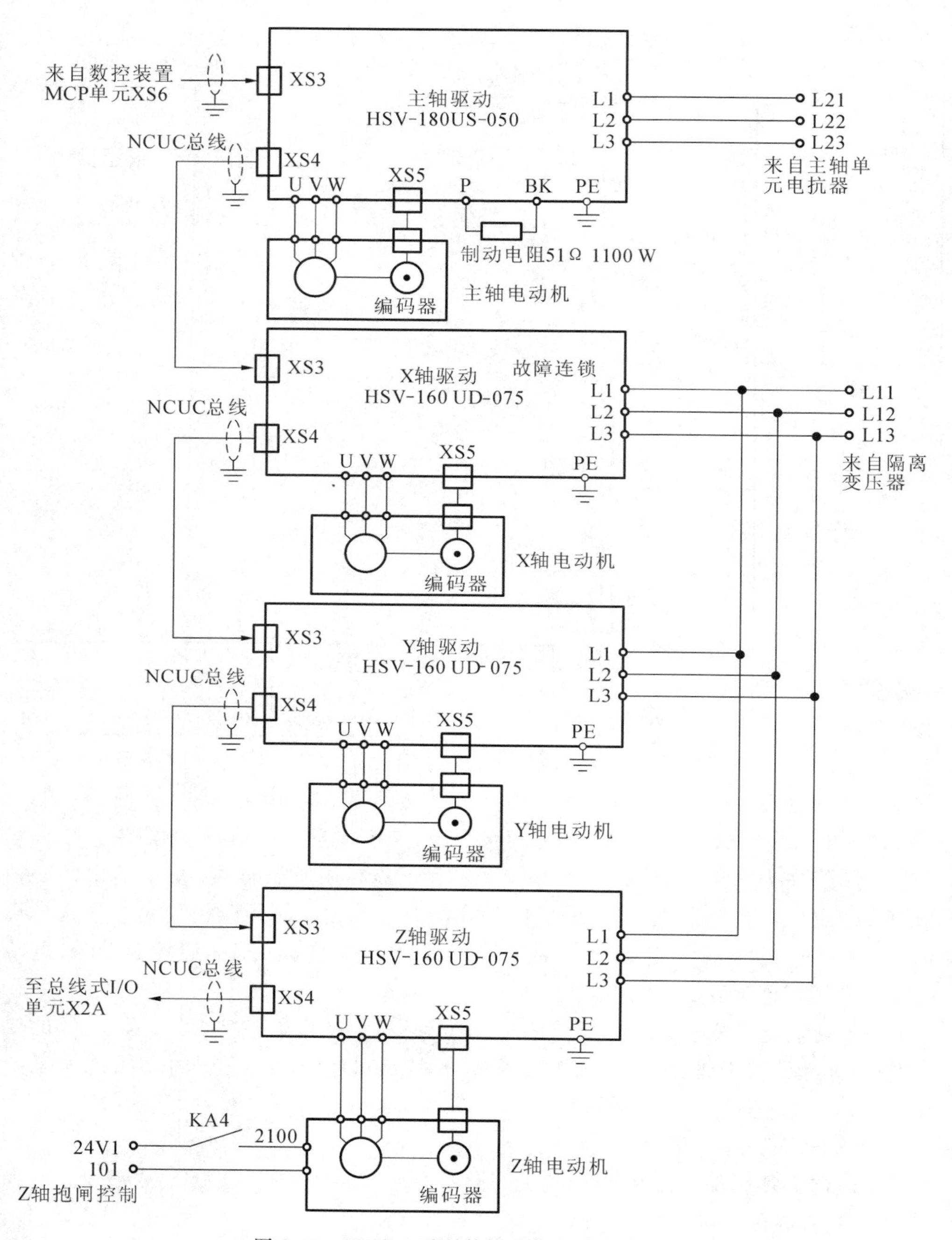

图 1-49　HNC-8 系列数控系统驱动器连接图

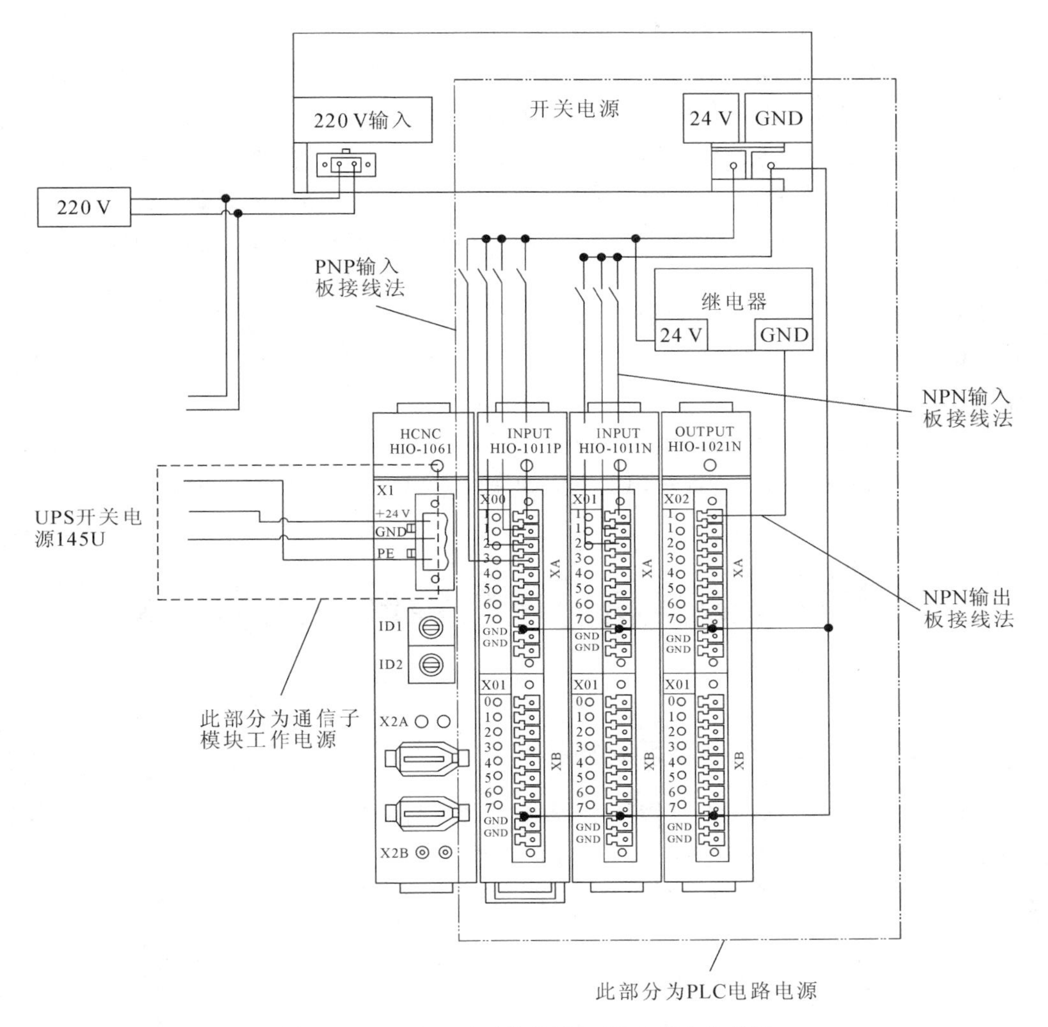

图 1-50　HNC-8 系列数控系统 PLC 部分连接图

具体步骤：

(1) 将驱动、电动机放置于平坦、安全的位置(如地面)；只连接驱动和电动机，将驱动设为内部使能(详见《HSV-180(160)UD(S)交流伺服驱动单元使用说明书》)，检测运转情况；

(2) 检测动力线的 U、V、W 的相序是否正确；

(3) 检查数控系统能否正确控制驱动和电动机的动作，驱动和电动机的工作状态是否平稳且达到设计功率；

(4) 调试 PLC，检查急停和点位控制。

2) 分步上电原则

为了确保调试人员的安全和机床的完好无损，同时为了更方便地对遇到的故障进行诊断，在调试前期过程中应该遵循“分步通电”原则。

(1) 数控系统上电，其他部件保持断开，不通电。检查参数和 PLC，确保 PLC 上电部分的正确性，尤其是当重力轴存在抱闸的情况时。

(2) 进给驱动上电，检查设备线缆连接是否正确，驱动和系统之间是否建立正常的连接；注意进给伺服电动机安装在机床进给轴上，在无切削的情况下的最大动作电流大约为该轴伺服电动机额定电流的 20%，否则切削时将可能出现过流现象，这时证明该伺服电动机选择小了。另外，如果某轴伺服电动机啸叫，且通过调整伺服驱动器参数无效时，可能是伺服驱动器与伺服电动机选择配合不合适。

(3) 动力装置(电动机)上电，检查对电动机的控制是否正常，机床运动是否正常，所有限位是否有效。

(4) 主轴模块上电，检查主轴转速是否正常。

(5) 刀库模块上电，检查并调试换刀动作的正确性。

项目三　数控机床电气控制系统的连接

一、数控机床电气控制系统的构成

数控机床是典型的机电一体化产品，除了计算机数控装置和伺服驱动装置之外，还必须有配套的电气控制电路和辅助功能控制逻辑。

数控机床的电气控制电路包括主电路、控制电路、数控系统接口电路等几个部分，涉及低压电器元件、机床电气控制技术和数控系统接口等知识。

机床主电路主要用来实现电能的分配和短路保护、欠压保护、过载保护等功能。在数控机床总电源回路中，为了保证数控系统的可靠运行，一般要通过隔离变压器供电；对于电网电压波动较大的应用场合，还要在总电源回路中加装稳压器；对于主回路中容量较大、频繁通/断的交流电动机电源回路，为了防止其对数控系统产生干扰，一般要加装阻容吸收电路。

机床控制电路主要用来控制机床的液压、冷却、润滑、照明等系统，该电路的控制原则与普通机床相同，但有些开关信号来自数控系统，而且在交流接触器两端要加装阻容吸收，继电器线圈的两端要加装续流二极管。

数控系统接口电路用来完成信号的变换和连接。由于数控系统内部采用的是直流弱电信号，而机床电气控制电路采用的是交流强电信号，为防止电磁场干扰或工频电压串入计算机数控系统中，数控系统接口电路一般采用光电耦合器进行隔离。数控机床电气控制系统构成如图 1-51 所示。

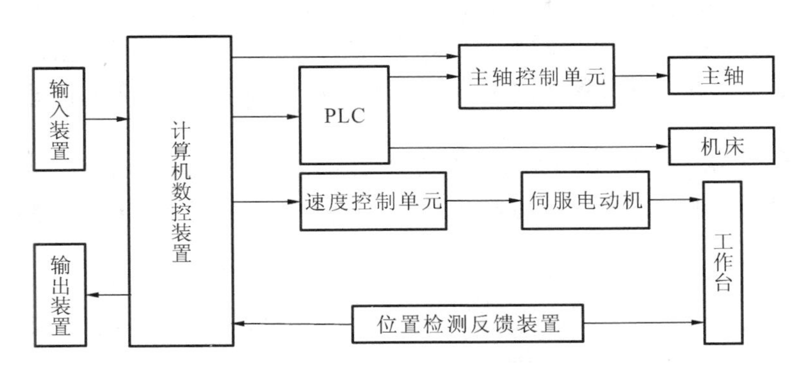

图 1-51　数控机床电气控制系统构成

二、数控机床常用控制电器及选择

图 1-52 所示为数控机床常用控制电器用途分类。

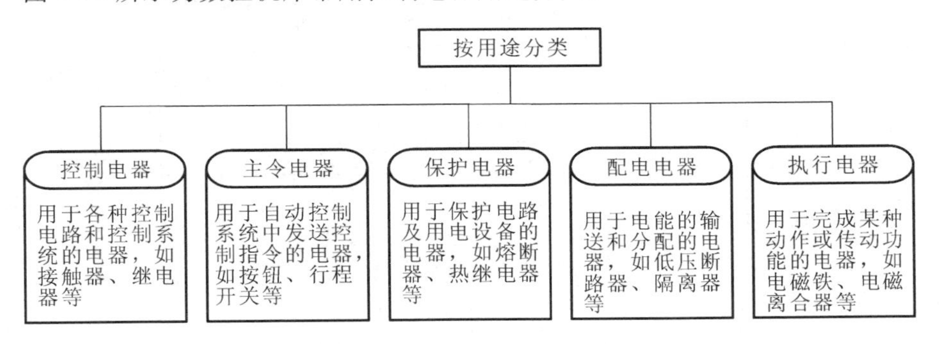

图 1-52　数控机床常用控制电器用途分类

1. 低压断路器

低压断路器(见图 1-53)又称自动开关或空气开关。它相当于闸刀开关、熔断器、热继电器和欠电压继电器的组合，是一种既有手动开关作用又能自动进行欠压、失压、过载和短路保护的电器。

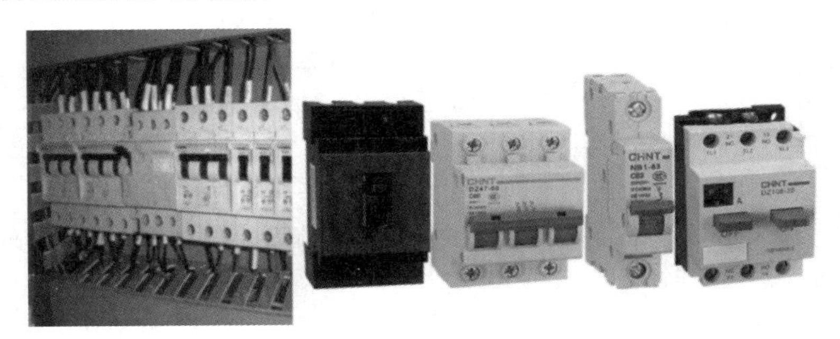

图 1-53　低压断路器实物图

作用:用于电动机和其他用电设备的电路中,在正常情况下,它可以分断和接通工作电流;当电路发生过载、短路、失压等故障时,它能自动切断故障电路,有效地保护串接于它后面的电器设备;还可用于不频繁地接通、分断负荷的电路,控制电动机的运行和停止。

低压断路器分为框架式(万能式)和塑料外壳式(装置式)。图 1-54 所示为低压断路器的结构和工作原理图,图 1-55 所示为低压断路器的图形符号和文字符号。

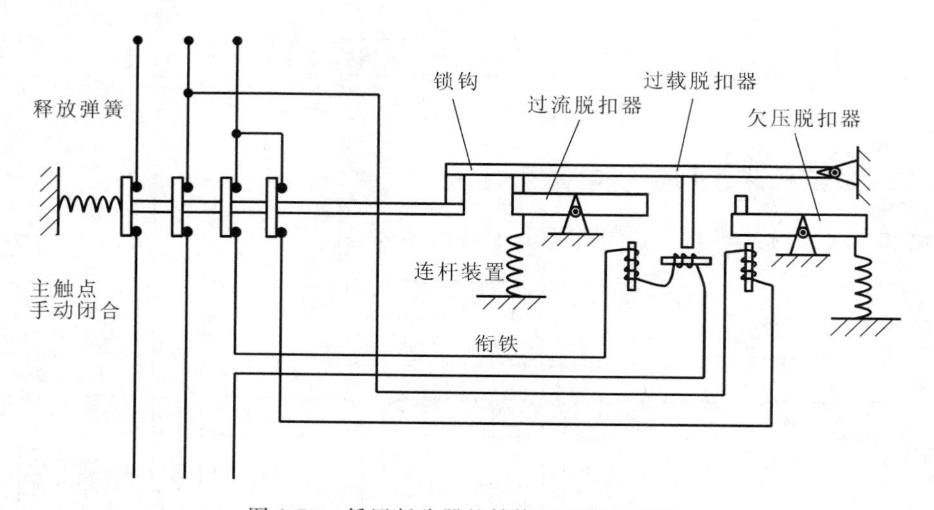

图 1-54　低压断路器的结构和工作原理图

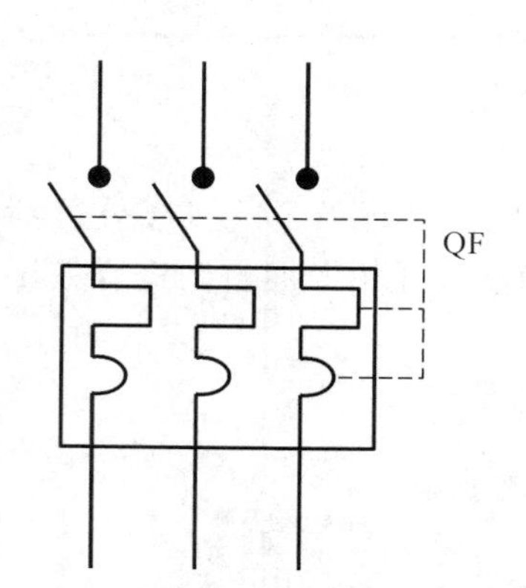

图 1-55　低压断路器的图形符号和文字符号

低压断路器选用原则如下:

(1) 断路器额定电压等于或大于线路额定电压;

(2) 断路器额定电流等于或大于线路或设备额定电流;

(3) 断路器通断能力等于或大于线路中可能出现的最大短路电流;

(4) 欠压脱扣器额定电压等于线路额定电压;

(5) 分励脱扣器额定电压等于控制电源电压;

(6) 长延时电流整定值等于电动机额定电流;

(7) 瞬时整定电流:额定电流的过载倍数确定;

(8) 长延时电流整定值的可返回时间等于或大于电动机的实际启动时间。

2. 组合开关

组合开关(见图 1-56)也是空气开关的一种,它主要用作数控机床电气控制柜的总电源开关,即作为整个电气控制系统的通断使用。其图形符号和文字符号与选用

图 1-56　组合开关实物图

原则同低压断路器。

3. 接触器

接触器(见图 1-57)是一种用于中远距离频繁地接通与断开交直流主电路及大容量控制电路的一种自动开关电器。图 1-58 所示为接触器的结构。

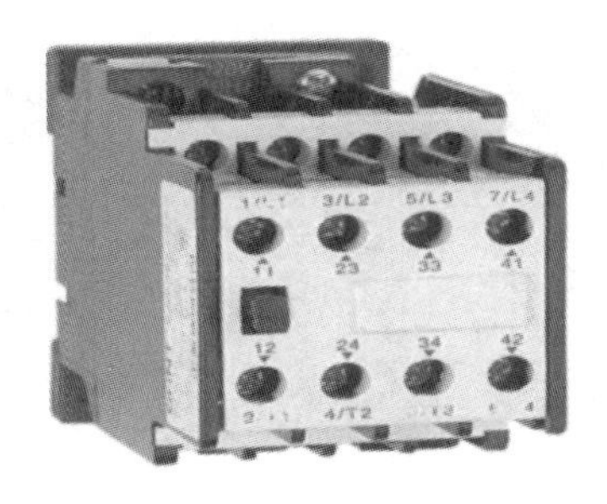

图 1-57　接触器实物图

1) 接触器分类

(1) 按操作方式分有:电磁接触器、气动接触器和电磁气动接触器。

(2) 按灭弧介质分有:空气电磁式接触器、油浸式接触器和真空接触器等。

(3) 按主触头控制的电流性质分有:交流接触器、直流接触器。

(4) 按电磁机构的励磁方式分有:直流励磁操作和交流励磁操作。

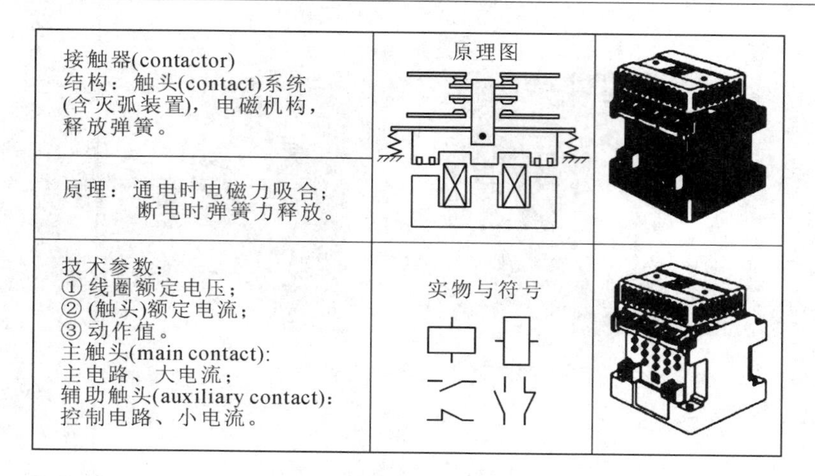

图 1-58 接触器的结构

2）接触器的图形和文字符号(见图 1-59)

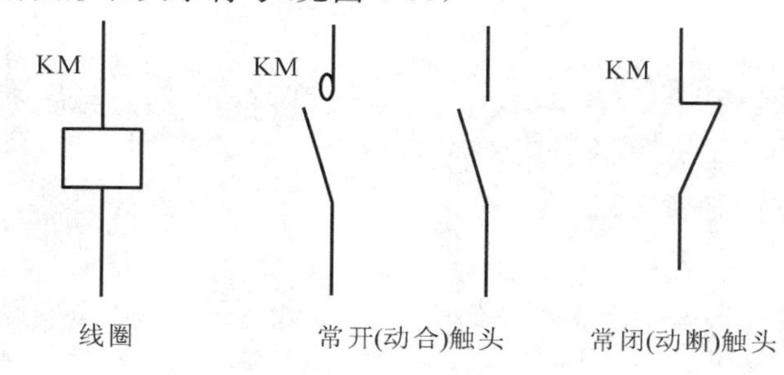

图 1-59 接触器图形和文字符号

3）接触器动作过程(见图 1-60)

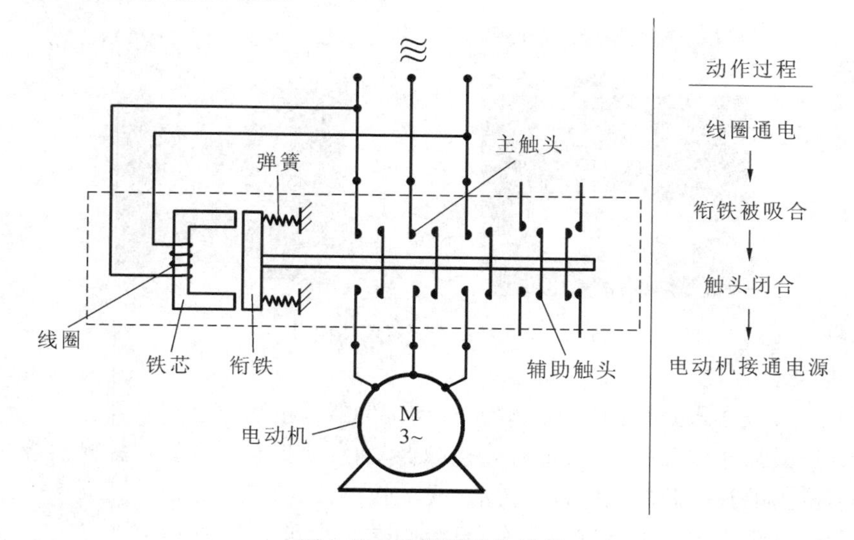

图 1-60 接触器动作过程

4）接触器的选用

（1）接触器极数和电流种类的确定；

（2）根据接触器所控制负载的工作任务来选择相应使用类别的接触器；

（3）根据负载功率和操作情况来确定接触器主触头的电流等级；

（4）根据接触器主触头接通与分断主电路电压等级来决定接触器的额定电压；

（5）接触器吸引线圈的额定电压应由所接控制电路电压确定；

（6）接触器触头数和种类应满足主电路和控制电路的要求。

4. 继电器

继电器(见图 1-61)是一种利用各种物理量的变化，将电量或非电量信号转换为电磁力或使输出状态发生阶跃变化，从而通过其触头或突变量促使在同一电路或另一电路中的其他器件或装置动作的一种控制元件。它用于各种控制电路中进行信号传递、放大、转换、联锁等，控制主电路和辅助电路中的器件或设备按预定的动作程序进行工作，实现自动控制和保护的目的。

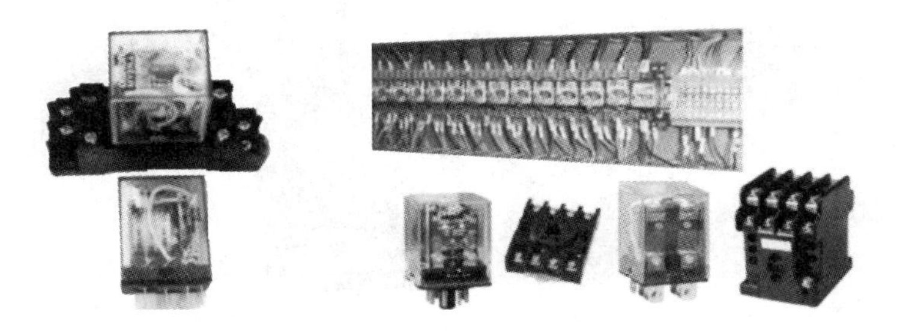

图 1-61　继电器实物图

常用的继电器按动作原理分有电磁式继电器、磁电式继电器、感应式继电器、电动式继电器、光电式继电器、压电式继电器、热继电器与时间继电器等。按激励量不同分为交流继电器、直流继电器、电压继电器、电流继电器、中间继电器、时间继电器、速度继电器、温度继电器、压力继电器、脉冲继电器等。

1）继电器的图形和文字符号

继电器的图形和文字符号如图 1-62 所示。

图 1-62　继电器图形和文字符号

2）继电器种类

继电器种类包括电磁式、感应式、机械式、双金属片式、电子式、电动式等。常用的以电磁式为主。

(1) 电磁式继电器:继电器没有主触头。原理与接触器同。

(2) 电压继电器:线圈匝数多、线细,有过压和欠压继电器之分。

(3) 电流继电器:线圈匝数少、线粗,有过流和欠流继电器之分。

(4) 中间继电器:实质就是电压继电器,作用为放大和增加触头。

(5) 时间继电器:作用为产生延时,有通电延时和断电延时之分。

(6) 特殊继电器。

① 通电延时闭合,断电瞬间断开的常开触头。

② 通电瞬时闭合,断电延时断开的常开触头。

③ 通电延时断开,断电瞬间闭合的常闭触头。

④ 通电瞬时断开,断电延时闭合的常闭触头。

3) 热继电器(见图 1-63)

图 1-63　热继电器实物图

5. 熔断器

熔断器是一种当电流超过规定值一定时间后,以它本身产生的热量使熔体熔化而分断电路的电器,广泛应用于低压配电系统及用电设备中作短路和过电流保护。图 1-64 所示为熔断器实物图及图形和文字符号。

图 1-64　熔断器实物图及图形和文字符号

1) 种类

(1) 瓷插式熔断器如图 1-65 所示。

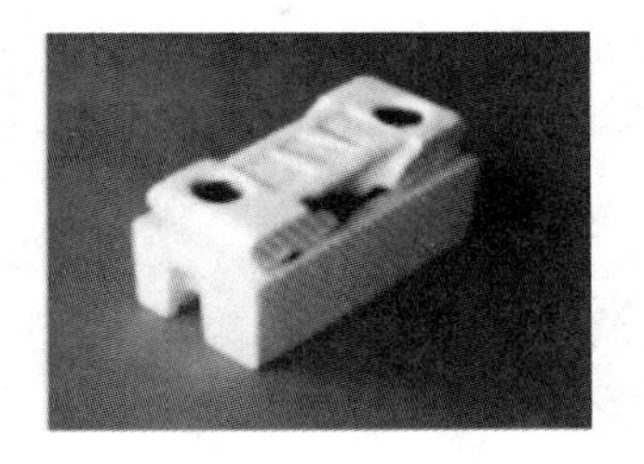

图 1-65　瓷插式熔断器实物图

（2）螺旋式熔断器如图 1-66 所示。

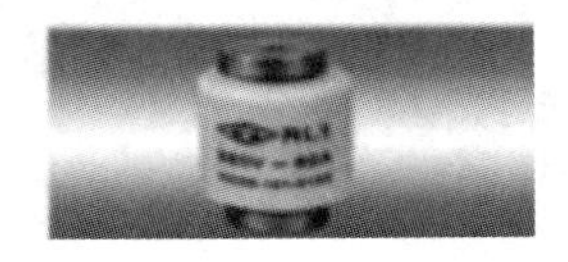

图 1-66　螺旋式熔断器实物图

（3）有填料式熔断器如图 1-67 所示。

图 1-67　有填料式熔断器实物图

（4）无填料密封式熔断器如图 1-68 所示。

图 1-68　无填料密封式熔断器实物图

（5）快速熔断器如图 1-69 所示。

图 1-69　快速熔断器实物图

(6) 自恢复熔断器如图 1-70 所示。

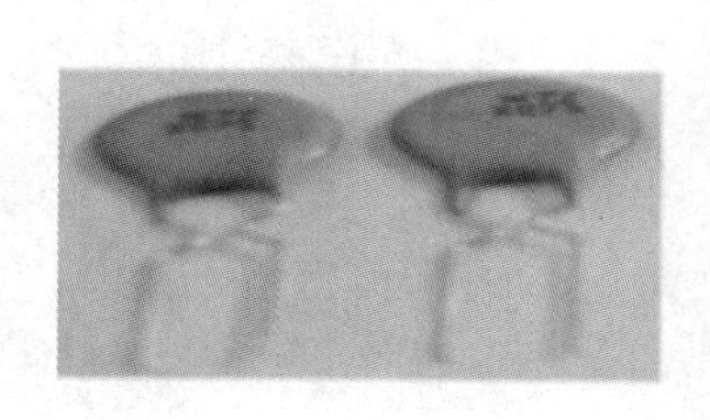

图 1-70　自恢复熔断器实物图

2) 熔断器的选择

(1) 根据线路的要求、使用场合和安装条件选择熔断器类型。

(2) 熔断器额定电压应大于或等于线路的工作电压。

(3) 熔断器额定电流应大于或等于所装熔体的额定电流。

(4) 熔体额定电流的选择。

① 电路上、下两级都装设熔断器时，为使两级保护相互配合良好，两极熔体额定电流的比值不应小于 1.6。

② 用于电炉、照明等电阻性负载的短路保护，熔体的额定电流等于或稍大于电路的工作电流。

③ 保护一台异步电动机时，考虑电动机冲击电流的影响，熔体的额定电流为

$$I_{fN} \geqslant (1.5 \sim 2.5) I_N$$

式中：　I_{fN}——熔体额定电流；

I_N——电动机额定电流。

④ 保护多台异步电动机时，若各台电动机不同时启动，则额定电流为

$$I_{fN} \geqslant (1.5 \sim 2.5) I_{Nmax} + \sum I_N$$

式中：　I_{Nmax}——电动机最大电流。

6. 灭弧器(阻容吸收装置)

(1) 用途：消除交流电路中感性负载，如接触器等通断操作中的接点火花干扰。

(2) 结构:由一个电阻和一个电容串联而成。

(3) 分类:分为单相和三相。

(4) 图形和文字符号如图 1-71 所示。

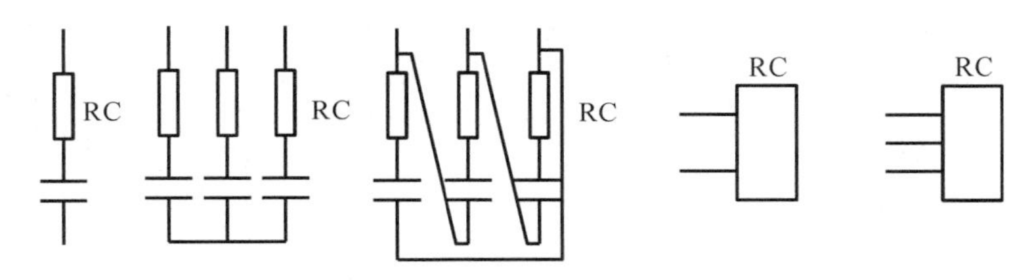

图 1-71 灭弧器图形和文字符号

7. 变压器

作用:将某一数值的交流电压变换成频率相同但数值不同的交流电压。

1) 变压器的种类

(1) 机床控制变压器如图 1-72 所示。

适用于 50 Hz~60 Hz,输入电压不超过交流 600 V 的电路,常作为各类机床机械设备中一般电器的控制电源和步进电动机驱动器、局部照明及指示灯的电源。

(2) 三相变压器。

在三相交流系统中,三相电压的变换一般采用三相变压器来实现。在数控机床中的三相变压器主要是给伺服系统供电。

① 三相变压器实物如图 1-73 所示。

图 1-72 机床控制变压器实物图

图 1-73 三相变压器实物图

② 图形和文字符号如图 1-74 所示。

2) 变压器的选择

机床常用控制变压器型号有:JBK 型、BK 型等。

变压器主要参数有:初级电压、次级电压。

(1) 根据实际负载情况选择初级额定电压 U1,再选择次级额定电压 U2、U3……

(2) 根据实际负载情况,确定各次级绕组额定电流 I1、I2……,一般绕组的额定输出电流应大于或等于额定负载电流。

(3) 次级额定容量由总容量确定。总容量算法:P2=U2I2+U3I3+U4I4+……

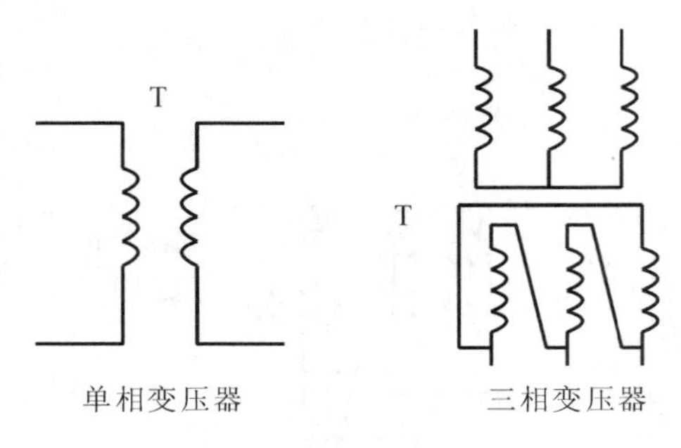

图 1-74　变压器图形和文字符号

8. 直流稳压电源

其图形和文字符号如图 1-75 所示。

功能：将非稳定交流电源变成稳定直流电源。在数控机床电气控制系统中，为驱动器控制单元，直流继电器，信号指示灯等提供直流电源。

数控机床中主要使用｛开关电源；一体化电源｝

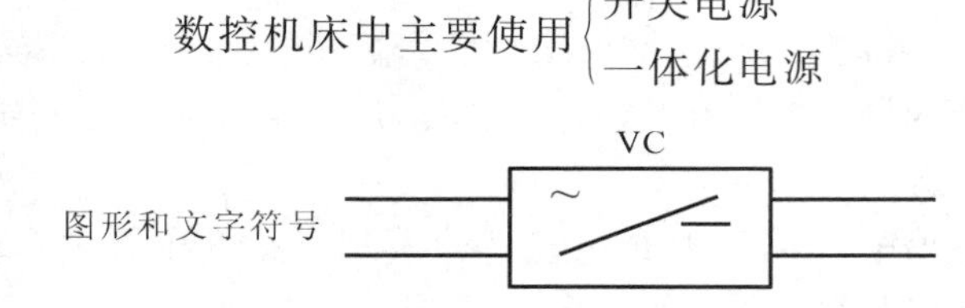

图 1-75　直流稳压电源图形和文字符号

1）开关电源（图 1-76）

开关电源被称为高效节能电源。

主要参数：输入 AC 电压，输入频率，冷态冲击电流，保护方式，启动上升保持时间，安全标准，输出电压调整，纹波噪声，效率等。

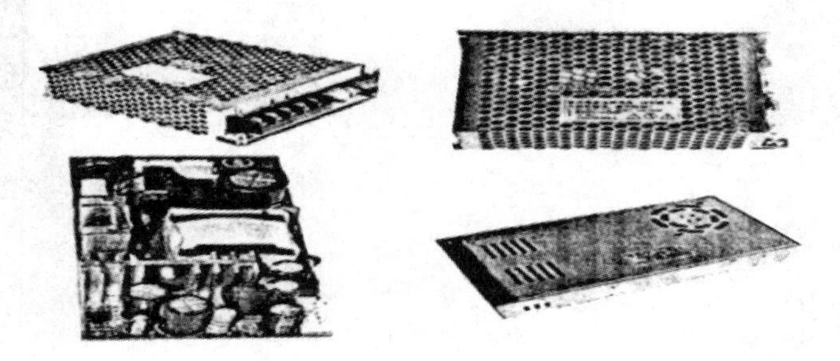

图 1-76　开关电源实物图

2）一体化电源（图 1-77）

一体化电源是采用外壳传导冷却方式的 AC/DC 开关电源。

3）直流稳压电源的选择

选择时主要考虑如下方面。

（1）电源的输出功率、输出路数。

图 1-77　一体化电源实物图

(2) 电源的尺寸。

(3) 电源的安装方式和安装孔位。

(4) 电源的冷却方式。

(5) 电源在系统中的位置及走线。

(6) 环境条件。

(7) 绝缘强度。

(8) 电磁兼容性。

9. 主令电器

主令电器主要用来接通或断开控制电路,以发布命令或信号,改变控制系统工作状况的电器。常用的主令电器有控制按钮、行程开关、万能转换开关、主令控制器等。

1) 控制按钮

控制按钮实物图、结构示意图、文字和图形符号分别如图 1-78、图 1-79 和图 1-80 所示。

图 1-78　控制按钮实物图

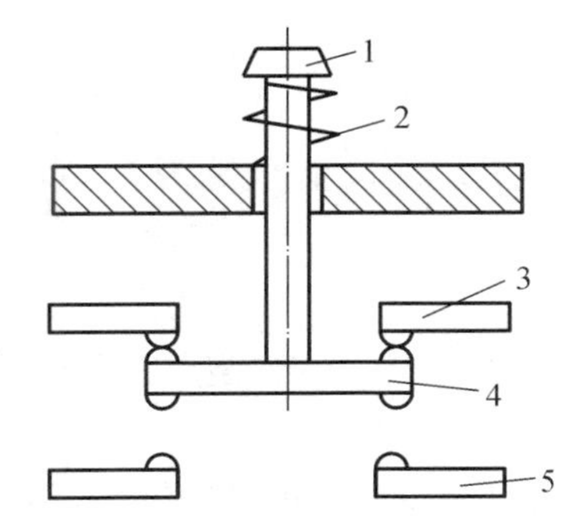

图 1-79　控制按钮结构示意图

1—按钮;2—复位弹簧;3—常闭静触头;
4—动触头;5—常开静触头

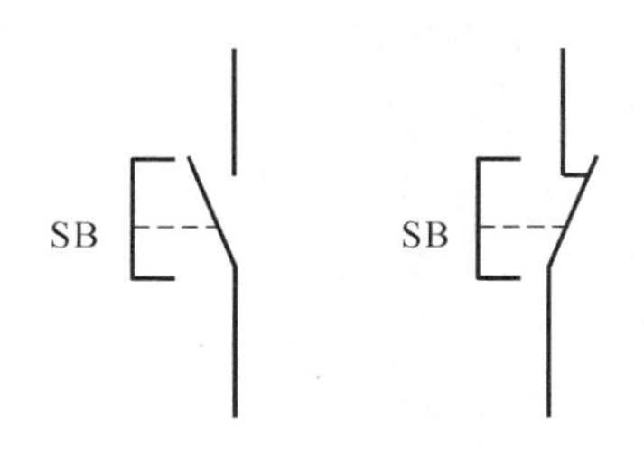

图 1-80　控制按钮文字和图形符号

2）行程开关

行程开关实物图、工作原理图、文字和图形符号分别如图 1-81、图 1-82 和图 1-83 所示。

图 1-81　行程开关实物图

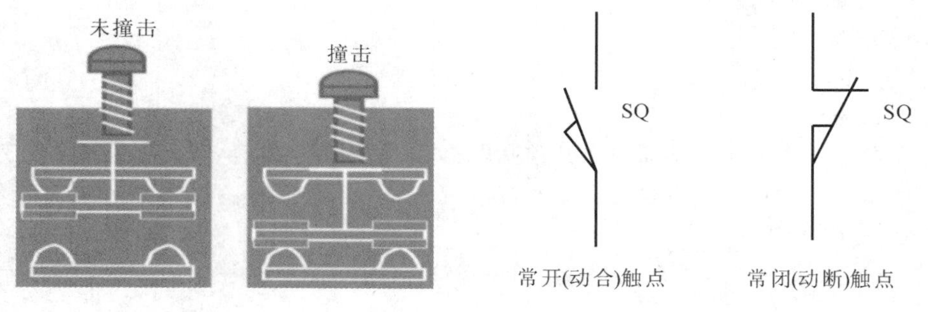

图 1-82　行程开关工作原理图

图 1-83　行程开关文字和图形符号

（1）作用：用来控制某些机械部件的运动行程和位置或限位保护。

（2）结构：行程开关是由操作机构、触点系统和外壳等部分组成。

（3）分类。

- 按结构分
  - 直杆式
  - 旋转式
    - 单轮旋转式
    - 双轮旋转式

（4）选择。

在选择行程开关时，应根据被控制电路的特点、要求、生产现场条件和触点数量等因素进行考虑。

3）接近开关

接近开关又称无触点行程开关，它是一种非接触型的检测装置。其实物图和文字和图形符号分别如图 1-84 和图 1-85 所示。

（1）作用：可以代替行程开关完成传动装置的位移控制和限位保护，还广泛用于检测零件尺寸、测速和快速自动计数以及加工程序的自动衔接等。

（2）特点：工作可靠、寿命长、功耗低、重复定位精度高、灵敏度高、频率响应快，以及适应恶劣的工作环境等。

(3) 分类。

按工作原理分：
- 高频振荡系列
- 电容系列
- 永久磁铁系列
- 霍尔效应系列

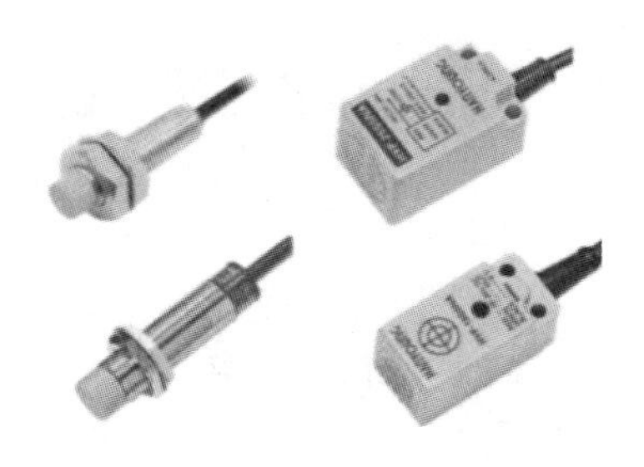

图 1-84　接近开关实物图

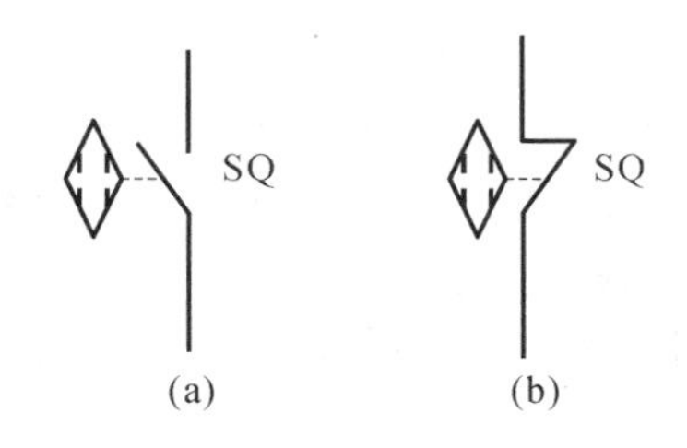

图 1-85　接近开关文字和图形符号

(a) 动合触点　(b) 动断触点

4) 万能转换开关(见图 1-86)

图 1-86　万能转换开关实物图

10. 导线和电缆

数控机床上主要使用 3 种类型的导线:动力线、控制线、信号线。相对应有 3 种类型的电缆。导线的选择应适用于工作条件和环境影响,它的横截面面积、材质、绝缘材料等都是设计时要考虑的,可以参考相关技术手册。

1) 绝缘导线的种类和颜色

(1) 绝缘导线的种类

绝缘导线可分为绝缘硬线(俗称单股线)、绝缘软线(俗称多股线)和绝缘屏蔽电线。按照绝缘层可分为橡胶绝缘和塑料绝缘导线。

(2) 绝缘导线的颜色

绝缘导线的颜色可以表示不同相序或某种使用功能,属安全标志之一。

2) 绝缘导线的加工与连接

(1) 绝缘导线加工顺序:

导线拉直→定尺剪线→剥头(去绝缘层)捻头→热搪锡→清洗

(2) 绝缘导线的连接方法:

通常有螺钉连接、锡钎焊、绕接、插接及压接等。

3) 布线的基本要求及方法

(1) 导线接线正确,应符合配线图的要求。

(2) 导线排列。

① 横平竖直(即各线束与箱体成水平或垂直)。

② 整齐划一(即各柜、屏的各线束布线方式一致、走向一致、捆扎与固定方式及间距一致、线束各层高度一致、垂直位置一致)。

③ 牢固美观(即各线束中的线均拉直、捆扎并固定牢固)。

(3) 下线。

① 据装置的结构形式及元器件的位置确定线束的长短、走向及安装固定方法。

② 装有电子器件的控制装置,一次线和二次线应分开走,尽可能各走一边。

③ 过门线一律采用多股软线,下线长度保证门开到极限位置时不受拉力影响。

(4) 行线方式。

行线方式包括捆扎法和行线槽法。

4) 导线标记附件

① 标志牌:标志牌只适用于对线束的标记,用尼龙扎带固定于线束的端部或指定的位置。

② 自粘标志带:将涂有压敏胶并印有符号、字母、数字的标志带,按需要粘贴于导线或线束的端部。

③ 套管:将专用圆形、椭圆形或异形套管按需要的标志符号或数字打字后,套在导线端部。

④ 标志管:将按特定字母、数字压制的标志管按标志需要组合排列于导线的端部。

⑤ 冷压接端头如图 1-87 和图 1-88 所示。

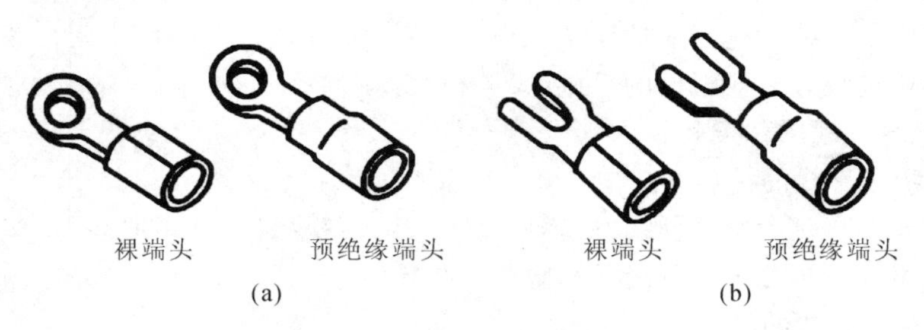

图 1-87 OT 型和 UT 型冷压接端头

(a) OT 型 (b) UT 型

⑥ 接线座。

⑦ 行线槽和捆扎带如图 1-89 所示。

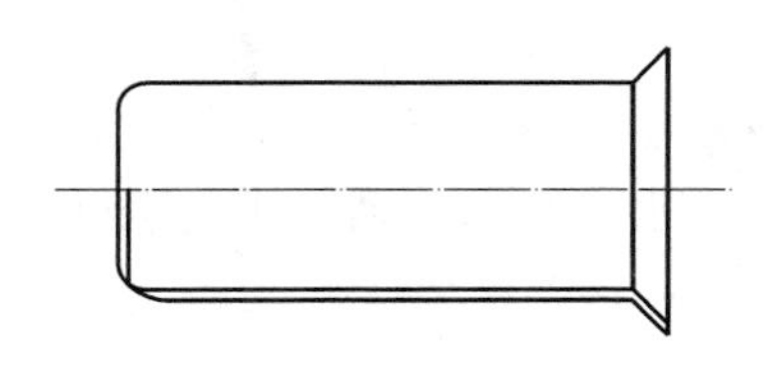

图 1-88　GT 型管状冷压接端头

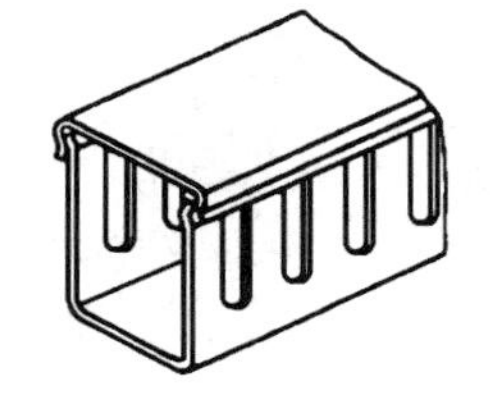

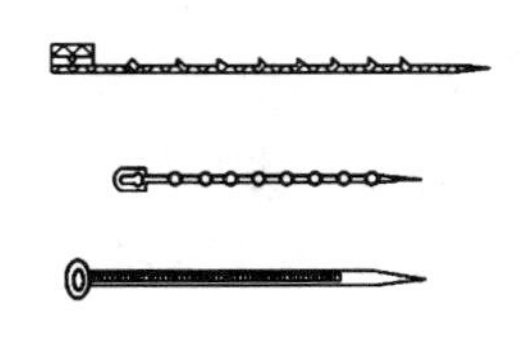

图 1-89　行线槽和捆扎带

三、HNC-8 系列数控系统数控机床电气控制系统典型设计

1. 机床电气控制系统设计

1）机床电气控制系统设计的基本原则

（1）最大限度满足机床和工艺对电气控制的要求。

（2）在满足控制要求的前提下，设计方案应力求简单、经济和实用。

（3）妥善处理机械与电气的关系。

（4）考虑电气系统的安全性和可靠性。

（5）正确合理地选用电器元件。

（6）保证数控机床稳定、可靠地运行。

（7）电气控制电路的设计应高度重视保证人身安全，要符合有关安全的规范和标准。各种指示信号要容易识别，操纵机构要容易操作，容易切换。

2）机床电气控制系统设计的基本内容

（1）原理设计内容。

① 拟定电气控制系统设计任务书。

② 选择拖动方案、控制方式和电动机。

③ 设计并绘制电气原理图和选择电器元件，制订元器件明细表。

④ 对原理图各连接点进行编号。

⑤ 编写设计说明书。

（2）工艺设计。

① 根据电气原理图及选定的电器元件，绘制电气设备总装接线图。

② 设计并绘制电器元件布置图。

③ 设计并绘制电器元件的接线图。

④ 设计并绘制电气箱及非标准零件图。

⑤ 列出所用各类元器件及材料清单。

⑥ 编写设计说明书和使用维护说明书。

3）机床电气控制系统设计的一般步骤

（1）拟定设计任务书。

说明所设计的机械设备的型号、用途、进给轴数及主轴数、工艺过程、技术性能、传动要求、工作条件、使用环境等。

(2) 选择电力拖动方案与控制方式。

电力拖动方案是指根据生产工艺要求、生产机械的结构、运动要求、负载性质、机械惯量、调速要求以及投资额等条件去确定电动机的类型、数量、拖动方式,以及控制要求。

(3) 选择电动机。

选择电动机的类型、数量、结构形式及容量、额定电压、额定转速等。

(4) 设计电气原理图并合理选用元器件,编制元器件目录清单。

(5) 设计电气设备制造、安装、调试所必需的各种施工图。

(6) 编写说明书。

4) 电力拖动方案的确定与电动机的选择

(1) 电力拖动方案的确定。

① 拖动方式的选择

电力拖动方式有单独拖动和分立同步拖动两种。

② 调速方案的选择

主运动和进给运动都要求具有一定的调速范围,可采用机械调速、液压调速或电气调速方案。

(a) 重型或大型设备的主运动及进给运动,应尽可能采用电气无级调速。

(b) 精密机械设备如坐标镗床、精密磨床、数控机床等,也应采用电气无级调速方案。

(2) 电动机调速性质应与负载特性相适应。

机床设备的各个部件具有不同的负载特性,如机床的主运动为恒功率负载,而进给运动为恒转矩负载。在选择电动机调速方案时,要使电动机的调速性质与生产机械的负载特性相适应。

5) 拖动电动机的选择

(1) 电动机选择的基本原则。

① 电动机的机械特性应满足生产机械的要求,要与负载特性相适应,并具有一定的调速范围与良好的启动、制动性能。

② 电动机的结构形式应满足机械设计提出的安装要求,并适应周围环境的工作条件。

③ 工作过程中电动机容量能得到充分利用。

(2) 根据工作环境选择电动机的结构形式。

① 一般采用防护式电动机。

② 在空气中存在较多粉尘的场所,宜用封闭式电动机。

③ 在较潮湿的场所,应尽量选用有防潮措施的电动机。

④ 在高温场所,应尽量选用相应绝缘等级的电动机。

⑤ 在易燃、易腐蚀的场所，应相应地选用防爆型及防腐型电动机。

(3) 根据设备的速度选择电动机的额定转速。

对应一定容量，转速选得越低，则电动机的体积就越大，价格也越高。但转速选得太高，则增加了机械部分的复杂程度。

(4) 根据工作方式选择电动机的容量。

电动机容量选择的原则是：

① 对于恒定负载长期工作制的电动机，电动机的额定功率大于等于负载所需要的功率。

② 对于变动负载长期工作制的电动机，当负载变到最大时，电动机仍能给出所需要的功率。

③ 对于短时工作制的电动机，按照电动机的过载能力来选择。

④ 对于重复短时工作制的电动机，按照电动机在一个工作循环内的平均功耗来选择。

6) 机床主要部件选择

(1) 数控系统选择。

根据机床的实际情况，选择不同的数控系统及其安装形式，包括系统的硬件以及系统软件。

(2) 伺服电动机与伺服驱动器选择。

现代机电行业中经常会碰到一些复杂的运动，这对电动机的动力荷载有很大影响。伺服驱动装置是许多机电系统的核心，因此，伺服电动机的选择就变得尤为重要。

① 伺服电动机结构及工作原理。

伺服(servo)源于英语 Servant 或 Sleeve，意指“电动机能根据指令忠实地转动或移动”。通过检测装置，时时刻刻监督伺服电动机是否根据所输入的指令转动或移动。

伺服系统是以被驱动机物体的位置(姿态)、速度、加速度等变量为被控量，使之能随指令值的任意变化进行跟踪的控制系统。

“伺服”的基本特征是“服从”和“跟踪”，深刻地认识这一点很重要。

伺服系统是随动系统。

伺服系统要求输出忠实地跟踪控制器所发出的命令，并能产生足够的力或力矩，使被驱动的运动机械获得所希望的加速度、速度和位置。

它控制的出发点是要求追踪任意变化的控制命令，并且要求实现精确位置跟踪控制。

(a) 伺服电动机分类。

伺服电动机有直流伺服电动机和交流伺服电动机。

(b) 交流永磁同步电动机的材料和磁极构造。

与电励磁的同步电动机不同，永磁同步电动机采用高磁能积，高矫顽力的钕铁硼(Nd2Fe14B)永磁材料制造成特定的形状，在电动机的定子或转子形成气隙磁场。

在永磁同步电动机设计中，通常将转子设计成永磁体，而将定子设计成线圈，这样可以免去电刷和滑环装置，提高电动机的可维护性和控制性能。

(c) 永磁同步电动机的旋转原理如图 1-90 所示。

电动机的定子电枢绕组在三相正弦交流电流的作用下，在定转子之间的气隙中产生一个合成的旋转磁场。这个等效的磁场必然和转子的永磁磁场相互作用，就像图 1-90 中示意的。如果定子等效磁场不停地旋转，转子磁场在“同性相斥、异性相吸”的受力过程中，必然会跟着定子等效磁场一起旋转起来。实际上，一台永磁同步电动机的结构不论有多么复杂，都可以用这个物理模型来描述。

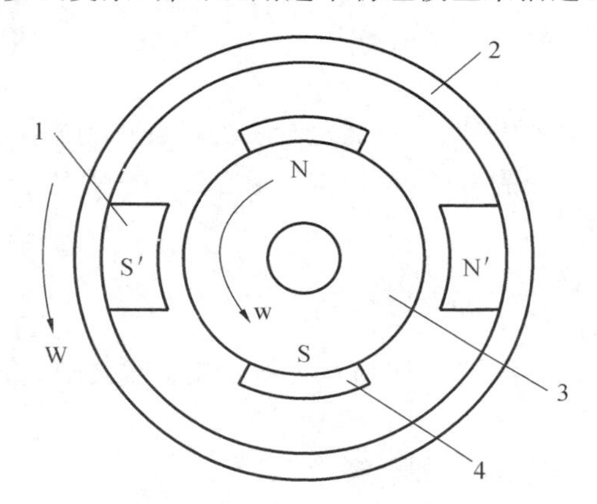

图 1-90　永磁同步电动机的旋转原理

1—定子绕组等效磁极；2—定子铁芯；3—转子铁芯；4—转子磁极

(d) 伺服电动机检测装置如图 1-91 所示。

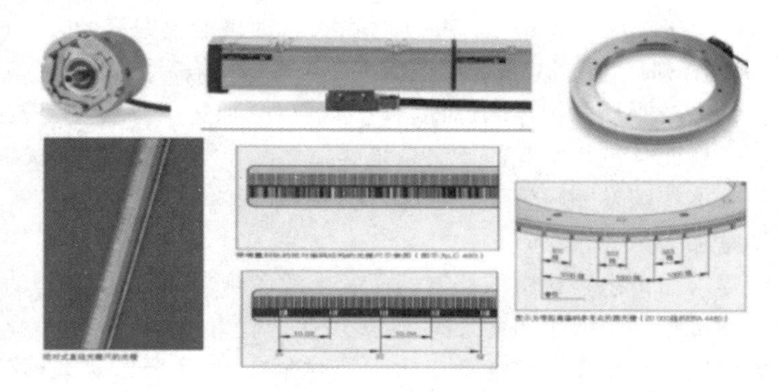

图 1-91　位置检测装置

(e) 编码器分类。

● 增量式旋转编码器　用光信号扫描分度盘，通过检测、统计信号的通断数量来计算旋转角度的编码器，如图 1-92 所示。

● 正余弦编码器（见图 1-93）　利用励磁原理，通过给励磁线圈励磁，输出一路正弦信号，一路余弦信号，同时也输出脉冲仿真信号的编码器。

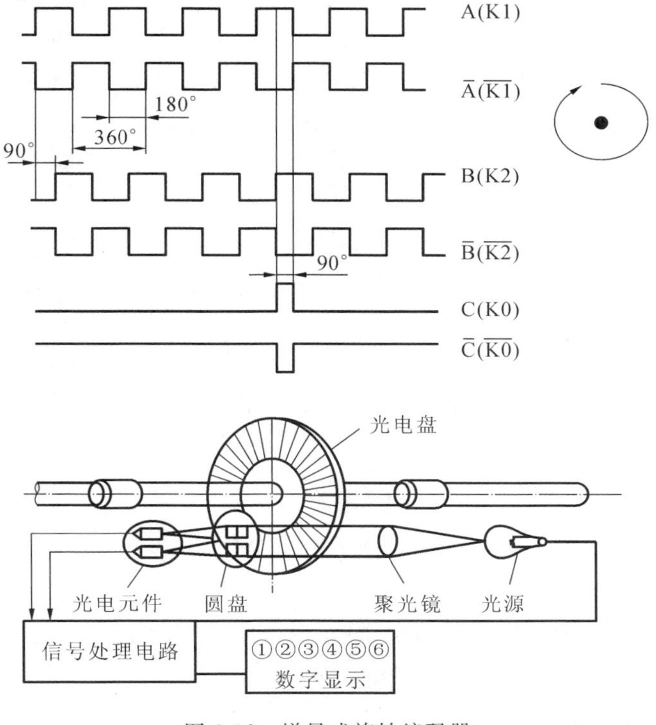

图 1-92　增量式旋转编码器

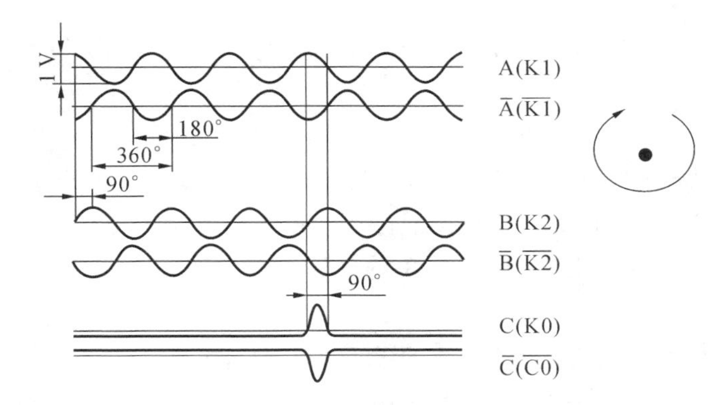

图 1-93　正余弦编码器

这种编码器最重要的特征是：由于正余弦信号为模拟量连续信号，因此，理论上可以被无限分割，可以做到很高的精度，关键取决于解码电路与软件处理。例如：一个编码器具有 1024 脉冲的正弦波，一个周期被分割为 1024，则此编码器脉冲数为 1024×1024，可以达到非常高的精度。

● 旋转变压器编码器　它是一个旋转的变压器，通过旋转给原边（可理解为电动机的定子）励磁；转子有两组绕组，一组正弦绕组，一组余弦绕组。

● 长线 UVW 编码器（见图 1-94）　它又称为线驱动型或差分输出型编码器。UVW 编码器也是一种光电型编码器。除了有 ABZ 方波脉冲之外，还有 UVW 相带方波，UVW 相带和电动机的极对数一一对应，这样，当鉴别 UVW 信号时，可以很容易得到转子与编码器安装的交角。这种编码器除了有分辨率指标之外，还有极对数之分，当选用这种编码器的时候，必须知道所使用的电动机的极对数。

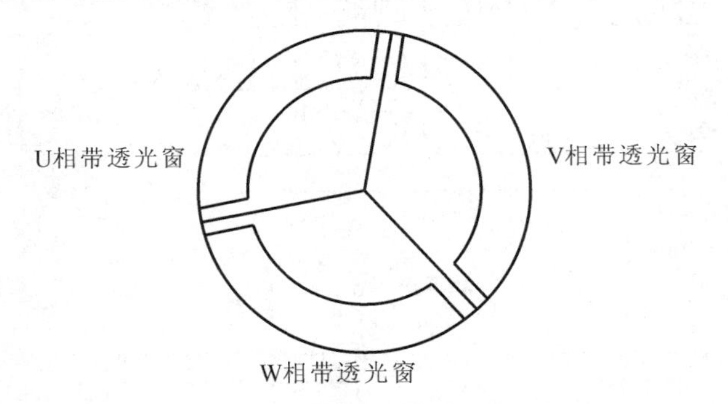

图 1-94　长线 UVW 编码器

● 磁性编码器。

结构：磁鼓＋感应器，检测磁通变化，转换为电信号 ABZ。

特点：功耗低、结构简单、适合高速运转、适应恶劣环境；惯性偏大，易受外界磁场干扰，一般分辨率通过细分技术可达到数万脉冲/转。

● 光电编码器。

原理：光电转换，位移或角度→光强的变化→电信号的变化→整形为标准数字脉冲信号。

分类：

——增量式光电编码器　输出 ABZ，差动电压输出或集电极开路输出。

——绝对式光电编码器　二进制或循环二进制编码方式。

——复合式光电编码器　带有简单的磁极定位功能，ABZ＋UVW。生产厂家：长春禹衡、无锡瑞普。

注：UVW 信号和电动机磁极对数相对应。

——省线式光电编码器　多路开关切换 ABZ 和 UVW。生产厂家：多摩川。

——多圈式绝对光电编码器　解决位置记忆功能，针对大型机床、机器人等应用，包含差动的增量式位置信息和以通信方式传送的多圈位置信息；体积小、分辨率高、响应快、多圈记忆存储，适于长线串行传输，但价格高，构造复杂。

——串行光电编码器　在编码器内部集成 CPU 和 ASIC，实现信号内插功能，采用 RS-485 接口传送高分辨率的位置信息，通信速度有 2.5M 和 4M 等，分辨率可达到 17 位或 23 位。生产厂家：海德汉、Danaher、多摩川。

——正余弦编码器　类似于增量编码器＋绝对式编码器，绝对值信息通过串行传送;增量信息采用模拟信号传送，AB 信号被正弦和余弦信号代替,分辨率由内插的数值个数决定,可以达到 27 位。生产厂家:海德汉、Danaher、SICK。

——带距离编码的正余弦编码器　类似于增量编码器+类绝对式编码器;绝对值信息通过距离编码信息计算获得;增量信息采用模拟信号传送，AB 信号被正弦和余弦信号代替,分辨率由内插的数值个数决定。生产厂家:海德汉。

位置传感器的基本技术指标包括:电源要求、分辨率、信号输出类型、响应频率和最高转速和传输介质。

② 伺服系统简史。

(a) 步进电动机伺服系统→直流电动机伺服系统→感应系列交流电动机伺服驱动系统→同步系列永磁电动机伺服驱动系统→直线电动机伺服系统。

直线电动机的优点:消除惯性较大的机械传动链,而成为“零传动”,所以快速性与反应能力大为提高,加速过程快,速度高,同时提高了传动刚度和精度。

(b) 模拟伺服驱动器→全数字伺服驱动器。

(c) 开环伺服控制系统→半闭环伺服控制系统→全闭环伺服控制系统(见图 1-95、图 1-96 和图 1-97)。

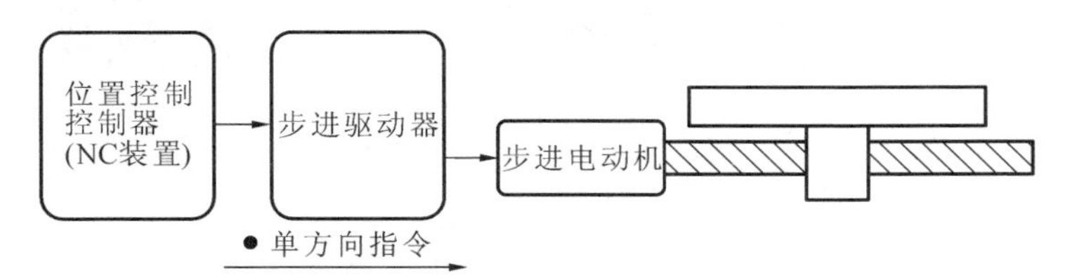

图 1-95　开环进给伺服系统示意图

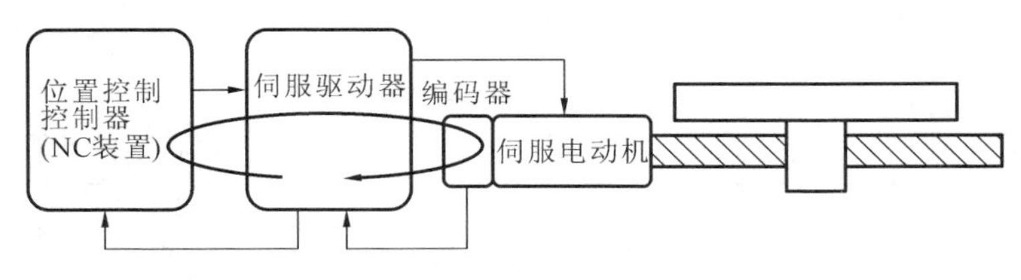

图 1-96　半闭环控制系统示意图

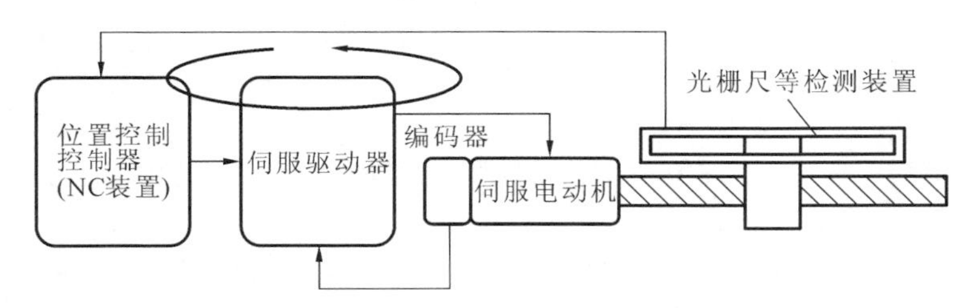

图 1-97　全闭环控制系统示意图

(d) 传统的传动方式和新型传动方式分别如图 1-98、图 1-99 所示。

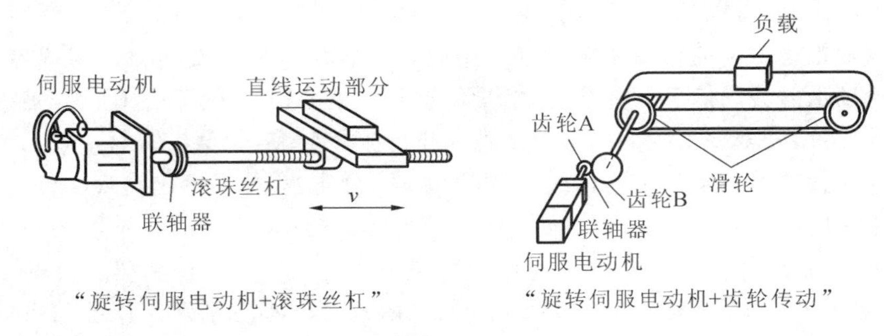

"旋转伺服电动机+滚珠丝杠"　"旋转伺服电动机+齿轮传动"

图 1-98　传统的传动方式

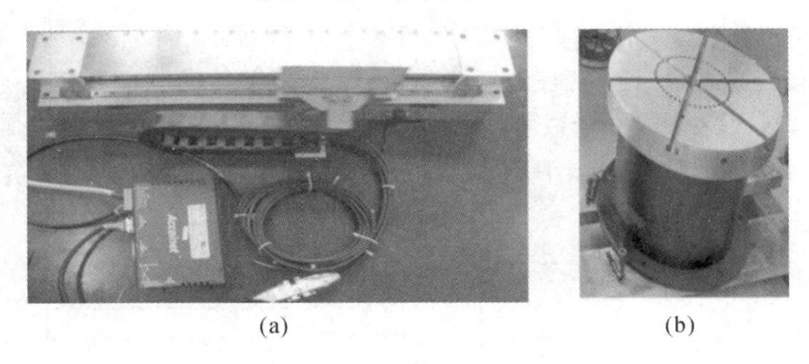

(a)　(b)

图 1-99　新型传动方式

(a) 直线电动机　(b) 直驱电动机

③ 伺服驱动器工作原理。

(a) 伺服驱动器的三种工作模式如图 1-100 所示。

交流伺服电动机驱动器中一般都包含有位置环、速度环和力矩(电流)环,但使用时可将驱动器、电动机和运动控制器结合起来组合成不同的工作模式,以满足不同的应用要求。

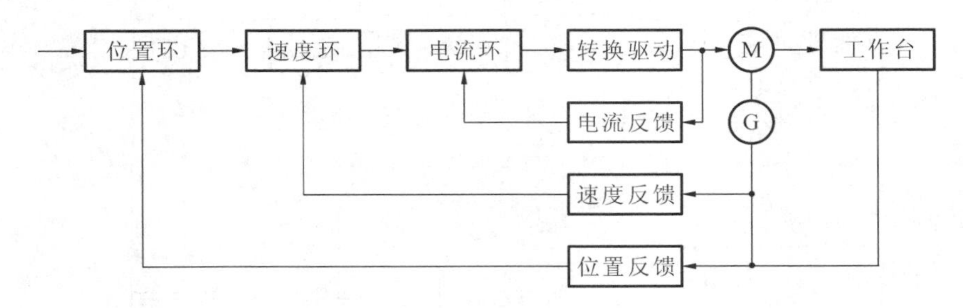

图 1-100　伺服驱动控制工作原理图

常见的工作模式有如下三类。

● 位置控制:位置环、速度环和电流环都在驱动器中执行,用数字脉冲或数据通信方式给定电动机的转动方向和角度,驱动单元控制电动机转子按给定的方向转过相应的角度。转动的角度(位置)和速度都可以控制。

● 速度控制：驱动器内仅执行速度环和电流环的功能，可由外部的运动控制器执行位置环的所有功能。用模拟电压或数据通信方式给定电动机的转动方向和速度，驱动单元控制电动机转子按给定的方向和速度旋转。

● 转矩控制：驱动器仅实现电流环由外部的运动控制器替代位置环的功能。这时系统中往往没有速度环。用模拟电压或数据通信方式给定电动机输出力矩的大小和方向，驱动单元控制电动机转子的转动方向和输出转矩大小。

PID 控制：也称为 PID 调节，是控制单元对输入数据（给定、反馈）进行数学处理的常用算法。

(b) 同步伺服驱动装置的基本原理。

永磁同步伺服驱动装置（以下简称伺服装置）由永磁同步伺服驱动单元和永磁同步伺服电动机（三相交流同步伺服电动机，以下简称伺服电动机）组成，驱动单元把三相交流电整流为直流电（即 AC—DC），再通过控制功率开关管的开通和关断，在伺服电动机的三相定子绕组中产生相位差为 120°的近似正弦波电流（即 DC—AC），该电流在伺服电动机里形成旋转磁场，转子磁极在旋转的定子磁极的磁拉力的拖动下转动且达到同步转速。流过伺服电动机绕组的电流频率越高，伺服电动机的转速越快；流过伺服电动机绕组的电流幅值越大，伺服电动机输出的转矩（转矩＝力×力臂长度）越大。

(c) 伺服驱动装置基本结构如图 1-101 所示。

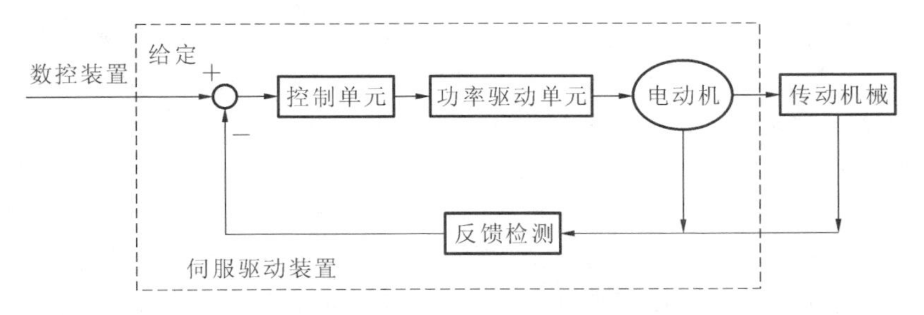

图 1-101　伺服驱动装置的基本结构

说明：图中虚线内的应用即为半闭环，虚线外的应用即为全闭环。

(d) 全数字交流伺服驱动器硬件结构如图 1-102 所示。

(e) 伺服驱动装置控制原理。

采用矢量控制技术，或称磁场定向控制技术。通过坐标变换，把交流电动机中交流电流的控制，变换成类似于直流电动机中直流电流的控制，实现了力矩的控制，可以获得和直流电动机相似的高动态性能，从而使交流电动机的控制技术取得突破性的进展。

永磁同步电动机的定子中装有三相对称绕组 a，b，c，它们在空间彼此相差 120°，绕组中通以如下三相对称电流：

$$i_a = I_m \sin\omega t$$

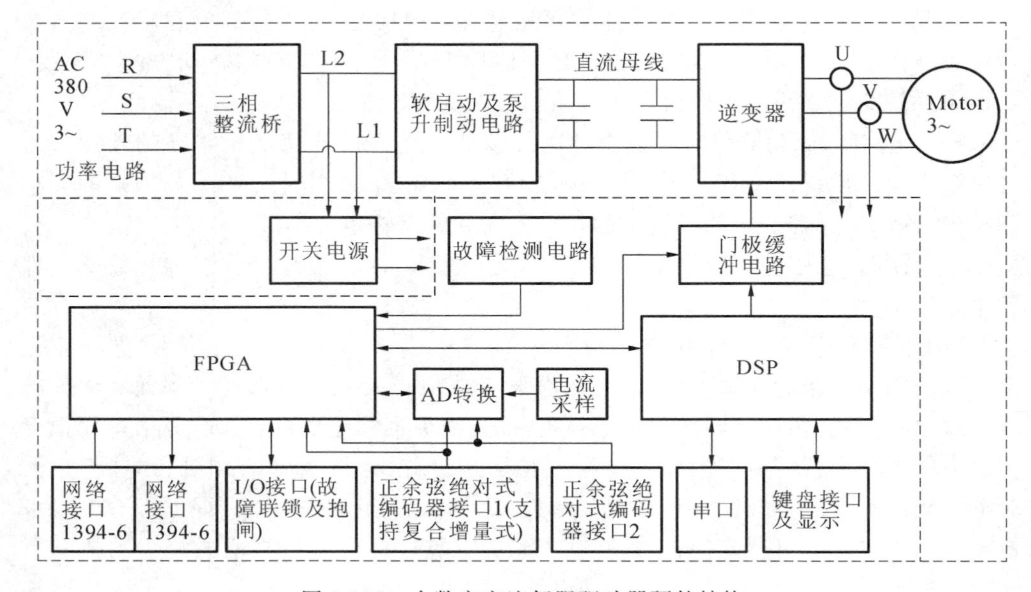

图 1-102　全数字交流伺服驱动器硬件结构

$$i_b = I_{\mathrm{m}} \sin(\omega t + 120^\circ)$$

$$i_c = I_{\mathrm{m}} \sin(\omega t + 240^\circ)$$

$$i_a + i_b + i_c = 0$$

从静止坐标系(a,b,c)上看，合成定子电流矢量在空间以电源角频率旋转从而形成旋转磁场，是时变的。设想建立一个以电源角频率旋转的旋转坐标系(d,q)，从动坐标系(d,q)上看，则合成定子电流矢量是静止的，即从时变量变成了时不变量，从交流量变成了直流量，同时保证定子磁势与转子磁势相互垂直。坐标变换把合成定子电流矢量从静止坐标系变换到旋转坐标系上。在旋转坐标系中计算出实现力矩控制所需要的定子合成电流的数值，然后将这个电流值再反变换到静止坐标系中。将虚拟的合成电流转换成实际的绕组电流，从而实现电动机力矩的控制。坐标变换是通过两次变换实现的。

在(a,b,c)坐标系中的空间电流矢量为

$$\check{i}_s = i_a + i_b \mathrm{e}^{\mathrm{j}120^\circ} + i_c \mathrm{e}^{\mathrm{j}240^\circ} = i_a + a i_b + a^2 i_c$$

Clark 变换：(a,b,c)是复数平面上的三相静止坐标系。(α,β)是该平面上的两相静止坐标系。α 轴与 a 轴重合，β 轴与 a 轴垂直，如图 1-103 所示。

变换到坐标系(α,β)中的空间电流矢量为

$$\check{i}_s = i_a - \frac{1}{2} i_b - \frac{1}{2} i_c + \mathrm{j}\left(\frac{\sqrt{3}}{2} i_b - \frac{\sqrt{3}}{2} i_c\right)$$

图 1-103　Clark 变换坐标

即实部为 i_α，虚部为 i_β，写成矩阵如下：

$$\begin{pmatrix} i_\alpha \\ i_\beta \end{pmatrix} = \begin{bmatrix} 1 & -\frac{1}{2} & -\frac{1}{2} \\ 0 & \frac{\sqrt{3}}{2} & -\frac{\sqrt{3}}{2} \end{bmatrix} \begin{bmatrix} i_a \\ i_b \\ i_c \end{bmatrix}$$

Park 变换：以转速 ω 旋转的直角坐标系，其转角为 $\theta=\omega t$。在此坐标系（见图 1-104）中电流矢量是一个静止矢量，其分量 i_d，i_q 也就成了非时变量（直流量）。可求得空间矢量从(α,β)坐标系到(d,q)坐标系的变换关系。从而求得从 i_a，i_b，i_c 到 i_d，i_q 的变换。求逆即是反变换。式中，θ 可由传感器测量得到。

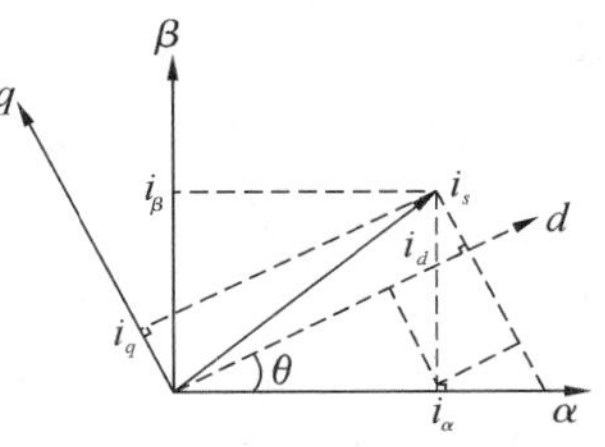

图 1-104　Park 变换坐标

$$\begin{pmatrix} i_d \\ i_q \end{pmatrix} = \begin{pmatrix} \cos\theta & \sin\theta \\ -\sin\theta & \cos\theta \end{pmatrix} \begin{pmatrix} i_\alpha \\ i_\beta \end{pmatrix}$$

$$\begin{pmatrix} i_\alpha \\ i_\beta \end{pmatrix} = \begin{bmatrix} 1 & -\frac{1}{2} & -\frac{1}{2} \\ 0 & \frac{\sqrt{3}}{2} & -\frac{\sqrt{3}}{2} \end{bmatrix} \begin{bmatrix} i_a \\ i_b \\ i_c \end{bmatrix}$$

i_d、i_q 并不是真实的物理量，电动机力矩的控制最终还是控制定子绕组电流 i_a、i_b、i_c 或定子绕组电压 u_a、u_b、u_c 实现，因此，必须将虚拟量变换回这些真实的物理量，这可通过上述 Clark、Park 变换的逆变换来实现。磁场定向控制的实现如图 1-105 所示。

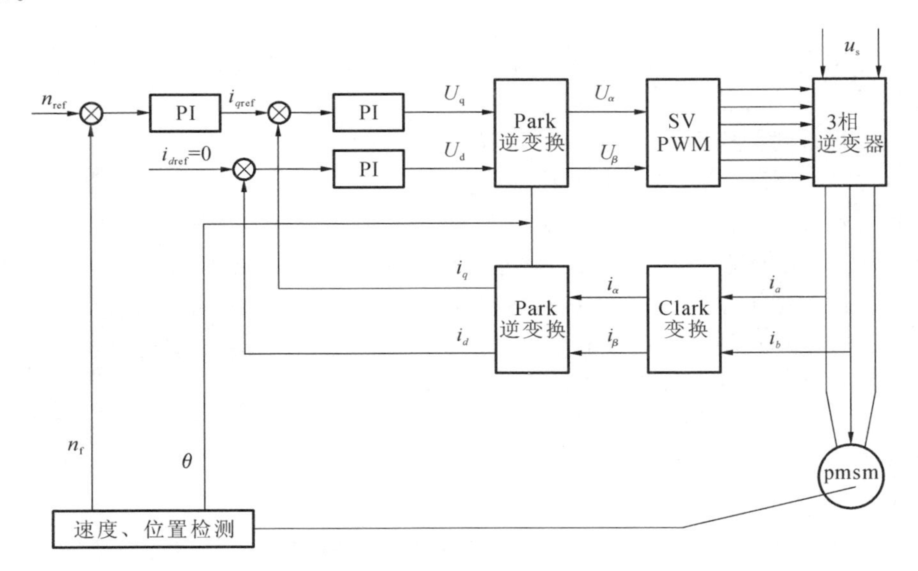

图 1-105　磁场定向控制的实现

在图 1-105 中，为使转子磁场在 d 轴上，定子磁场在 q 轴上，采取如下措施：

(a) 首先使 $i_{dref}=0$，i_{qref} 为一常量，在电流环作用下，定子绕组电流建立的磁场将吸引转子磁极与之对准；

(b) 在 Park 变换和逆变换中将 θ 增加 90°，即合成定子电流矢量瞬间旋转 90°，而转子磁极在此瞬间仍停留在原来的位置，这相当于(d,q)坐标系旋转了 90°；

(c) 现在电流矢量被移到 q 轴上，转子磁极仍然在 d 轴上，即两个磁极处于正交状态；

(d) 转子趋于与定子磁势对准，一旦转子开始旋转，DSP(数字信号处理器)根据编码器测量出的新的转子位置，通过矢量变换算法不断更新电流矢量，以维持两个磁场始终处于正交状态。

这就是伺服电动机编码器在实际应用中必须要调零的原因。

④ 一般伺服电动机选择考虑的问题。

(a) 电动机的最高转速。

电动机选择首先依据机床快速行程速度。快速行程时电动机的转速应严格控制在电动机的额定转速之内。

(b) 惯量匹配问题及计算负载惯量。

为了保证足够的角加速度，使系统反应灵敏和满足系统的稳定性要求，负载惯量 J_L 应限制在 3 倍电动机惯量 J_M 之内。

(c) 空载加速转矩。

空载加速转矩发生在执行部件从静止以阶跃指令加速到快速时。一般应限定在驱动系统最大输出转矩的 80%以内。

(d) 切削负载转矩。

在正常工作状态下，切削负载转矩不超过电动机额定转矩的 80%。

(e) 连续过载时间。

连续过载时间应限制在电动机规定的过载时间之内。

⑤ 根据负载转矩选择伺服电动机。

根据伺服电动机的工作曲线，负载转矩应满足：当机床做空载运行时，在整个速度范围内，加在伺服电动机轴上的负载转矩应在电动机的连续额定转矩范围内，即在工作曲线的连续工作区；最大负载转矩，加载周期及过载时间应在特性曲线的允许范围内。加在电动机轴上的负载转矩可以折算出加到电动机轴上的负载转矩。

计算转矩时下列几点应特别注意。

(a) 由于镶条产生的摩擦转矩必须充分地考虑。通常，仅仅从滑块的重量和摩擦因数来计算的转矩是很小的。请特别注意由于镶条加紧以及滑块表面的精度误差所产生的力矩。

(b) 由于轴承、螺母的预加载，以及丝杠的预紧力，滚珠接触面的摩擦等所产生的转矩均不能忽略，尤其是小型轻重量的设备。这样的转矩会影响整个转矩，所以要特别注意。

(c) 切削力的反作用力会使工作台的摩擦增加，以此承受切削反作用力的点与承受驱动力的点通常是分离的。在承受大的切削反作用力的瞬间，滑块表面的负载也增加。当计算切削期间的转矩时，由这一载荷而引起的摩擦转矩的增加应给予考虑。

(d) 摩擦转矩受进给速率的影响很大，必须研究测量因受工作台支承物（滑块、滚珠、压力），滑块表面材料及润滑条件的改变而引起的摩擦的变化，以得出正确的数值。

(e) 通常，即使在同一台机器上，随调整条件、周围温度或润滑条件等因素而变化。当计算负载转矩时，请尽量借助同种机器测量而积累的参数，来得到正确的数据。

⑥ 根据负载惯量选择伺服电动机。

为了保证轮廓切削形状精度和低的表面粗糙度，要求数控机床具有良好的快速响应特性。随着控制信号的变化，电动机应在较短的时间内完成必需的动作。负载惯量与电动机的响应和快速移动加/减速时间息息相关。带大惯量负载时，当速度指令变化时，电动机需较长的时间才能到达这一速度。当二轴同步插补进行圆弧高速切削时，大惯量的负载产生的误差会比小惯量的大一些。因此，加在电动机轴上的负载惯量的大小，将直接影响电动机的灵敏度和整个伺服系统的精度。当负载惯量达到电动机惯量的 3 倍以上时，转子的灵敏度会受影响，当指令速度改变时，电动机需要更长的时间达到指令速度，当多轴联动进行圆弧插补切削时，跟踪误差就大于较小惯量时的情况从而影响加工精度。不过，在诸如以高速加工各种形状复杂的木材的木工机械等特殊场合，最好使负载惯量小于转子惯量。

(a) 伺服电动机转矩选择：M_0 为零速转矩；M_n 为连续转矩。选型要求 $M_0 \geqslant 1.5\ M_n$，以连续转矩 M_n 为基准。

(b) 计算出的最大转速小于所选伺服电动机的最大转速 $n_{app.max} < n_{motor.max}$。

(c) 计算出的最大转矩小于所选伺服电动机的最大转矩 $M_{app.max} < M_{motor.max}$。

(d) 计算出的转矩均方根值小于所选伺服电动机的额定转矩

$$M_{RMS} = \sqrt{\frac{1}{T}(M_1^2 t_1 + M_2^2 t_2 + \cdots + M_n^2 t_n)}$$

(e) 伺服电动机惯量选择：负载惯量 J_L 和电动机惯量 J_M 必须满足 $J_L/J_M < 3$（如果不匹配可调整电动机与负载间的减速比，$J_{L等效} = J_L/减速比^2$）。

(f) 驱动器的选择：I_0 为已选定伺服电动机的相电流；I_n 为伺服驱动器的连续工作电流。选型要求 $I_n = (1.5-3) I_0$。

(g) 全闭环与半闭环时选择：以上(a)至(f)所选择的伺服电动机和相应的驱动器都必须在其选型手册中取值，就大不就小；这样选择的伺服电动机和相应的驱动器只适用于该轴为半闭环位置控制系统的情况。而对于全闭环位置控制系统，其位置检测装置一般采用光栅尺或感应同步器，这种控制结构虽然可获得较高的精度，但由于传动机构的间隙，误差等非线性因素影响，系统的稳定性往往受其影响，调整起来比较困难；这样，一方面在全闭环位置控制系统时，要求机械传动机构的机械精度比半闭环位置控制系统时的机械精度更高;另一方面所选择的伺服电动机和相应的驱动器比上述所选在选型手册中的应至少再大一挡。只有这样才能使全闭环位置控制系统既有可能获得较高的位置精度,同时又使系统的稳定性大大得到提高。

伺服电动机的选择不再是机械设计人员所独立完成的工作!

(3) 主轴的选择。

(a) 确认主轴的类型:是机械换挡,还是无级变速的变频/直流调速主轴(或是手动/自动换挡,档内无级变速)或伺服主轴。

(b) 主轴电动机所需的功率、最大转速以及机械惯量。

(c) 是否需要定向功能。

(d) 主轴是否需要冷却或润滑。

(4) 辅助部件的选择

(a) 刀具冷却。

(b) 机床润滑。

(c) 工作灯。

(d) 气动/液压。

(e) 刀架/刀库。

(f) 自动卡盘/自动尾座。

(g) 交换工作台等。

7) 机床电气控制线路设计的一般要求

① 在确认完所有选定部件后,接下来的工作就是把所有部件有机地结合起来,完成机床所规定的动作及功能。包括每个部件的控制规则和它们之间的逻辑关系,同时明确机床 PLC 的输入/输出点的定义,绘制出机床电气控制线路图。

② 完成机床电气控制线路图以后,还要在图中设定使用电缆的型号、线径(截面积),同时给连接电缆命名,确定电缆(互连线)的长度。

③ 将一些重要部件,如进给轴单元、主轴单元等的电气线路进行模块化设计。

(1) 合理选择控制线路电流种类与控制电压数值。

在控制线路比较简单的情况下,可直接采用电网电压(380 V 供电)。对于具有 5 个以上电磁线圈(例如:接触器、继电器等)的控制线路,应采用控制变压器降低电压。

交流标准控制电压等级为:380 V、220 V、127 V、110 V、48 V、36 V、24 V、6.3 V。

直流标准控制电压等级为:220 V、110 V、48 V、24 V、12 V、5 V。

(2) 正确选择电器元件。

在电器元件的选用中,尽可能选用标准电器元件,同一用途尽可能选用相同型号。

交流伺服电动机的转速 n(单位:r/min),扭矩 T(单位:N · m),功率 P(kW)之间的关系:$P=T\times n/9550$,选用相应低压器件时需要注意。

(3) 机床电气设计的逻辑表示与逻辑设计。

① 机床电气设计的逻辑表示。

逻辑电路设计的逻辑表示有两种逻辑状态，即“0”和“1”，线圈得电吸起、开关闭合均表示逻辑“1”(也称逻辑“真”)，线圈失电落下、开关断开均表示逻辑“0”(也称逻辑“假”)。

② 逻辑电气设计。

(a) 逻辑与(见图 1-106)　逻辑“与”即为触点串联形成的电路，相当于算术运算中的“乘”运算，运算符“·”。

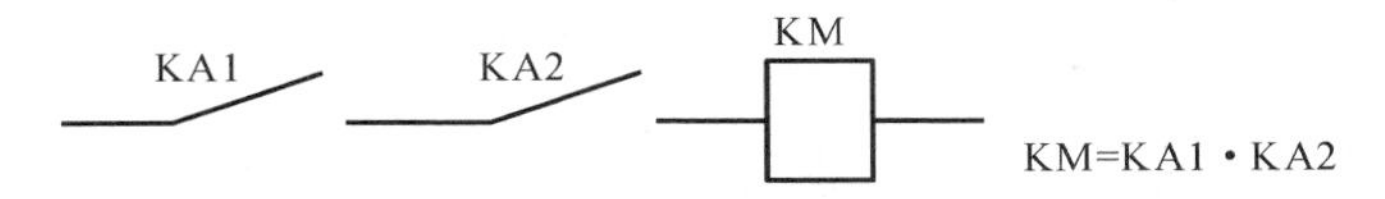

图 1-106　逻辑与电路

(b) 逻辑或(见图 1-107)　逻辑“或”即为触点并联形成的电路，相当于算术运算中的“加”运算，运算符“+”。

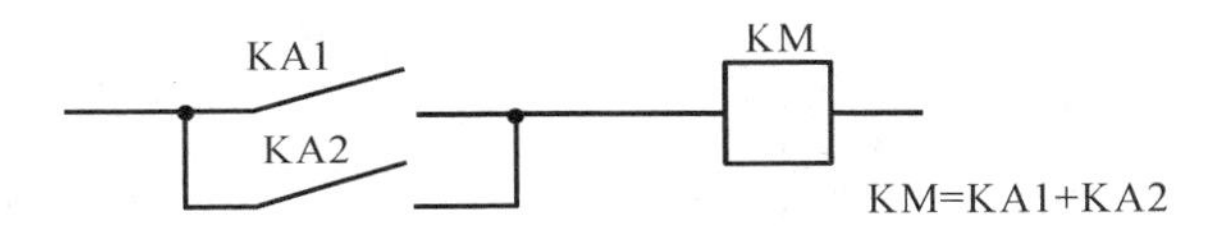

图 1-107　逻辑或电路

(c) 逻辑非(见图 1-108)　逻辑“非”即为触点的后接点形成的电路，相当于算术运算中的“取反”运算，运算符“—”。

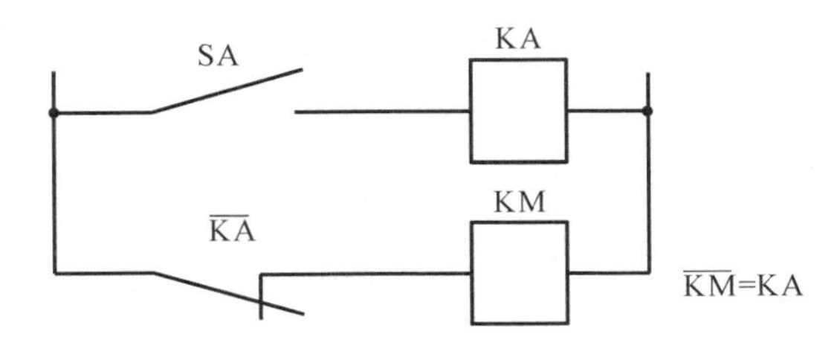

图 1-108　逻辑非电路

(d) 自锁电路(见图 1-109)。

(e) 互锁电路(见图 1-110)。

(f) 电动机的 Y-Δ 启动(见图 1-111)。

(g) 电液(气动)控制。

电液(气动)控制是通过电气控制系统来控制液压(气动)传动系统，按给定的工作运动要求完成动作。

当液压(气动)系统和电气控制系统组合构成电液(气动)控制系统时，就更容易实现传动自动化，因此电液(气动)控制被广泛地应用在各种自动化设备上，特别是在数控机床中。

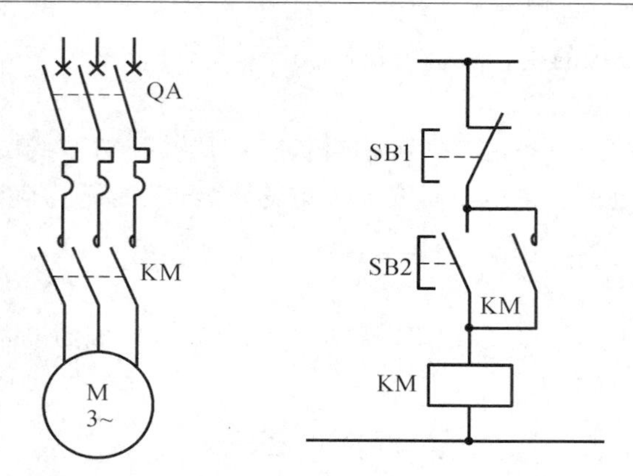

图 1-109 接触器自锁电路

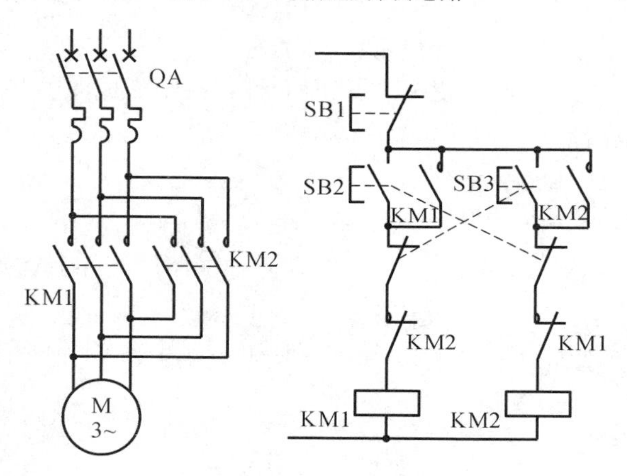

图 1-110 接触器互锁电路

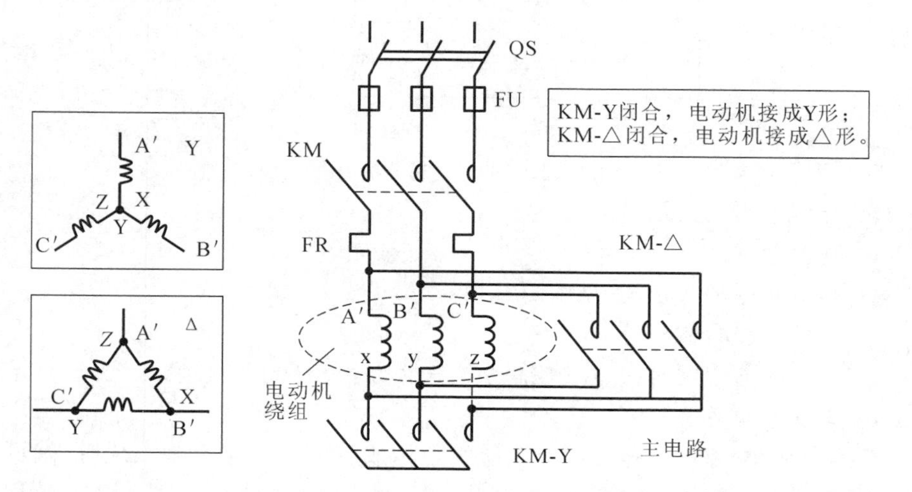

图 1-111 电动机的 Y-Δ 启动电路

◆液压(气动)系统基础。

液压(气动)传动系统主要由四个部分组成:动力装置(液压泵及驱动电动机或气动空气压缩机)、执行机构(液压缸或液压马达或气缸)、控制调节装置(压力阀、调速阀、换向阀等)和辅助装置(油箱、油管或气动储气罐、气管等)。图 1-112 所示为各种电磁阀示意图。

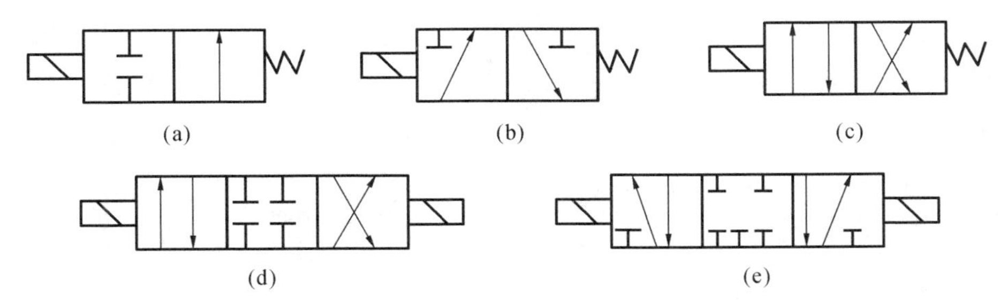

图 1-112　各种电磁阀

(a) 二位二通阀　(b) 二位三通阀　(c) 二位四通阀　(d) 三位四通阀　(e) 三位五通阀

◆液压动力滑台。

图 1-113 所示为液压系统工作原理图。

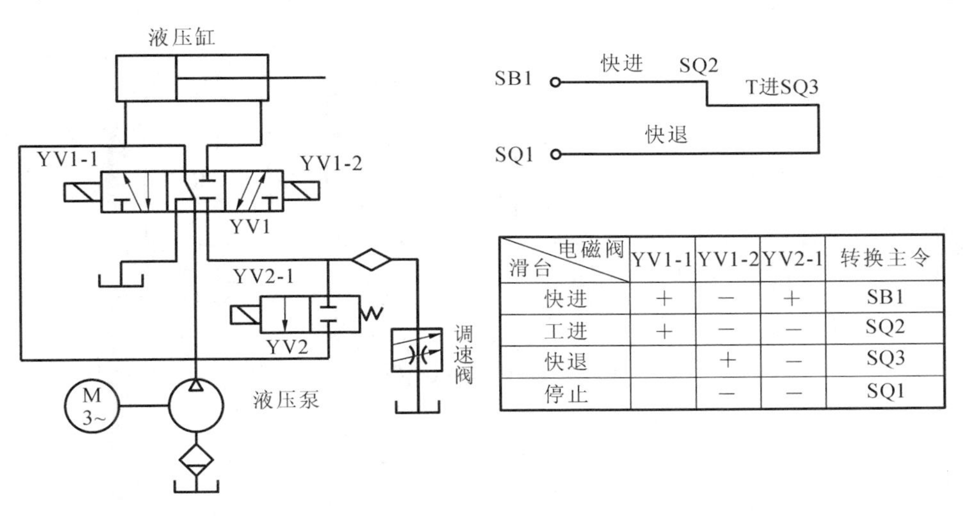

电磁阀 滑台	YV1-1	YV1-2	YV2-1	转换主令
快进	+	−	+	SB1
工进	+	−	−	SQ2
快退		+	−	SQ3
停止		−	−	SQ1

图 1-113　液压系统工作原理图

(4) 合理布线,力求使控制线路简单、经济。

(a) 合并同类触点(见图 1-114)。

(b) 利用转换触点的方式(见图 1-115)。

(c) 尽量缩短连接导线的数量和长度(见图 1-116)。

(d) 正常工作中,尽可能减少通电电器的数量。

(5) 保证电气控制线路工作的可靠性。

(a) 电器元件触点位置的正确画法(见图 1-117)。

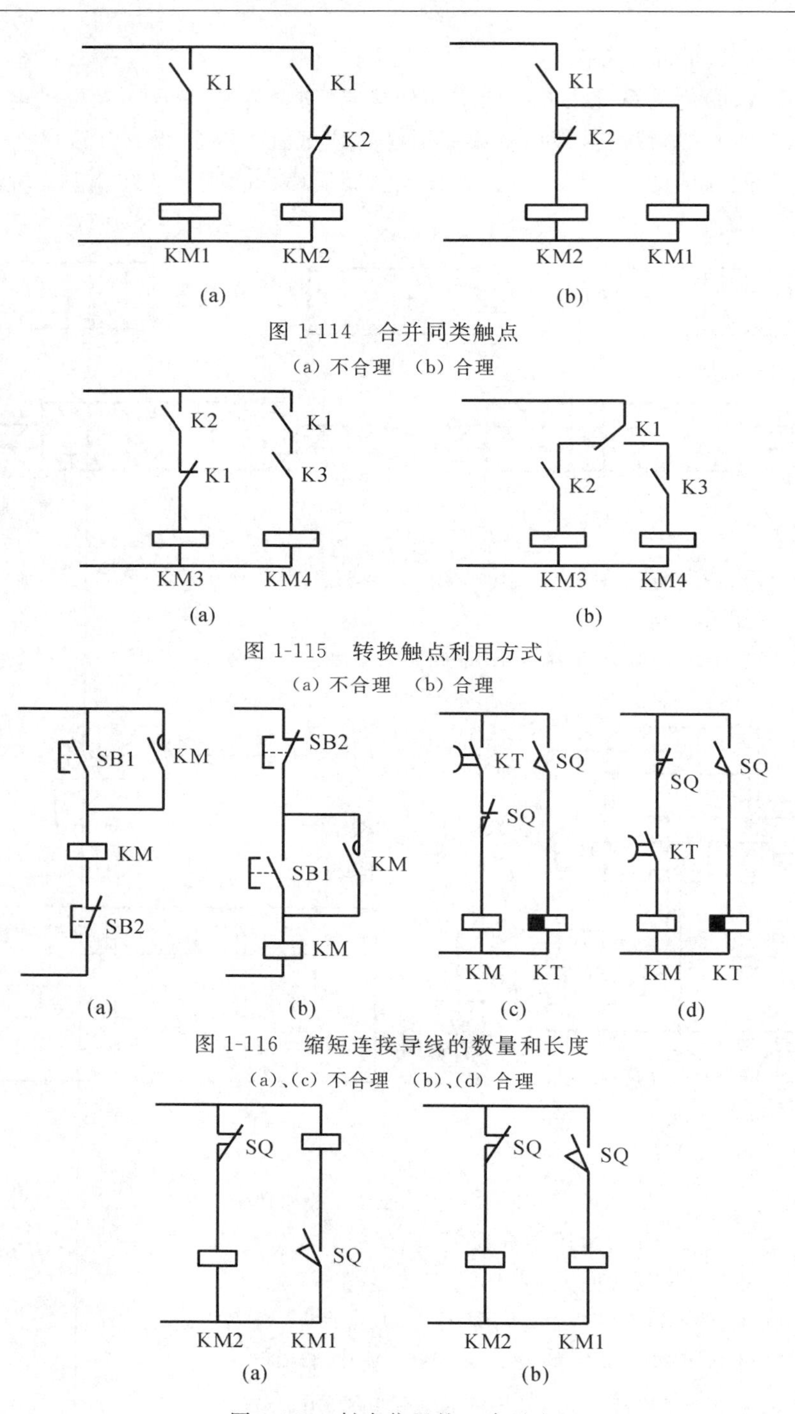

图 1-114　合并同类触点

(a) 不合理　(b) 合理

图 1-115　转换触点利用方式

(a) 不合理　(b) 合理

图 1-116　缩短连接导线的数量和长度

(a)、(c) 不合理　(b)、(d) 合理

图 1-117　触点位置的正确画法

(a) 不正确　(b) 正确

（b）电器元件线圈位置的正确画法（见图 1-118）。

在直流控制电路中，对于电感较大的电磁线圈，如电磁阀、电磁铁或直流电动机励磁线圈等不宜与相同电压等级的继电器直接并联工作。

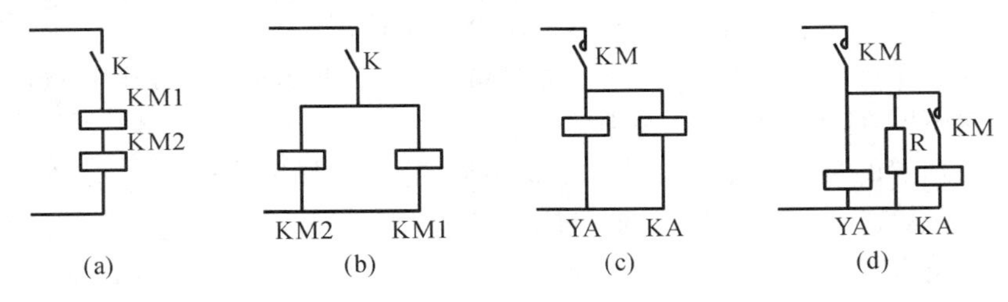

图 1-118　线圈位置的正确画法

（a）、（c）不正确　（b）、（d）正确

（c）在频繁操作的可逆线路中，正反向接触器之间要有电气联锁和机械联锁。

（d）在设计电器控制线路时，应充分考虑继电器触点的接通和分断能力。若要增加接通能力，可用多触点并联；若要增加分断能力，可用多触点串联。

（6）保证电气线路工作的安全性。

电气控制线路应具有完善的保护环节，来保证整个生产机械的安全运行，消除在其工作不正常或误操作时所带来的不利影响，避免事故的发生。

8）机床电气控制线路的设计方法

（1）经验设计法。

根据生产机械的工艺要求和生产过程，选择适当的基本环节或典型电路综合而成的电气控制线路。

（a）主电路设计主要考虑电动机的启动、点动、正反转、制动和调速。

（b）控制电路设计主要考虑如何满足电动机的各种运转功能和生产工艺要求，选择控制参量。

（c）联锁保护环节设计主要考虑如何完善整个控制线路的设计，包含各种联锁环节以及短路、过载、过流、失压等保护环节。

（d）反复审查所设计的控制线路是否满足设计原则和生产工艺要求。

（2）逻辑设计法。

根据生产机械的拖动要求及工艺要求，将控制线路中的接触器、继电器等电器元件线圈的通电与断电、触点的闭合与断开以及主令元件的接通与断开等均看成是逻辑变量，并根据控制要求将它们之间的关系用逻辑函数关系式来表达，然后再运用逻辑函数基本公式和运算规律进行简化，获得需要的控制线路。

9）电气原理图的绘制

（1）电气控制线路图的绘制原则。

为了表达生产机械电气控制系统的结构、原理等设计意图，便于电气系统的安装、调试、使用和维修，将电气控制系统中各电器元件及其连接线路用一定的图形表达出来，这就是电气控制系统图。

用导线将电动机、电器、仪表等元器件按一定的要求连接起来，并实现某种特定控制要求的电路就是电气控制线路。

一般情况下，电气安装图和原理图需配合起来使用。

电气控制系统图一般有三种：电气原理图、电器布置图和电气安装接线图。由于它们的用途不同，绘制原则也有差别。

电气原理图的目的是便于阅读和分析控制线路，应根据结构简单、层次分明清晰的原则，采用电气元件展开形式绘制。它包括所有电气元件的导电部件和接线端子，但并不按照电气元件的实际布置位置来绘制，也不反映电气元件的实际大小。

(2) 绘制电气原理图时应遵循的原则。

(a) 电气原理图一般分主电路和辅助电路(控制电路)两部分。

(b) 主电路是电气控制线路中大电流通过的部分，包括从电源到电动机之间相连的电气元件；一般由组合开关、主熔断器、接触器主触点、热继电器的热元件和电动机等组成。

(c) 辅助电路是控制线路中除主电路以外的电路，其流过的电流比较小。辅助电路包括控制电路、照明电路、信号电路和保护电路。其中控制电路是由按钮、接触器和继电器的线圈及辅助触点、热继电器触点、保护电器触点等组成。

(d) 电气原理图中所有的电气元件都应采用国家标准中统一规定的图形符号和文字符号表示。

(3) 电气原理图中电气元件的布局。

(a) 电气原理图中电气元件的布局，应根据便于阅读的原则安排。主电路安排在图面左侧或上方，辅助电路安排在图面右侧或下方。无论主电路还是辅助电路，均按功能布置，尽可能按动作顺序从上到下，从左到右排列。

(b) 电气原理图中，当同一电气元件的不同部件(如线圈、触点)分散在不同位置时，为了表示是同一元件，要在电气元件的不同部件处标注统一的文字符号。对于同类器件，要在其文字符号后加数字序号来区别。如两个接触器，可用 KM1、KM2 文字符号区别。同时也可在图形符号的旁边用小字号标注电气元件的技术数据。

(c) 电气原理图中，所有电器的可动部分均按没有通电或没有外力作用时的状态画出。

(d) 对于继电器、接触器的触点，按其线圈不通电时的状态画出，控制器按手柄处于零位时的状态画出；对于按钮、行程开关等触点按未受外力作用时的状态画出。

(e) 电气原理图中，应尽量减少线条和避免线条交叉。各导线之间有电联系时，在导线交点处画实心圆点。根据图面布置需要，可以将图形符号旋转绘制，一般逆时针方向旋转 90°，但文字符号不可倒置。

(f) 图纸上方横边从左至右的 1、2、3……数字、左方竖边从上至下 A、B、C……字母是图区的编号，它是为了便于检索电气线路，方便阅读分析从而避免遗漏设置的。图区编号也可设置在图的下方。

(g) 图区编号下方的文字如“伺服电源”“主轴电动机”“冷却电动机”等表明它对应的下方元件或电路的功能，使读者能清楚地知道某个元件或某部分电路的功能，以利于理解全部电路的工作原理。

2. HNC-8 系列数控系统数控车床电气控制系统典型设计

1) 任务

(1) 机床：两轴车床，X、Z 直线坐标轴。

(2) 控制柜结构：强电控制柜＋吊挂箱。

(3) 主轴：主轴伺服驱动器。

(4) HNC-8 系列数控系统数控车床电气控制系统典型设计的主要器件如表 1-18 所示。

表 1-18　HNC-8 系列数控系统数控车床电气控制系统典型设计的主要器件

序号	名　称	规　格	主要用途	备　注
1	数控装置	HNC-818B-T	系统控制	华中数控
2	手持单元	HWL-1003	手摇控制	华中数控
3	伺服变压器	3P AC380/220 V 2.5 kW	为伺服电源模块供电	华中数控
4	控制变压器	AC380/220 V 300 W /110 V 250 W /24 V 100 W	伺服控制电源、开关电源供电	华中数控
			热交换器及交流接触器电源	
			照明灯电源	
5	总线式 I/O 单元	HIO-1061	NCUC 通信子模块	华中数控
		HIO-1006	底板子模块(6 槽)	
		HIO-1011N	PLC 输入子模块：2 块共 32 路	
		HIO-1021N	PLC 输出子模块：2 块共 32 路	
6	开关电源	HPW-145U	数控装置和总线 I/O 单元供电	华中数控
7	开关电源	AC220/DC24V 50W	开关量及中间继电器	明玮
8	开关电源	AC220/DC24V 100W	升降轴抱闸及电磁阀	明玮
9	伺服驱动器	HSV-160UD-030	X、Z 轴电动机驱动装置	华中数控
10	主轴驱动器	HSV-180US-075	主轴电动机驱动装置	华中数控
11	伺服电动机	130ST-M07220LMBB (带抱闸)	X 轴进给电动机 (多摩川绝对值编码器)	华大电动机
12	伺服电动机	130ST-M07220LMBB	Z 轴进给电动机 (多摩川绝对值编码器)	华大电动机
13	主轴电动机	GM7105-4SB61-H	交流伺服主轴电动机	登奇电动机
14	电抗器	AC380V 7.5kVA	驱动装置电源进线隔离(1 台)	华中数控

2）总体框图（见图 1-119）

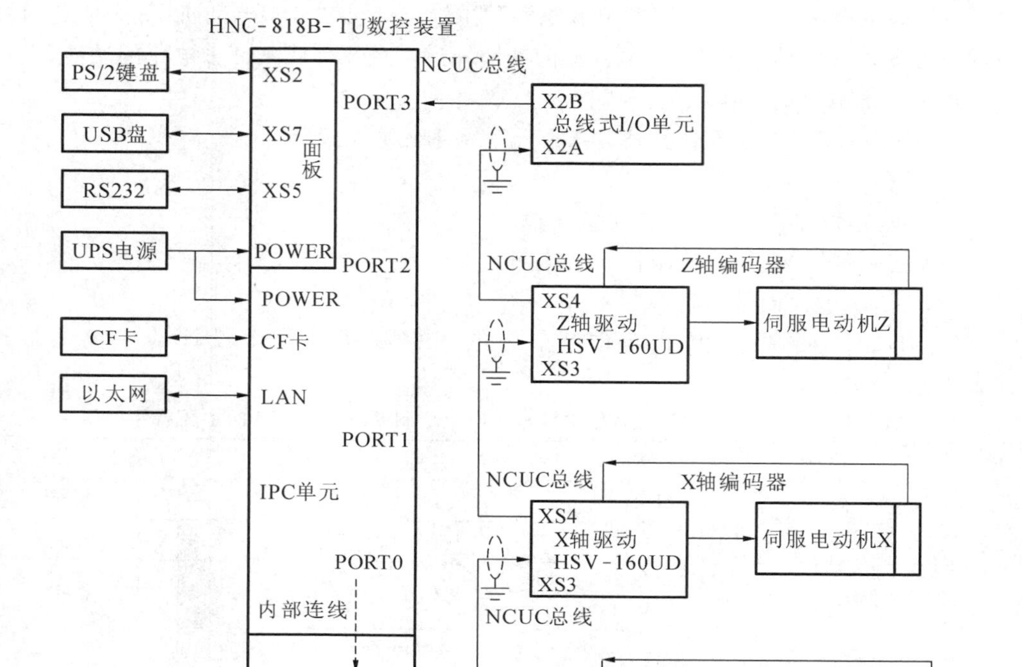

图 1-119　HNC-8 系列数控系统数控车床总体框图

3）输入输出开关量的定义

华中数控 HNC-8 系列数控系统除手持单元接口提供少量 I/O 信号外，其余的 I/O 信号由总线式 I/O 单元提供；本例中需要 HIO-1000 输入子模块（HIO-1011N）、输出子模块（HIO-1021N）各 2 块。具体定义如表 1-19 至表 1-27 所示。

表 1-19　XS8 手持单元接口定义

引脚号	信号名	定　　义
13	5 V 地	手摇脉冲发生器＋5 V 电源地
25	＋5 V	手摇脉冲发生器＋5 V 电源
12	HB	手摇脉冲发生器 B 相
24	HA	手摇脉冲发生器 A 相
10	01	手持单元工作指示灯，低电平有效
9	I0	手持单元坐标选择输入 X 轴，常开点，闭合有效
21	I1	手持单元坐标选择输入 Z 轴，常开点，闭合有效
7	I4	手持单元增量倍率输入 X1，常开点，闭合有效

续表

引脚号	信号名	定　义
19	I5	手持单元增量倍率输入 X10，常开点，闭合有效
6	I6	手持单元增量倍率输入 X100，常开点，闭合有效
4,18	I7	手持单元急停按钮
3,16	+24 V	为手持单元的输入输出开关量供电的 DC 24 V 电源
1,2,14,15,17	24 V 地	

表 1-20　输入接口 X00 定义

引脚号	信号名	信 号 定 义
0	X0.0	X 轴正向超程限位开关，常开点，闭合有效
1	X0.1	X 轴负向超程限位开关，常开点，闭合有效
2	X0.2	Z 轴正向超程限位开关，常开点，闭合有效
3	X0.3	Z 轴负向超程限位开关，常开点，闭合有效
4	X0.4	四工位电动刀架刀位 1
5	X0.5	四工位电动刀架刀位 2
6	X0.6	四工位电动刀架刀位 3
7	X0.7	四工位电动刀架刀位 4
GND	24 V 地	外部直流 24 V 电源地
GND	24 V 地	外部直流 24 V 电源地

表 1-21　输入接口 X01 定义

引脚号	信号名	信 号 定 义
0	X1.0	八工位刀架、液压刀架、动力刀架编码点
1	X1.1	八工位刀架、液压刀架、动力刀架编码点
2	X1.2	八工位刀架、液压刀架、动力刀架编码点
3	X1.3	八工位刀架、液压刀架、动力刀架编码点
4	X1.4	八工位刀架刀位信号
GND	24 V 地	外部直流 24 V 电源地
GND	24 V 地	外部直流 24 V 电源地

表 1-22　输入接口 X02 定义

引脚号	信号名	信 号 定 义
0	X2.0	液压刀架压紧到位信号
1	X2.1	液压刀架刀位信号
3	X2.3	脚踏卡盘
4	X2.4	急停按钮
6	X2.6	卡盘松到位
7	X2.7	卡盘紧到位
GND	24 V 地	外部直流 24 V 电源地
GND	24 V 地	外部直流 24 V 电源地

表 1-23　输入接口 X03 定义

引脚号	信号名	信 号 定 义
0	X3.0	动力刀架分度信号
1	X3.1	动力刀架锁紧信号
GND	24 V 地	外部直流 24 V 电源地
GND	24 V 地	外部直流 24 V 电源地

表 1-24　输出接口 Y00 定义

引脚号	信号名	信 号 定 义
0	Y0.0	液压输出
1	Y0.1	超程解除
2	Y0.2	卡盘松开
3	Y0.3	卡盘夹紧
4	Y0.4	尾座松
5	Y0.5	尾座紧
6	Y0.6	润滑
7	Y0.7	冷却
GND	24 V 地	外部直流 24 V 电源地
GND	24 V 地	外部直流 24 V 电源地

表 1-25　输出接口 Y01 定义

引脚号	信号名	信 号 定 义
0	Y1.0	刀架正转
1	Y1.1	刀架反转
2	Y1.2	刀架夹紧
3	Y1.3	刀架松开
4	Y1.4	工作灯
5	Y1.5	保留
6	Y1.6	X 轴抱闸
GND	24 V 地	外部直流 24 V 电源地
GND	24 V 地	外部直流 24 V 电源地

表 1-26　输出接口 Y02 定义

引脚号	信号名	信号定义
0	Y2.0	排屑电动机正转
1	Y2.1	排屑电动机反转
GND	24 V 地	外部直流 24 V 电源地
GND	24 V 地	外部直流 24 V 电源地

表 1-27　输出接口 Y03 定义

引脚号	信号名	信号定义
0	Y3.0	动力刀架模式选择 0
1	Y3.1	动力刀架模式选择 1
2	Y3.2	动力刀架模式选择 2
3	Y3.3	动力刀架刀选 0
4	Y3.4	动力刀架刀选 1
5	Y3.5	动力刀架刀选 2
6	Y3.6	动力刀架刀选 3
7	Y3.7	奇偶校验
GND	24 V 地	外部直流 24 V 电源地
GND	24 V 地	外部直流 24 V 电源地

4）电气原理图设计

（1）电源部分（见图 1-120）。

在本设计中，照明灯的 AC 24 V 电源和工作电流较大的电磁阀使用的 DC 24 V电源、输出开关量（如继电器、伺服控制信号等）用的 DC 24 V 电源是各自独立的。

总电源进线、变压器输入端等处的抗干扰磁环和高压瓷片电容未在图 1-120 中表示出来。

图 1-120 中 QF0～QF4 为三相空气开关；QF5～QF11 为单相空气开关；KM1～KM4 为三相交流接触器；RC0～RC3 为三相阻容吸收器（灭弧器）；RC4～RC12 为单相阻容吸收器（灭弧器）；KA1～KA14 为直流 24 V 继电器；V1、V2、V3、VZ 为续流二极管；YV1、YV2、YV3、YVZ 为电磁阀和 X 轴电动机抱闸。

（2）继电器与输入输出开关量。

继电器主要由输出开关量控制；输入开关量主要指进给驱动装置、主轴驱动装置、机床电气等部分的状态信息与报警信息。图 1-121 为 HNC-8 系列数控系统数控车床电气原理图-继电器部分。输入、输出开关量接线分别如图 1-122 和图 1-123 所示。

（3）进给伺服（见图 1-124）和伺服主轴（见图 1-125）。

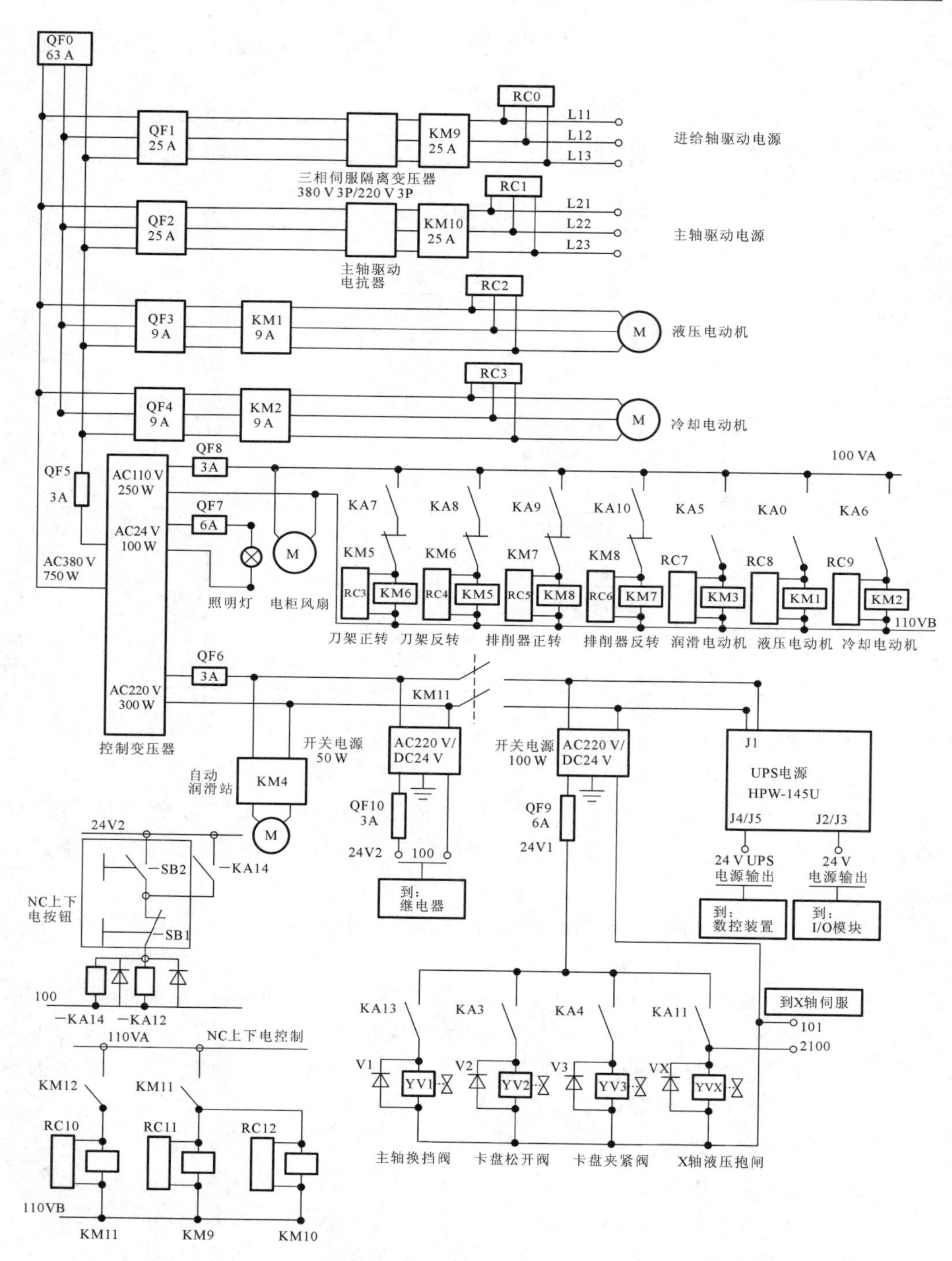

图 1-120　HNC-8 系列数控系统数控车床电气原理图-电源图

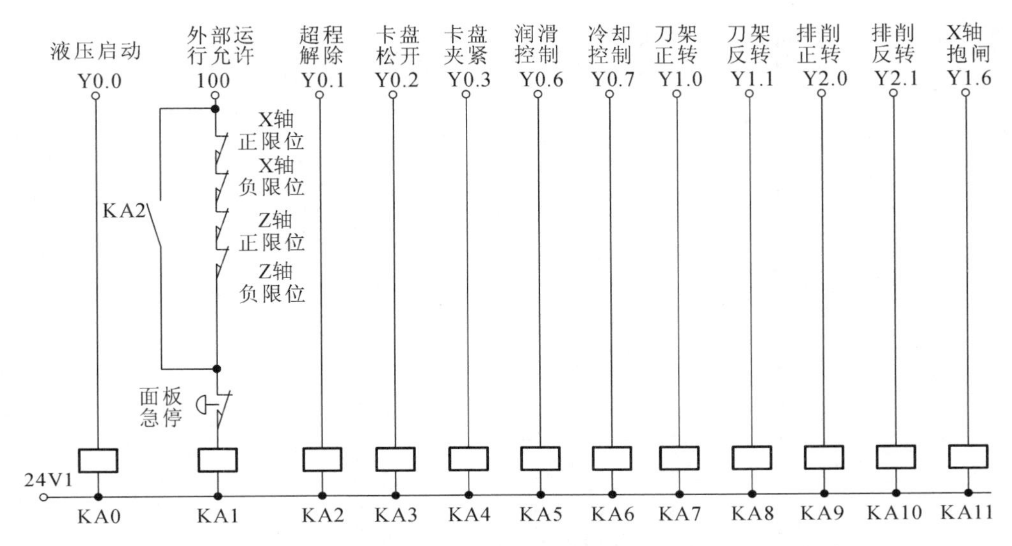

图 1-121　HNC-8 系列数控系统数控车床电气原理图-继电器部分

注:图 1-121 中标号 100 为图 1-120 中 DC 24 V 50W 开关电源的地。

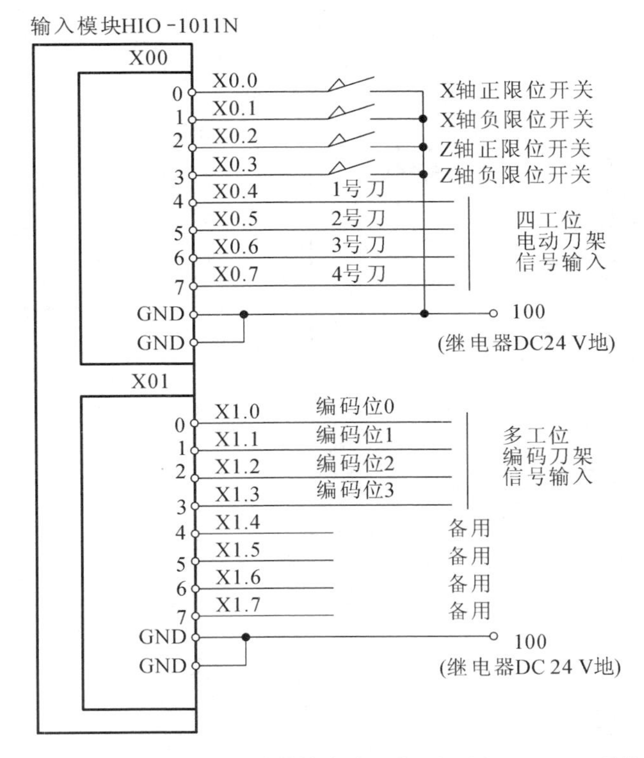

图 1-122　HNC-8 系列数控系统数控车床电气原理图——NPN 型输入模块

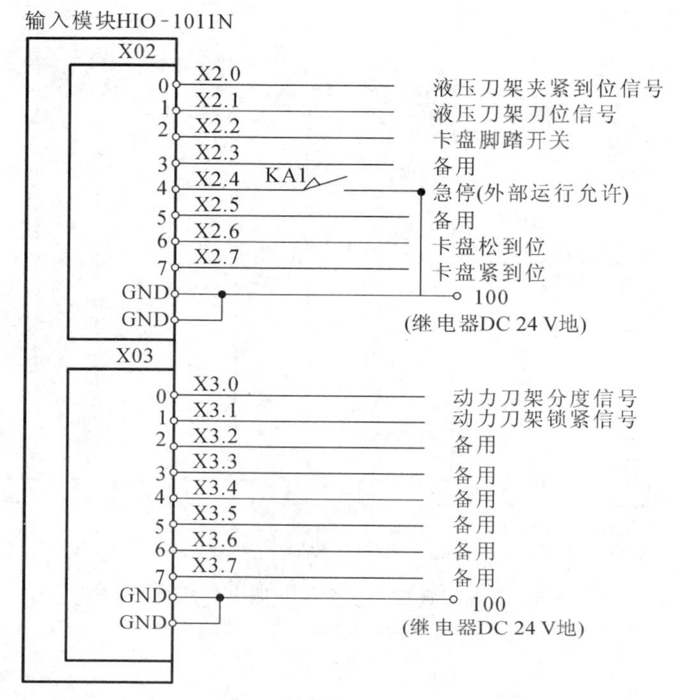

续图 1-122

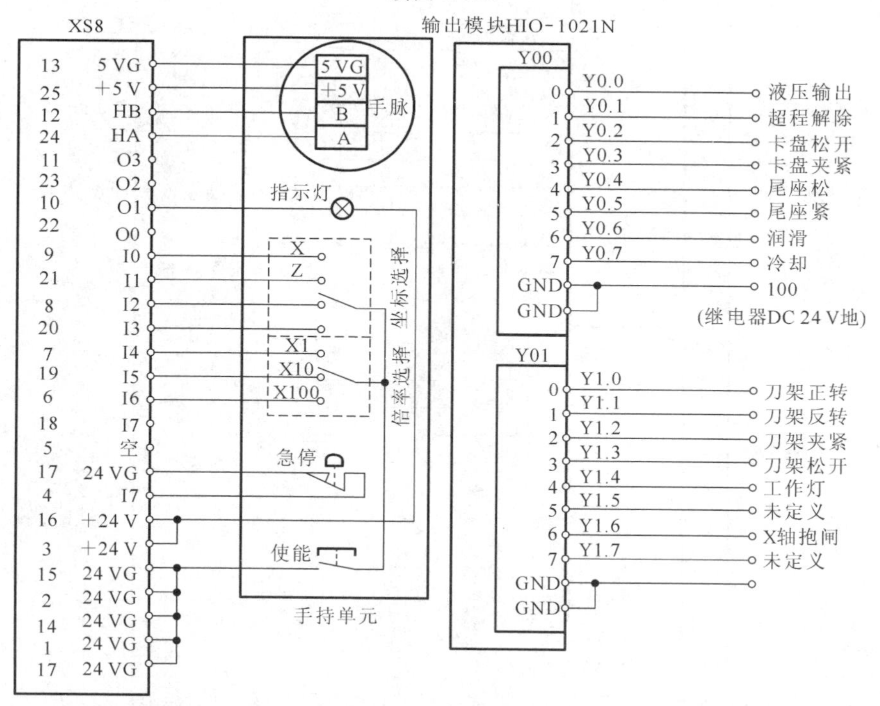

图 1-123　HNC-8 系列数控系统数控车床电气原理图——输出开关量及手持单元

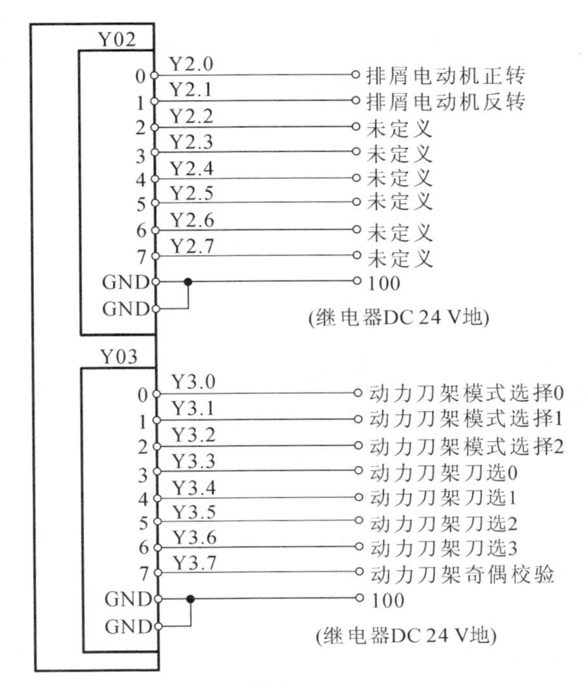

续图 1-123

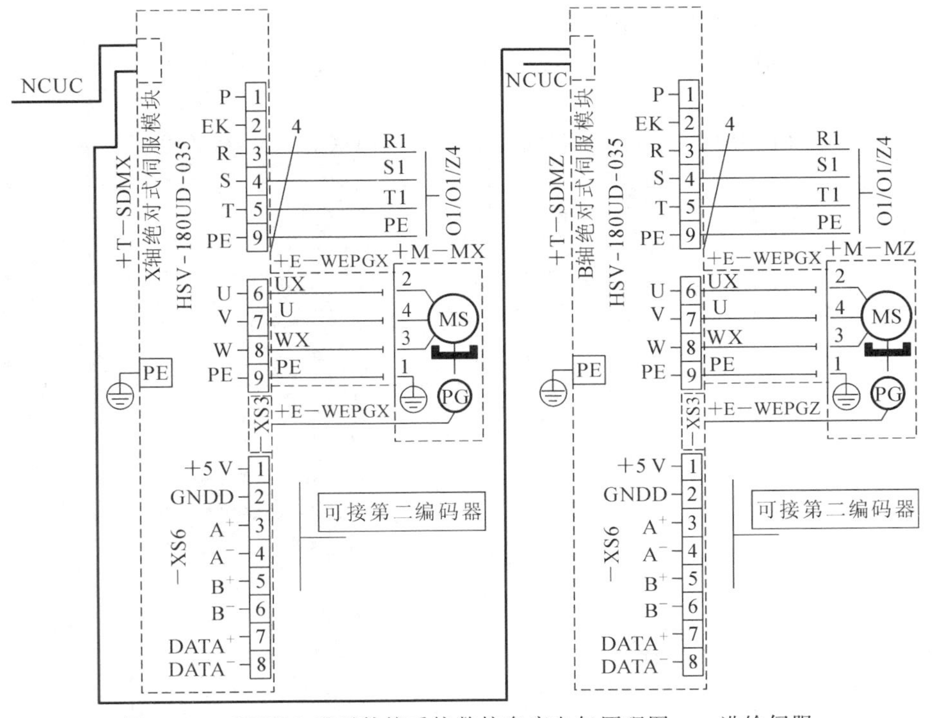

图 1-124　HNC-8 系列数控系统数控车床电气原理图——进给伺服

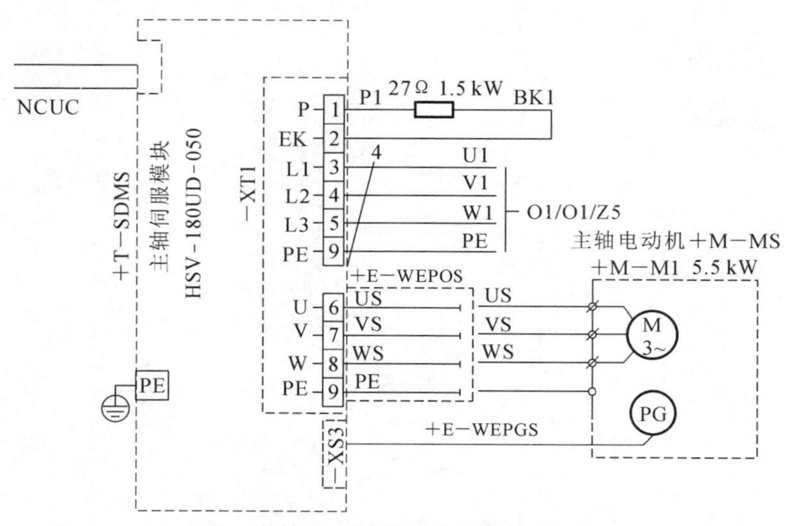

图 1-125 HNC-8 系列数控系统数控车床电气原理图——伺服主轴

3. HNC-8 系列数控系统数控铣床电气控制系统典型设计

1）任务

（1）机床：三轴铣床，X、Y、Z 直线坐标轴。

（2）控制柜结构：强电控制柜+操作箱。

（3）主轴：主轴伺服驱动器。

（4）HNC-8 系列数控系统数控铣床电气控制系统典型设计的主要器件如表 1-28 所示。

表 1-28 HNC-8 系列数控系统数控铣床电气控制系统典型设计的主要器件

序号	名　称	规　格	主要用途	备　注
1	数控装置	HNC-818B/M	系统控制	华中数控
2	手持单元	HWL-1003	手摇控制	华中数控
3	伺服变压器	3PAC 380/220V 8KW	为伺服电源模块供电	华中数控
4	控制变压器	AC 380/220V 300W/110V 250W/24V 100W	伺服控制电源、开关电源供电	华中数控
			热交换器及交流接触器电源	
			照明灯电源	
5	总线式 I/O 单元	HIO-1061	NCUC 通信子模块	华中数控
		HIO-1006	底板子模块（6 槽）	
		HIO-1011N	PLC 输入子模块：3 块共 32 路	
		HIO-1021N	PLC 输出子模块：2 块共 32 路	
6	开关电源	HPW-145U	数控装置和总线 I/O 单元供电	华中数控
7	开关电源	AC 220/DC 24 V 50 W	开关量及中间继电器	明玮
8	开关电源	AC 220/DC 24 V 100 W	升降轴抱闸及电磁阀	明玮
9	伺服驱动器	HSV-160UD-075	X、Y、Z 轴电动机驱动装置	华中数控
10	主轴驱动器	HSV-180US-050	主轴电动机驱动装置	华中数控

续表

序号	名　　称	规　　格	主 要 用 途	备　　注
11	伺服电动机	130ST-M14320LMBB	X、Y 轴进给电动机（多摩川绝对值编码器）	华大电动机
12	伺服电动机	130ST-M14320LMBB（带抱闸）	Z 轴进给电动机（多摩川绝对值编码器）	华大电动机
13	主轴电动机	GM7105-4SB61-H	交流伺服主轴电动机 7.5 kW	登奇电动机
14	电抗器	AC 380 V 7.5 kVA	驱动装置电源进线隔离(1 台)	华中数控

2）总体框图

总体框图如图 1-126 所示。

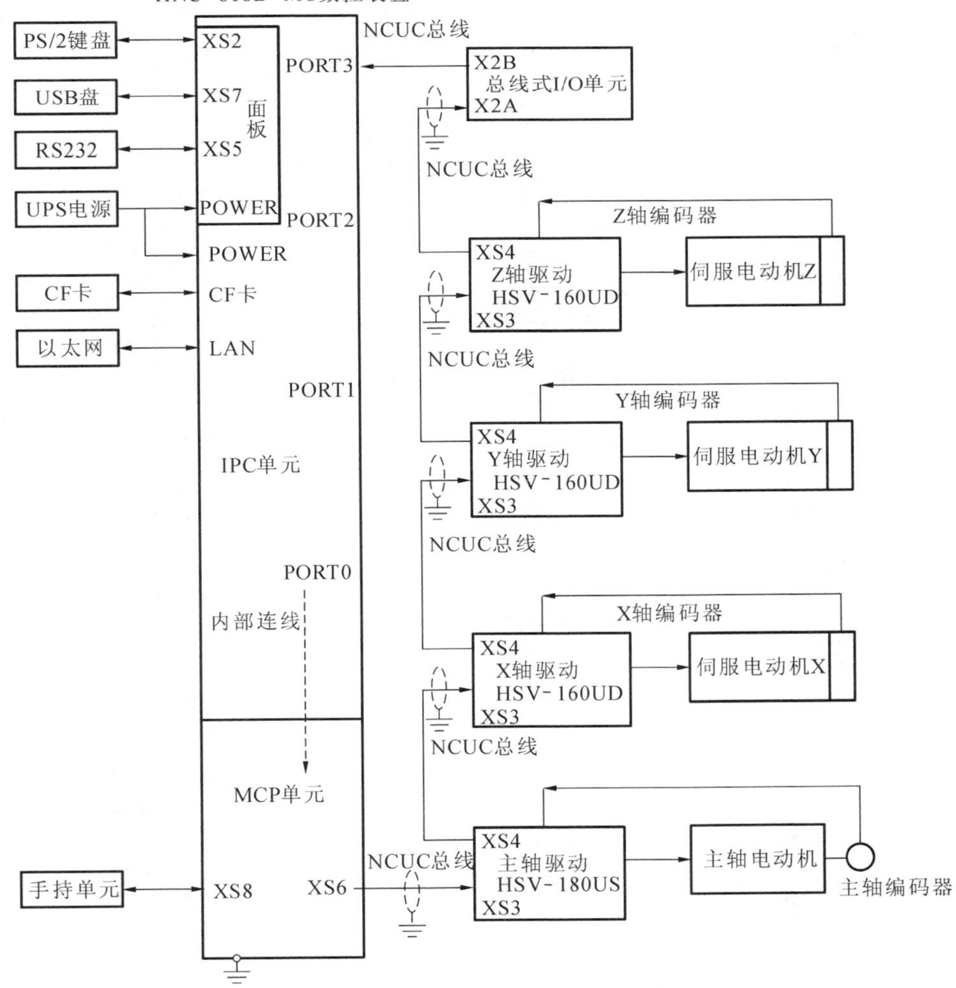

图 1-126　HNC-8 系列数控系统数控铣床总体框图

3）输入输出开关量的定义

华中数控 HNC-8 系列数控系统除手持单元接口提供少量 I/O 信号外，其余的 I/O 信号由总线式 I/O 单元提供；本例中需要 HIO-1000 输入子模块（HIO-1011N）3 块、输出子模块（HIO-1021N）2 块。具体定义如表 1-29 至表 1-37 所示。

表 1-29　XS8 手持单元接口定义

引脚号	信号名	定　义
13	5 V 地	手摇脉冲发生器＋5 V 电源地
25	＋5 V	手摇脉冲发生器＋5 V 电源
12	HB	手摇脉冲发生器 B 相
24	HA	手摇脉冲发生器 A 相
10	01	手持单元工作指示灯，低电平有效
9	I0	手持单元坐标选择输入 X 轴，常开点，闭合有效
21	I1	手持单元坐标选择输入 Y 轴，常开点，闭合有效
8	I2	手持单元坐标选择输入 Z 轴，常开点，闭合有效
7	I4	手持单元增量倍率输入 X1，常开点，闭合有效
19	I5	手持单元增量倍率输入 X10，常开点，闭合有效
6	I6	手持单元增量倍率输入 X100，常开点，闭合有效
4,18	I7	手持单元急停按钮
3,16	＋24 V	为手持单元的输入输出开关量供电的 DC 24 V 电源
1,2,14,15,17	24 V 地	

表 1-30　输入接口 X00 定义

引脚号	信号名	信 号 定 义
0	X0.0	X 正限位
1	X0.1	X 负限位
2	X0.2	Y 正限位
3	X0.3	Y 负限位
4	X0.4	Z 正限位
5	X0.5	Z 负限位
GND	24 V 地	外部直流 24 V 电源地
GND	24 V 地	外部直流 24 V 电源地

表 1-31　输入接口 X01 定义

引脚号	信号名	信 号 定 义
0	X1.0	轴 0 回零
1	X1.1	轴 1 回零
2	X1.2	轴 2 回零
4	X1.4	主轴报警
5	X1.5	压力报警

续表

引脚号	信号名	信 号 定 义
6	X1.6	冷却报警
7	X1.7	外部报警
GND	24 V 地	外部直流 24 V 电源地
GND	24 V 地	外部直流 24 V 电源地

表 1-32　输入接口 X02 定义

引脚号	信号名	信 号 定 义
0	X2.0	外部松刀信号
4	X2.4	急停
GND	24 V 地	外部直流 24 V 电源地
GND	24 V 地	外部直流 24 V 电源地

表 1-33　输入接口 X03 定义

引脚号	信号名	信 号 定 义
0	X3.0	刀库进到位信号(斗笠式刀库)
1	X3.1	刀库退到位信号(斗笠式刀库)
2	X3.2	主轴紧刀到位信号
3	X3.3	主轴松刀到位信号
GND	24 V 地	外部直流 24 V 电源地
GND	24 V 地	外部直流 24 V 电源地

表 1-34　输入接口 X04 定义

引脚号	信号名	信 号 定 义
0	X4.0	刀库计数(所有刀库)
1	X4.1	刀库原点(机械手刀库)
2	X4.2	刀臂原点(机械手刀库)
3	X4.3	刀臂刹车(机械手刀库)
4	X4.4	扣刀到位(机械手刀库)
5	X4.5	倒刀到位(机械手刀库)
6	X4.6	回刀到位(机械手刀库)
GND	24 V 地	外部直流 24 V 电源地
GND	24 V 地	外部直流 24 V 电源地

表 1-35　输出接口 Y00 定义

引脚号	信号名	信 号 定 义
0	Y0.0	Z 轴报闸
1	Y0.1	超程解除

续表

引脚号	信号名	信 号 定 义
2	Y0.2	润滑
3	Y0.3	冷却
4	Y0.4	工作灯
5	Y0.5	排屑正转
6	Y0.6	排屑反转
GND	24 V 地	外部直流 24 V 电源地
GND	24 V 地	外部直流 24 V 电源地

表 1-36　输出接口 Y01 定义

引脚号	信号名	信 号 定 义
0	Y1.0	三色灯一绿
1	Y1.1	三色灯一黄
2	Y1.2	三色灯一红
3	Y1.3	刀具松开
4	Y1.4	刀库进(斗笠式刀库)
5	Y1.5	刀库退(斗笠式刀库)
6	Y1.6	刀库正转(所有刀库)
7	Y1.7	刀库反转(所有刀库)
GND	24 V 地	外部直流 24 V 电源地
GND	24 V 地	外部直流 24 V 电源地

表 1-37　输出接口 Y02 定义

引脚号	信号名	信 号 定 义
0	Y2.0	刀臂正转(机械手刀库)
1	Y2.1	刀臂反转(机械手刀库)
2	Y2.2	刀套回(机械手刀库)
3	Y2.3	刀套倒(机械手刀库)
GND	24 V 地	外部直流 24 V 电源地
GND	24 V 地	外部直流 24 V 电源地

4）电气原理图设计

(1) 电源部分如图 1-127 所示。

在本设计中，照明灯的 AC 24 V 电源和工作电流较大的电磁阀使用的 DC 24 V 电源、输出开关量(如继电器、伺服控制信号等)用的 DC 24 V 电源是各自独立的。

图 1-127 中 QF0～QF4 为三相空气开关；QF5～QF11 为单相空气开关；KM1～KM4 为三相交流接触器；RC0～RC3 为三相阻容吸收器(灭弧器)；RC4～RC12 为单相阻容吸收器(灭弧器)；KA0～KA11 为 DC 24 V 继电器；VX 为续流二极管；YVZ 为电磁阀和 Z 轴电动机抱闸。

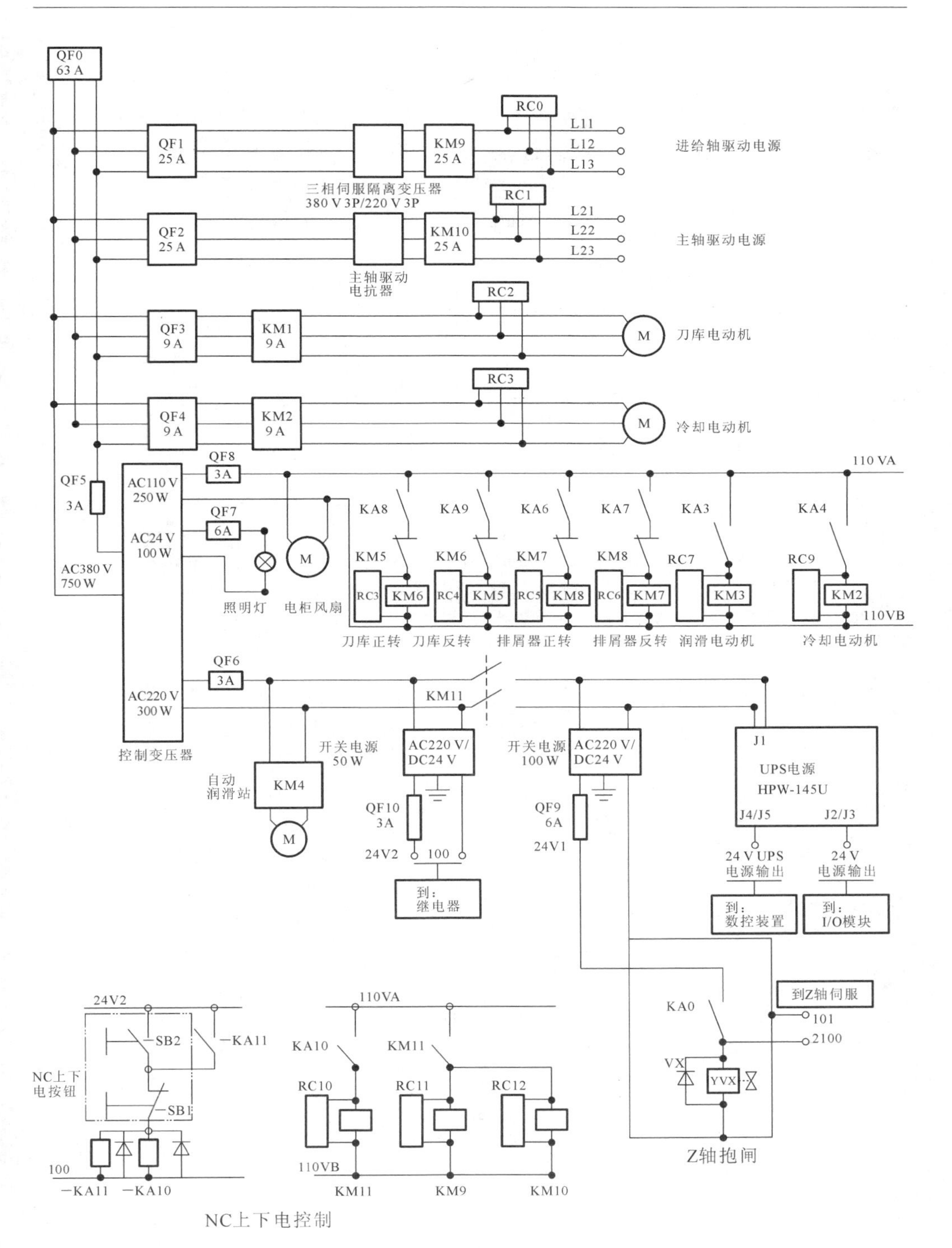

图 1-127　HNC-8 系列数控系统数控铣床电气原理图-电源图

(2) 继电器与输入/输出开关量。

继电器主要由输出开关量控制;输入开关量主要指进给驱动装置、主轴驱动装置、机床电气等部分的状态信息与报警信息。图 1-128 为典型铣床数控系统电气原理图继电器部分。输入/输出开关量接线分别如图 1-129 和图 1-130 所示。

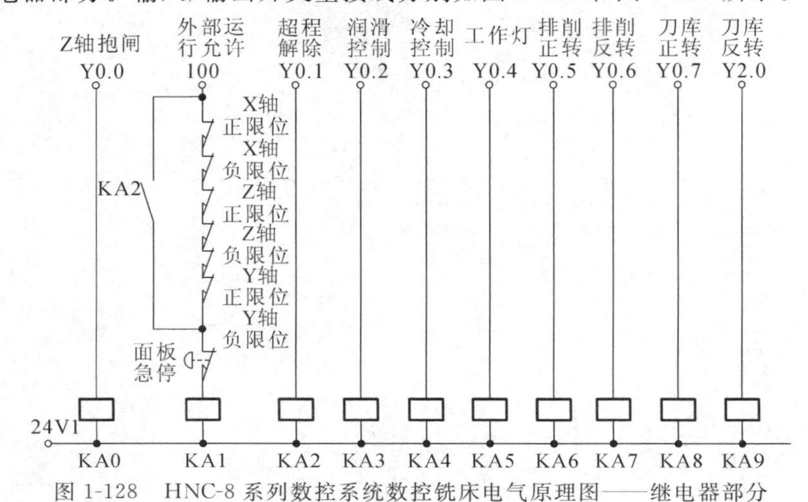

图 1-128 HNC-8 系列数控系统数控铣床电气原理图——继电器部分

注:图 1-128 中标号 100 为图 1-127 中 DC 24 V 50 W 开关电源的地。

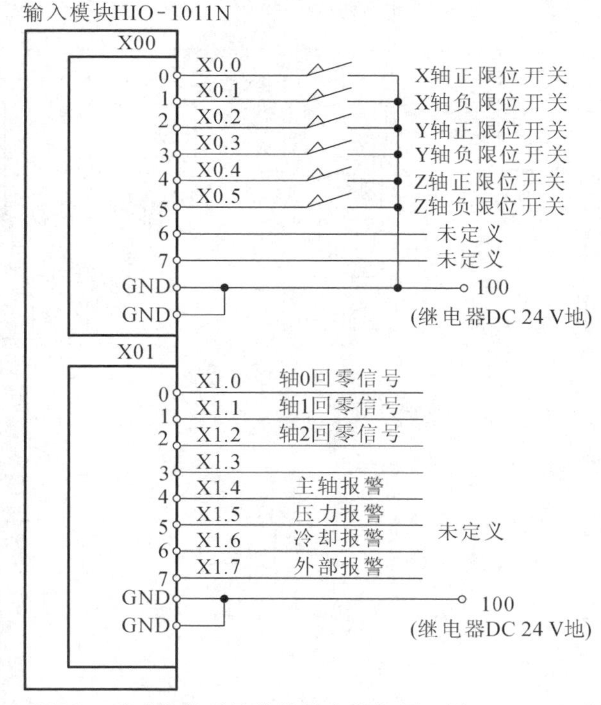

图 1-129 HNC-8 系列数控系统数控铣床电气原理图——NPN 型输入模块

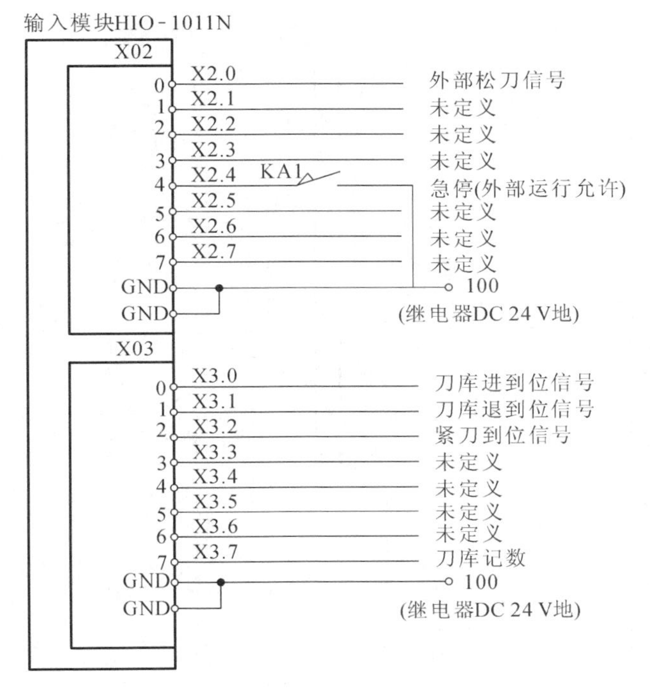

输入模块HIO-1011N
X02
0 X2.0 外部松刀信号
1 X2.1 未定义
2 X2.2 未定义
3 X2.3 未定义
4 X2.4 KA1 急停(外部运行允许)
5 X2.5 未定义
6 X2.6 未定义
7 X2.7 未定义
GND
GND
100
(继电器DC 24 V地)
X03
0 X3.0 刀库进到位信号
1 X3.1 刀库退到位信号
2 X3.2 紧刀到位信号
3 X3.3 未定义
4 X3.4 未定义
5 X3.5 未定义
6 X3.6 未定义
7 X3.7 刀库记数
GND
GND
100
(继电器DC 24 V地)

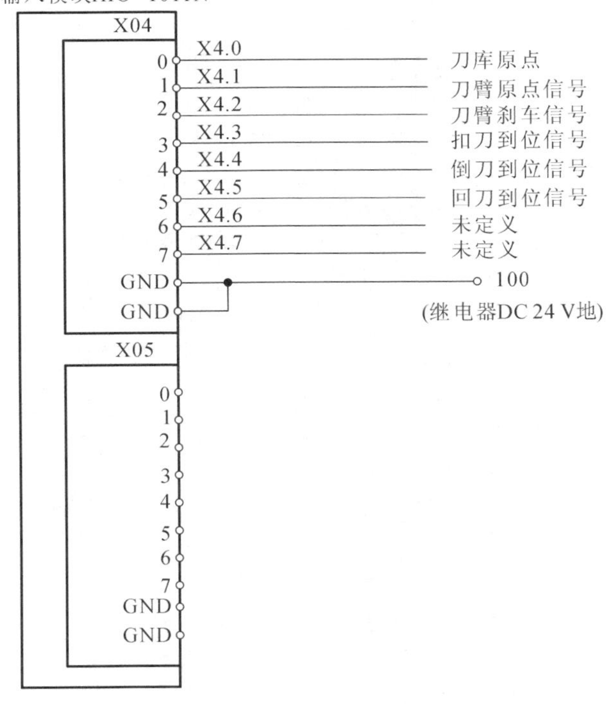

输入模块HIO-1011N
X04
0 X4.0 刀库原点
1 X4.1 刀臂原点信号
2 X4.2 刀臂刹车信号
3 X4.3 扣刀到位信号
4 X4.4 倒刀到位信号
5 X4.5 回刀到位信号
6 X4.6 未定义
7 X4.7 未定义
GND
GND
100
(继电器DC 24 V地)
X05
0
1
2
3
4
5
6
7
GND
GND

续图 1-129

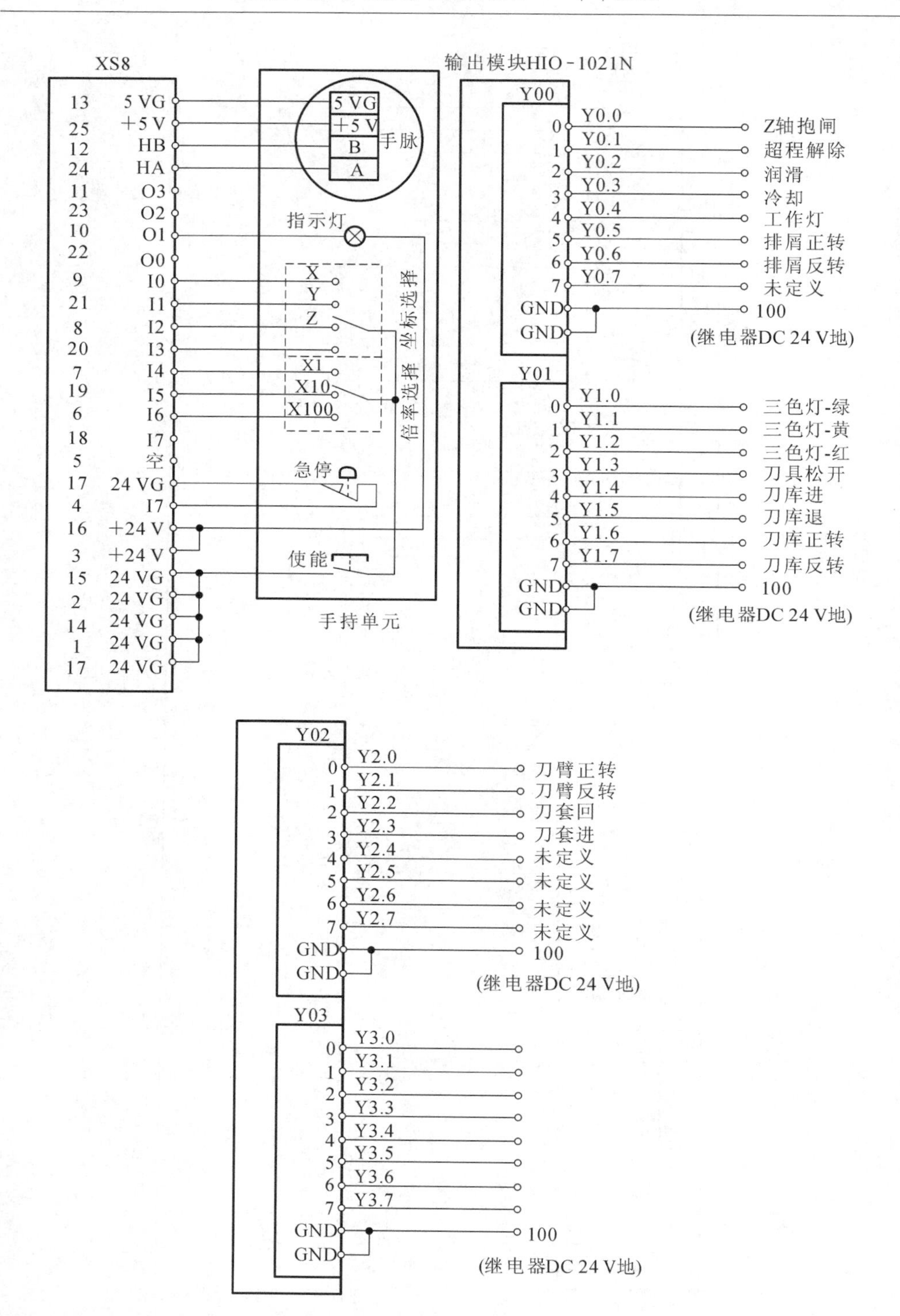

图 1-130　HNC-8 系列数控系统数控铣床电气原理图——输出开关量及手持单元

(3) 进给伺服(见图 1-131)和伺服主轴(见图 1-132)。

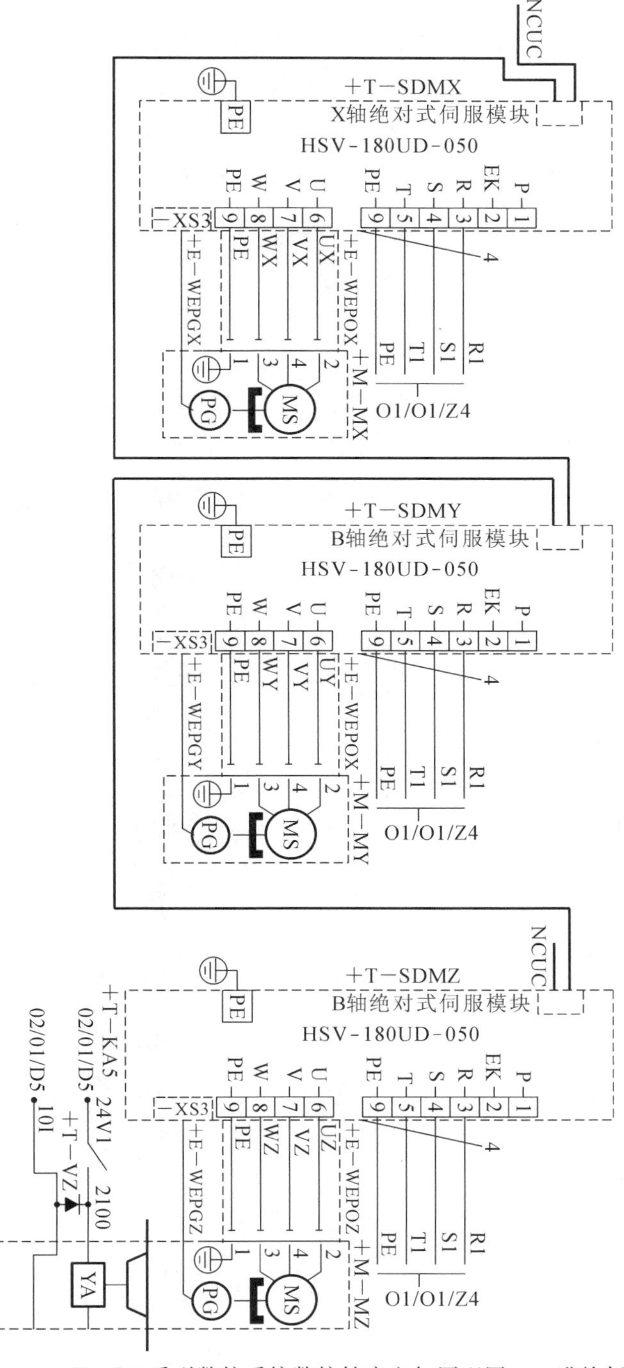

图 1-131　HNC-8 系列数控系统数控铣床电气原理图——进给伺服

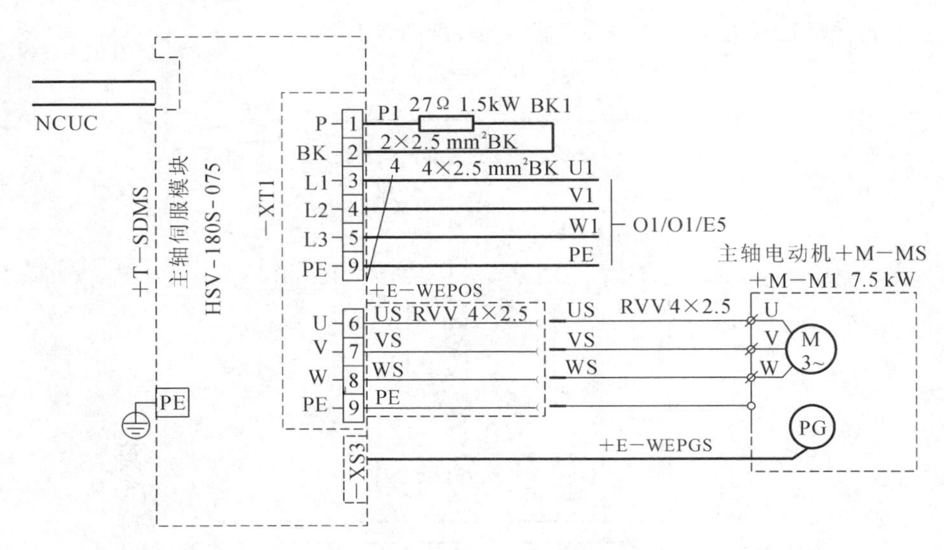

图 1-132 HNC-8 系列数控系统数控铣床电气原理图——伺服主轴

模块二　HNC-8 系列数控系统参数设定

项目四　HNC-8 系列数控系统参数设定

HNC-8 系列数控系统具有丰富的系统参数和机床参数。数控系统参数是用来设定数控系统匹配数控机床及其性能的一系列数据，数控机床电气控制电路连接完成后，要对其进行系统（包括数控系统及驱动器）参数的设定和调整，才能保证数控机床正常运行，达到机床加工功能要求和精度要求；同时，参数设置在机床调试与维修中起着重要的作用。

一、HNC-8 系列数控系统参数总览

1. 参数编号的分配

HNC-8 数控系统各类参数的参数编号（ID）分配如表 2-1 所示，其参数类型如图 2-1 所示。

表 2-1　HNC-8 数控系统参数编号

参数类别	ID 分配	描　述
NC 参数	000000～009999	占用 10000 个 ID 号
机床用户参数	010000～019999	占用 10000 个 ID 号
通道参数	040000～049999	按通道划分，每个通道占用 1000 个 ID 号
坐标轴参数	100000～199999	按轴划分，每个轴占用 1000 个 ID 号
误差补偿参数	300000～399999	按轴划分，每个轴占用 1000 个 ID 号
设备接口参数	500000～599999	按设备划分，每个设备占用 1000 个 ID 号
数据表参数	700000～799999	占用 100000 个 ID 号

- NC 参数是数控系统的基本参数，用于设置插补周期、运算分辨率等参数。
- 机床用户参数是用来设置机床结构、通道数等参数，比如是车床还是铣床，所用通道等。
- 通道执行插补运动的路径。不同的通道可以执行不同的插补运动，且各通道间互不影响。双通道就是指可以同时执行两种不同的插补运动。通道参数是用来设置各个通道的相关参数。
- 坐标轴参数是用来设置通道中所用逻辑轴的相关参数（包括总线式驱动器参数）。
- 误差补偿参数是用来设置反向间隙、螺距误差等相关误差补偿参数的。
- 设备接口参数是用来设置各轴、I/O 等物理设备的相关参数并与物理设备一一对应。

● 数据表参数是用来设置误差补偿、温度对应等相关的差值数据表。

每个参数有拥有独立的意义和数值，但是很多参数互相之间又有机地联系在一起，它们互相影响，互相作用。

参数的调整的作用如下：

(1) 对于数控系统本身基本性能的调节。

(2) 使数控系统与实际工作机床的各项条件匹配起来。

(3) 数控系统的软件与实际工作的硬件一一识别并且匹配起来，并且可以对硬件的参数进行一定的调整和调试。

(4) 系统的各部件更加和谐地匹配起来，各部件的运动性能、机械性能、配合性能、补偿性能都进行有效的调节。

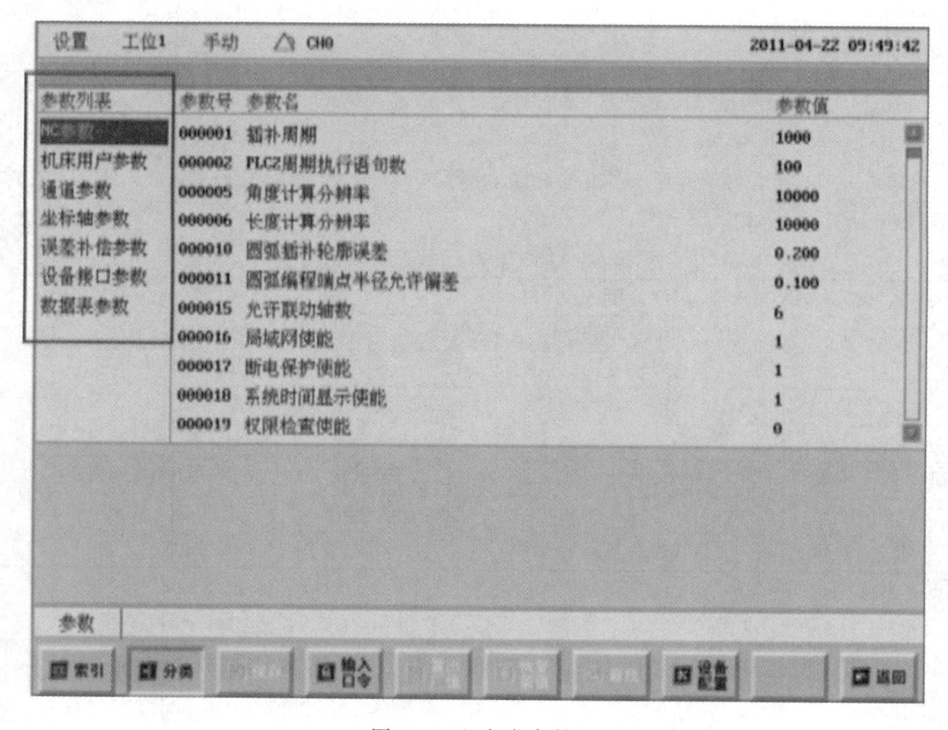

图 2-1　七大类参数

2. 参数的数据类型

HNC-8 数控系统参数的数据类型包括以下几种。

● 整型 INT4：参数值只能为整数。

● 布尔型 BOOL：参数值只能是 0 或 1。

● 实数型 REAL：参数值可以为整数，也可以为小数。

● 字符串型 STRING：参数值为 1～7 个字符的字符串。

● 16 进制整型 HEX4：参数按 16 进制数输入和显示。

● 整型数组 ARRAY：参数按数组形式输入和显示，各数据之间用“,”或“.”分隔，数组元素取值范围为0～127。

3. 参数访问级别与修改权限

● 各级别参数必须输入相应口令，登录后才允许修改与保存。

● 高级别登陆后允许修改低级别参数。

● 固化参数（访问级别5）不允许人为修改，由数控系统自动配置。表2-2所示为参数访问级别。

表2-2　参数访问级别

参数访问级别	面向对象	英文标识
1	普通用户	ACCESS_USER
2	机床厂	ACCESS_MAC
3	数控厂家	ACCESS_NC
4	管理员	ACCESS_RD
5	固化	ACCESS_VENDER

4. 参数的生效方式

HNC-8数控系统参数的生效方式分为以下几种情况。

● 保存生效：参数修改后按保存键生效。

● 立即生效：参数修改后立即生效（主要用于伺服参数调整）。

● 复位生效：参数修改保存后按复位键生效。

● 重启生效：参数修改保存后重启数控系统生效。

5. 参数的查看与修改

参数的查看不需要权限，参数的修改根据参数的级别需要对应的权限。

1）参数设置步骤

（1）“设置”→F10“参数”→F7“权限管理”；

（2）用←、→选择用户级别，按F1“登录”，在提示栏中输入密码后按Enter键确认，如果对应用户前有√出现就表示权限登录成功；按F10返回，再按F1显示“系统参数”（见图2-2）；

（3）用↑、↓键选择参数类型，按Enter键进入参数子选项（见图2-3）；

（4）用→键切换到参数选项窗口，修改参数值（每个参数都有详细说明，见图2-4）。

2）权限密码

数控厂家权限：HIG

注：权限密码请勿随意更改，如需修改PLC也需给予此处权限。

数控厂家权限为第二级权限，可以修改几乎所有的调试参数；管理员权限为最高权限，可以修改所有非固化参数。

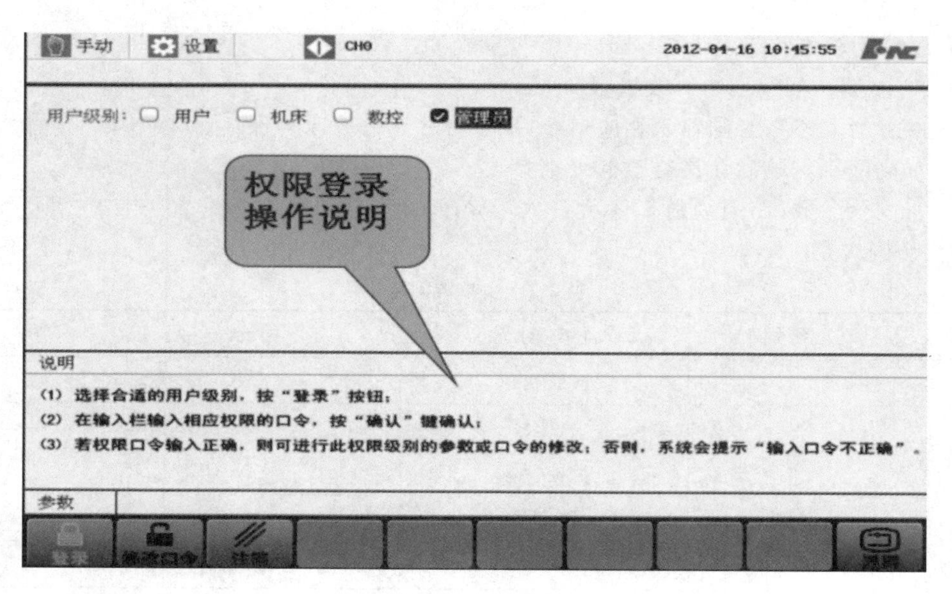

图 2-2　权限登录

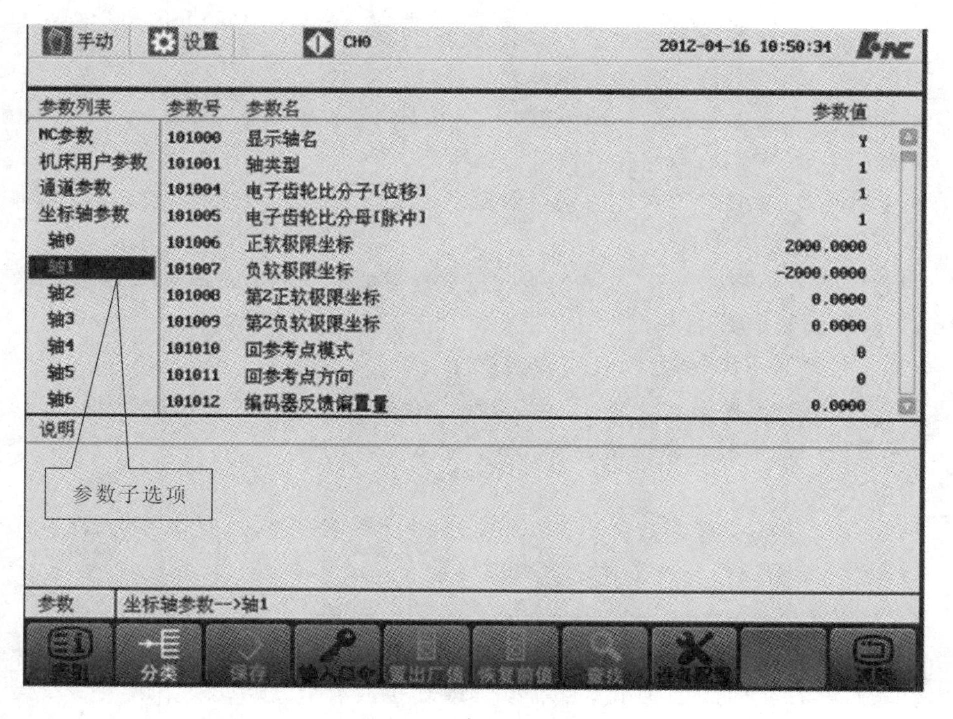

图 2-3　参数子选项

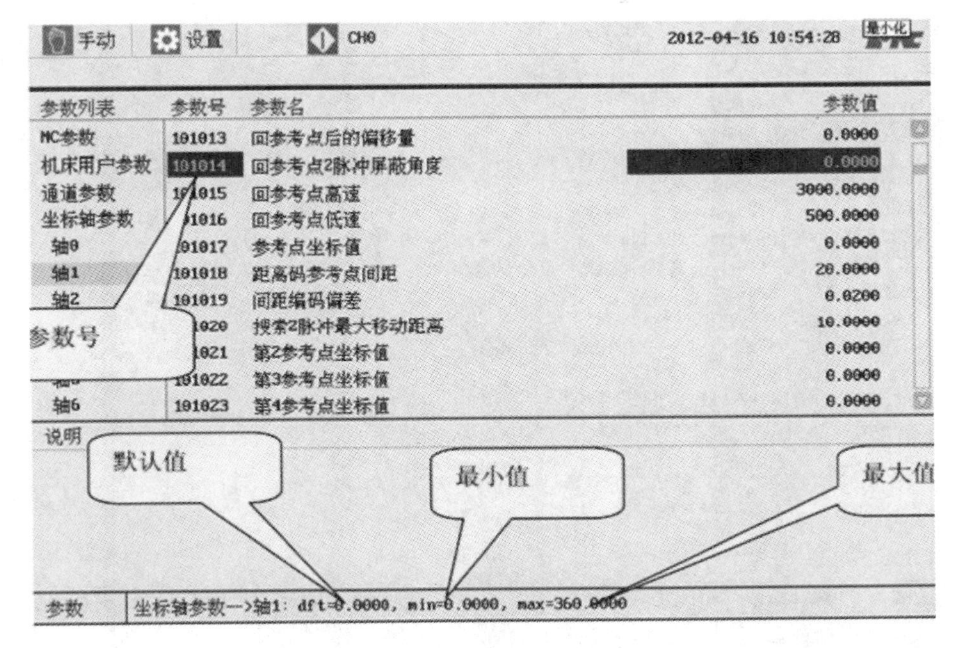

图 2-4 数字范围及意义

二、HNC-8 系列数控系统参数说明

1. NC 参数

1）NC 参数编号说明

位 0～3：NC 参数序号

位 4～5：参数类别，对于 NC 参数，类别为 00

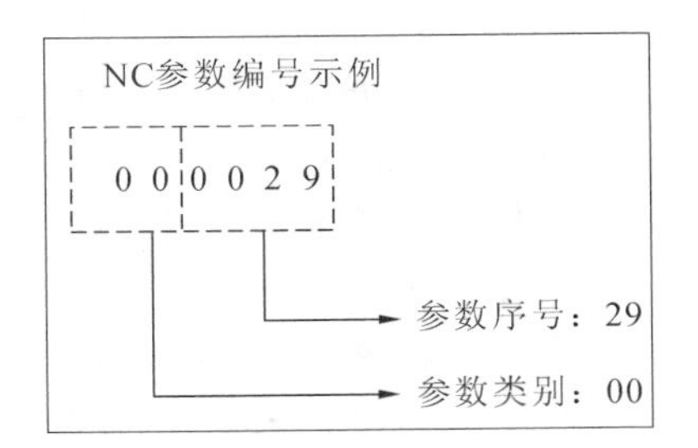

图 2-5 NC 参数编号

图 2-5、图 2-6 分别为 NC 参数编号和 NC 参数配置。

2）NC 参数中的重要参数说明

(1) 插补周期(默认值：1000)。

插补周期是指 CNC 插补器进行一次插补运算的时间间隔，是 CNC 的重要参数之一。通过调整该参数可以影响加工工件表面精度，插补周期越小，加工出来的零件轮廓平滑度越高，反之越低。

注意：插补周期受插补运算时间和系统位置控制周期的影响。虽然通过减小插补周期的手段可以提高加工工件表面平滑度，但是减小插补周期的同时 CNC 进行插补运算的负荷也会加重。一般情况下不要修改此参数。

(2) PLC2 周期执行语句数(默认值：200)。

HNC-8 数控系统采用两级 PLC 模式，即高速 PLC1 和低速 PCL2。PLC1 执行

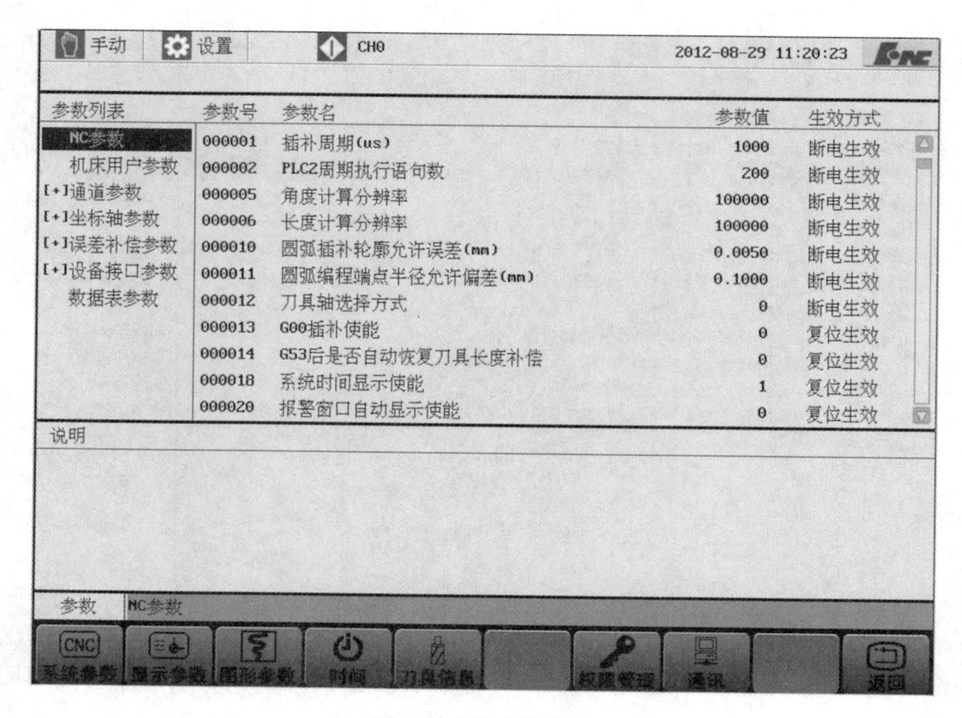

图 2-6　NC 参数配置

实时性要求较高的操作，如急停复位、各轴超程等，必须每扫描周期执行一次。PLC1 的执行周期即由参数“插补周期”设定；PLC2 执行实时性要求较低的操作，如数控面板指示灯控制等，一个扫描周期内只执行指定行数。该参数通过设置每周期执行 PLC2 的语句行数来调整 PLC2 的执行周期。程序执行时，PLC2 将被自动分割。PLC2 的执行周期为 PLC1 的执行周期×梯图生成的语句表中 PLC2 包含的行数/PLC2 周期执行语句数(即本说明参数)。

(3) 角度计算分辨率(默认值：100000)。

该参数用于设定数控系统角度计算的最小单位。

注意：该参数必须设置为 10 的倍数。

示例：如果该设置为 100000，则数控系统角度计算精度为 0.00001°。

(4) 长度计算分辨率(默认值：100000)。

该参数用于设定数控系统长度计算的最小单位。

注意：该参数必须设置为 10 的倍数。

示例：如果该参数设置为 1000000，则数控系统长度计算精度为 0.000001 mm，即达到纳米分辨率，此时数控系统将能够处理纳米级的编程指令。

(5) 报警窗口自动显示使能(默认值：0)。

该参数用于设定数控系统是否自动显示报警信息窗口。

0:不自动显示报警信息窗口。

1:若系统出现新的报警信息时,自动显示报警信息窗口。

(6) 图形自动擦除使能(默认值:1)。

该参数用于设定数控系统图形轨迹界面是否自动擦除上一次程序运行轨迹显示。

0:图形轨迹不会自动擦除。

1:程序开始运行时自动擦除上一次程序运行轨迹。

(7) F 进给速度显示方式(默认值:1)。

该参数用于设置数控系统人机界面中 F 进给速度的显示方式。

0:显示实际进给速度。

1:显示指令进给速度。

(8) 公制/英制选择(默认值:1)。

该参数用来设置数控系统人机界面长度单位的选择。

0:英制编程,数控系统人机界面按英制单位显示。

1:公制编程,数控系统人机界面按公制单位显示。

(9) 位置值小数点后显示位数(默认值:4)。

该参数用于设定数控系统人机界面中位置值小数点后显示位数(见图 2-7),包括机床坐标、工件坐标、剩余进给等。

(10) 速度值小数点后显示位数(默认值:2)。

该参数用于设定数控系统人机界面中所有速度值小数点后显示位数(见图 2-8),包括 F 进给速度等。

(11) T 指令刀偏刀补号位数(默认值:2)。

该参数用于设定 T 指令中刀偏号和刀补号的有效位数(见图 2-9)。

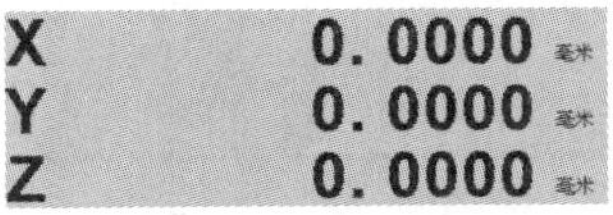

X 0.0000 毫米
Y 0.0000 毫米
Z 0.0000 毫米

图 2-7　位置值小数点后显示位数

刀偏刀补号有效位数：2
T 0 2 0 2
刀偏刀补号有效位数：3
T 0 2 1 0 2 1

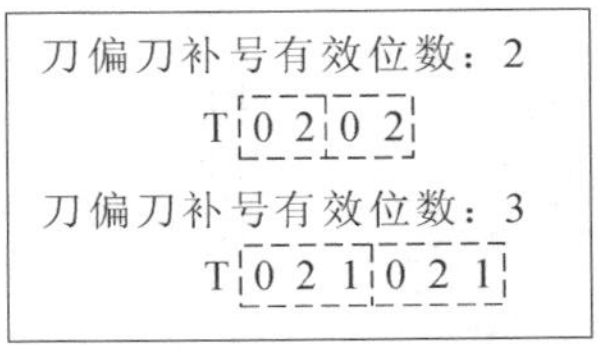

图 2-9　刀偏号和刀补号的有效位数

F 1860.00 mm/min

图 2-8　速度值小数点后显示位数

(12) 刀具磨损累加使能(默认值:1)。

该参数用于设定刀具磨损值输入方式。

0:刀具磨损值直接是输入值。

1:刀具磨损值按累加方式输入,即输入值加上原有磨损值。

(13) 车床直径显示使能(默认值:1)。

该参数用于设定车床 X 轴坐标显示方式。

0:半径显示

1:直径显示

2. 机床用户参数

1) 机床用户参数编号

位 0~3:机床用户参数序号

位 4~5:参数类别,对于机床用户参数,类别为 01

图 2-10、图 2-11 分别为机床用户参数编号和机床用户参数配置。

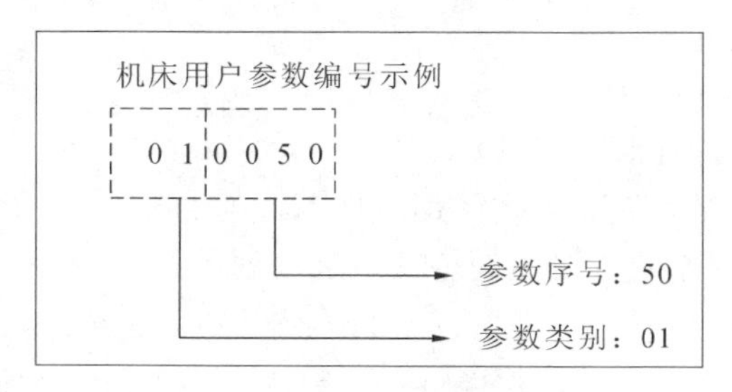

图 2-10　机床用户参数编号

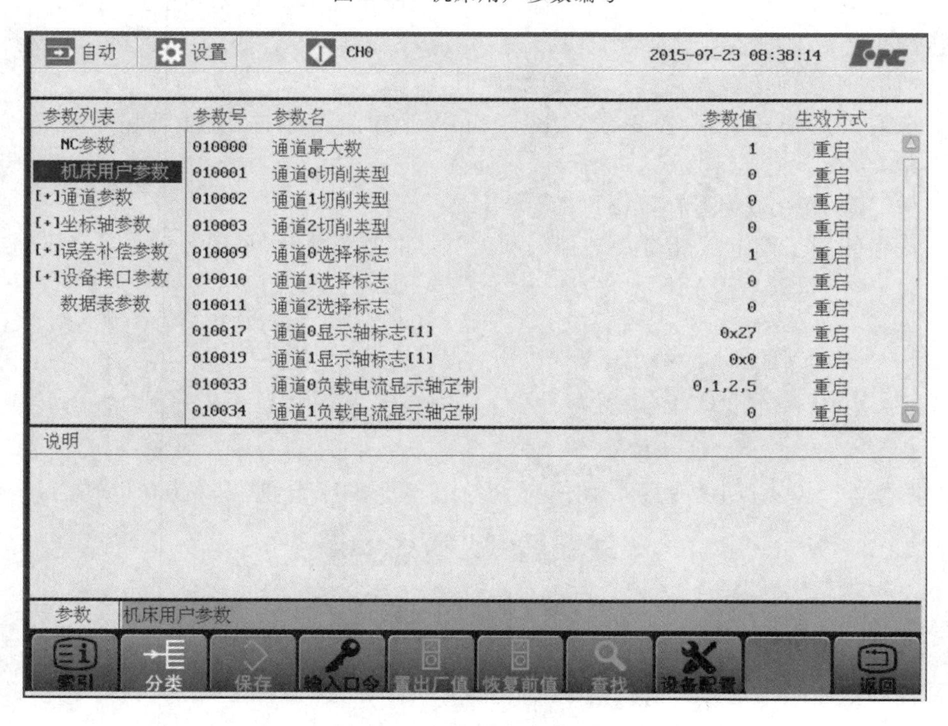

图 2-11　机床用户参数配置

2）机床用户参数中的重要参数说明

（1）通道最大数（默认值：1）。

设置系统允许开通的最大通道数。一个通道对应一个显示窗口。

（2）通道切削类型（默认值：0）。

该参数组用于指定各通道的类型。

0：铣床切削系统

1：车床切削系统

2：车铣复合系统

示例：现有某工件加工工艺分两个通道进行加工，通道0进行铣削加工，通道1进行车削加工，参数配置方法如下：

参数010001“通道0机床类型”设置为0；

参数010002“通道1机床类型”设置为1。

（3）通道选择标志（默认值：1）。

一个工件装夹位置，可以有多个主轴及其传动进给轴工作，即对应多个通道。该组参数属于置位有效参数，位0～位7分别表示通道0～通道7的选择标志。在给工位配置通道时，需要将该工位通道选择标志的指定位设置为1。

注意：该组参数按十进制值输入和显示。

（4）通道显示轴标志（默认值：0X7或0X5）。

数控系统人机界面可以根据实际需求对每个通道中的轴进行有选择的显示。该组参数属于置位有效参数，“通道显示轴标志【1】”的位0～位31分别表示轴0～轴31的选择标志。当系统最大支持64个轴时，扩展参数“通道显示轴标志【2】”的位0～位31分别表示轴32～轴63的选择标志。在给通道配置显示轴时，需要将该通道显示轴标志的指定位设置为1。

注意：该组参数按十六进制值输入和显示。对于不同型号的数控系统，系统支持的最大轴数可能不同。

（5）通道负载电流显示轴定制（默认值：0）。

数控系统人机界面可以根据实际需求决定各通道中显示哪些轴的负载电流。

该组参数为数组型参数，用于设定各通道负载电流显示轴的轴号，键盘输入时，各轴号用“.”进行分隔；输入完成后，系统显示时，各轴号系统自动用“,”进行分隔显示。

注意：数组型参数最大支持8个数据同时输入，且数值范围0～127。

（6）机床最大轴数（默认值：10）。

该参数用于设定机床允许使用的最大逻辑轴数。其值为不小于系统中使用的最大逻辑轴号＋1。

示例：将该参数设置为10，则机床允许使用轴0～轴9共10个逻辑轴，此时如果将其他逻辑轴（轴号大于9的逻辑轴）配置到通道中，该轴将无控制指令输出。

(7) PMC 及耦合从轴总数(默认值:0)。

该参数表示用于辅助动作的 PMC 轴的轴数与耦合轴中的从轴总数之和。

注意:对于不同型号的数控系统,运动控制通道最大控制轴数可能不同。

示例:数控系统需要控制 2 个 PMC 轴,3 对同步轴组(3 个从动轴),此时应将该参数设置为 5。

(8) PMC 及耦合从轴编号(默认值:—1)。

用于辅助动作的 PMC 轴和耦合轴中的从动轴的逻辑编号。

注意:该组参数的生效个数取决于参数参数 010050“PMC 及耦合从轴总数”。

示例:CNC 配置有 3 个 PMC 轴,分别为轴 5、轴 6、轴 7,2 对同步轴组,其从动轴分别为轴 2 和轴 3,则参数配置方法如下:

参数 010050“PMC 及耦合从轴总数”设置为 5;

参数 010051“PMC 及耦合从轴编号【0】”设置为 5;

参数 010052“PMC 及耦合从轴编号【1】”设置为 6;

参数 010053“PMC 及耦合从轴编号【2】”设置为 7;

参数 010054“PMC 及耦合从轴编号【3】”设置为 2;

参数 010055“PMC 及耦合从轴编号【4】”设置为 3。

剩余参数 010056“PMC 及耦合从轴编号【5】”至参数 010066“PMC 及耦合从轴编号【15】”未生效,配置为—1 即可。

(9) 机床保护区内部禁止掩码。

机床保护区能够针对机床上的重要部件设置保护区域,如机床尾架、刀库等,从而避免人为误操作造成机床损坏。对于机床保护区而言,有内属性与外属性供用户选择,通过该参数能够指定各机床保护区是区域内禁止还是区域外禁止。

该参数用于配置数控系统机床保护区的内属性,属于置位有效。按十进制值输入和显示。

(10) 机床保护区外部禁止掩码。

该参数用于配置数控系统机床保护区的外属性,属于置位有效。按十进制值输入和显示。

示例:某机床需要配置 2 个机床保护区,其中:1 号和 2 号机床保护区外部禁止;则该参数配置为 6。同时要将 1 号和 2 号机床保护区内部禁止位置 0。

(11) 机床保护区正/负边界(默认值:0)。

该组参数用于设定各有效机床保护区在 X、Y、Z 轴方向上的正边界值和负边界值。

注意:在设置机床保护区的边界值时应注意正边界值不允许小于负边界值。

(12) 回参考点延时时间(默认值:2000)。

该参数用于设定机床进给轴回参考点过程中找到 Z 脉冲到回零完成之间的延

时时间。

(13) 准停检测最大时间。

该参数用于设定快移定位(G00)到某点后检测坐标轴定位允差的最大时间。

注意该参数仅在坐标轴参数参数 100060“定位允差”不为 0 时生效。

(14) G64 拐角准停校验检查使能。

该参数用于设置 G64 指令是否在拐角处准停校验。

当该参数设置为 1 时，数控系统在 G64 模态下将开启拐角准停校验检查功能。

注意在 G64 模态下，如果前后两条直线进给段长度不大于 5 mm 并且矢量夹角不大于 36°时数控系统将自动采用圆弧过渡，而不受该参数控制。

(15) 用户参数(默认值:0)。

该组参数用于配置 PLC 中的 P 变量值，如主轴修调、进给修调各挡位修调值。

用户参数【0】～用户参数【199】分别对应 PLC 中的 P0～P199。

3. 通道参数

1) 通道参数编号

位 0～2:通道参数序号

位 3:通道序号

位 4～5:参数类别，对于通道参数，类别为 04

图 2-12、图 2-13 分别为通道参数编号和通道参数配置。

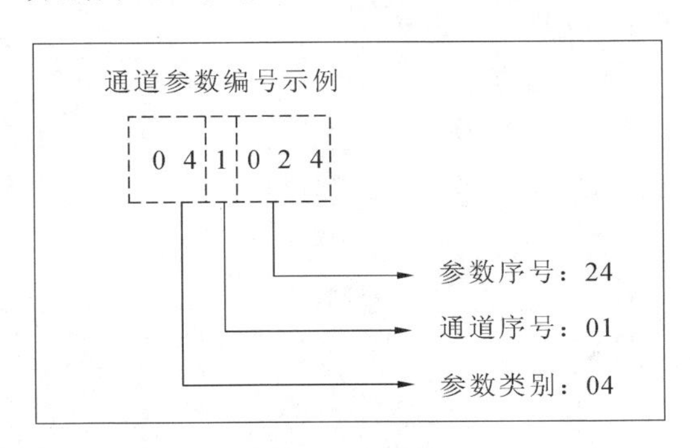

图 2-12　通道参数编号

2) 通道参数中的重要参数说明

(1) 通道名(默认值:CH)。

该参数用于设定通道名，如将通道 0 的通道名设置为“CH0”，通道 1 的通道名设置为“CH1”(见图 2-14)。

数控系统人机界面状态栏能够显示当前工作通道的通道名，当进行通道切换时，状态栏中显示的通道名也会随之改变。

注意:对于不同型号的数控系统，系统支持的最大通道数可能不同。

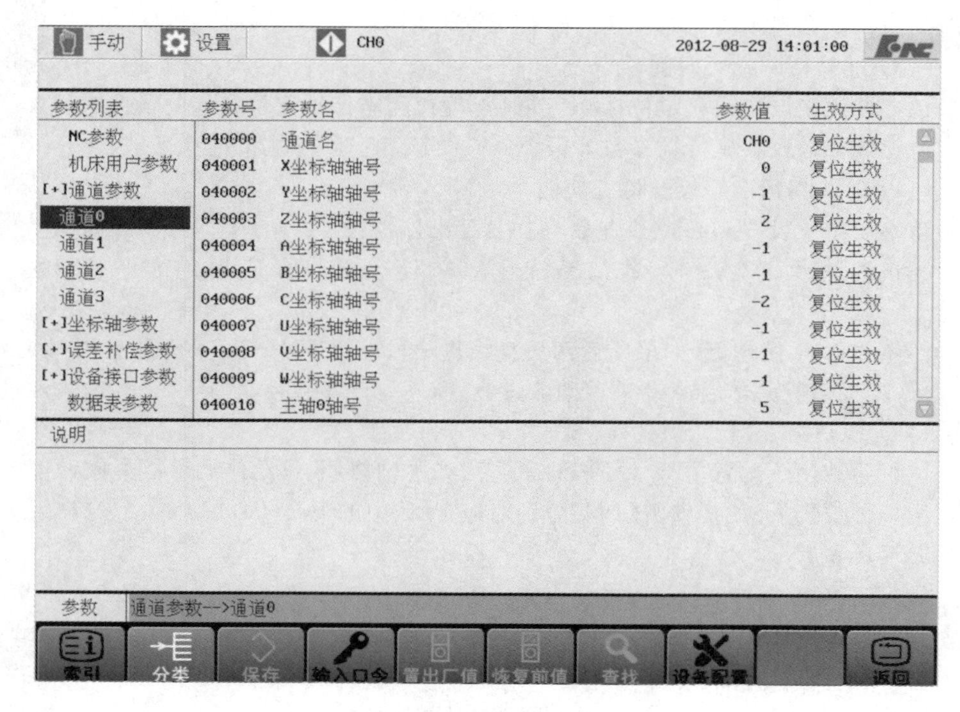

图 2-13　通道参数配置

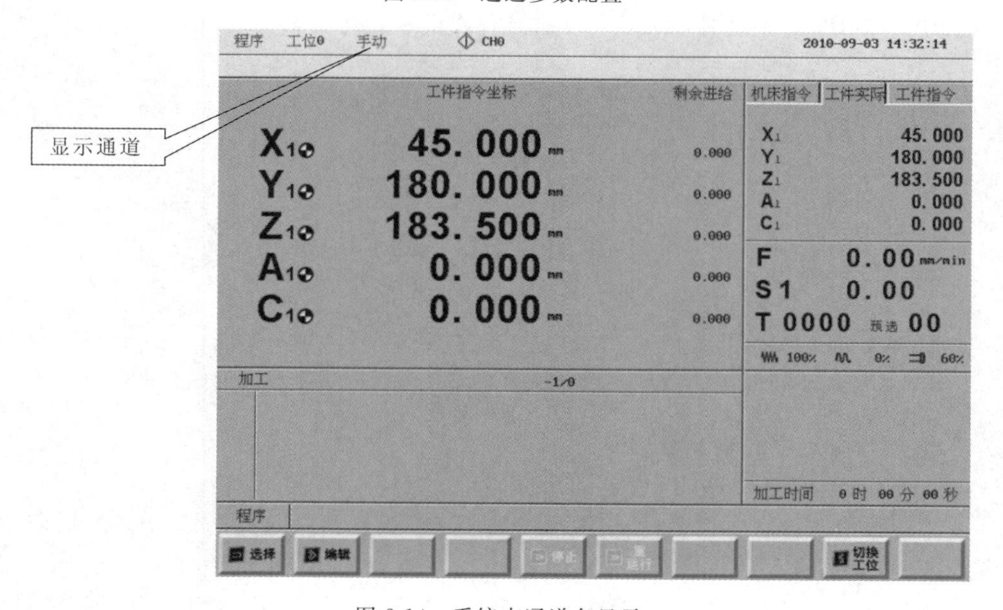

图 2-14　系统中通道名显示

(2) 坐标轴轴号(默认值：—1)。

该组参数用于配置当前通道内各进给轴的轴号，即实现通道进给轴与逻辑轴之间的映射(见图 2-15)。

0～127:指定当前通道进给轴的轴号。

—1:当前通道进给轴没有映射逻辑轴,为无效轴。

—2:当前通道进给轴保留给 C/S 轴切换。

注意:一个逻辑轴只能分配给一个通道内的一个通道轴(进给轴或主轴),不允许将一个逻辑轴与多个通道轴进行关联。

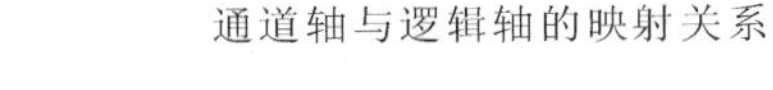

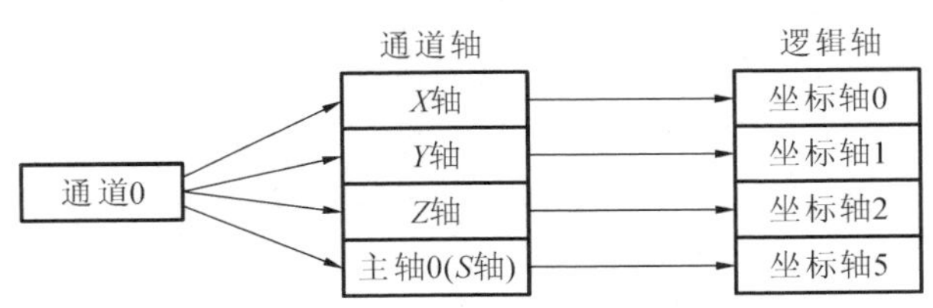

图 2-15　通道轴与逻辑轴的对应关系

(3) 主轴轴号(默认值:—1)。

该组参数用于配置当前通道内各主轴的轴号,即实现通道主轴与逻辑轴之间的映射(见图 2-15)。

0～127:指定当前通道主轴的轴号。

—1:当前通道主轴没有映射逻辑轴,为无效轴。

注意:一个逻辑轴只能分配给一个通道内的一个通道轴(进给轴或主轴),不允许将一个逻辑轴与多个通道轴进行关联。

分配给普通通道的逻辑轴不能再分配给运动控制通道。

(4) 坐标编程名。

如果 CNC 配置了多个通道,为了在编程时区分各自通道内的轴,系统支持自定义坐标轴编程名。

该组参数用于设定当前通道内各进给轴的编程名,默认值为每个通道内 9 个基于机床直角坐标系的坐标轴名(X、Y、Z、A、B、C、U、V、W)。

示例:通道 0 和通道 1 分别配置有 X、Y、Z 三个坐标轴,为了便于区分,参数配置方法如下。

CH0:参数 040014"X 坐标轴编程名"设置为"X1";
　　参数 040015"Y 坐标轴编程名"设置为"Y1";
　　参数 040016"Z 坐标轴编程名"设置为"Z1"。

CH1:参数 041014"X 坐标轴编程名"设置为"X2";
　　参数 041015"Y 坐标轴编程名"设置为"Y2";
　　参数 041016"Z 坐标轴编程名"设置为"Z2"。

参数配置生效后,可按如下方式进行编程:

G130 P0;　　　　　　切换到 CH0

G01 X1=100 Y1=70 F500

G130 P1;　　　　　　切换到 CH1

G01 X2=50 Z2=48 F600

⋮

(5) 主轴编程名。

HNC-8 数控系统每个通道最多支持 4 个主轴,为了在编程时区分各主轴,系统允许自定义各通道主轴轴名。

示例:通道 0 配置有主轴 0 和主轴 1 两个主轴,并分别命名为“S”“S1”,参数配置方法如下:

参数 40023“主轴 0 编程名”设置为“S0”

参数 40024“主轴 1 编程名”设置为“S1”

参数配置生效后,可按如下方式进行编程:

M3 S=500

M4 S1=1000

(6) 主轴转速显示方式(默认值:0)。

该参数属于置位有效参数,用于设定通道内各主轴转速的显示方式,位 0～位 3 分别对应主轴 0～主轴 3 转速显示方式,为 1 时显示指令转速,为 0 时显示实际转速。

注意:该参数按十进制值输入和显示。

示例:通道 0 配置有主轴 0 和主轴 1 两个主轴,并分别命名为“S”“S1”,主轴 S 显示实际转速,主轴 S1 显示指令转速,则该参数应设置为 2。

(7) 主轴显示轴号(默认值:5)。

数控系统人机界面可以根据实际需求对每个主轴进行有选择的显示。

该组参数为数组型参数,用于设定各主轴显示轴的轴号,键盘输入时,各轴号用“.”进行分隔;输入完成后,系统显示时,各轴号系统自动用“,”进行分隔显示。

(8) 通道的默认进给速度(默认值:1000)。

当前通道内编制的程序没有给定进给速度时,CNC 将使用该参数指定的默认进给速度执行程序。

(9) 空运行进给速度(默认值:5000)。

当 CNC 切换到空运行模式时,机床将采用该参数设置的进给速度执行程序。

(10) 直径编程使能(默认值:0)。

车床加工工件的径向尺寸通常以直径方式标准,因此编制程序时,为简便起见,可以直接使用标注的直径方式编写程序。此时直径上一个编程单位的变化,对应径向进给轴半个单位的移动量。该参数用来选择当前通道的编程方式(见图 2-16)。

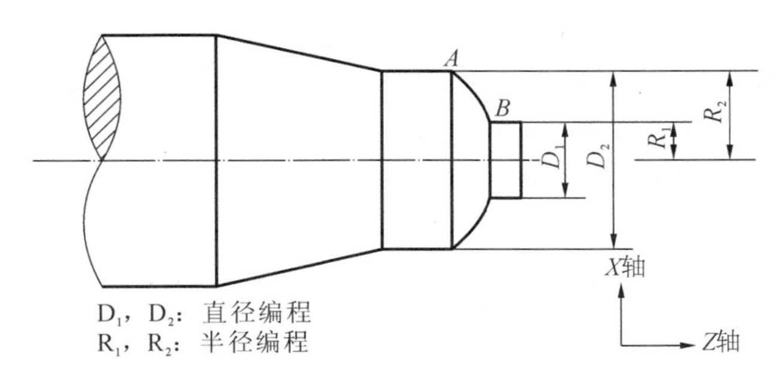

图 2-16　直径/半径编程方式

0:半径编程方式

1:直径编程方式

注意:该参数只有当参数 10001“通道 0 机床类型”设置为 1(车床)时才生效。该参数与参数 000065“车床直径显示使能”的作用功效是不一样的。

(11) UVW 增量编程使能(默认值:0)。

编程时可以通过 UVW 指令实现增量编程,U、V、W 分别代表通道 X、Y、Z 轴的增量进给值,该参数用于设置 UVW 增量编程是否生效。

0:UVW 指令实现增量编程禁止

1:UVW 增量编程使能

对于车床而言,该参数一般设置为 1,而对于铣床而言,该参数应该设置为 0。

注意:UVW 增量编程仅对通道 X、Y、Z 轴有效。

示例:参数参数 040032“直径编程使能”设置为 1。

参数参数 040033“UVW 增量编程使能”设置为 1。

对于图 2-17 所示车床加工零件,以下三种编程方式均能够实现从 P 到 Q 的编程轨迹。

① G01 U200 W-400 F100

② G01 X400 W-400 F100

③ G01 U200 Z50 F100

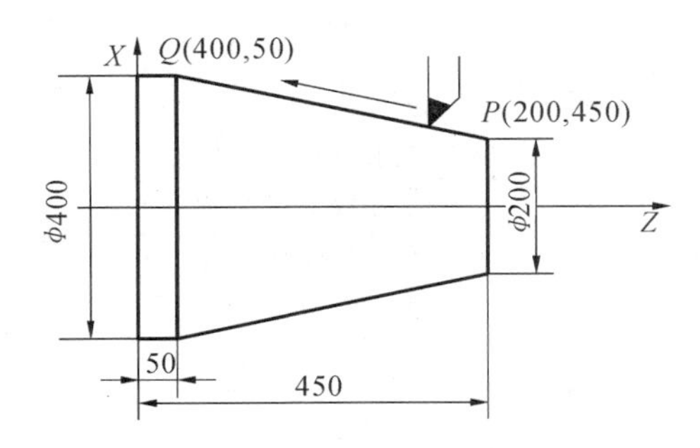

图 2-17　车床加工零件示例

(12) 倒角使能(默认值:1)。

HNC-8 数控系统支持在直线与直线、直线与圆弧、圆弧与圆弧插补轨迹之间进行倒角或倒圆角编程(见图 2-18),该参数用于开启倒角与倒圆角功能。

0:关闭倒角功能

1:开启倒角功能

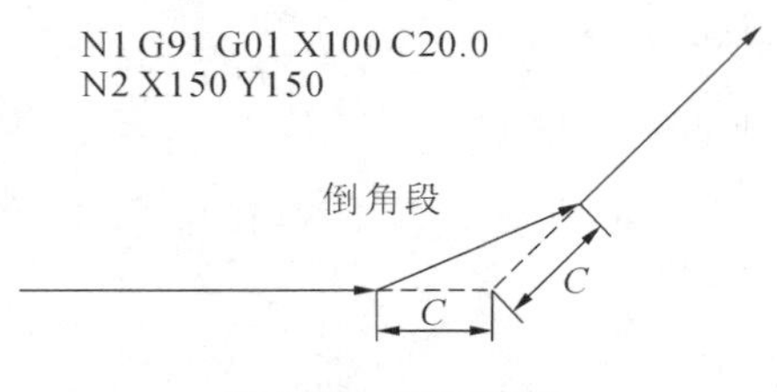

图 2-18　倒角功能

(13) 角度编程使能(默认值:0)。

为了编程方便,可直接使用加工图上的直线角度进行编程(见图 2-19)。该参数用于设置角度编程功能是否开启。

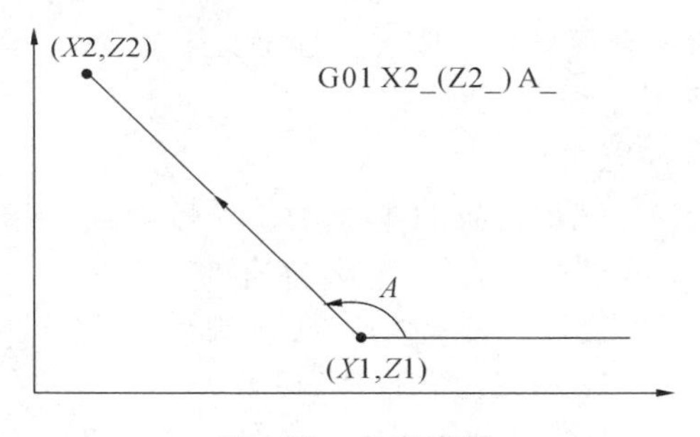

图 2-19　角度编程

0:角度编程禁止

1:角度编程使能

注意:角度编程功能一般用于车床数控系统。

在铣床上使用时注意,C、A 可能是旋转轴的编程指令,使用者须保证地址字符不存在二义性。

(14) 速度规划模式(默认值:0)。

在 HNC-8 数控系统中,对于小线段插补存在两种运动规划方式(见表 2-3)。

表 2-3　小线段插补的运动规划方式

运动规划方式	样条插补	快移加减速捷度时间常数	加工加减速捷度时间常数
0	有效	有效	无效
1	无效	有效	有效

(15) 小线段上限长度(默认值:0.6)。

与小线段下限长度配合使用,形成对小线段样条拟合的区域范围。

(16) 工艺尖角上限角度(默认值:135)。

连续小线段插补时可以根据编程轨迹的实际情况进行局部降速,对于需要凸显轮廓尖角的锐度的情况时,就要在尖角顶端时将降速到0。该参数用来设置该角度的值,如果加工的角度小于该角度则作准停处理,如果大于该值则使用其他判定方法来规划该角度处的降速处理。

将允许压缩合并的两条小线段间的最大有向夹角设定为45°,则该参数应设置为45。

(17) 小线段特征滤波长度(默认值:1)。

当曲率变化时,速度将伴随着小线段特征滤波段数窗口计算,为了保证降速前后的速度过渡均匀平滑,需使降速效果蔓延到小线段特征滤波段数窗口以外。当小线段特征滤波段数窗口外的小线段长度大于该参数时,蔓延停止,否则将前后蔓延1/2小线段特征滤波段数窗口大小(见图2-20)。

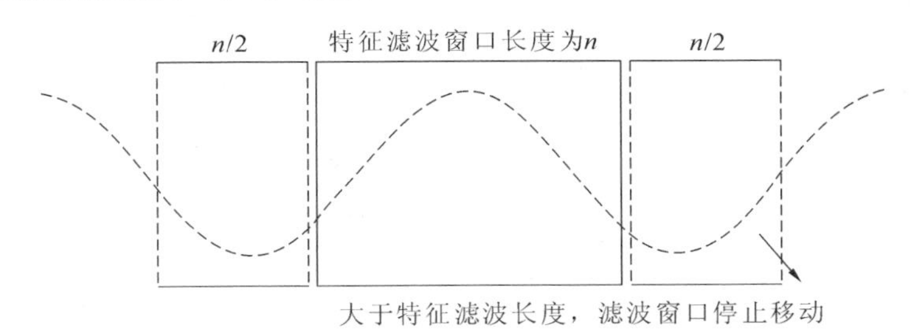

图2-20 小线段特征滤波长度

(18) 小线段轨迹允许轮廓误差(默认值:0.005)。

连续小线段插补时可以根据编程轨迹的实际情况对小线段进行压缩合并处理,该参数用于设定被压缩合并的小线段与原始编程轨迹间的允许轮廓误差,当轮廓误差超出该参数设定值时将不会被压缩(见图2-21)。

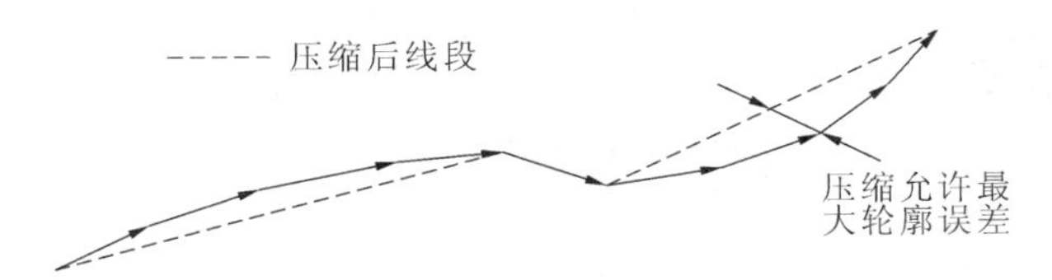

图2-21 小线段轨迹允许轮廓误差

(19) 小线段特征滤波段数(默认值:11)。

小线段长度如果在上限和下限长度限制之间,通过设置该参数改变同一时刻由曲率半径调整系数计算影响的小线段段数(见图2-22)。

(20) 小线段下限长度(默认值:0.01)。

样条插补时需根据编程轨迹的实际情况对小线段进行样条平滑(拟合)处理,该参数用于设定允许平滑的小线段的最短长度,如果小线段长度小于设定值则该段不

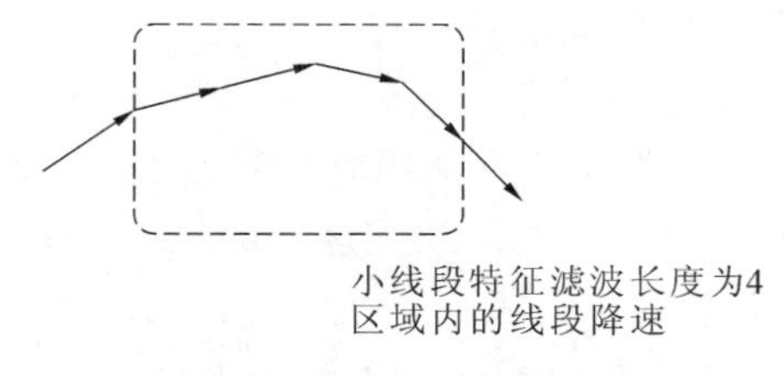

图 2-22　小线段特征滤波段数

进行平滑处理。

(21) 样条平滑最小夹角(默认值:160)。

样条插补时需根据编程轨迹的实际情况对小线段进行样条平滑(拟合)处理,该参数用于设定允许平滑的两条小线段间的最小有向夹角,如果小线段间有向夹角大于设定值则不进行平滑处理。该夹角值一般设定得比工艺尖角角度大才会产生效果,否则无意义(见图 2-23)。

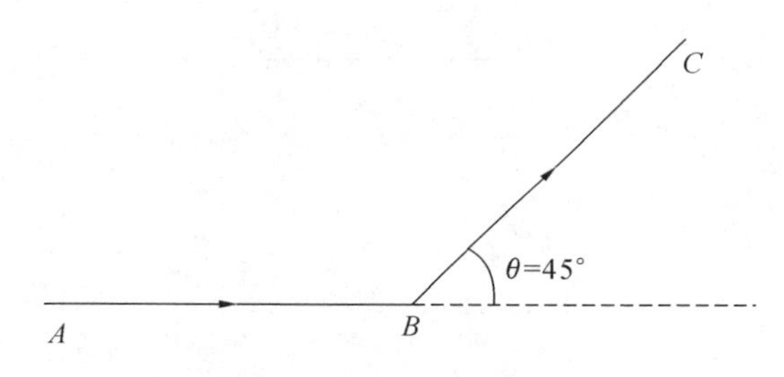

图 2-23　样条平滑最小夹角

如果要将允许进行样条平滑处理的两条小线段间的最大有向夹角设定为 45°,则此参数设置为 45。

(22) 样条平滑相邻段最大长度比(默认值:8)。

该参数用于设定参与样条拟合的相邻两线段所允许的最大长度比,当相邻两线段的长度比值超过该参数限定值时将不进行样条拟合。

(23) 样条平滑最大线段长度(默认值:1.000)。

该参数用于设定参与样条拟合的最大线段长度。当线段长度大于此值时,将不进行样条拟合。

(24) 运动规划前瞻段数(默认值:32)。

该参数用于设定程序运行时允许前瞻(超前解释)的程序段(行)数,通过对加工程序段超前解释,能够提前进行运动轨迹规划并实现最佳的加减速控制(见图 2-24)。从而有效地减少了工件拐角处或小半径圆弧处的形状误差,并有效地提高加工速度。

(25) 主轴转速避振波幅(默认值:0)。

主轴转速乘以该参数设定值即为主轴转速波动区间的大小,主轴转速的波动有利于加工时的断屑(见图 2-25)。

注意:如果在转动主轴时系统报警"主轴波动异常",则首先需要检查坐标轴参数

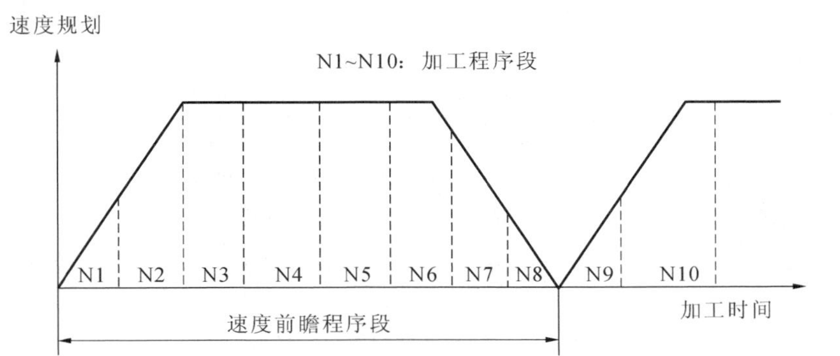

图 2-24　运动规划前瞻段数

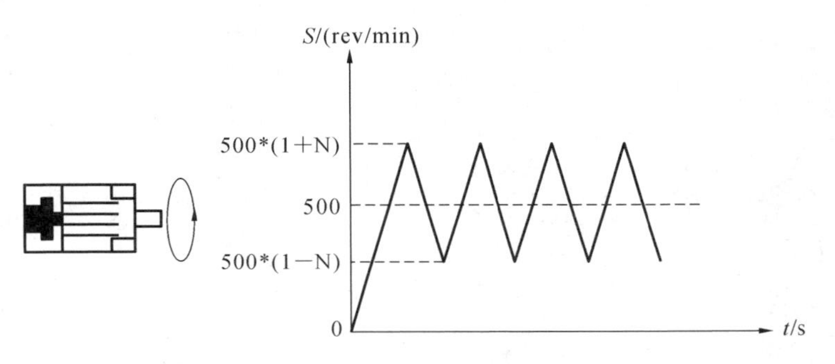

图 2-25　主轴转速避振波幅

参数 100052“主轴转速允许波动率”和参数 100054“螺纹加工主轴转速允许波动率”是否与该参数设定值存在冲突。

该值出厂值为零。

示例：将该参数设置为 0.1，执行“M3S500”指令时的主轴实际转速会在 450～550 之间波动。

(26) 主轴转速避振周期(默认值：0)。

该参数用于设定主轴转速在指定区间内波动的时间，主轴转速的波动有利于加工时的断屑。

4. 坐标轴参数

1) 坐标轴参数编号

位 0～2：坐标轴参数序号

位 3～4：逻辑轴号

位 5：参数类别，对于坐标轴参数，类别为 1

图 2-26、图 2-27 分别为通道参数编号和通道参数配置。

2) 坐标轴参数中的重要参数说明

(1) 显示轴名(默认值：AX)。

本参数配置指定轴的界面显示名称。

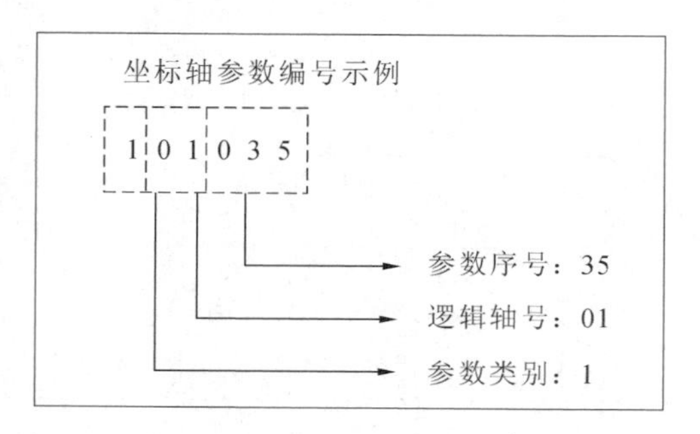

图 2-26　坐标轴参数编号

急停　设置　CH0　2012-08-28 16:08:41

参数列表	参数号	参数名	参数值	生效方式
NC参数	100000	显示轴名	X	立即生效
机床用户参数	100001	轴类型	1	立即生效
[+]通道参数	100004	电子齿轮比分子[位移](um)	5000	断电生效
[+]坐标轴参数	100005	电子齿轮比分母[脉冲]	131072	断电生效
逻辑轴0	100006	正软极限坐标(mm)	2000.0000	复位生效
逻辑轴1	100007	负软极限坐标(mm)	-2000.0000	复位生效
逻辑轴2	100008	第2正软极限坐标(mm)	2000.0000	复位生效
逻辑轴3	100009	第2负软极限坐标(mm)	-2000.0000	复位生效
逻辑轴4	100010	回参考点模式	0	立即生效
逻辑轴5	100011	回参考点方向	1	立即生效
逻辑轴6	100012	编码器反馈偏置量(mm)	10100.0000	断电生效

说明

参数　坐标轴参数—>逻辑轴0

索引　分类　保存　输入口令　置出厂值　恢复前值　查找　设备配置　返回

图 2-27　通道参数配置

对于多通道 CNC 而言，为了便于区分多通道各自的程序中的地址字，命名规则是一个字母加一个数字，否则显示将不正确。常常将轴名定义成“X0”“X1”。

如果将参数 100000 设置为“X0”，则界面显示如图 2-28 所示。

注意：为了让本参数与通道参数中的参数 040015～040023“坐标轴编程名”有所区别，前者仅用于界面显示之用，后者用于编程之用，两者可以不同，但建议保持一致。

下列字符不能用于轴名的设置：D、F、H、M、EQ、LT、GT、GE、LE、PI。

示例：若实际的机床包含 3 个进给轴，一个主轴，可以 X、Y、Z、S 定义各机床轴的名称。

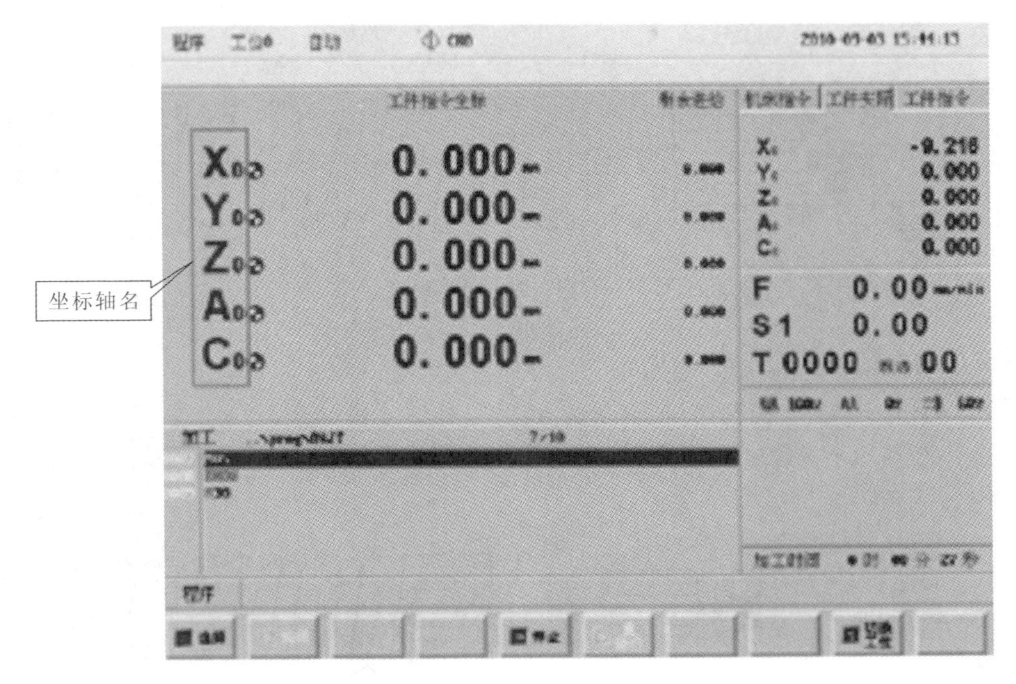

图 2-28　坐标轴名显示

(2) 轴类型(默认值:0)。

说明:对于机床配置的物理轴都有自身的用途,本参数用于配置轴的类型。

0:未配置,默认值。

1:直线轴。

2:摆动轴,显示角度坐标值不受限制。

3:旋转轴,显示角度坐标值只能在指定范围内(0°～360°),实际坐标超出时将取模显示。

9:移动轴做主轴使用,驱动为进给轴驱动。

10:主轴。

若为直线轴,回零后显示轴名后面显示回零标为;若为摆动轴,回零后显示轴名后面显示回零标为;若为旋转轴,回零后显示轴名后面显示回零标为,主轴可通过 S 主轴转速来查看。

注意:对于绝对值编码器电动机,系统一开机显示轴名后面显示回零标。

(3) 电子齿轮比分子[位移](默认值:1)如图 2-29 所示。

对于直线轴而言,本参数是用来设置电动机每转一圈机床移动的距离。

对于旋转轴而言,本参数是用来设置电动机每转一圈机床移动的角度。

注意:对于直线轴而言,单位是微米;对于旋转轴而言,单位是 0.001°。

示例:如果丝杆导程为 6 mm,机械传动比为 1∶1。在没有与参数电子齿轮比分

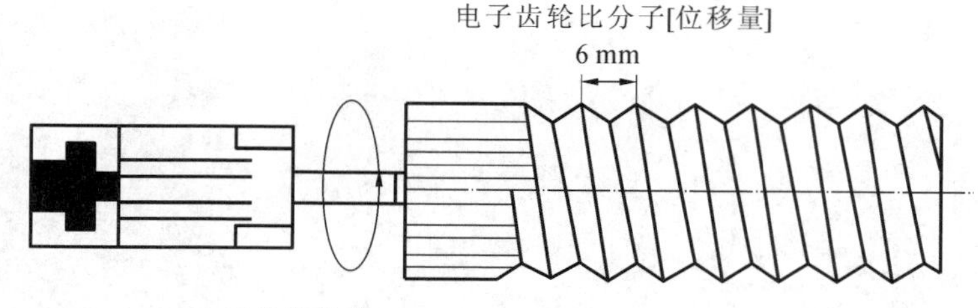

图 2-29　电子齿轮比分子[位移]

母约分前为 6000 μm。

(4) 电子齿轮比分母[脉冲](默认值:1)如图 2-30 所示。

本参数用来设置电动机每转一圈所需脉冲指令数。

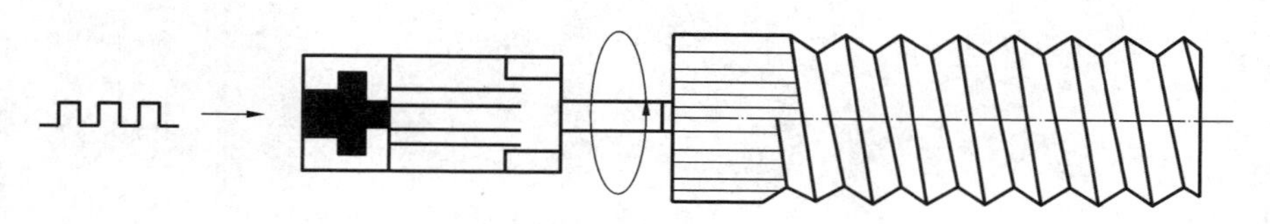

图 2-30　电子齿轮比分母[脉冲]

示例:对于 2500 线编码器的伺服电动机(4 倍频后每圈需要 10000 个脉冲),丝杠导程为 6 mm,机械齿轮传动比为 3/2。

电动机每转一圈,机床运动 6 mm/(3/2)=4 mm,即 4000 μm,则:4000/(10000×4)=4000/40000

则参数“电子齿轮比分子”设置为 4000,参数“电子齿轮比分母”设置为 40000。

计算公式:对于直线轴电子齿轮比分子/电子齿轮比分母=丝杠导程(mm)×1000/减速比/电动机编码器一圈脉冲数;对于旋转轴电子齿轮比分子/电子齿轮比分母=360×1000/减速比/电动机编码器一圈脉冲数。而电动机编码器一圈脉冲数:对于增量式编码器为电动机编码器线数×4×4;对于绝对式编码器为电动机编码器单圈线数(华中数控绝对值式编码器单圈 $2^{17}=131072$)。

(5) 正软极限坐标(默认值:2000)。

CNC 软件规定的正方向极限软件保护位置(见图 2-31)。移动轴或旋转轴移动范围不能超过此极限值。

注意:只有在机床回参考点后,此参数才有效。

根据机床机械行程大小和加工工件大小设置适当的参数值。如设置过小,可能导致加工过程中多次软限位报警。

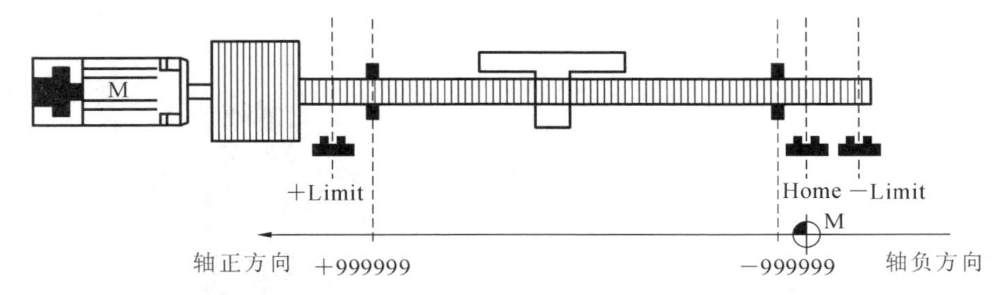

图 2-31　正软极限

当 G((80×逻辑轴号)+1)第 3 位为 1 时此正软极限坐标不生效，第 2 正软极限坐标生效。

示例：逻辑轴轴 0 第 1 软限位生效，逻辑轴轴 1、轴 2 第 2 正软极限坐标生效。在梯图中设置 G1.2 为 0，G81.2、G161.2 为 1。

(6) 负软极限坐标(默认值：-2000)。

CNC 软件规定的负方向极限软件保护位置(见图 2-32)。移动轴或旋转轴移动范围不能超过此极限值。

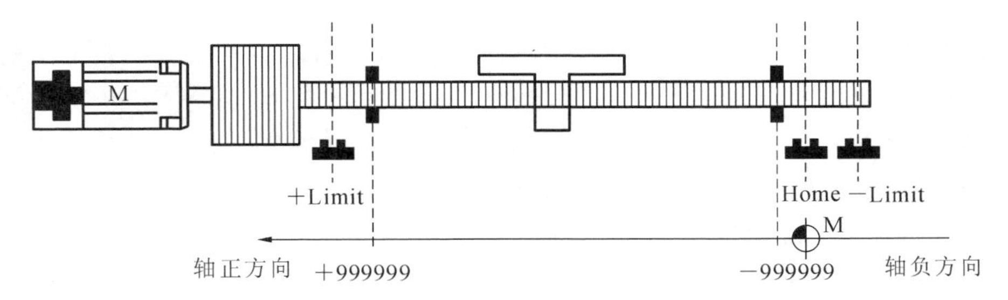

图 2-32　负软极限

注意：只有在机床回参考点后，此参数才有效。

根据机床机械行程大小和加工工件大小设置适当的参数值。如设置过小，可能导致加工过程中多次软限位报警。

当 G((80×逻辑轴号)+1)第 3 位为 1 时此正软极限坐标不生效，第 2 正软极限坐标生效。

(7) 第 2 正软极限坐标(默认值：2000)。

CNC 软件规定的正方向极限软件保护位置。当第 2 软限位使能打开时生效。移动轴或旋转轴移动范围不能超过此极限值(见图 2-33)。

注意：只有在机床回参考点后，此参数才有效。

根据机床机械行程大小和加工工件大小设置适当的参数值。如设置过小，可能导致加工过程中多次软限位报警。

当第 2 软限位生效后第 1 软限位失效。通过 G 寄存器判断。

示例：在正常加工时设置第 1 正软限位有效，G1.2 设为 0。需要换刀时在梯图

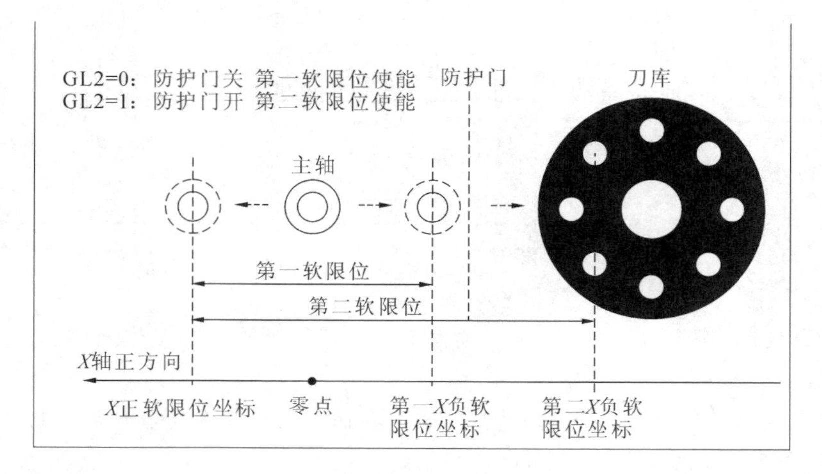

图 2-33　第 2 软极限

中设置 G1.2 为 1，则第 1 正软限位失效，第 2 正软限位有效。换刀完成后再从梯图中将G1.2设置为 0 恢复第 1 软限位。

(8) 第 2 负软极限坐标(默认值：−2000)。

CNC 软件规定的负方向极限软件保护位置。移动轴或旋转轴移动范围不能超过此极限值(见图 2-33)。

注意：只有在机床回参考点后，第 2 负软极限坐标和第 2 正软极限坐标才有效。

根据机床机械行程大小和加工工件大小设置适当的参数值。如设置过小，可能导致加工过程中多次软限位报警。

当第 2 软限位生效后第 1 软限位失效。通过 G 寄存器判断。

在正常加工时设置第 1 正软限位有效，G1.2 设为 0。需要换刀时在梯图中设置 G1.2 为 1，则第 1 正软限位失效，第 2 正软限位有效。换刀完成后再从梯图中将 G1.2设置为 0 恢复第 1 软限位。

(9) 回参考点模式(默认值：2)。

HNC-8 数控系统回参考点模式分为以下几种。

0：绝对编码

当编码器通电时就可立即得到位置值并提供给数控系统。数控系统电源切断时，机床当前位置不丢失，因此系统无需移动机床轴去找参考点位置，机床可立即运行。

2：+−方式如图 2-34 所示

从当前位置，按回参考点方向，以回参考点高速移向参考点开关，在压下参考点开关后以回参考点低速反向移动，直到系统检测到第一个 Z 脉冲位置，再按参数 100013“回参考点后的偏移量”设定值继续移动一定距离后，回参考点完成。

3：+−+方式如图 2-35 所示

从当前位置，按回参考点方向，以回参考点高速移向参考点开关，在压下参考点

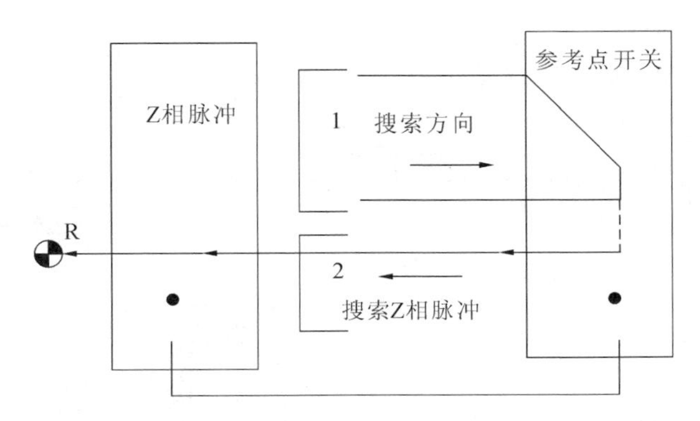

图 2-34 +－回参考点

开关后反向移动离开参考点开关，然后再反向再次压下参考点开关后低速搜索 Z 脉冲，直到系统检测到第一个 Z 脉冲位置，再按参数 100013“回参考点后的偏移量”设定值继续移动一定距离后，回参考点完成。

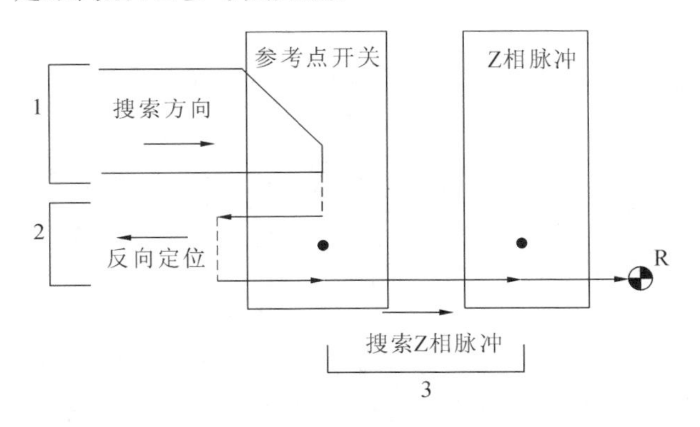

图 2-35 +－+回参考点

4：距离码回零方式 1

当 CNC 配备带距离编码光栅尺时，机床只需要移动很短的距离即能找到参考点，建立坐标系。距离码回零方式 1 是当光栅尺反馈与回零方向相同时填 4。

5：距离码回零方式 2

当 CNC 配备带距离编码光栅尺时，机床只需要移动很短的距离即能找到参考点，建立坐标系。距离码回零方式 2 是当光栅尺反馈与回零方向相反时填 5。

注意：根据各机床轴所采用的反馈元件类型来决定回参考点方式。在机床开机后，建立坐标系才能自动运行程序。如果某轴使用的是增量式位移测量反馈系统，则该轴必须先回参考点。

(10) 回参考点方向(默认值：1)如图 2-36 所示。

本参数用于设置发出回参考点指令后，坐标轴搜索参考点的初始移动方向。

－1：负方向

1：正方向

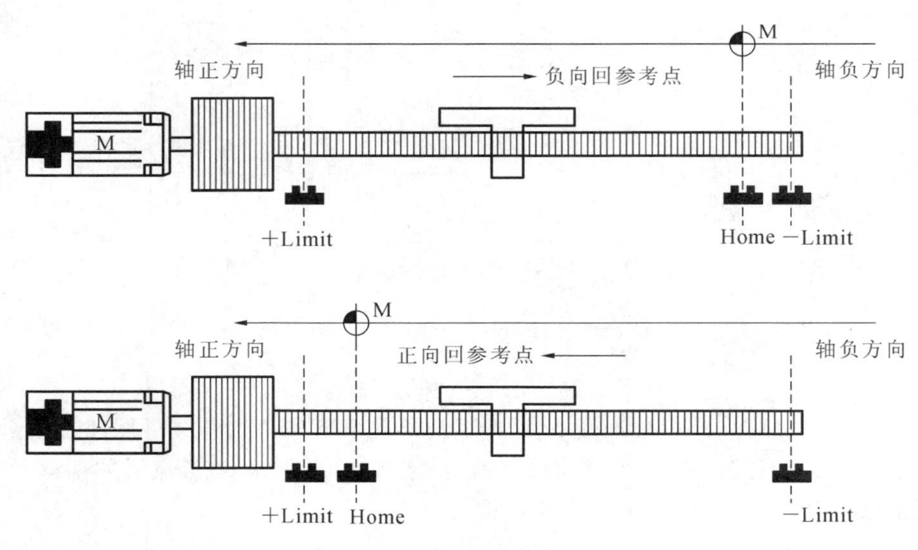

图 2-36 回参考点方向

注意：该参数的设置与机床参考点开关的安装位置有关。设置不正确的回参考点方向可能导致回参考点失败的错误。

在使用此回参考点方式时，必须将设备参数中轴的“工作模式”设置为 1，即增量编码器类型。该参数不能设置为 0。

由于距离码回零的方向由 PLC 控制，当采用距离码回零时该参数必须设置为 0。

(11) 编码器反馈偏置量(默认值：0)如图 2-37 所示。

该参数主要针对绝对式编码器电动机，由于绝对式编码器第一次使用时或第一次在该轴的机械设计零点时，会反馈一个随机位置值，用户可以将此值填入该参数，这时当前位置即为机床坐标系零点所在位置。编码器反馈偏置量=(电动机位置的值/1000)×(电子齿轮比分子/电子齿轮比分母)，计算出具体数字填入此参数中。也可以使用系统中的“自动偏置”按钮来设定此参数。

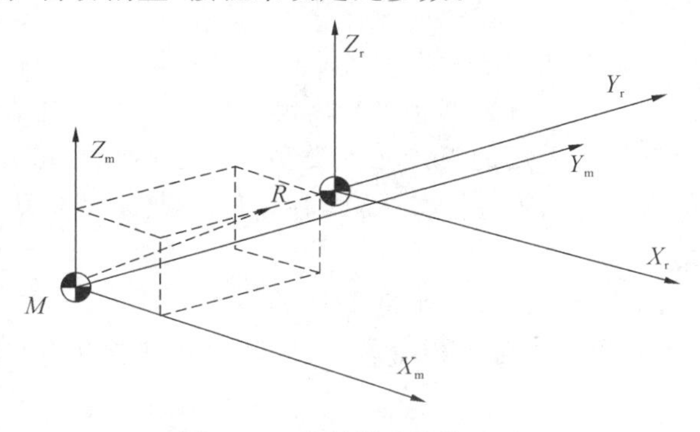

图 2-37 编码器反馈偏置量

(12) 回参考点后的偏移量(默认值:0)如图 2-38 所示。

回参考点时,系统检测到 Z 脉冲后,可能不作为参考点,而是继续走过一个参考点偏差值,才将其坐标设置为参考点。主要解决由于机械安装位置的原因而使得回参考点后的有效行程达不到机械设计规定问题。

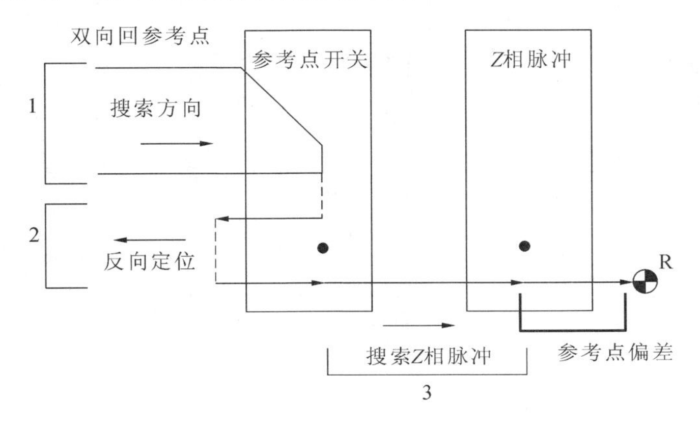

图 2-38 回参考点后的偏移量

(13) 回参考点 Z 脉冲屏蔽角度(默认值:0)如图 2-39 所示。

在采用增量式位移测量反馈系统的机床回参考点时,由于参考点开关存在位置偏差,可能导致两次回参考点相差一个电动机每转机床位移距离。当 Z 脉冲(零脉冲)信号与参考点信号过于接近,设置一个掩模角度,将参考点信号前后的 Z 脉冲忽略掉,而去检测下一个 Z 脉冲信号,从而解决回参考点不一致的情况。用户可通过在示值中查看“Z 脉偏移”来设置此参数,如果是丝杠导程为 10 的丝杠,回零后 Z 脉偏移值为 9.8,那么很有可能会影响回零,在丝杠螺距一半的位置最合适,用户可以在此写入 180,也就是让丝杠多转半圈,那么再回零“Z 脉偏移”就为 4.8。

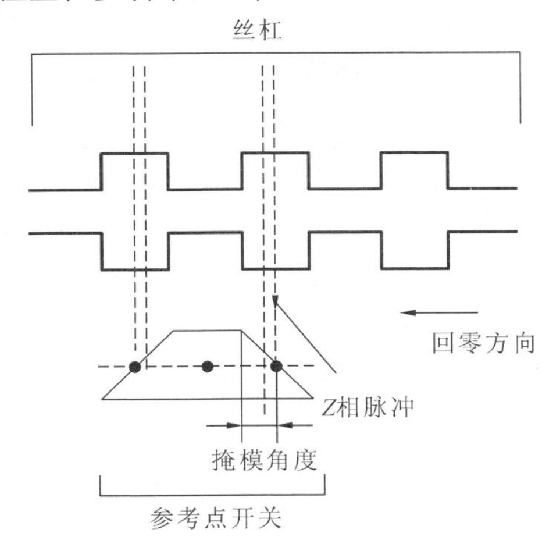

图 2-39 回参考点 Z 脉冲屏蔽角度

注意：一般在大型机床或回参考点挡块已经固定不能移动的情况下，并且回参考点挡块安装位置不是很理想的情况下，此参数将起作用。

在使用此回参考点方式时，必须将设备参数中轴的“工作模式”设置为1，即增量编码器类型。

(14) 回参考点高速(默认值:3000)。

回参考点时，在撞下参考点开关前的快速移动速度(见图2-40)。

注意：该值必须小于参数最高快移速度设定的值。若回参考点速度设置得太快，应注意参考点开关与临近的限位开关(一般为正限位开关)的距离不宜太小，以避免因回参考点速度太快而来不及减速，压下了限位开关，造成急停。另外，参考点开关的有效行程也不宜太短，以避免机床来不及减速就已越过了参考点开关，而造成回参考点失败。

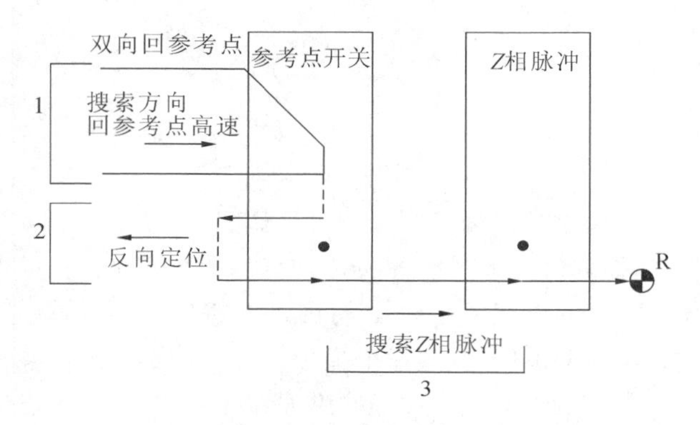

图2-40　回参考点高速

(15) 回参考点低速(默认值:500)。

回参考点时，在撞下参考点开关后，减速定位移动的速度(见图2-41)。

注意：在使用此回参考点方式时，必须将设备参数中轴的“工作模式”设置为1，即增量编码器类型。

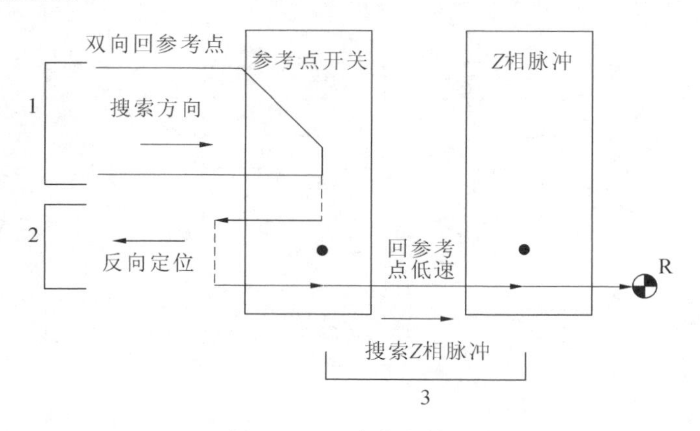

图2-41　回参考点低速

(16) 参考点坐标值(默认值:0)。

此参数主要针对距离码回零,由于距离码回零是就近回零,回零完成后并不在同一个位置,第一次使用距离码回零后会反馈一个位置值,如用户将此点定为机床零点可以将此值填入该参数,这时当前位置即为机床坐标系零点所在位置。

(17) 距离码参考点间距(默认值:20.0)。

此参数表示带距离编码参考点的增量式测量系统相邻参考点标记间隔距离(见图 2-42)。

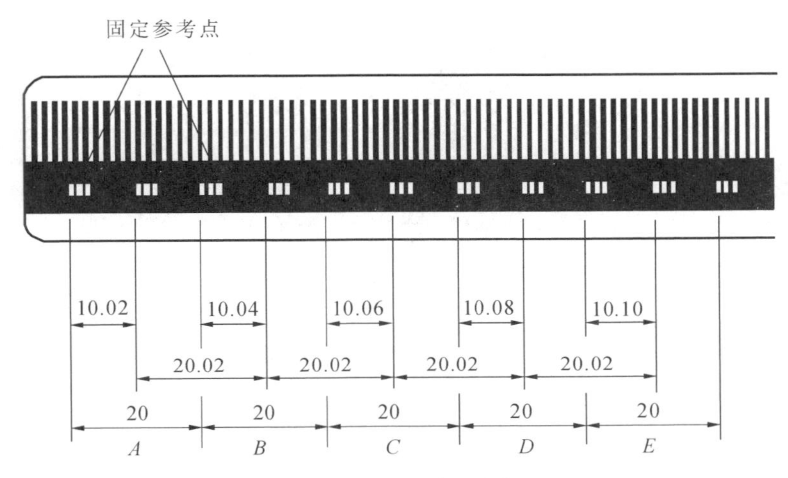

图 2-42　距离码参考点间距

(18) 间距编码偏差(默认值:0.02)。

此参数表示带距离编码参考点的增量式测量系统参考点标记变化间隔(见图 2-43)。

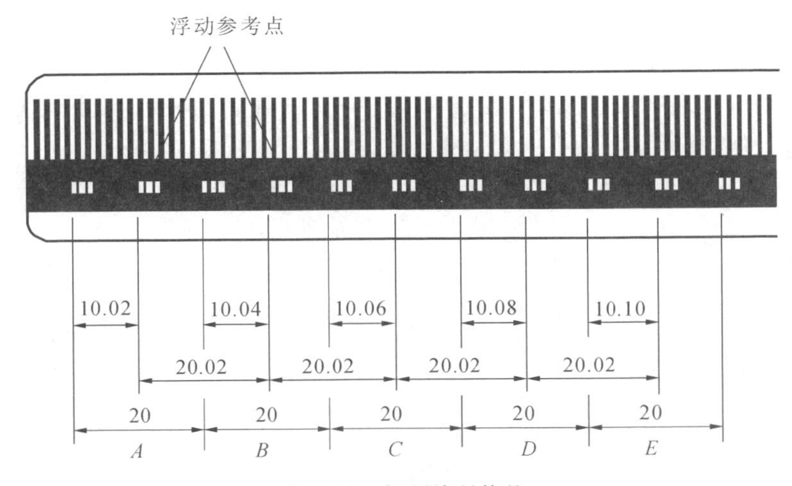

图 2-43　间距编码偏差

(19) 搜索 Z 脉冲最大移动距离(默认值:10)。

参考点 Z 脉冲搜索距离。

注意:通常情况下 Z 脉冲搜索距离在丝杠的两个丝杠导程以内。

示例:如果丝杠导程为 10,那么 Z 脉冲搜索距离最大填 20。

(20) 第 2 参考点坐标值(默认值:0)如图 2-44 所示。

本系统最多可以指定机床坐标系下 5 个参考点。本参数设置第 2 参考点坐标值。通过指令 G30 P2 可以返回到该参考点。

注意:当机床实际位置在第 2 参考点坐标,F(逻辑轴号×80)第 8 位为 1。换刀时可用此寄存器判断轴是否在换刀点。

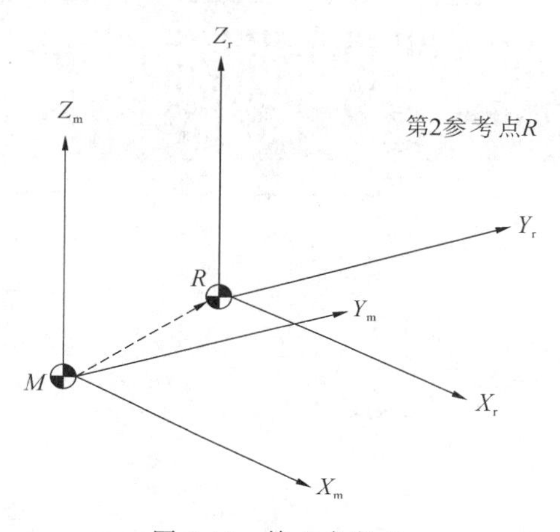

图 2-44　第 2 参考点

(21) 第 3 参考点坐标值(默认值:0)。

本系统最多可以指定机床坐标系下 5 个参考点。本参数设置第 3 参考点坐标值。

通过指令 G30 P3 可以返回到该参考点。

注意:当机床实际位置在第 3 参考点坐标,F(逻辑轴号×80)第 9 位为 1。换刀时可用此寄存器判断轴是否在安全选刀点。

(22) 参考点范围偏差(默认值:0)。

该参数用于判定轴当前是否在参考点上的误差范围。

当机床实际位置与参考点位置之间的位置偏差小于本参数时,即判定轴已位于参考点上,轴的状态标志字中的参考点在位标志置 1。

注意:用此参数可定义一个偏差范围。

(23) 单向定位(G60)偏移值(默认值:10)。

为了在定位时消除丝杠螺母副反向间隙的影响,可以指令坐标轴从一个固定的方向定位到目标位置。即不管终点位置位于起始位置的正向还是负向,最终趋近终点位置的方向是固定的。本参数用于此参数为正时,表示 G60 是正向定位,该参数为负时，表示 G60 为负向定位。当 G60 定位方向与指令移动方向相反时，轴会在到达终点之后，继续移动一段距离，再反向按 G60 的定位方向移动定位为终点。本参数用于指定该移动距离的长度和 G60 定位方向。

注意：注意该参数设定值应该大于对应轴的反向间隙。

(24) 慢速点动速度(默认值：500)。

此参数用于设定在 JOG 方式下，轴的移动速度(见图 2-45)。

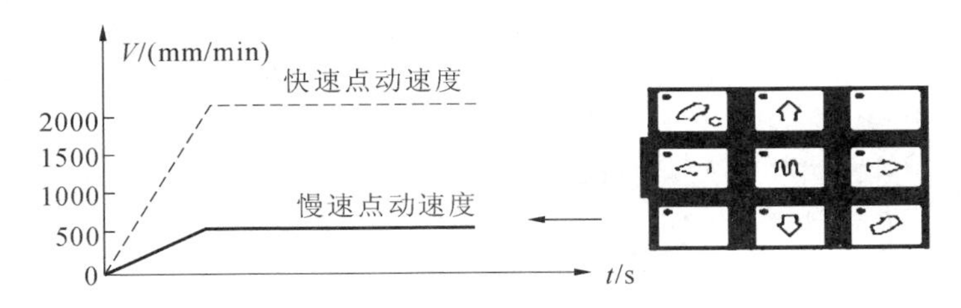

图 2-45　点动速度

(25) 快速点动速度(默认值：2000)。

本参数用于设定在 JOG 方式下，轴快速移动的速度(见图 2-45)。

注意：当在 JOG 方式下移动时，进给速度还受修调值的影响。

(26) 最大快移速度(默认值：10000)。

当快移修调为最大时，G00 快移定位(不加工)的最大速度(见图 2-46)。

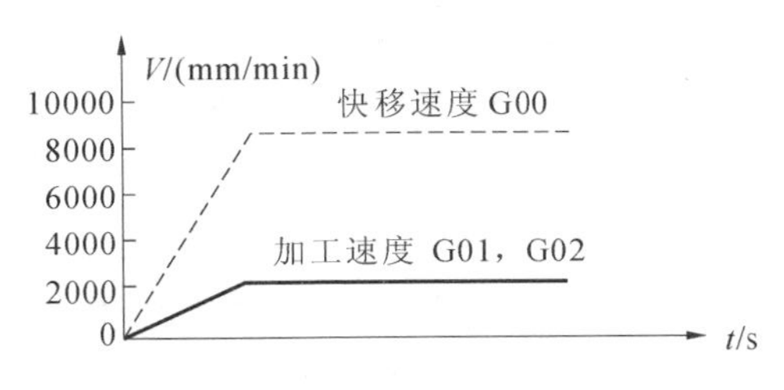

图 2-46　最大快移速度

注意：最高快移速度必须是该轴所有速度设定参数里的最大值。最高快移速度与外部脉冲当量分子和分母的比值密切相关。一定要合理设置此参数，以免超出电动机的转速范围。例如，若电动机的额定转速为 2000 r/min，电动机通过一对传动比 1∶1.5 的同步齿形带，与丝杠导程为 6 mm 的滚珠丝杠连接，则

$$最高快移速度 \leqslant 2000 \times (1/1.5) \times 6 = 8000 \text{ mm/min}。$$

(27) 最高加工速度(默认值：8000)。

数控系统执行加工指令(G01、G02 等)，所允许的最大加工速度(见图 2-47)。

注意：此参数与加工要求、机械传动情况及负载情况有关；最高加工速度必须小于最大快移速度。

(28) 快移加减速时间常数(默认值：32)。

指直线轴快移运动(G00)时从 0 加速到 1000 mm/min 或从 1000 mm/min 减速

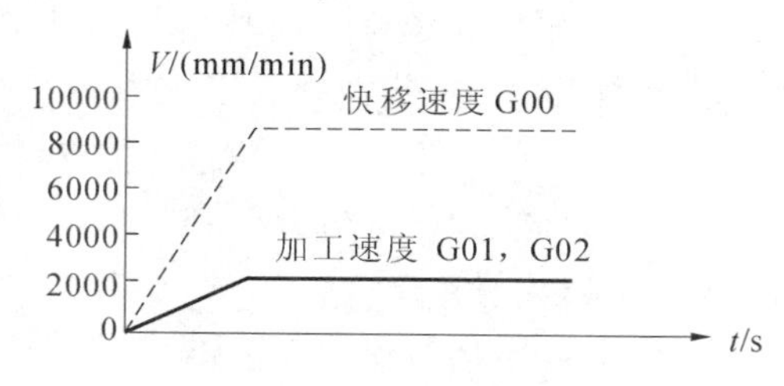

图 2-47 最高加工速度

到 0 的时间，该参数决定了轴的快移加速度大小，快移加减速时间常数越大，加减速就越慢（见表 2-4）。

注意：根据电动机转动惯量、负载转动惯量、驱动器加速能力确定。

表 2-4 常用快移加减速时间常数与加速度对照表

快移加减速时间常数/ms	2	8	16	32	64
加速度	$1g$	$0.2g$	$0.1g$	$0.05g$	$0.02g$

例如，将快移加减速时间常数设定为 4 ms，则快移加速度计算方法如下：

$$1000\ \mathrm{mm}/60\ \mathrm{s} \approx 16.667\ \mathrm{mm/s}$$

$$16.667/0.004 \approx 4167\ \mathrm{mm/s^2} \approx 0.425g\ (1g = 9.8\ \mathrm{m/s^2})$$

(29) 快移加减速捷度时间常数（默认值：16）。

指轴快移运动（G00）时加速度从 0 增加到 $1\ \mathrm{m/s^2}$ 或从 $1\ \mathrm{m/s^2}$ 减小到 0 的时间。该参数决定了轴的快移加加速度（捷度）大小，时间常数越大，加速度变化越平缓。一般设置为 32、64、100 等。时间常数越大，加速度变化越平缓。

注意：根据电动机大小、驱动器性能及负载而定，一般在 8～150 之间。

例如：快移加速度为 $0.2g$（即 $1.96\ \mathrm{m/s^2}$），快移加减速捷度时间常数设定为 8 ms，则加加速度（捷度）为 $1.96\ \mathrm{m/s^2}/0.008\ \mathrm{s} = 245\ \mathrm{m/s^3}$。

(30) 加工加减速时间常数（默认值：32）。

指加工运动（G01、G02 等）时从 0 加速到 1000 mm/min 或从 1000 mm/min 减速到 0 的时间。该参数决定了轴的加工加速度大小，加工加减速时间常数越大，加减速就越慢（见表 2-5）。

注意：根据电动机转动惯量、负载转动惯量、驱动器加速能力确定，一般在 32～250 之间。

表 2-5 常用加工加减速时间常数与加速度对照表

加工加减速时间常数/ms	2	8	16	32	64
加速度	$1g$	$0.2g$	$0.1g$	$0.05g$	$0.02g$

例：加工加减速时间常数设定为 6 ms，则加工加速度计算方法如下：

$$1000\ \mathrm{mm}/60\ \mathrm{s} \approx 16.667\ \mathrm{mm/s}$$

$16.667\ m/s^2/0.006\ s \approx 2778\ mm/s^2 \approx 0.283g(1g=9.8\ m/s^2)$

（31）加工加减速捷度时间常数（默认值：16）。

指轴加工运动（G01、G02 等）时加速度从 0 增加到 1 m/s^2 或从 1 m/s^2 减小到 0 的时间。该参数决定了轴的加工加加速度（捷度）大小，时间常数越大，加速度变化越平缓。假设加工加速度为 0.05g（即 0.49 m/s^2），加工加减速捷度时间常数设定为 128 ms，则加加速度（捷度）为 $0.49\ m/s^2/0.128\ s \approx 3.8\ m/s^3$。

注意：根据电动机大小、驱动器性能及负载而定，一般在 8～150 之间。

（32）手摇脉冲分辨率（默认值：1）。

本参数设置当手摇倍率×1 时摇动手摇一格发出一个脉冲轴所走的距离。

注意：参数 010001“通道机床类型”设为 1（车床）并且参数 040032“直半径编程使能”也为 1 时，X 轴所对应的手摇脉冲分辨率需设为 0.5。

（33）手轮过冲系数（默认值：1.5）。

用于设备手动使轴移动时允许的过冲距离，如此值大则手动速度快，但机床在停止时会滑行此参数的距离，比较长，此值小则手动速度慢，但机床滑行距离短。

（34）缺省 S 转速值（默认值：300）。

当指定主轴正反转 M03 或 M04 的时候，如果没有指定转速 S，则使用由本参数设定的默认 S 转速值。

注意：如 M3 指令后面跟了主轴转速，那么下次再写 M3 而不跟主轴转速则取上次主轴转速，默认 S 转速值只在没有指定过主轴转速时生效。

示例：此处填写 1000，则开机后运行 M3 或主轴正转时主轴转速为 1000 r/min。

（35）主轴转速允许波动率（默认值：0）。

根据机床端的条件，本参数用于检测主轴的实际转速在一定的区间内波动是否正常。

主轴的实际转速＝当前主轴指令转速×主轴转速允许波动率。

注意：当发现有主轴波动异常时请查看此参数，填 0 时不检测主轴波动。

（36）螺纹加工主轴转速允许波动率（默认值：0）。

根据机床端的条件，本参数用于检测主轴在加工螺纹时转速在一定区间内波动是否正常。

主轴的实际转速＝当前主轴指令转速×主轴转速允许波动率。

注意：当发现有主轴波动异常时请查看此参数，填 0 时在开始螺纹加工前，不检测主轴波动。

（37）定位允差（默认值：0.1）。

该参数用于设定坐标轴快移定位（G00）所允许的准停误差。

0：当前轴无定位允差限制

大于 0：当达到参数 010166“准停检测最大时间”后当前轴机床坐标仍然超出定位允差设定值时数控系统将报警。

(38) 最大跟随误差(默认值:10)。

当坐标轴运行时,所允许的最大误差。当参数编码器工作模式设 0 时跟随误差由伺服驱动器计算,数控系统直接从伺服驱动器获取跟随误差。当设 1 时跟随误差由系统计算。

注意:当坐标轴运动时,CNC 将实时监控轴的跟随误差是否在本参数设定范围内。跟随允差一般在 0.1～10 之间。若该参数太小,系统容易因定位误差过大而停机;若该参数太大,则会影响加工精度。一般来说,机床越大,该值越大;机床的机械传动情况和精度越差,该值越大;机床运动速度越快,该值越大。

(39) 轴每转脉冲数(默认值:10000)。

所使用的电动机旋转一周,数控装置所接收到的脉冲数。即由伺服驱动装置或伺服电动机反馈到数控装置的脉冲数,一般为伺服电动机位置编码器的实际脉冲数。对于增量式编码器为电动机编码器线数×4/减速比;对于绝对式编码器为电动机编码器单圈线数/减速比。

(40) 旋转轴短路径选择使能(默认值:1)。

如果将本参数设置为 1,即开启旋转轴短路径选择功能,则当指定旋转轴移动时(绝对指令方式),CNC 将选取到此终点最短距离的方向移动,如图 2-48 所示。

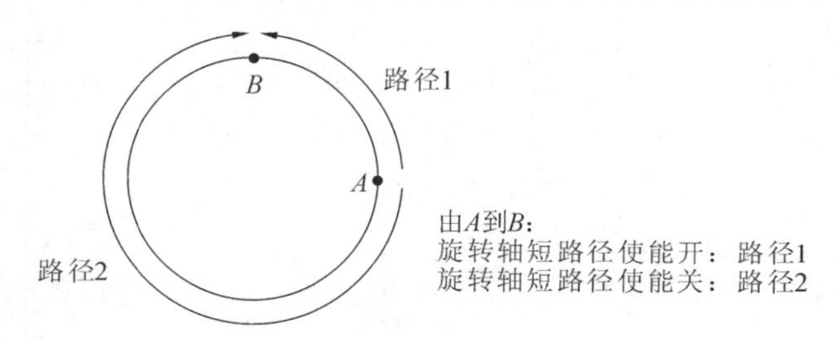

图 2-48　旋转轴短路径选择

图中路径 1 为短路径即劣弧;路径 2 为优弧。

注意:要使用本功能,必须将参数“轴类型”设置为 3,即旋转轴类型,并且还需要将设备参数中“反馈位置循环使能”设置为 1。

对于增量指定旋转轴时,旋转轴的移动方向为增量的符号,移动量就是指令值。

(41) 编码器工作模式(默认值:0X100)。

该参数按位设置轴电动机编码器的使用方式,占用一个字。

该字第 8 位是进给轴跟踪误差监控方式

0:跟踪误差由伺服驱动器计算,数控系统直接从伺服驱动器获取跟踪误差。

1:跟踪误差由数控系统根据编码器反馈自行计算。

该字第 12 位是绝对式编码器翻转计数功能

0:功能关闭,绝对式编码器脉冲计数仅在单个计数范围内有效。

1:功能开启,通过记录绝对式编码器翻转次数有效增加编码器计数范围。

(42) 编码器计数位数(默认值:29)。

根据绝对式旋转脉冲编码器的计数位数(单圈＋多圈位数)设定,对于增量式旋转脉冲编码器和直线光栅尺等其他类型编码器,设为 0。仅对直线轴和摆动轴有效,旋转轴和主轴不需要设置。

(43) 显示速度积分周期数(默认值:50)。

对进给实际速度显示进行平滑处理。

注意:此值默认为 50。如发现移动轴速度没有显示可检查此参数是否为 0。如为 0,界面则无法显示移动轴速度。

5. 伺服参数

在 HNC-8 系列数控系统中可直接在系统中修改设置伺服参数,只有总线式驱动器才能进行修改设置。是在坐标轴参数中各个逻辑轴号的参数序号为 200 开始到尾端的所有参数即为伺服参数,如图 2-49 所示。

伺服参数包括 PA 参数、PB 参数、STA 状态控制参数和 STB 状态控制参数,该组参数修改后会通过总线立即下传给与当前轴关联的伺服驱动器。

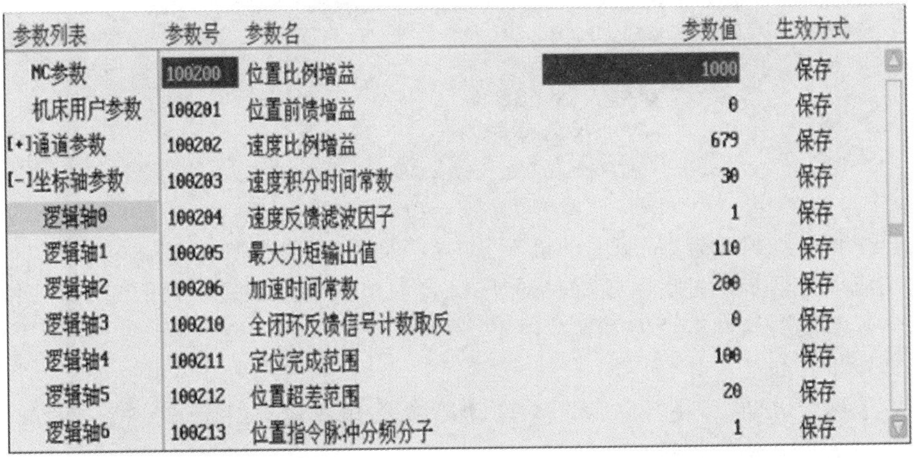

参数列表	参数号	参数名	参数值	生效方式
NC参数	100200	位置比例增益	1000	保存
机床用户参数	100201	位置前馈增益	0	保存
[+]通道参数	100202	速度比例增益	679	保存
[-]坐标轴参数	100203	速度积分时间常数	30	保存
逻辑轴0	100204	速度反馈滤波因子	1	保存
逻辑轴1	100205	最大力矩输出值	110	保存
逻辑轴2	100206	加速时间常数	200	保存
逻辑轴3	100210	全闭环反馈信号计数取反	0	保存
逻辑轴4	100211	定位完成范围	100	保存
逻辑轴5	100212	位置超差范围	20	保存
逻辑轴6	100213	位置指令脉冲分频分子	1	保存

图 2-49　伺服参数配置

注意:伺服参数修改后如果未保存,则机床断电重启后伺服参数将还原成上一次保存值。

伺服参数修改后无“恢复前值”功能。

(1) 伺服基本参数。

对于 HNC-8 系列数控系统,我们使用的主要是 HSV-180U 和 HSV-160U 两种系列总线式伺服驱动器。

伺服参数分为四类:

① 运动参数(包括扩展运动参数):

PA0～PA43　　　PB0～PB43

② 控制参数(包括 STA 及 STB):

STA0～STA15　　　STB0～STB15

可以选择报警屏蔽功能,内部控制功能选择方式、全闭环功能等。

③ 辅助参数:EEPROM,JOG 模式,报警复位方式,开环运行等。

④ 显示参数:共 20 种。

(2) 伺服参数调试。

伺服驱动器的参数调节,很大部分直接取决于它所控制的电动机性能。

伺服第一次上电后需设置电动机代码,之后输入到“驱动器规格/电动机类型代码”中,如图 2-50 所示。

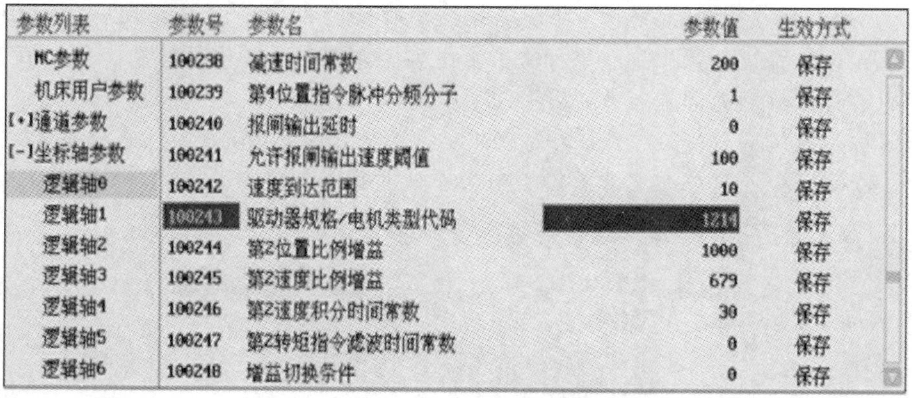

参数列表	参数号	参数名	参数值	生效方式
NC参数	100238	减速时间常数	200	保存
机床用户参数	100239	第4位置指令脉冲分频分子	1	保存
[+]通道参数	100240	报闸输出延时	0	保存
[-]坐标轴参数	100241	允许报闸输出速度阈值	100	保存
逻辑轴0	100242	速度到达范围	10	保存
逻辑轴1	100243	驱动器规格/电机类型代码	1214	保存
逻辑轴2	100244	第2位置比例增益	1000	保存
逻辑轴3	100245	第2速度比例增益	679	保存
逻辑轴4	100246	第2速度积分时间常数	30	保存
逻辑轴5	100247	第2转矩指令滤波时间常数	0	保存
逻辑轴6	100248	增益切换条件	0	保存

图 2-50　驱动器规格/电动机类型代码配置

再根据电动机设置“伺服电动机磁极对数”及“编码器类型选择”。

完成以上两步设置后断电重起,伺服将自动根据电动机适配伺服参数。用户可根据实际情况再微调其他伺服参数。

具体步骤如下:

对于标配电动机,我们只需调整“驱动器规格/电动机类型代码”一个参数就能使伺服与电动机的参数达到基本匹配,对于非标配电动机,调试方案如下:

① 确认伺服电动机规格是否与驱动单元规格相匹配,即电动机额定电流与驱动单元连续电流之比不小于 1.5。

② 确认伺服驱动单元是否支持伺服电动机安装的编码器。

③ 连接驱动器的电源线 L1、L2、L3,同时连接电动机编码器线(注意:不要连接电动机 U、V、W 线)。

根据驱动单元型号设置以下参数:

PA-34:设置为 2003

PA-43:根据驱动单元规格及电动机类型设置代码

PA-17:电动机最高速度限制(单位:r/min)

PA-18:过载力矩电流设置(单位:额定电流的百分比)

PA-23：控制方式选择，设置为 0

PA-24：伺服电动机磁极对数

PA-25：伺服电动机编码器类型

PA-26：伺服电动机编码器零位偏移量

PA-27：电流比例增益设置

PA-28：电流积分时间常数设置

PB-42：伺服电动机额定电流（单位：0.01 A）

PB-43：伺服电动机额定转速（单位：r/min）

④ PA-34：设置为 1230，在辅助菜单中保存参数；断电，连接电动机动力线 U、V、W 并重新给驱动单元上电。

⑤ 将电动机的编码器和电动机的动力线、指令线接上。

对于 HSV-180UD-150 及以下规格驱动单元：只需接三相交流 380 V 强电。

对于 HSV-180UD-200 及以上规格驱动单元：先接通单相交流 220 V 控制电源，再接通三相交流 380 V 强电。

⑥ 根据电动机类型及网络连接状况配置相应的系统参数。

STA0：位置指令接口选择见表 2-6。

STA6：是否允许由系统内部启动 SVR-ON 控制见表 2-6。

表 2-6　STA0 与 STA6 设置说明

名　称	功　能	说　明
STA0	位置指令接口选择	0：串行脉冲
		1：NCUC 总线
STA6	是否允许由系统内部启动 SVR-ON 控制	0：不允许
		1：允许

⑦ 进入系统后，正常状态下，驱动单元面板上指示灯 XS3、XS4 的绿灯闪烁。给出使能后，驱动单元显示面板上的绿色灯被点亮，电动机被激励，处于零速状态。

⑧ 通过数控系统发送位置指令到驱动单元，使电动机按指令运转。

注意：在做完上面设置之后，要根据电动机运行状态修改 PA-0，PA-2，PA-3，PA-27，PA-28 参数。

（3）伺服主轴驱动器参数。

在 HNC-8 系列数控系统中都可直接在系统中修改设置伺服参数（见图 2-51），当设置逻辑轴号中轴类型为 10 主轴后“坐标轴参数”中会多出从参数 10X200～参数 10X259 共 60 个伺服参数。

用户第一次上电后如是标准配置主轴电动机，需设置电动机代码，之后输入到参数 10X259“驱动器规格/电动机类型代码”中，如图 2-52 所示。

参数列表	参数号	参数名	参数值	生效方式
NC参数	105200	位置控制比例增益	1000	保存
机床用户参数	105201	转矩滤波时间常数	4	保存
[+]通道参数	105202	速度控制比例增益	750	保存
[-]坐标轴参数	105203	速度控制积分时间常数	30	保存
逻辑轴0	105204	速度反馈滤波因子	1	保存
逻辑轴1	105205	减速时间常数	40	保存
逻辑轴2	105206	加速时间常数	40	保存
逻辑轴3	105210	最大转矩电流限幅	200	保存
逻辑轴4	105211	速度到达范围	10	保存
逻辑轴5	105212	位置超差检测范围	30	保存
逻辑轴6	105213	主轴与电机传动比分子	1	保存

图 2-51　系统软件中的伺服主轴参数

参数列表	参数号	参数名	参数值	生效方式
NC参数	105250	C轴电子齿轮比分母	1	保存
机床用户参数	105251	串行通信波特率	2	保存
[+]通道参数	105252	通信子站地址	1	保存
[-]坐标轴参数	105253	IM电机额定电流	188	保存
逻辑轴0	105254	IM第2速度点对应最大负载电流	200	保存
逻辑轴1	105255	IM第2负载电流限幅速度	2000	保存
逻辑轴2	105256	PM主轴电机额定电流	420	保存
逻辑轴3	105257	PM主轴电机额定转速	2000	保存
逻辑轴4	105258	PM主轴电机弱磁起始点转速	2500	保存
逻辑轴5	105259	驱动器规格/电机类型代码	202	保存
逻辑轴6				

图 2-52　输入主轴伺服驱动器规格/电动机类型代码

再根据主轴电动机设置参数 10X224“伺服电动机磁极对数”及参数 10X225“编码器类型选择”，如图 2-53 所示。

参数列表	参数号	参数名	参数值	生效方式
NC参数	105214	主轴与电机传动比分母	1	保存
机床用户参数	105216	C轴前馈控制增益	0	保存
[+]通道参数	105217	最高速度限制	9000	保存
[-]坐标轴参数	105218	过载电流设置	120	保存
逻辑轴0	105219	过载允许时间限制	100	保存
逻辑轴1	105220	内部速度	0	保存
逻辑轴2	105221	JOG运行速度	300	保存
逻辑轴3	105223	控制方式选择	1	保存
逻辑轴4	105224	主轴电机磁极对数	2	保存
逻辑轴5	105225	主轴电机编码器分辨率	0	保存
逻辑轴6	105226	同步主轴电机偏移量补偿	0	保存

注：图中“电机”为“电动机”，后同。

图 2-53　其他伺服主轴参数

设置完成以上两步后断电重起，伺服将自动根据电动机适配伺服参数。用户可根据实际情况再微调其他伺服参数。

对于其他厂家的异步主轴电动机或电主轴，则必须手动设置运行参数，具体操作按下述步骤进行：

① 确认主轴电动机规格是否与驱动单元规格相匹配。

② 确认主轴驱动单元是否支持主轴电动机安装的编码器。

③ 根据异步主轴电动机铭牌或手册设置以下参数：

PA-41：设置为 2003

PA-59：根据驱动单元类型设置

HSV-180 AS-035：设置为 1

HSV-180 AS-050：设置为 102

HSV-180 AS-075：设置为 203

HSV-180 AS-100：设置为 304

HSV-180 AS-150：设置为 405

PA-17：最高速度限制(单位：r/min)

PA-24：IM 电动机磁极对数

PA-25：IM 电动机编码器类型

PA-33：IM 电动机磁通电流(单位：额定电流的百分比)

(a) 对于 2.2 kW～11 kW 的主轴电动机，空载电流通常为电动机额定电流的 40%～60%；对于 15 kW～22 kW 的主轴电动机，空载电流通常为电动机额定电流的 30%～40%；

(b) 磁通电流设置太大，容易造成磁通饱和，引起电动机振荡，转速有较大波动；设置太小，则会造成电动机激励不足，会引起电动机输出转矩的较大跌落。

PA-34：IM 电动机转子电气时间常数(单位：0.1 ms)

(a) 依据电动机的额定滑差频率 f_{sl}，额定负载电流 I_n 和空载电流 I_o 计算

$$\frac{1}{2\pi f_{sl}} \times \sqrt{(I_n/I_o)^2 - 1}$$

(b) 对于 2.2 kW～11 kW 的主轴电动机，通常设为 1300～1800；对于 15 kW～30 kW 的主轴电动机，通常设为 3000～4000；

(c) 转子时间常数设置太大或太小，都会造成磁场定向的角度有较大的偏差，会引起电动机输出转矩的较大跌落。

PA-35：IM 电动机额定转速(单位：r/min)

PA-53：IM 电动机额定电流(单位：0.1 A)

④ PA-41：设置为 1230，在辅助菜单中保存参数，并重新给驱动单元上电。

6. 误差补偿参数

1) 误差补偿参数编号

位 0～2：误差补偿参数序号

位 3～4：误差补偿逻辑轴号

位 5：参数类别，对于误差补偿参数，类别为 3

图 2-54、图 2-55 分别为误差补偿参数编号和误差补偿参数配置。

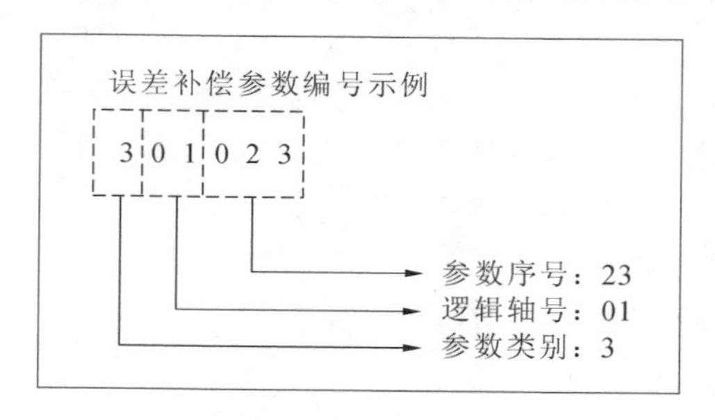

图 2-54　误差补偿参数编号

参数列表	参数号	参数名	参数值	生效方式
NC参数	300012	热误差斜率表起始温度(℃)	0.0000	复位
机床用户参数	300013	热误差斜率表温度点数	0	复位
[+]通道参数	300014	热误差斜率表温度间隔(℃)	0.0000	复位
[+]坐标轴参数	300015	热误差斜率表传感器编号	-1	复位
[-]误差补偿参数	300016	热误差斜率表起始参数号	700000	复位
补偿轴0	300017	热误差补偿率(mm或度)	0.0100	复位
补偿轴1	300020	螺距误差补偿类型	2	复位
补偿轴2	300021	螺距误差补偿起点坐标(mm或度)	-600.0000	复位
补偿轴3	300022	螺距误差补偿点数	16	复位
补偿轴4	300023	螺距误差补偿点间距(mm或度)	40.0000	复位
补偿轴5	300024	螺距误差取模补偿使能	0	复位

图 2-55　误差补偿参数配置

2）误差补偿参数中重要参数说明

误差补偿参数是一组通过用软件功能对硬件环境进行补偿的参数数据，其中有反向间隙补偿、热误差补偿、螺距误差补偿、垂直度补偿、直线度补偿、角度补偿、过象限突跳补偿、多元线性补偿等补偿功能。

反向间隙误差：由于机床传动链中机械间隙的存在，机床执行件在运动过程中，从正向运动变为反向运动时，执行件的运动量与理论值（编程值）存在误差，最后反映为叠加至工件上的加工精度的误差。

热误差：主轴与进给轴的热变形误差。

螺距误差：丝杠的精度、磨损、弯曲等导致的误差。

垂直度误差：由于机床本身所受的内力和外力的作用，导轨的垂直度误差超过允许的范围。

直线度误差：机床的导轨面以及工件直线导向面的直线度误差。

过象限突跳误差：过象限误差，是指机床在做圆时，由一个象限进入另一象限的过渡处有很大失真，常见为尖角。

比较常用有反向间隙补偿和螺距误差补偿，这里我们以这两种功能为例介绍补偿参数。

(1) 反向间隙补偿类型(默认值：0)。

该参数用于设置当前轴反向间隙补偿类型。

0：反向间隙补偿功能禁止。

1：常规反向间隙补偿。

2：当前轴快速移动时采用与切削进给时不同的反向间隙补偿值。

注意：反向间隙补偿在当前轴回零后生效。

(2) 反向间隙补偿值(默认值：0)。

该参数一般设置为机床进给轴(直线轴、摆动轴或旋转轴)在常用工作区间内的反向间隙测量值。如果采用双向螺距误差补偿，则无须进行反向间隙补偿，该参数设置为 0。

(3) 反向间隙补偿率(默认值：0.01)。

当反向间隙较大时，通过设置该参数可将反向间隙的补偿分散到多个插补周期内进行，以防止轴反向时由于补偿造成的冲击。如果该参数设定值大于 0，则反向间隙补偿将在 N 个插补周期内完成：

$$N = \frac{\text{反向间隙补偿值}}{\text{反向间隙补偿率}}$$

如果反向间隙补偿率大于反向间隙补偿值或设置为 0，补偿将在一个插补周期内完成。

注意：将该参数设置为较小的值能够获得更加平稳的补偿效果，但是会降低反向间隙补偿的响应速度。

(4) 快移反向间隙补偿值(默认值：0)。

该参数用于设定当前轴快速移动(执行 G00 指令)时的反向间隙补偿值，通过区分快速移动与切削进给时的反向间隙补偿值，能够实现更高精度的补偿与加工。

当参数“反向间隙补偿类型”设置为 1 时，该参数无效。

当参数“反向间隙补偿类型”设置为 2 时，当前轴快速移动时反向间隙补偿值为该参数设定值，切削进给时反向间隙补偿值为参数“反向间隙补偿值”设定值。

注意：这里的快速移动只针对 G00 快移指令，轴点动时视为切削进给。

(5) 螺距误差补偿类型(默认值：0)。

参数取值含义如下：

0：螺距误差补偿功能禁止

1：螺距误差补偿功能开启，单向补偿

2：螺距误差补偿功能开启，双向补偿

当满足以下条件时当前轴螺距误差补偿生效：

① 当前补偿轴已回参考点。

② 已选择螺距误差补偿类型(1 或 2)并正确配置螺距误差补偿相关参数。

(6) 螺距误差补偿起点坐标(默认值:0)如图 2-56 所示。

该参数用于设定补偿行程的起点,应填入机床坐标系下的坐标值。

示例:机床 X 轴正向回参考点,正向软限位为 2 mm;负向软限位为 −602 mm。测量从 0 mm 位置开始沿 X 轴负向进行,到 −600 mm 结束,则 X 轴螺距误差补偿起点坐标应设置为 −600 mm。

机床 Y 轴负向回参考点,正向软限位为 510 mm;负向软限位为 −10 mm。测量从 20 mm 位置开始沿 Y 轴正向进行,到 500 mm 结束,则 Y 轴螺距误差补偿起点坐标应设置为 20 mm。

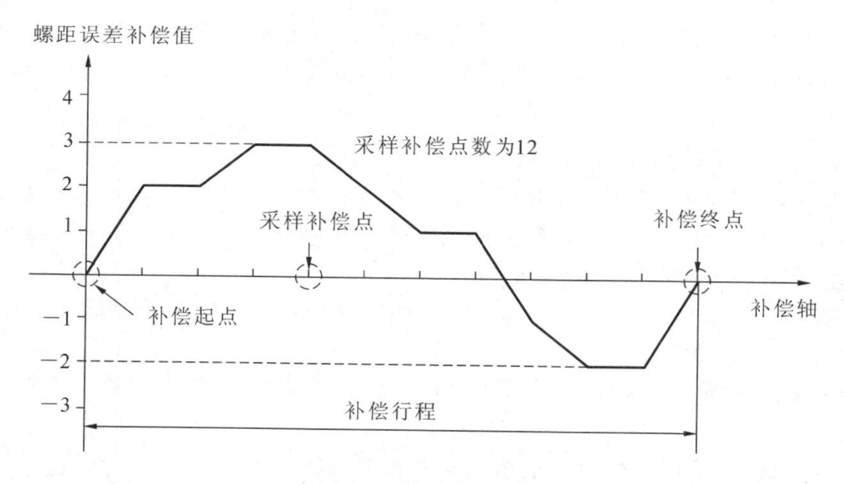

图 2-56　螺距误差补偿

(7) 螺距误差补偿点数(默认值:0)。

该参数用于设定补偿行程范围内的采样补偿点数。

各采样补偿点处的补偿值存储在指定位置的螺距误差补偿表中,因此采样补偿点数将决定螺距误差补偿表的长度,假设采样补偿点数为 n,则对于单向补偿,螺距误差补偿表的长度为 n;对于双向补偿,螺距误差补偿表的长度为 $2n$。

注意:补偿点数设置为 0 时螺距误差补偿无效,对应的螺距误差补偿表亦无效。

(8) 螺距误差补偿点间距(默认值:0)。

该参数用于设定补偿行程范围内两相邻采样补偿点的距离。

在确定补偿起点坐标、补偿点数和补偿点间距后,补偿终点坐标计算公式如下:

补偿终点坐标 = 补偿起点坐标 +(补偿点数 − 1)× 补偿点间距

注意:补偿点间距设置为 0 时螺距误差补偿无效。

示例:已知补偿行程起点坐标为 −25.0 mm,补偿点数为 30,补偿点间距为

25.0 mm，则补偿行程为 725.0 mm，补偿终点坐标为 700.0 mm。

(9) 螺距误差取模补偿使能(默认值：0)。

0：取模补偿功能关闭

1：取模补偿功能开启

当取模补偿功能关闭时，补偿轴进给指令位置小于补偿起点坐标时将取补偿起点处的补偿值作为当前位置补偿值；补偿轴进给指令位置大于补偿终点坐标时将取补偿终点处的补偿值作为当前位置补偿值。

当取模补偿功能开启时，在查询螺距误差补偿表的过程中超出补偿行程范围的指令位置坐标将自动“浮动”到补偿行程范围内，此时补偿终点即为补偿起点。

取模补偿功能主要用于旋转轴的补偿，对于全行程范围为 360°的旋转轴，在使用取模补偿功能时可将补偿起点坐标设置为 0°，补偿终点设置为 360°。

注意：当取模补偿功能开启时，补偿起点与补偿终点处的补偿值必须设置为相同的值，否则在补偿行程边界处由于补偿值的突变将会造成机床进给轴的冲击。

(10) 螺距误差补偿倍率(默认值：1.0)如图 2-57 所示。

螺距误差补偿值在与该参数设定值相乘后输出给补偿轴，因此实际补偿值能够通过该参数修调。

注意：当该参数设置为 0 时将无螺距误差补偿值输出！

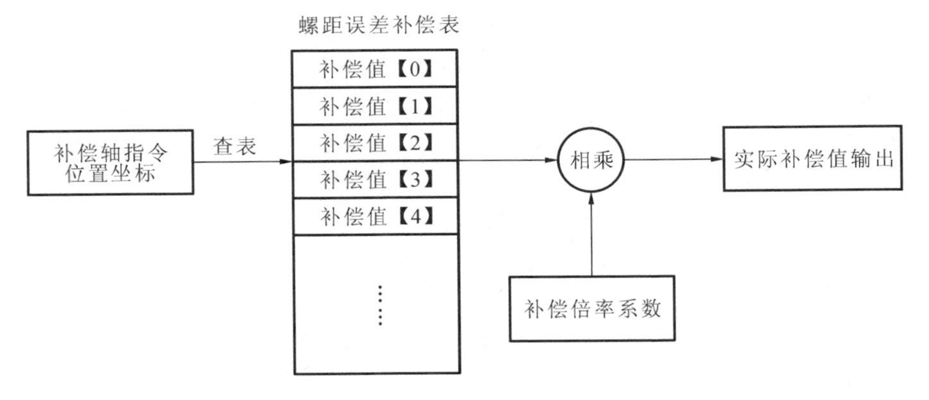

图 2-57　螺距误差补偿倍率

(11) 螺距误差补偿表起始参数号(默认值：700000)。

该参数用来设定螺距误差补偿表在数据表参数中的起始参数号，如图 2-58 所示。

螺距误差补偿表用来存放各采样补偿点处的补偿值，这些补偿值通过对机床螺距误差预先标定得到。

补偿值 = 指令机床坐标值 − 实际机床坐标值

在设定起始参数号后，螺距误差补偿表在数据表参数中的存储位置区间得以确定，补偿值序列以该参数号为首地址按照采样补偿点坐标顺序(从小到大)依次排列，

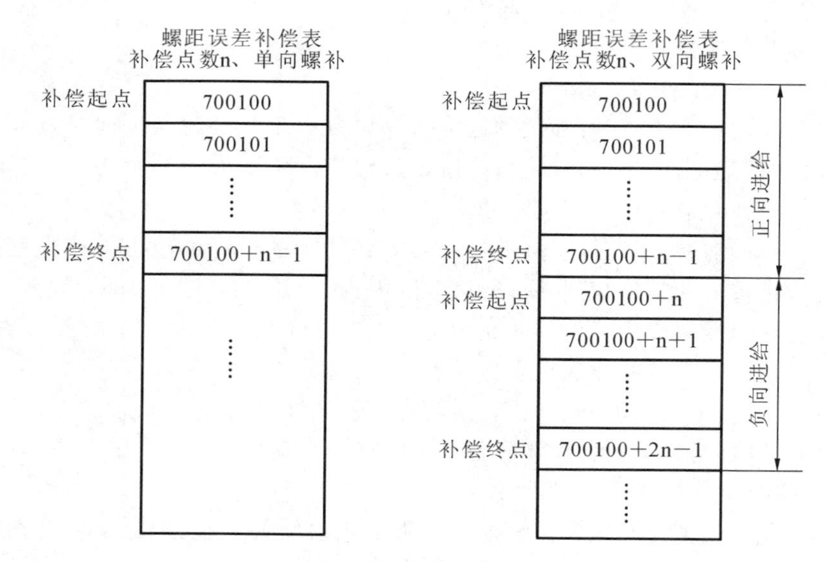

图 2-58　螺距误差补偿表起始参数号

若为双向螺距补偿，应先输入正向螺距补偿数据，再紧随其后输入负向螺距补偿数据。

注意：螺距误差补偿表的长度由补偿类型（单向、双向）和补偿点数共同决定，在指定螺距误差补偿表起始参数号时必须避免与其他已使用的数据表发生重叠，且补偿表存储区间不允许超出数据表参数范围。

（12）双向螺距补偿示例。

双向螺距补偿是一种较为常见而且精确的补偿方式，其特点是在进行了螺距补偿的同时也补偿了反向间隙，所以使用双向补偿时，反向间隙不需要补偿。

示例：

已知：补偿对象为 X 轴，正向回参考点，正向软限位为 2 mm；负向软限位为−602 mm。

相关螺距误差补偿参数设定如下：

补偿类型：2（双向补偿）

补偿起点坐标：−600.0 mm

补偿点数：16

补偿点间距：40.0 mm

取模补偿使能：0（禁止取模补偿）

补偿倍率：1.0

误差补偿表起始参数号：700000

确定各采样补偿点：

按照以上设定，补偿行程为 600 mm，各补偿点的坐标从小到大依次为：

－600，－560，－520，－480，－440，－400，－360，－320，
－280，－240，－200，－160，－120，－80，－40，0。

确定分配给 X 轴的螺距误差补偿表参数号：

正向补偿表起始参数号为：700000

正向补偿表终止参数号为：700015

负向补偿表起始参数号为：700016

负向补偿表终止参数号为：700031

激光干涉仪测量螺距误差的程序如下所示：

```
%0110
G54                  ;G54 坐标系应设置为与机床坐标系相同。
G00 X0 Y0 Z0
WHILE TRUE
G91 G01 X1 F2000     ;X 轴正向移动 1 mm。
G04 P4000            ;暂停 4 s。
G91 X－1             ;X 轴负向移动 1 mm，返回测量开始位置，消除反向间隙。
                      此时测量系统清零。
G04 P4000            ;暂停 4 s，测量系统开始记录负向进给螺距误差数据。
M98 P1111 L15        ;调用负向移动子程序 15 次，程序号为 1111。
G91 X－1 F1000       ;X 轴负向移动 1 mm。
G04 P4000            ;暂停 4 s。
G91 X1               ;X 轴正向移动 1 mm，返回测量开始位置，消除反向间隙。
G04 P4000            ;暂停 4 s，测量系统开始记录正向进给螺距误差数据。
M98 P2222 L15        ;调用正向移动子程序 15 次，程序号为 2222。
ENDW                 ;循环程序尾。
M30                  ;停止返回。
%1111                ;X 轴负向移动子程序
G91 X－40 F1000      ;X 轴负向移动 40 mm。
G04 P4000            ;暂停 4 s，测量系统记录数据。
M99                  ;子程序结束。
%2222                ;X 轴正向移动子程序
G91 X40 F500         ;X 轴正向移动 40 mm。
G04 P4000            ;暂停 4 s，测量系统记录数据。
M99                  ;子程序结束。
```

注意：测量螺距误差前，应首先禁止该轴上的其他各项误差补偿功能。

标定结果按如下方式输入：

将坐标轴沿正向移动时各采样补偿点处的补偿值依次输入数据表参数(参数号700000 到参数号 700015)。

将坐标轴沿负向移动时各采样补偿点处的补偿值依次输入数据表参数(参数号700016 到参数号 700031)。

(13) 单向螺距误差补偿和双向螺距误差补偿如何确定。

采用激光干涉仪或其他仪器测试螺距误差时,如何进行螺距误差补偿,直接关系到螺距误差补偿的效果以及该轴的动态精度。

① 单向螺距误差补偿。

当测量的曲线如图 2-59 时,图中所示两条曲线之间的间距基本是相同的,这时可用单向螺距误差补偿,两条曲线之间的间距就是反向间隙。

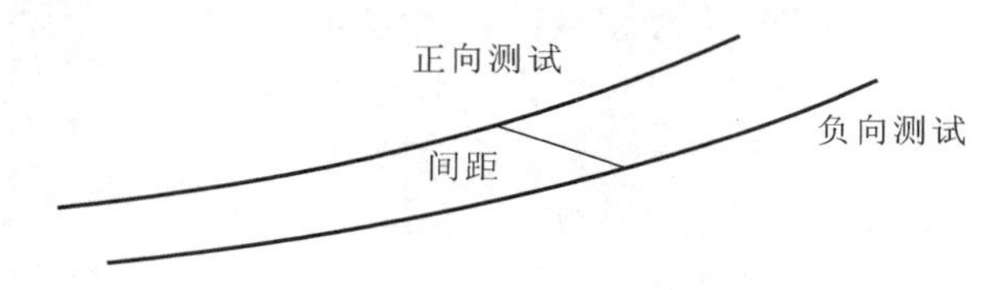

图 2-59 螺距误差测量曲线 1

② 双向螺距误差补偿。

如果实际测量的螺距误差曲线不是图 2-59 所示的情况,而是图 2-60 或图 2-61 所示的情况,这时是肯定不能使用单向螺距误差补偿的。其原因非常简单,就是反向间隙完全不均匀,甚至从某个点开始,反向间隙的符号都相反了。一般来说,出现这样的情况,机械的装配精度肯定不符合要求,在机床厂的质检部门是肯定要求机械装配重新返修。但是在让步的情况下,也就是误差不是过大时(不是说机械装配上了,系统就能补偿好。系统的补偿是有限度的,是有前提条件的。),可以使用双向螺距误差补偿来提高该轴的动态精度。

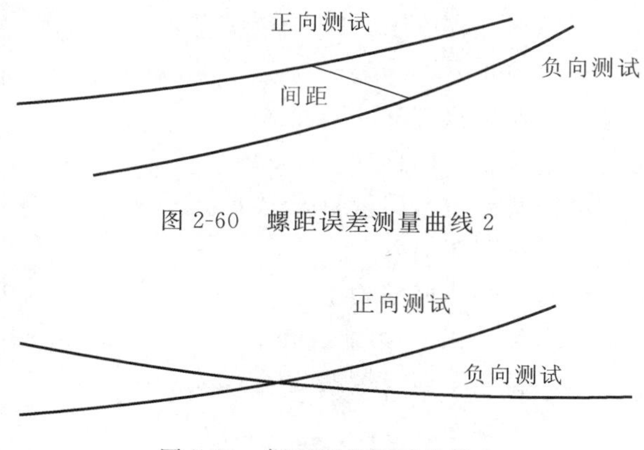

图 2-60 螺距误差测量曲线 2

图 2-61 螺距误差测量曲线 3

7. 设备接口参数

1）设备接口参数编号

位 0～2：设备参数序号

位 3～4：设备序号

位 5：参数类别，对于设备参数，类别为 5

图 2-62、图 2-63 分别为设备接口参数编号和设备接口参数配置。

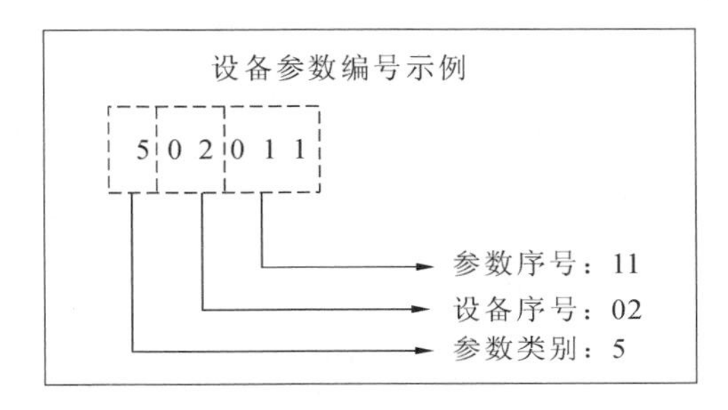

图 2-62　设备接口参数编号

参数列表	参数号	参数名	参数值	生效方式
[+]坐标轴参数	507000	设备名称	AX	固化
[+]误差补偿参数	507002	设备类型	2002	固化
[-]设备接口参数	507003	同组设备序号	0	固化
设备0	507010	工作模式	1	重启
设备1	507011	逻辑轴号	2	重启
设备2	507012	编码器反馈取反标志	0	重启
设备3	507013	保留	0	重启
设备4	507014	反馈位置循环方式	0	重启
设备5	507015	反馈位置循环脉冲数	131072	重启
设备6	507016	编码器类型	3	重启
设备7	507017	保留[0]	0	重启

图 2-63　设备接口参数配置

硬件连接完成以后，系统第一次上电，首先需要核对配置参数。如果参数显示出并没有找到相应的设备，则需要重新检查硬件连接。

步骤：设置→F10 参数→F1 系统参数→F8 设备配置；

注：必须先输入权限口令

HNC-8 系列数控系统对于设备的识别属于一个自动化的过程，且其识别的结果为固化参数，不可被用户更改。接下来，我们将通过参数一步步熟悉这些识别的设备和配置。

2）设备接口参数中的重要参数说明

（1）设备识别参数。

① 设备名称，图 2-64 为 HNC-8 系列数控系统支持的各种设备

图示设备种类	设备名称	设备类型	接入方式	图形标识
保留	RESERVE	1000	—	保留
模拟量主轴	SP	1001	本地	
本地 I/O 模块	IO_LOC	1007	本地	
本地控制面板	MCP_LOC	1008	本地	
手摇	MPG	1009	本地	
数控键盘	NCKB	1010	本地	
伺服轴	AX	2002	总线网络	
总线 I/O 模块	IO_NET	2007	总线网络	
总线控制面板	MCP_NET	2008	总线网络	
位控板	PIDC	2012	总线网络	
编码器接口板	ENC	2013	总线网络	

图 2-64　HNC-8 系列数控系统支持的各种设备

注意：该参数由数控系统自动配置（直接指定或从总线网络上识别），用户无法更改本参数值。

系统自动识别设备的设备号与实际物理设备关系如下：

设备＃0～＃3：本地保留设备

设备＃4：给模拟量主轴 SP（如果有变频主轴或直流调速装置时）

设备＃5：总线网络设备—MCP_NET

设备＃6～＃X：总线网络设备— AX（由实际总线驱动器数量及总线顺序决定）

设备＃(X+1)～＃n：总线网络设备—I/O（由 I/O 板卡及 I/O 单元数量等决定）

② 设备类型。

HNC-8 数控系统支持的各种设备类型见图 2-42。

注意：该参数由数控系统自动配置（直接指定或从总线网络上识别），用户无法更改本参数值。

③ 同组设备序号。

当有相同类型的设备接入数控系统时，该参数用于标识同种设备的序号。

注意：该参数由数控系统自动配置（直接指定或从总线网络上识别），用户无法更改本参数值。

（2）MCP 模块参数。

① MCP 类型（默认值：0）。

该参数用于指定总线控制面板的类型。

0：无效

1：HNC-818A 系列控制面板

2：HNC-818B 或 808 系列控制面板

3：HNC-848C 系列控制面板

② 输入点起始组号(默认值：480)(MCP 模块)。

该参数用于设定总线控制面板 MCP 输入信号在 X 寄存器中的位置，如图 2-65 所示。

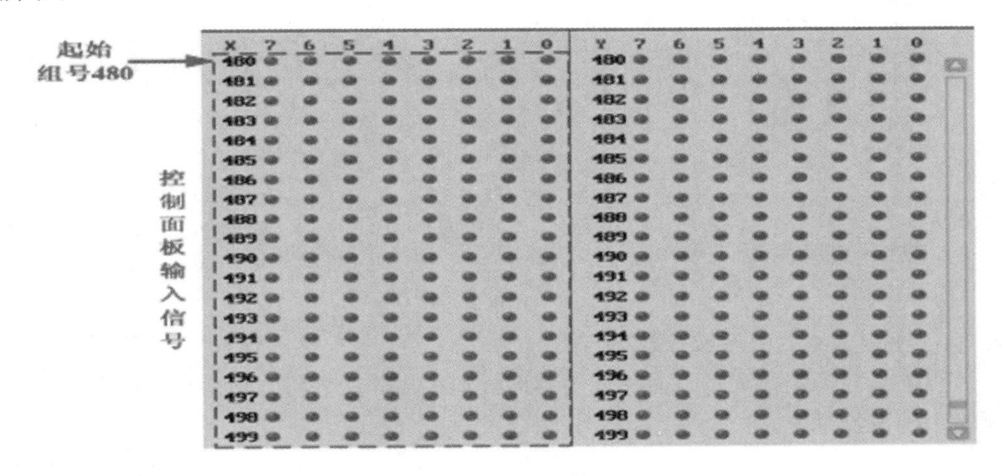

图 2-65　MCP 输入信号组

③ 输入点组数(默认值：30)(MCP 模块)。

该参数用于标识总线控制面板输入信号的组数。

注意：总线控制面板输出点组数默认为 30 组，修改该参数不会改变控制面板实际输入点组数。

④ 输出点起始组号(默认值：480)(MCP 模块)。

该参数用于设定总线控制面板 MCP 输出信号在 Y 寄存器中的位置，如图 2-66 所示。

⑤ 输出点组数(默认值：30)(MCP 模块)。

该参数用于标识总线控制面板输出信号的组数。

注意：总线控制面板输出点组数默认为 30 组，修改该参数不会改变控制面板实际输出点组数。

⑥ 手摇方向取反标志(默认值：0)。

当总线控制面板手摇的拨动方向与轴进给方向相反时通过设置该参数能够改变手摇进给方向，参数取值含义如下：

0：手摇脉冲直接输入数控系统。

1：手摇脉冲取反输入数控系统。

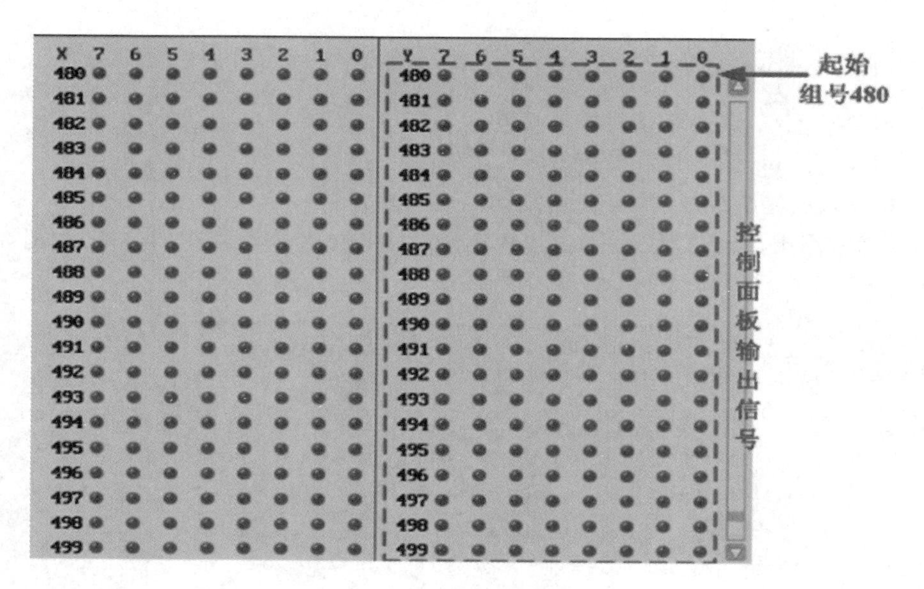

图 2-66　MCP 输出信号组

⑦ 手摇倍率放大系数(默认值:0)。

当该参数设定值大于 0 时总线控制面板的手摇脉冲数将与倍率放大系数相乘后再输入到数控系统。

注意:提高手摇倍率放大系数能够增加手摇拨动时的轴进给量,但会降低手摇进给分辨率。

⑧ 波段开关编码类型(默认值:0)。

0:波段开关采用 8421 码(BCD 码)编码方式

1:波段开关采用格雷码编码方式

(3) 总线 I/O 模块参数。

① 输入点起始组号(默认值:0)(总线式 I/O 模块)。

该参数用于设定总线 I/O 模块输入信号在 X 寄存器中的位置,如图 2-67 所示。

② 输入点组数(默认值:10)(总线式 I/O 模块)。

该参数用于标识总线 I/O 模块输入信号的组数。

注意:总线 I/O 模块输入点组数默认为 10 组,修改该参数不会改变总线 I/O 模块实际输入点组数。

③ 输出点起始组号(默认值:0)(总线式 I/O 模块)。

该参数用于设定总线 I/O 模块输出信号在 Y 寄存器中的位置,如图 2-68 所示。

④ 输出点组数(默认值:10)(总线式 I/O 模块)。

该参数用于标识总线 I/O 模块输出信号的组数。

注意:总线 I/O 模块输出点组数默认为 10 组,修改该参数不会改变总线 I/O 模块实际输出点组数。

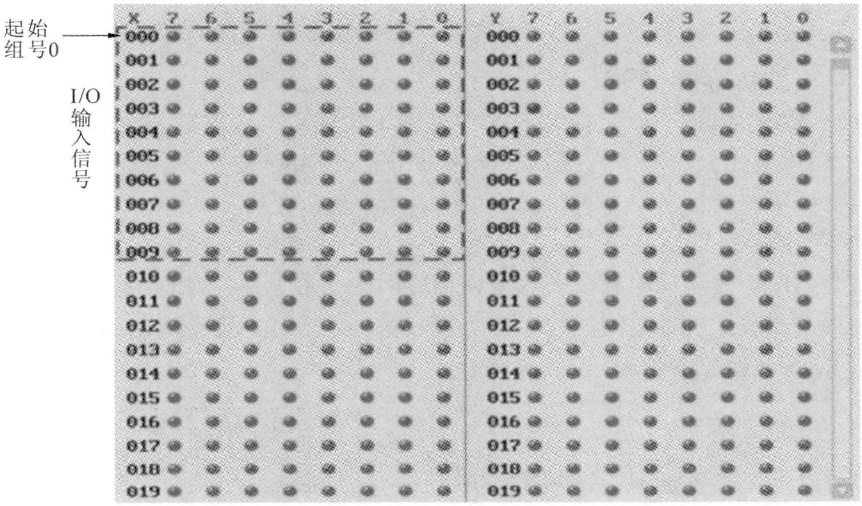

图 2-67　总线 I/O 模块输入信号组

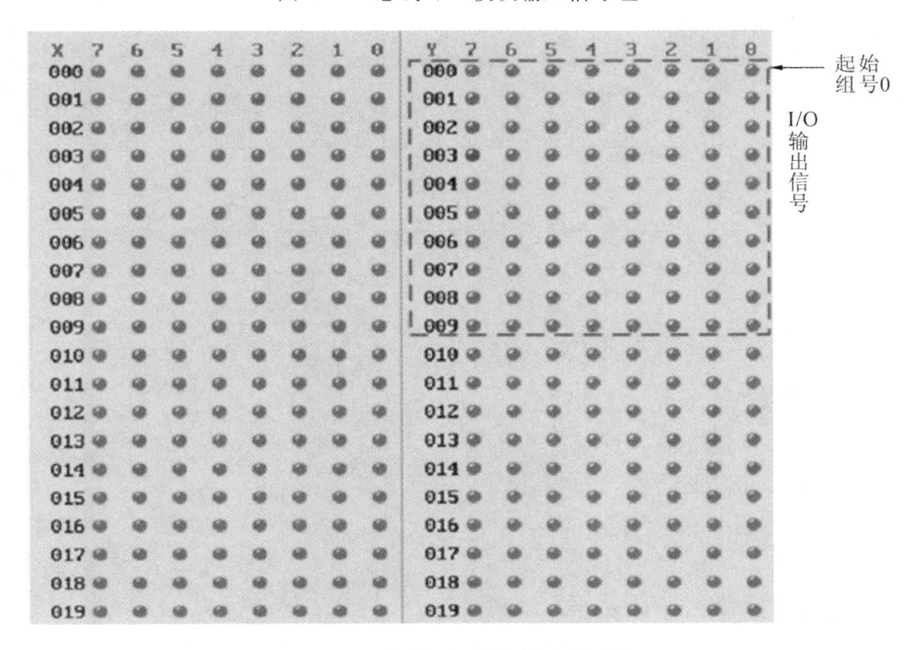

图 2-68　总线 I/O 模块输出信号组

(4) 伺服轴参数。

① 工作模式(默认值:0)。

该参数用于设定总线网络中伺服轴的默认工作模式。

0:工作模式根据轴类型自适应

1:位置增量模式

2:位置绝对模式

3:速度模式

4:电流模式(保留)

进给轴工作模式一般设置为1或2,主轴工作模式一般设置为3。

注意:该参数只设定了伺服轴的默认工作模式,实际应用中伺服轴的工作模式能够根据数控系统的控制指令进行切换(如C/S切换功能)。

② 逻辑轴号(默认值:-1)。

该参数用于建立伺服轴设备与逻辑轴之间的映射关系,如图2-69所示。

-1:设备与逻辑轴之间无映射

0~127:映射逻辑轴号

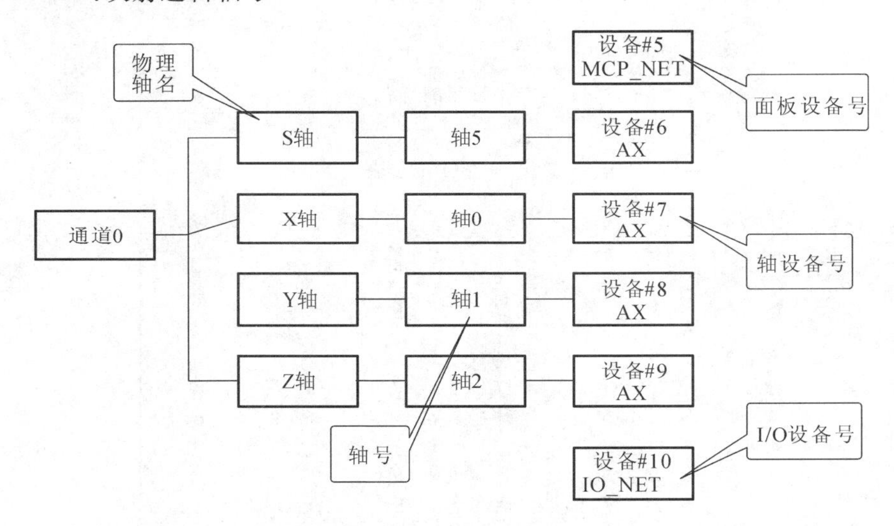

图2-69 轴号与设备号之间的关系

③ 编码器反馈取反标志(默认值:0)。

0:编码器反馈直接输入到数控系统

1:编码器反馈取反输入到数控系统

④ 反馈位置循环使能(默认值:0)。

0:反馈位置不采用循环计数方式

1:反馈位置采用循环计数方式

对于直线进给轴或摆动轴,该参数应设置为0,对于旋转轴或主轴,该参数应设置为1。

⑤ 反馈位置循环脉冲数(默认值:10000)。

当反馈位置循环使能时,该参数用于设定循环脉冲数,一般情况下应填入轴每转脉冲数。

⑥ 编码器类型(默认值:0)。

该参数用于指定伺服轴编码器类型以及 Z 脉冲信号反馈方式。

0 或 1：增量式编码器，有 Z 脉冲信号反馈

2：增量式直线光栅尺，带距离编码 Z 脉冲信号反馈

3：绝对式编码器，无 Z 脉冲信号反馈

7. 设置数据表参数

数据表参数作为保留参数用于大量数据的记录与保存，如逻辑误差补偿表数据、直线度补偿表数据等。

在使用数据表参数时，一般都需要指定数据在数据表参数中的起始位置，即数据表起始参数号。

注意：对于不同型号的数控系统，系统支持的数据表参数最大个数可能不同。

三、数据备份与加载

HNC-8 系列数控系统软件升级包含四种，程序升级；参数升级；PLC 升级；BTF 全包升级。

如选择参数、PLC 或 BTF 全包升级则需要先备份 PLC 及参数。否则升级完成后原系统中的 PLC 及参数都被标准参数及 PLC 覆盖。

1. 参数、PLC 备份/载入

操作步骤：

(1) "设置"→F10"参数"→F7"权限管理"→选择用户级别→F1"登录"。

(2) F10"返回"→F6"数据管理"。

(3) 选择需要备份或载入的数据类型，如图 2-70 所示。

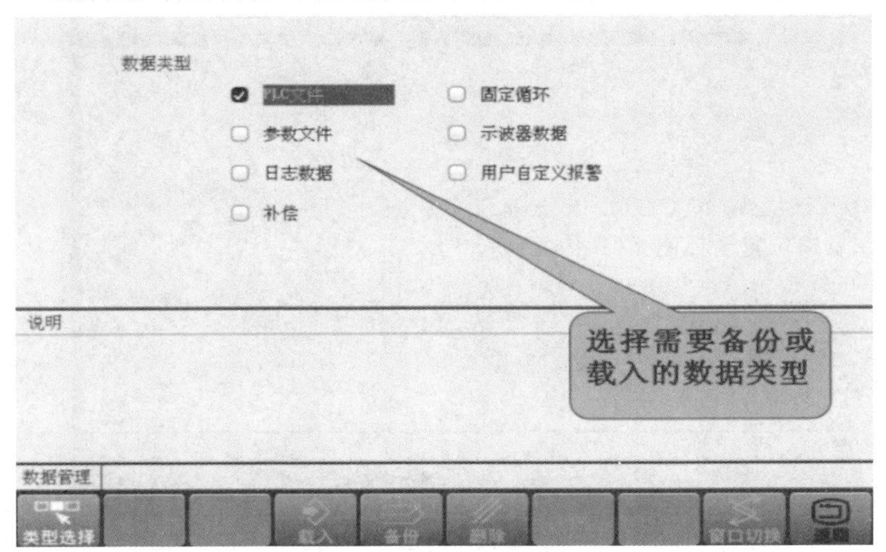

图 2-70　数据类型选择

(4) 如要备份参数则选择“参数文件”,如备份 PLC 则选择“PLC”。

(5) F9“窗口切换”(见图 2-71),选择目的盘是 U 盘;U 盘选择到后,必须按压“Enter”(回车)键,在下方倒数第二行提示行显示“U 盘加载成功!”,数控系统才能使用 U 盘,才能进行与 U 盘有关的操作;否则数控系统不能识别 U 盘,则系统不能进行与 U 盘有关的操作。

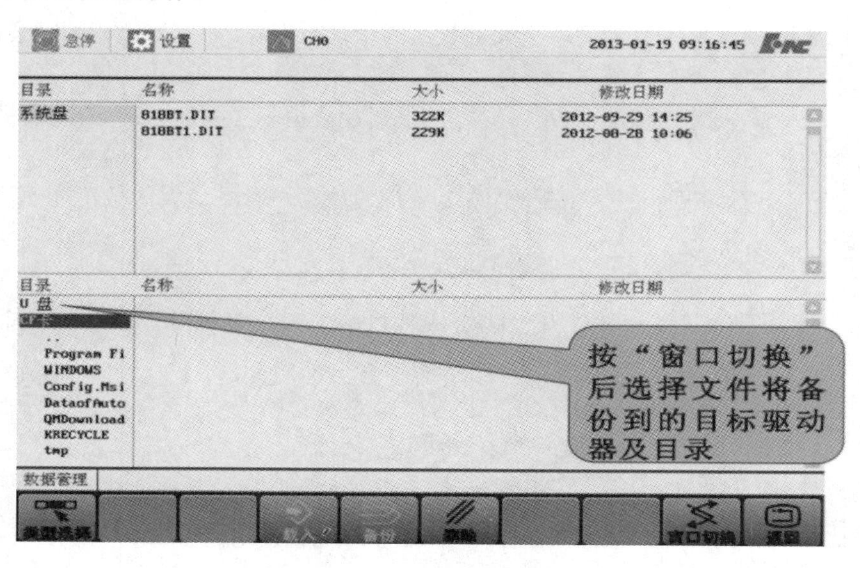

图 2-71 窗口切换到目标驱动器及目录

(6) F9“窗口切换”,窗口回“系统盘”,如图 2-72 所示。

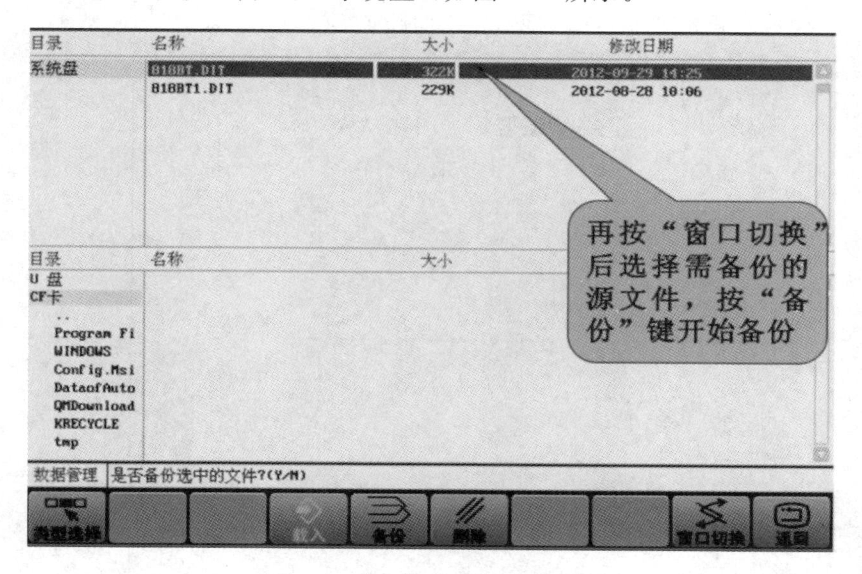

图 2-72 窗口切换到所需备份文件

(7) F5“备份”,如图 2-72 所示。

(8) F4“载入”,如图 2-73 所示。

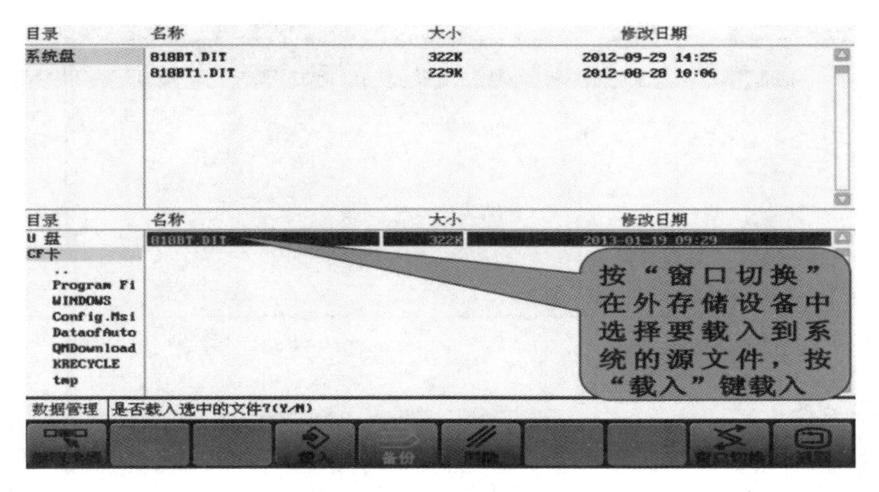

图 2-73 窗口切换到所需载入文件

注意:以上所有工作完成后,窗口切换 U 盘,选择到 U 盘后,必须按压“Del”键,在下方倒数第二行提示行显示“U 盘卸载成功!”,这时才能拔出 U 盘。

PLC 备份的文件名为. DIT 文件;参数的备份文件名为. DAT 文件。载入 PLC 文件或参数文件时,要载入的文件名必须与数控系统内的文件名一致且都是大写。

2. 软件升级

(1) “设置”→F10“参数”→,可看到“系统升级”(见图 2-74),点击进入。

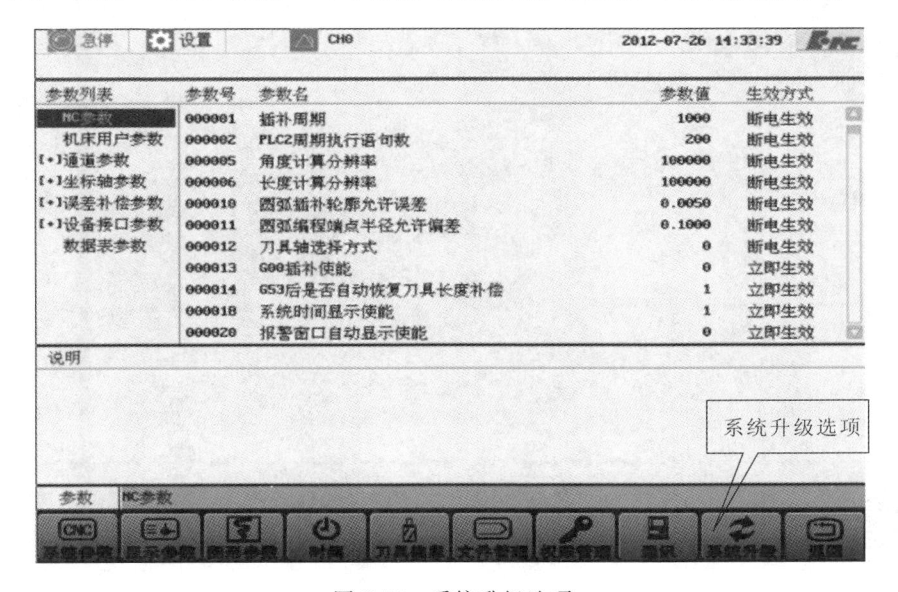

图 2-74 系统升级选项

(2) 选择 U 盘,找到需要升级的 BTF 包(见图 2-75),按“确认”。

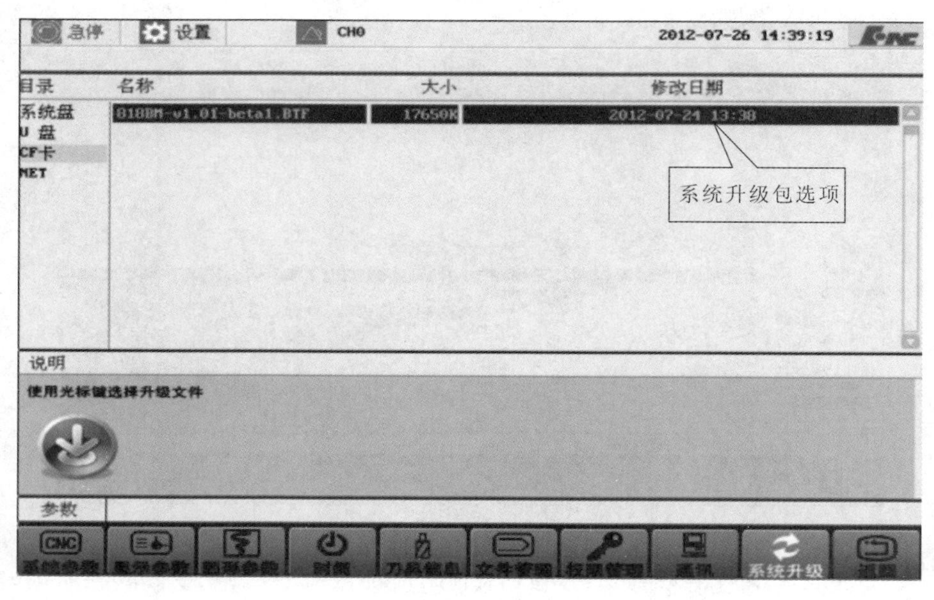

图 2-75　系统升级 BTF 包选项

(3) 进入升级界面后,可选择升级程序、参数、PLC 或整个 BTF 包,如只升级关键程序文件则选择程序,比如软件此处按左右键在程序、参数、PLC 上分别按“确认”键取消,再按“BTF”选择,如图 2-76 所示。

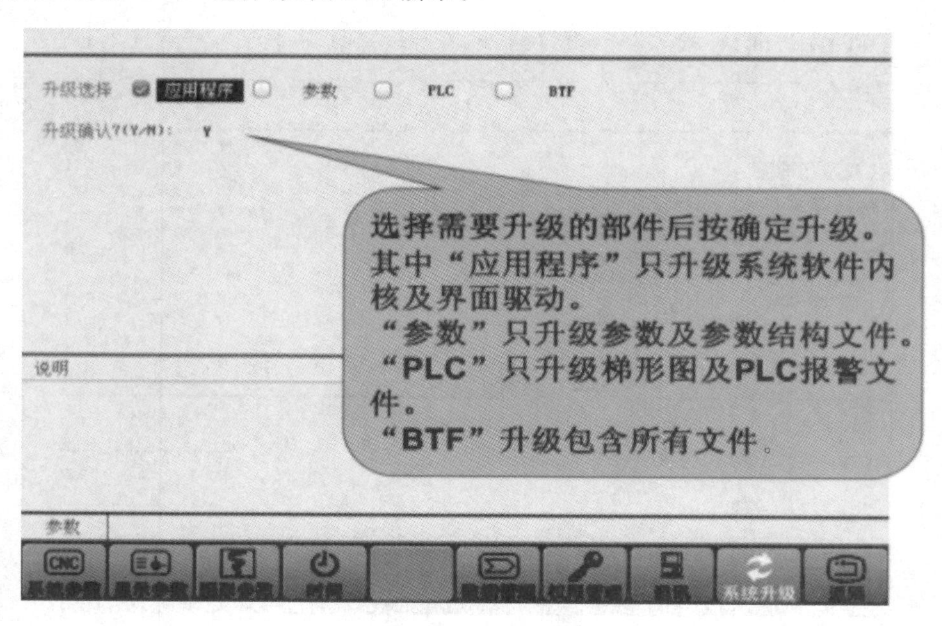

图 2-76　系统升级选项界面

（4）按下键将光标设在“Y”上。按“确认”开始升级。

（5）升级完成后如图 2-77 提示，断电重启。

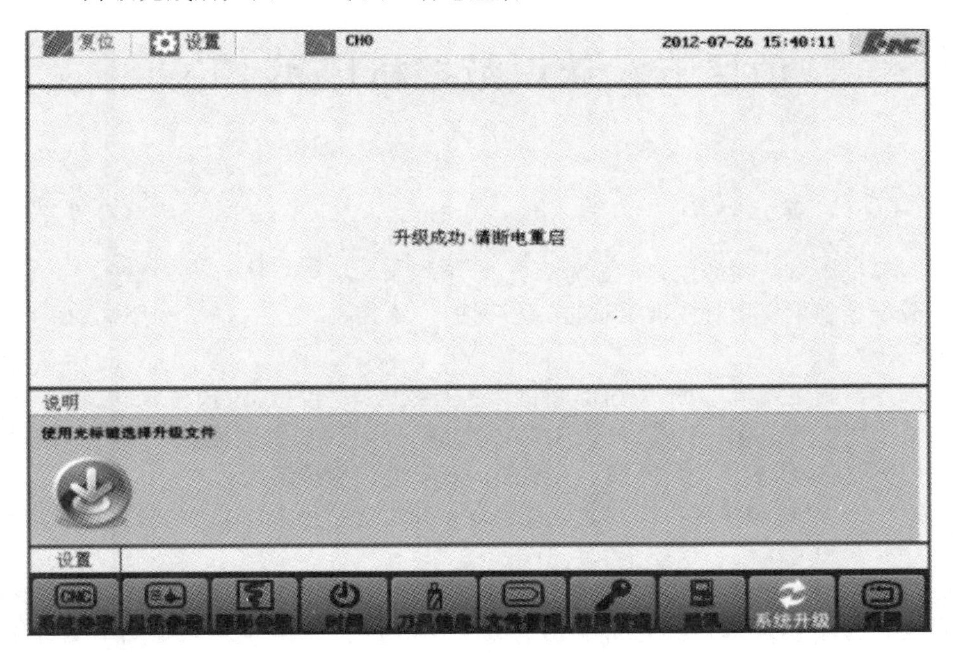

图 2-77　系统升级完成后界面

模块三　数控系统 PLC 编程

项目五　认识数控机床用 PLC

一、PLC 基本结构

数控机床所受到的控制可分为两类:数字控制和顺序控制。

数字控制主要指对各进给轴进行精确的位置控制,包括:轴移动距离、插补、补偿等。

顺序控制主要指以 CNC 内部和机床各行程开关、传感器、按钮、继电器等的开关量信号状态为条件,并按照预先规定的逻辑顺序对诸如主轴的启停、刀具的转换、工件的夹紧松开、液压、冷却、润滑系统的运行等进行的控制。

与数字控制比较,顺序控制的信息主要是开关量信号。PLC 控制的范围包括全部顺序控制和简单的数字控制(如:轴点动)。

HNC-8 系列数控系统 PMC 采用内置式软 PLC 实现对机床的顺序控制。PLC 用户程序是用户根据机床实际控制需要,用 PLC 程序语言梯形图进行编制的。HNC-8 系列数控系统 PLC 用户程序通过数控系统梯形图编辑界面进行在线编辑(见图 3-1)或通过计算机用华中数控梯形图——LADDER 专用软件进行编辑(见图 3-2)。通过编译将 PLC 用户程序翻译成数控系统能接受的文件,数控系统进行正常调用执行。

图 3-1　梯形图运行监控与在线编辑修改

梯形图是沿用电气控制电路(特别是继电器逻辑电路)的符号所组合而成的一种

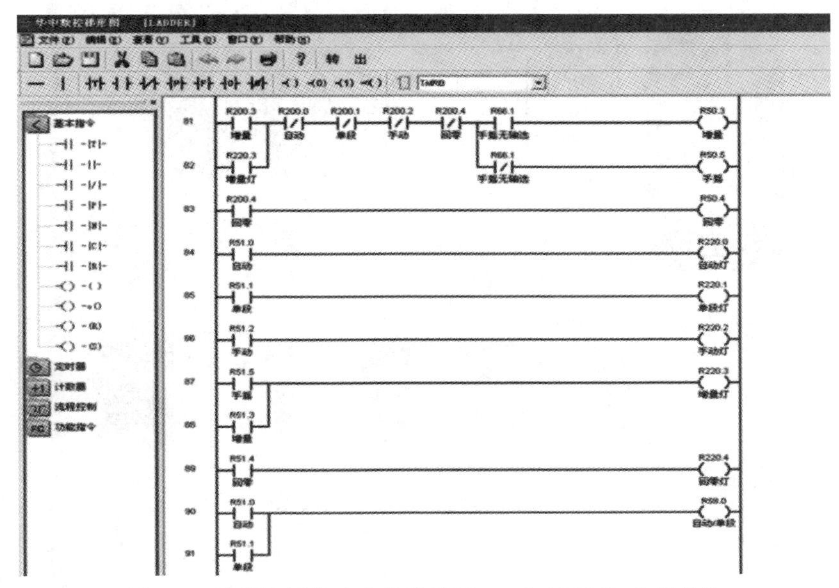

图 3-2　计算机用华中数控梯形图——LADDER 专用软件

图形，梯形图的编辑就是根据机床实际控制要求，采用类似于设计继电器逻辑电路的方法，进行机床顺序控制的梯形图设计与编制。程序编辑方式是由左母线开始至右母线结束，一行编完再换下一行，一行的接点个数由系统决定，相同的输入点可重复使用。梯形图程序的运作方式是由左上到右下的扫描。线圈及应用指令运算框等属于输出处理，在梯形图形中置于最右边。但同一个输出不可重复。图 3-3 为 HNC-8 系列数控系统 PLC 梯形图结构。

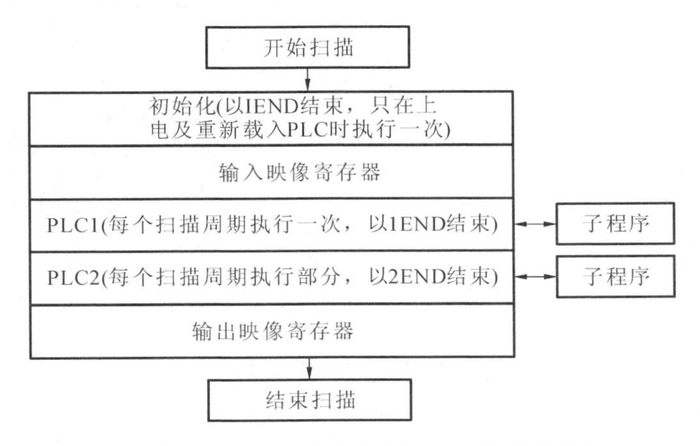

图 3-3　HNC-8 系列数控系统 PLC 梯形图结构

二、PLC 工作原理

数控系统梯形图寄存器如图 3-4 所示。PLC 接口信号负责组织 PLC 和 NC 之

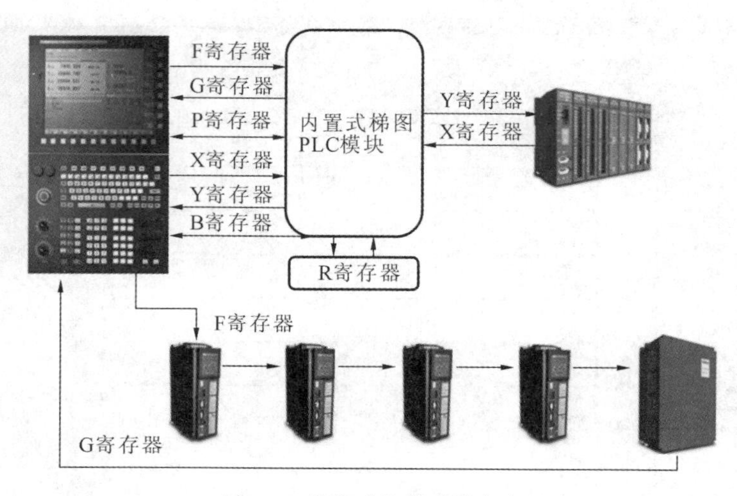

图 3-4 数控系统梯形图寄存器

间的信息交换，如图 3-5 所示。

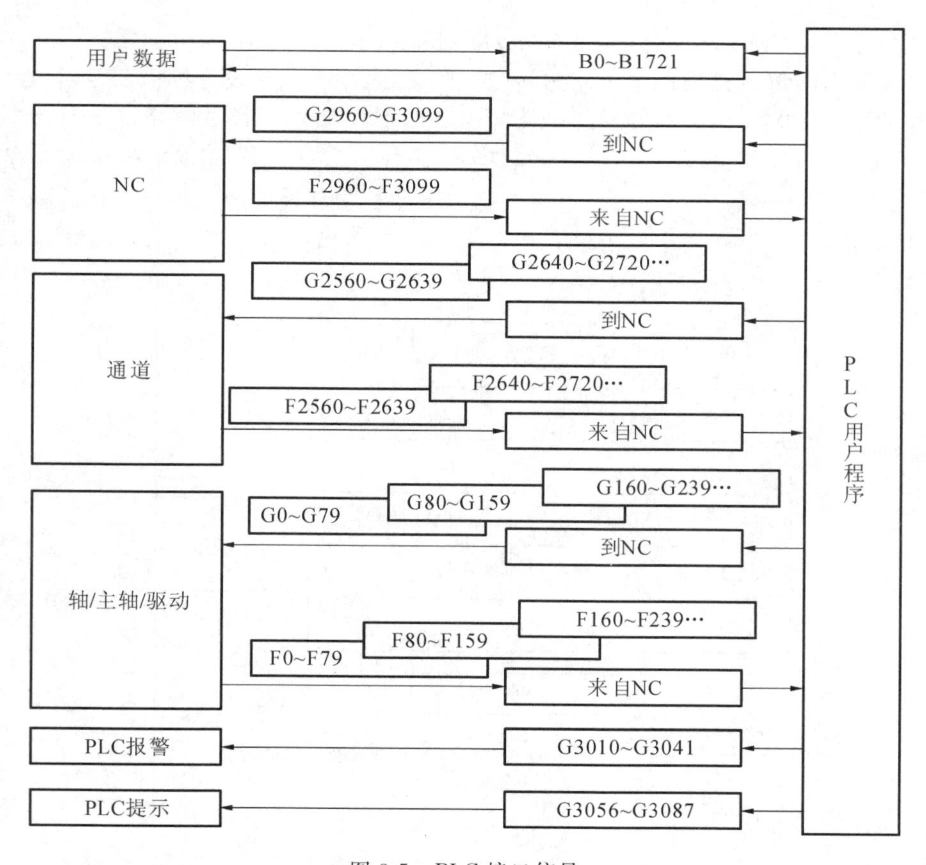

图 3-5 PLC 接口信号

- X 寄存器:机床到 PLC 的输入信号。
- Y 寄存器:PLC 到机床的输出信号。
- R 寄存器:PLC 内部中间寄存器。
- G 寄存器:PLC 和轴设备到 NC 的输入信号。
- F 寄存器:NC 到 PLC 和轴设备的输出信号。
- B 寄存器为断电保存寄存器,此寄存器的值断电后仍然保持在断电前的状态不发生变化。断电保存寄存器也可作为 PLC 参数使用,用户可自定义每项参数的用途。
- P 寄存器:用户参数寄存器,作为 PLC 参数使用,用户可自定义每项参数的用途。

HNC-8 系列数控系统梯形图 PLC 采用循环扫描的方式,在程序开始执行的时候,第一次上电或重新载入 PLC 会运行一次初始化,之后所有输入的状态发送到输入映像寄存器,然后开始顺序调用用户程序 PLC1 及 PLC2,当一个扫描周期完成的时候所有的结果都被传送到输出映像寄存器用以控制 PLC 的实际输出,如此循环往复。

三、HNC-8 系列数控系统 PLC 基本规格

表 3-1 为 HNC-8 系列数控系统 PLC 基本规格。

表 3-1　HNC-8 系列数控系统 PLC 基本规格

规　　格	HNC8
编程语言	LADDER,STL
第一级程序执行周期	1 ms
程序容量 梯形图 语句表 符号名称	 5000 行 10000 行 1000 条
指令　基本指令,功能指令	

四、PLC 程序结构及工作过程

数控系统先将 PLC 程序转换成某种格式,CPU 即可对其进行译码和运算处理。CPU 高速读出存储在存储器中的每条指令,通过算术运算来执行程序。顺序程序的编制由编制梯形图以及其他 PLC 标准语言开始的,所谓梯形图可理解为 CPU 中算术运算的执行顺序。

上述过程由 PLC 编程软件完成,PLC 编程软件的作用就是编制顺序程序。

1. PLC 梯形图结构要素(见图 3-6)

图中左右两条竖线为母线,两母线之间的横线为梯级,每个梯级又由一行或数行

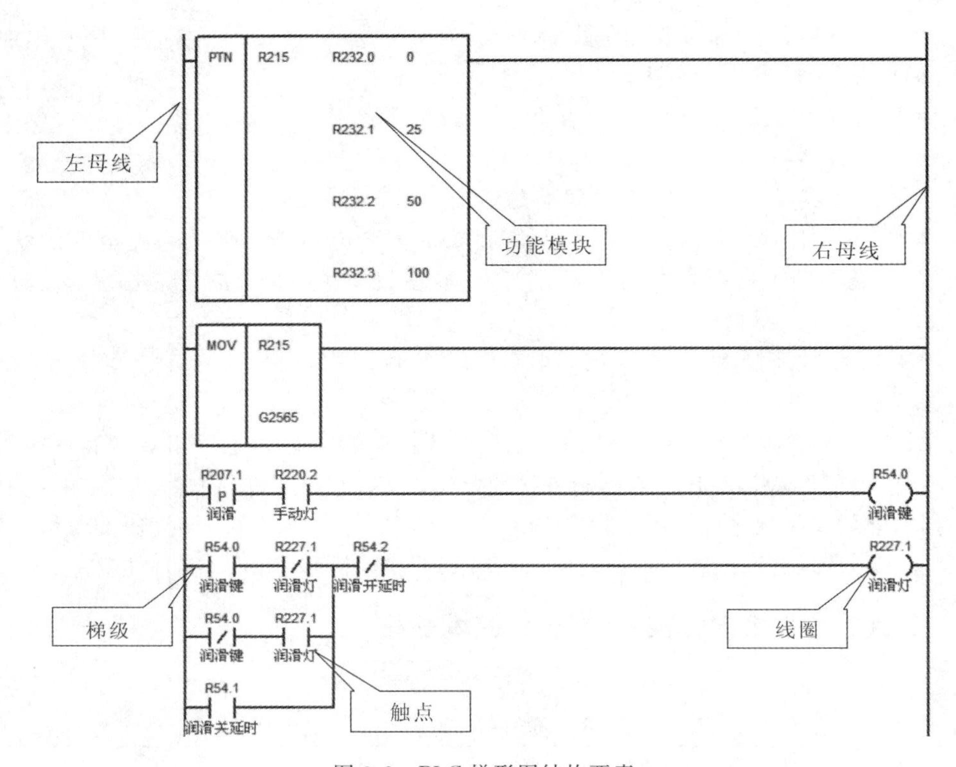

图 3-6 PLC 梯形图结构要素

构成。每行由触点(常开、常闭)、继电器线圈、功能指令模块等构成。

2. PLC 程序结构及执行过程

图 3-7 为使用子程序时梯形图的构成。

PLC 程序由初始化程序部分、第一级程序部分和第二级程序部分以及若干个子程序组成。

(1) 初始化程序:初始化程序部分只在系统启动或重新载入 PLC 时执行一次。完成系统上电时的初始设定,如 MCP 所需初始点灯、进给轴的初始选择、面板使能等。初始化程序部分以 iEND 功能符号结束。

(2) 第一级程序:第一级程序又称为快速 PLC,每 1 ms(由参数插补周期决定)执行一次,用于处理紧急信号,如数据看门狗、急停、手持设定、各轴超程、返回参考点、伺服报警、总线断线等信号。PLC 一级程序部分以 1END 功能符号结束。如果第一级程序较长,那么总的执行时间就会延长。因此编制第一级程序时,应使其尽可能短。

(3) 第二级程序:第二级程序又称为慢速 PLC,第二级程序 n ms 执行一次。n 为第二级程序的分割数。程序执行时,第二级程序将被自动分割。

第二级程序的分割是为了执行第一级程序。当分割数为 n 时,程序的执行过程如图 3-8 所示。

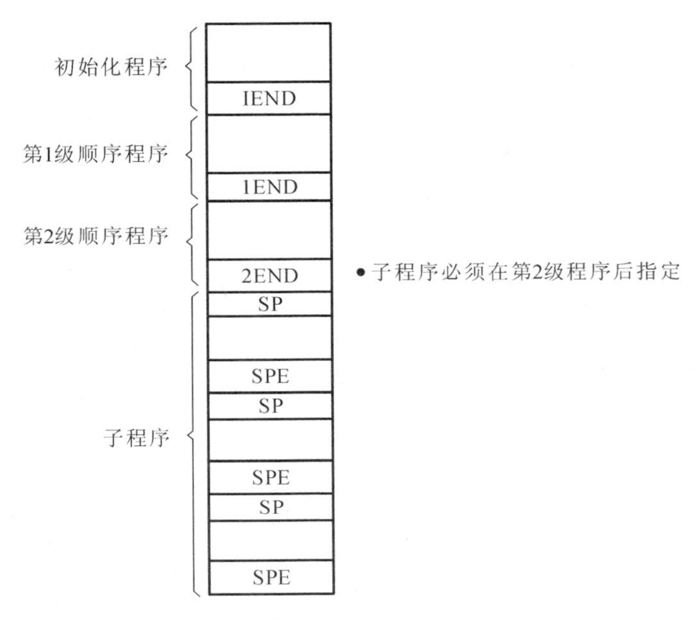

图 3-7　使用子程序时梯形图的构成

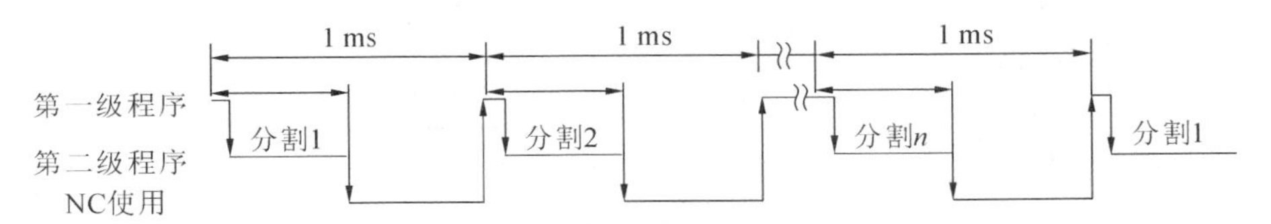

图 3-8　第二级程序分割执行过程

当最后(分割数为 n)的第二级程序部分执行完后,程序又从头开始执行。这样当分割数为 n 时,一个循环的执行时间为 n ms(1 ms×n)。第一级程序每 1 ms 执行一次,第二级程序 n×1 ms 执行一次。如果第一级程序的步数增加,那么在 1 ms 内第二级程序动作的步数就要相应减少,因此,分割数就要变多,整个程序处理时间变长。

第二级程序部分以 2END 功能符号结束。

(4) PLC 程序扫描周期:由于第二级程序的分割取决于第一级程序的长短,而且也决定了二级程序的扫描周期。因此第一级程序应编得尽可能地短。

- 第一级程序执行周期(PLC1):由参数“插补周期”设定。一般为 1 ms。
- 第二级程序执行周期(PLC2):plc1_time * plc2_lines/plc2_Nvalue。

(a) plc1_time:PLC1 的执行周期。

(b) plc2_lines:梯图生成的语句表中 PLC2 包含的行数。

(c) plc2_Nvalue:PLC2 周期执行语句数(系统 NC 参数 000002),一般为 200。

式中:plc2_lines/plc2_Nvalue 即为第二级程序分割数 n。

(5) PLC 程序编制:PLC 程序采用结构化编程方式,其编程方式有以下三种。

① 子程序　子程序以梯形图为处理单元。子程序必须在第二级程序结束功能符号 2END 之后,以功能符号 SP S×××(×××为子程序号)开始,以功能符号 SPE 结束。在主程序中用功能模块 CALL S×××调用子程序。

② 嵌套　对于编制的子程序进行组合构成结构化程序,如图 3-9 所示。

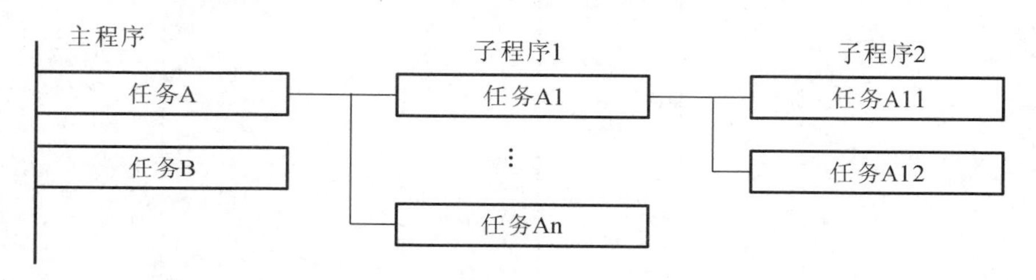

图 3-9　嵌套

③ 条件分支　主程序循环执行并检测条件是否满足。如果满足,执行相应的子程序;如果条件不满足,不执行相应的子程序。如图 3-10 所示。

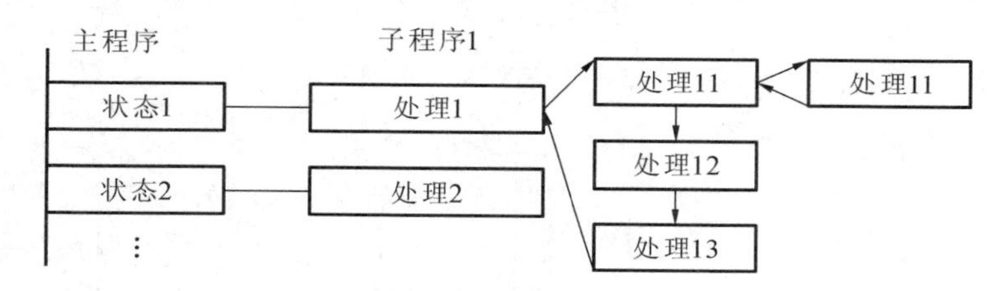

图 3-10　条件分支

五、PLC 信号地址

表 3-2 所示为 HNC-8 系列数控系统 PLC 信号地址。

表 3-2　HNC-8 数控系统 PLC 信号地址

单字节内部继电器(R)	400 字节(R0～R399)
双字节内部寄存器(W)	400 字节(W0～W199)
四字节内部寄存器(D)	400 字节(D0～D99)
定时器 (T)	128 (T0～T127)
计数器 (C)	128 (C0～C127)
子程序 (S)	—
标号 (L)	—
用户自定义参数 (P)	200 (P0～P199)
保持型存储区	
定时器 (T)	128 (T300～T427)
计数器 (C)	128 (C300～C427)
四字节寄存器(B)	200 字节(B0～B49)
I/O 模块(X)	X0～X512
(Y)	Y0～Y512

1. 常用 F 寄存器说明

(1) 轴状态寄存器 0(F[轴号×80]),如图 3-11 所示。

轴移动中:轴在移动时为 1,轴未移动时为零。

回零第一步:轴回零还未碰到回零挡块时,为回零第一步。

回零第二步:轴回零已碰过回零挡块,在找 Z 脉冲时为回零第二步。

回零成功:轴回零完成时,为 1。

第二参考点确认:轴在第二参考点时,为 1。

第三参考点确认:轴在第三参考点时,为 1。

第四参考点确认:轴在第四参考点时,为 1。

第五参考点确认:轴在第五参考点时,为 1。

D7	D6	D5	D4	D3	D2	D1	D0
保留	保留	保留	回零成功	保留	回零第二步	回零第一步	轴移动中

D15	D14	D13	D12	D11	D10	D9	D8
保留	保留	保留	保留	第五参考点确认	第四参考点确认	第三参考点确认	第二参考点确认

图 3-11　轴状态寄存器 0 字定义

(2) 轴伺服状态寄存器 0(F[轴号×80+2]),如图 3-12 所示。

伺服准备好:当伺服有使能,并且伺服未报警时,伺服会返回伺服准备好信号。

轴位置控制模式:当轴为位置控制模式时,为 1。

轴速度控制模式:当轴为速度控制模式时,为 1。

轴力矩控制模式:当轴为力矩控制模式时,为 1。

主轴速度到达:当主轴速度到达时,为 1。

主轴零速:当主轴停止时,为 1。

D7	D6	D5	D4	D3	D2	D1	D0
保留	保留	保留	保留	保留	保留	保留	保留

D15	D14	D13	D12	D11	D10	D9	D8
主轴零速	主轴速度到达	保留	保留	轴力矩控制模式	轴速度控制模式	轴位置控制模式	伺服准备好

图 3-12　轴伺服状态寄存器 0 字定义

(3) 轴伺服状态寄存器 1(F[轴号×80+3]),如图 3-13 所示。

主轴定向完成:当设置主轴定向后,主轴开始定向,完成后,伺服返回主轴定向完成信号。

(4) 通道状态寄存器 0(F[通道号×80+2560]),如图 3-14 所示。

D7	D6	D5	D4	D3	D2	D1	D0
保留	保留	保留	保留	保留	保留	保留	保留

D15	D14	D13	D12	D11	D10	D9	D8
保留	保留	保留	保留	保留	保留	保留	主轴定向完成

图 3-13　轴伺服状态寄存器 1 字定义

MDI:通道处于 MDI 模式下。

进给保持:通道处于进给保持状态。

循环启动:通道处于循环启动状态。

螺纹切屑:通道处于螺纹切屑状态,不允许进给保持。

通道复位:当通道复位或按下面板上复位按键时,通道复位有效,直到设置通道复位应答。

D7	D6	D5	D4	D3	D2	D1	D0
保留	保留	循环启动	进给保持	MDI	保留	保留	保留

D15	D14	D13	D12	D11	D10	D9	D8
保留	保留	保留	通道复位	保留	保留	螺纹切屑	保留

图 3-14　通道状态寄存器 0 字定义

(5) 通道状态寄存器 1(F[2564]),如图 3-15 所示。

自动:通道处于自动模式。

单段:通道处于单段模式。

手动:通道处于手动模式。

增量:通道处于增量模式。

回零:通道处于回零模式。

手摇:通道处于手摇模式。

PMC:通道处于 PMC 模式。

D7	D6	D5	D4	D3	D2	D1	D0
保留	PMC	手摇	回零	增量	手动	单段	自动

D15	D14	D13	D12	D11	D10	D9	D8
保留	保留	保留	保留	保留	保留	保留	保留

图 3-15　通道状态寄存器 1 字定义

注意：F[2564]寄存器仅在设置面板使能有效，并且在通道 0 时才有效。

2. 常用 G 寄存器说明

(1) 轴控制寄存器 0(G[轴号×80])，如图 3-16 所示。

正限位：碰到正限位时，设置为 1，系统报警并且禁止正向移动。

负限位：碰到负限位时，设置为 1，系统报警并且禁止负向移动。

回零挡块：当机床碰到回零挡块时，设置为 1。

轴锁住：设置轴锁住为 1 时，轴禁止移动，但指令位置可以有变化。

轴使能：轴的使能信号。

从轴回零：当此信号为 1 时，主动轴回零完成后，此从动轴也开始找 Z 脉冲，进行回零。

从轴解除：此标志为 1 时，从轴耦合解除，可以单独移动从轴。

D7	D6	D5	D4	D3	D2	D1	D0
轴使能	轴锁住	回零挡块	保留	保留	保留	负限位	正限位

D15	D14	D13	D12	D11	D10	D9	D8
保留	保留	保留	保留	从轴解除	保留	保留	从轴回零

图 3-16 轴控制寄存器 0 字定义

(2) 轴控制寄存器 1(G[轴号×80+1])，如图 3-17 所示。

第 2 软限位使能：此标记为 1 时，轴的软限位失效，第二软限位生效。

D7	D6	D5	D4	D3	D2	D1	D0
保留	保留	保留	保留	保留	第2软限位使能	保留	保留

D15	D14	D13	D12	D11	D10	D9	D8
保留	保留	保留	保留	保留	保留	保留	保留

图 3-17 轴控制寄存器 1 字定义

(3) 轴伺服控制寄存器 0(G[轴号×80+2])，如图 3-18 所示。

主轴定向：此标志为 1 时，主轴开始定向；此标志为 0 时，主轴取消定向。

D7	D6	D5	D4	D3	D2	D1	D0
保留	保留	保留	保留	保留	保留	保留	保留

D15	D14	D13	D12	D11	D10	D9	D8
保留	保留	保留	主轴定向	保留	保留	保留	保留

图 3-18 轴伺服控制寄存器 0 字定义

(4) 轴伺服控制寄存器 1(G[轴号×80+3]),如图 3-19 所示。

伺服使能:在总线系统中,此标志为总线伺服的使能标志。

D7	D6	D5	D4	D3	D2	D1	D0
保留	保留	保留	保留	保留	保留	保留	伺服使能

D15	D14	D13	D12	D11	D10	D9	D8
保留	保留	保留	保留	保留	保留	保留	保留

图 3-19 轴伺服控制寄存器 1 字定义

(5) 通道控制寄存器 0(G[通道号×80+2560]),如图 3-20 所示。

进给保持:设置通道进给保持。

循环启动:设置通道循环启动。

空运行:设置通道为空运行状态。

复位应答:当通道复位完成时,设置复位应答。

急停:设置通道急停。

复位:设置通道复位。

D7	D6	D5	D4	D3	D2	D1	D0
保留	空运行	循环启动	进给保持	保留	保留	保留	保留

D15	D14	D13	D12	D11	D10	D9	D8
保留	保留	复位	保留	急停	保留	复位应答	保留

图 3-20 通道控制寄存器 0 字定义

(6) 通道控制寄存器 1(G[通道号×80+2561]),如图 3-21 所示。

跳段:设置通道跳断状态。

选择停:设置通道选择停状态。

D7	D6	D5	D4	D3	D2	D1	D0
保留	保留	保留	保留	选择停	跳段	保留	保留

D15	D14	D13	D12	D11	D10	D9	D8
保留	保留	保留	保留	保留	保留	保留	保留

图 3-21 通道控制寄存器 1 字定义

(7) 当前刀号寄存器(G[通道号×80+2563])。

界面中显示的当前刀号。

(8) 进给修调寄存器(G[通道号×80+2564])。

设置通道的进给修调。

(9) 快移修调寄存器(G[通道号×80+2565])。

设置通道的快移修调。

(10) 主轴修调寄存器(G[通道号×80+2566+主轴号])。

设置通道中某个主轴的修调。

(11) 加工件数寄存器(G[通道号×80+2579])。

界面中显示的加工件数。

(12) 通道控制寄存器 2(G[2620]),如图 3-22 所示。

自动:设置通道为自动方式。

单段:设置通道为单段方式。

手动:设置通道为手动方式。

增量:设置通道为增量方式。

回零:设置通道为回零方式。

手摇:设置通道为手摇方式。

PMC:设置通道为 PMC 方式。

面板使能:G[2620]寄存器,必须设置面板使能位为 1。

增量倍率:增量倍率占用 2 位。00 代表 x1;01 代表 x10;10 代表 x100;11 代表 x1000。

快移:设置通道 0 中的所有轴的移动方式为快移方式。

D7	D6	D5	D4	D3	D2	D1	D0
面板使能	PMC	手摇	回零	增量	手动	单段	自动

D15	D14	D13	D12	D11	D10	D9	D8
保留	保留	保留	保留	保留	快移	增量倍率	

图 3-22　通道控制寄存器 2 字定义

(13) 通道控制寄存器 3(G[2621]),如图 3-23 所示。

手摇轴选:手摇每个轴选占 4 位,4 位合并的数字代表当前的轴选。例如,轴选 4 位为 0000,代表 X 轴;0001,代表 Y 轴;0010,代表 Z 轴。

手摇倍率:手摇每个倍率占用 2 位,2 位合并的数字代表当前的倍率。00 代表倍率×1;01 代表倍率×10;10 代表倍率×100。

手摇 1 使能:设置手摇 1 使能后,才能使用手摇 1。

注意:G[2621]寄存器仅在设置面板使能有效,并且在通道 0 时才有效。

(14) 轴正向运动控制寄存器(G[2622]),如图 3-24 所示。

注意:G[2622]寄存器仅在设置面板使能有效,并且在通道 0 时才有效。

D7	D6	D5	D4	D3	D2	D1	D0
手摇1轴选				手摇0轴选			

D15	D14	D13	D12	D11	D10	D9	D8
保留	保留	保留	手摇1使能	手摇1倍率		手摇0倍率	

图 3-23 通道控制寄存器 3 字定义

D7	D6	D5	D4	D3	D2	D1	D0
轴7＋	轴6＋	轴5＋	轴4＋	轴3＋	轴2＋	轴1＋	轴0＋

D15	D14	D13	D12	D11	D10	D9	D8
保留	保留	保留	保留	保留	保留	保留	轴8＋

图 3-24 轴正向运动控制寄存器字定义

(15) 轴负向运动控制寄存器(G[2623]),如图 3-25 所示。

注意:G[2623]寄存器仅在设置面板使能有效,并且在通道 0 时才有效。

当轴需要手动,增量,回零移动或主轴正/反转时,只需设置轴的运动控制寄存器。同时设置轴的正/负向移动标记。在手动时,设置轴正/负向移动标记,轴将向正向/负手动移动;在增量时,设置轴正/负向移动标记有效的周期(上升沿),轴将在增量移动一段距离;在回零时,设置轴正/负向移动标记,轴将开始回零(在距离码回零方式中,轴正/负向移动标记表示进给轴的回零方向);在轴为速度控制模式时,设置轴正/负向移动标,轴将正/负向旋转。

D7	D6	D5	D4	D3	D2	D1	D0
轴7－	轴6－	轴5－	轴4－	轴3－	轴2－	轴1－	轴0－

D15	D14	D13	D12	D11	D10	D9	D8
保留	保留	保留	保留	保留	保留	保留	轴8－

图 3-25 轴负向运动控制寄存器字定义

(16) 报警寄存器(G[3010]～G[3042])。

设置 PLC 报警,总共有 16×16＝256 个报警信号。

3. PLC 报警、提示文本编写及使用

在华中数控 HNC-8 型软件 PLC 报警及提示信息是编写报警提示文本。将 PLC 报警、提示信息写在后缀为 TXT 的文本文件中。

PLC 提示信息只通过 PLC 提示用户机床有哪些问题,而不影响正常加工,如图 3-26 所示。

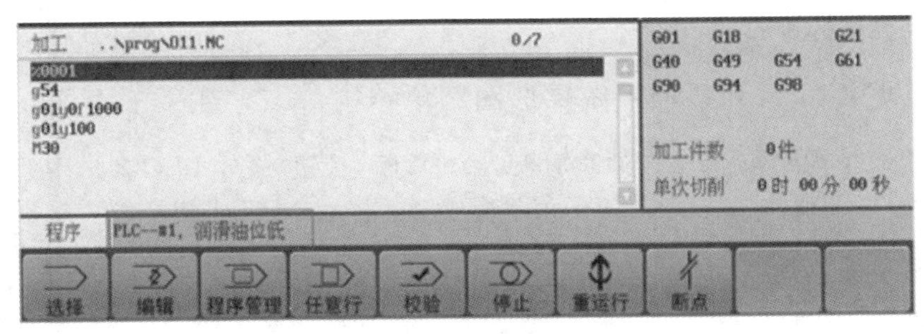

图 3-26　PLC 提示信息

PLC 报警信息(见图 3-27)通过 PLC 告诉用户机床有哪些问题，PLC 报警后机床将不再自动加工，转而进给保持，直到用户清除报警为止。

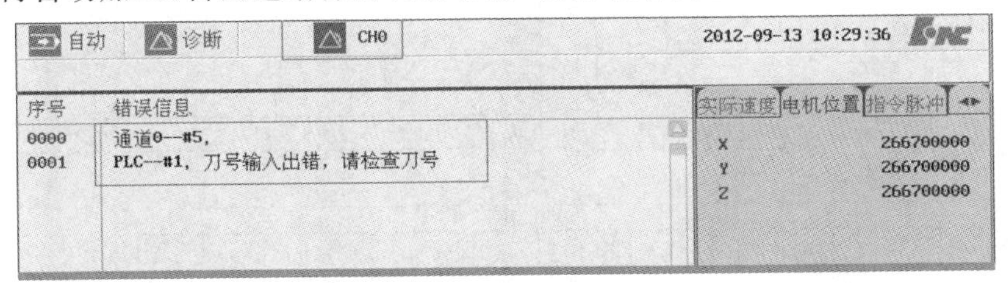

图 3-27　PLC 报警信息

文件名为 PMESSAGE. TXT。编写格式为：编号＋空格＋报警信息。

约定 PLC 报警信息编号为 1～256，PLC 提示信息编号为 500～884。

HNC-8 系列数控系统软件中，报警信息编号与 G 寄存器的关系如下。

如果：编号$-1=a\times16+b$

那么：编号为 G$(3010+a).b$

例如：编号 33，因为 $33-1=2\times16+0$，所以编号 33 对应 G3012.0。

a＝报警号除以 16 的商；b＝报警号除以 16 的余数。

同理，提示信息编号与 G 寄存器的关系如下。

如果：编号$-501=a\times16+b$

那么：编号为 G$(3056+a).b$

例如：编号 503，因为 $503-501=0\times16+2$，所以编号 503 对应 G3056.2。

a＝报警号除以 16 的商；b＝报警号除以 16 的余数。

项目六　PLC 梯形图运行监控与在线编辑修改

梯形图运行监控与在线编辑修改功能是在数控系统的 PLC 编辑功能中提供的，它将实时监控梯形图中每个元件的状态的改变以及可以通过强制修改某个元件的状态来达到调试的目的。

一、HNC-8 系列数控系统梯形图菜单结构

PLC 菜单构成如下：首先通过面板上的“诊断”按钮，进入 PLC 梯形图监控主菜单，然后由一级菜单、二级菜单等子菜单构成，如图 3-28 所示。

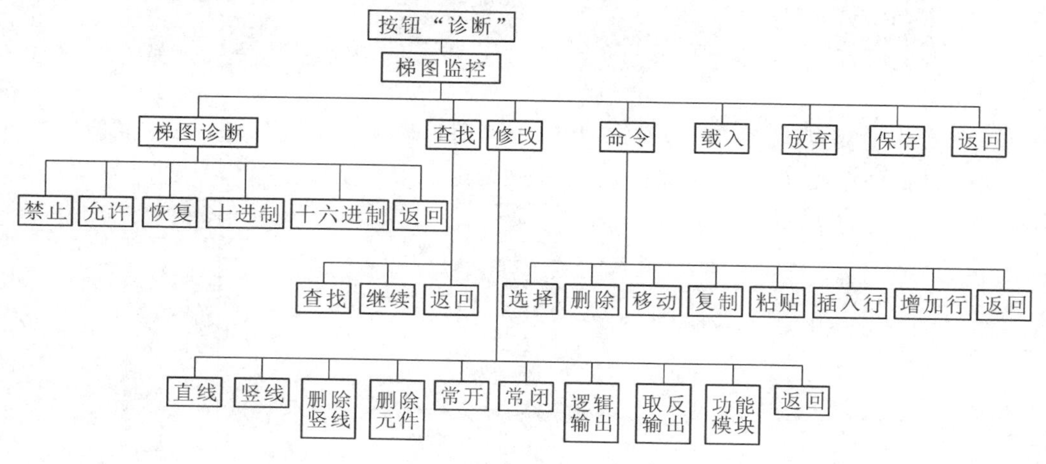

图 3-28 PLC 菜单

二、梯形图监控操作界面

按诊断操作界面中的“梯图监控”，即进入梯形图监控操作界面，如图 3-29 所示。梯形图监控操作界面上的按键包括梯形图诊断、查找、修改、命令、载入、放弃、保存和返回，如图 3-30 所示。

图 3-29 梯形图监控界面

 梯图诊断	梯图诊断：可查看每个变量的值，可对元件进行干预执行操作。
 查找	查找：输入元件名，即可查找元件。
 修改	修改：可对元件进行修改操作。
 命令	命令：可对梯形图进行编辑。
 载入	载入：载入当前梯形图信息。
 放弃	放弃：撤销对梯形图的编辑操作。
 保存	保存：保存对梯形图的编辑操作。
 返回	返回：返回到前一操作。

图 3-30　梯形图监控界面各功能按钮说明

下面将对每个功能按键及第二级子菜单按键操作进行详细说明。

1. 梯形图诊断

选择“梯图诊断”梯图诊断功能键，即进入梯形图诊断操作界面，如图 3-31 所示。梯形图诊断操作界面包括禁止、允许、恢复、十进制、十六进制和返回 6 个按键。

按“诊断→梯图监控→梯图诊断”，即可查看每个寄存器的通断情况或寄存器内的值。用户可以上下移动光标查看每个寄存器的情况。如图 3-31 中，元件变为绿色代表该元件接通或者有效。用户可以对元件进行禁止、允许、恢复等操作，非调试人员建议不要使用这三个键。

- “禁止”功能键，将光标移到元件上，按下“禁止”功能键，即可以屏蔽该元件。在梯形图显示上该元件变成红色。
- “允许”功能键，将光标移到元件上，按下“允许”功能键，即可以激活该元件。在梯形图显示上该元件变成绿色。
- “恢复”功能键，将光标移到元件上，按下“恢复”功能键，即可以撤销上述屏蔽或激活元件的操作。

系统在默认情况下，系统显示的值以“十进制”表示（见图 3-32），用户可以按“十六进制”对应的功能键，系统显示的值将以“十六进制”表示（见图 3-33）。按下“返回”功能键，即返回到前一操作界面，进行其他操作。

急停
诊断
CH0
2012-08-25 11:19:29
R230.5
R225.1
R66.0
R64.0
轴选X
R232.1
R227.1
P32.1
R104.7
R105.4
诊断
禁止
允许
恢复
DEC
十进制
HEX
十六进制
返回

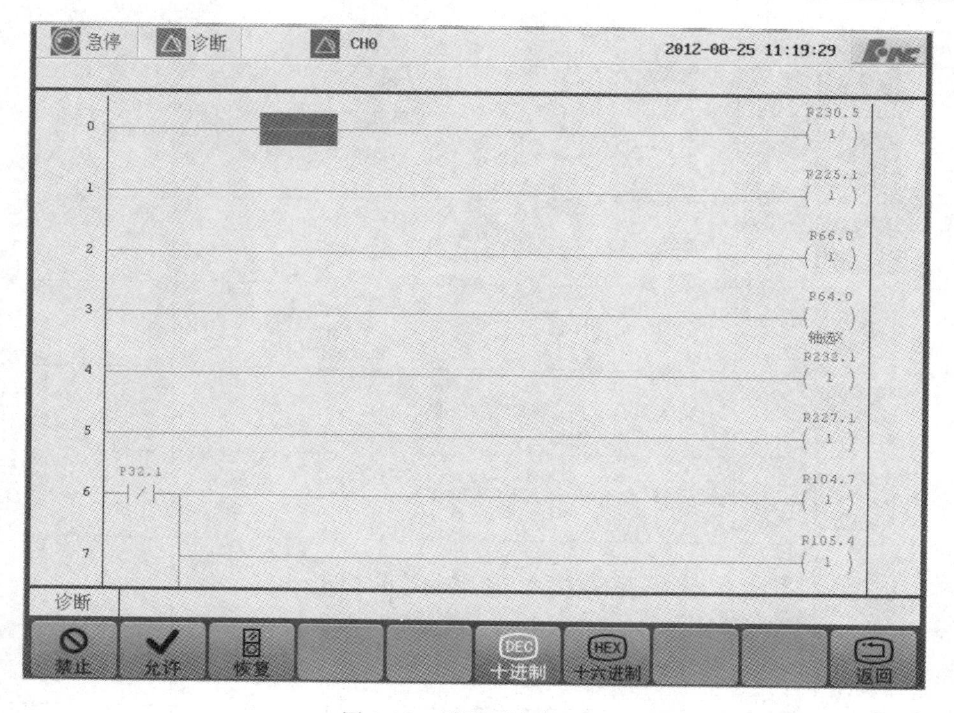

图 3-31　梯形图诊断界面

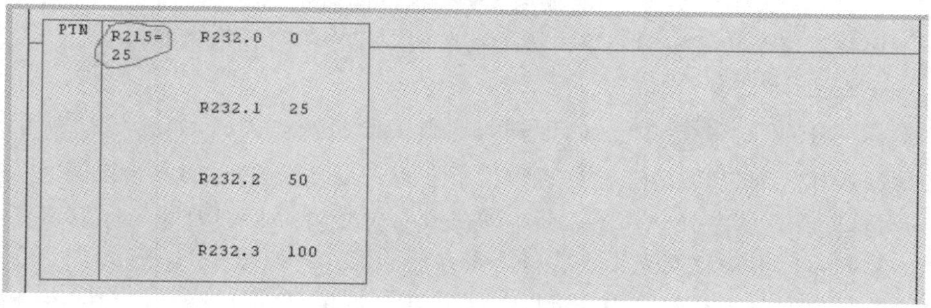

PTN
R215=
25
R232.0　0
R232.1　25
R232.2　50
R232.3　100

图 3-32　“十进制”显示界面

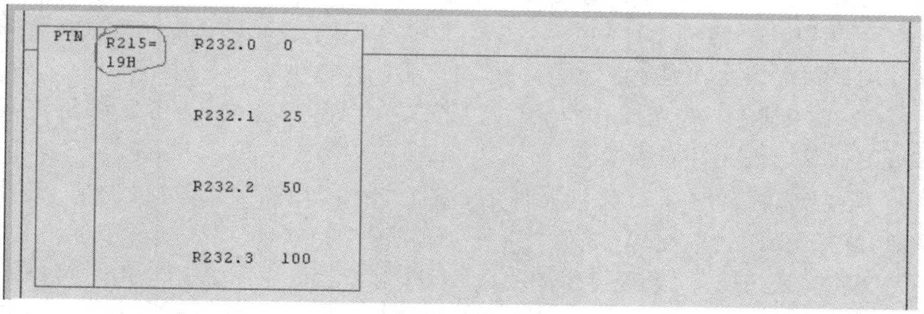

PTN
R215=
19H
R232.0　0
R232.1　25
R232.2　50
R232.3　100

图 3-33　“十六进制”显示界面

2. 查找与继续

按“查找”功能键后出现如图 3-34 所示的操作界面，可对元件进行查找。

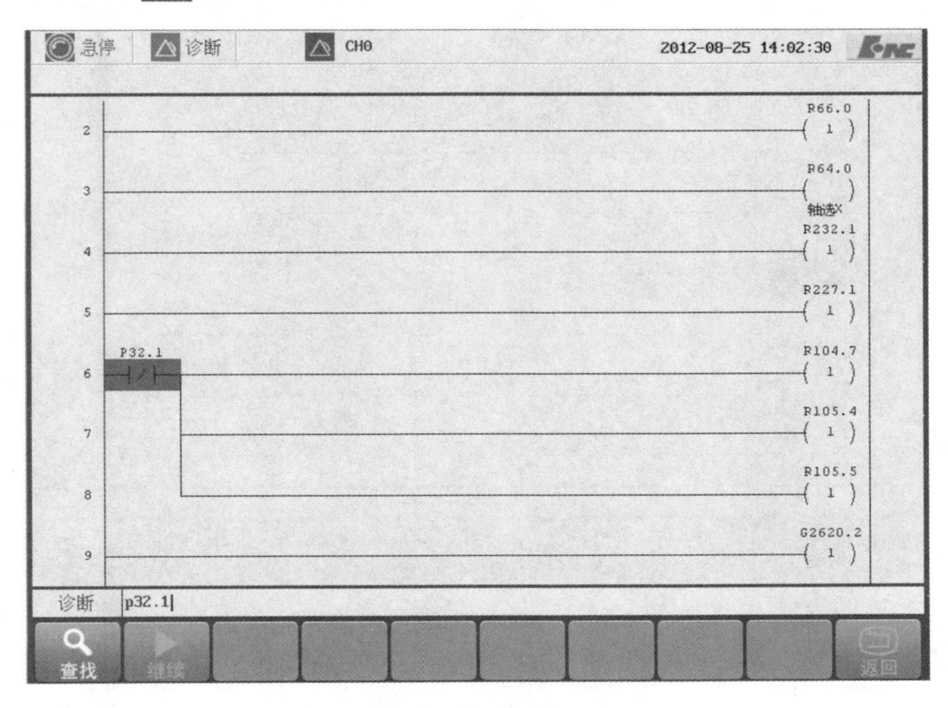

图 3-34　梯图查找界面

例如，输入 P32.1 按“Enter”键，就可查到光标行下程序中的首个 P32.1。如果程序中还存在 P32.1 按“继续”键可以查找下一个 P32.1。找到查找的寄存器后按“返回”键返回到梯形图监控界面就可以进行其他操作了。

3. 修改

用户可以按“修改”菜单进入第二级子菜单，如图 3-35 所示。

- “直线”功能键，可以在梯形图中插入了一条直线。
- “竖线”功能键，可以在光标后插入了一条竖线。
- “删除竖线”功能键，可以删除光标后的竖线。
- “删除元件”功能键，可以删除梯形图中光标所在的元件。
- “常开”功能键，可以在梯形图中光标指定的位置插入常开触点。
- “常闭”功能键，可以在梯形图中光标指定的位置插入常闭触点。
- “逻辑输出”功能键，可以在梯形图中指定的位置插入逻辑输出线圈。
- “取反输出”功能键，可以在梯形图中指定的位置插入取反输出线圈。
- “功能模块”键，按此键可进入如图 3-36 所示的操作界面，选择需要的功能模块。

然后按“Enter”键即可在梯形图中输入所选功能模块，用户可以按元件的首写字

急停
诊断
CH0
2012-08-25 14:32:26
2
R66.0
1
3
R64.0
轴选X
4
R232.1
1
5
R227.1
1
6
P32.1
R104.7
1
7
R105.4
1
8
R105.5
1
9
G2620.2
1
诊断
直线
竖线
删除竖线
删除元件
常开
常闭
逻辑输出
取反输出
功能模块
返回

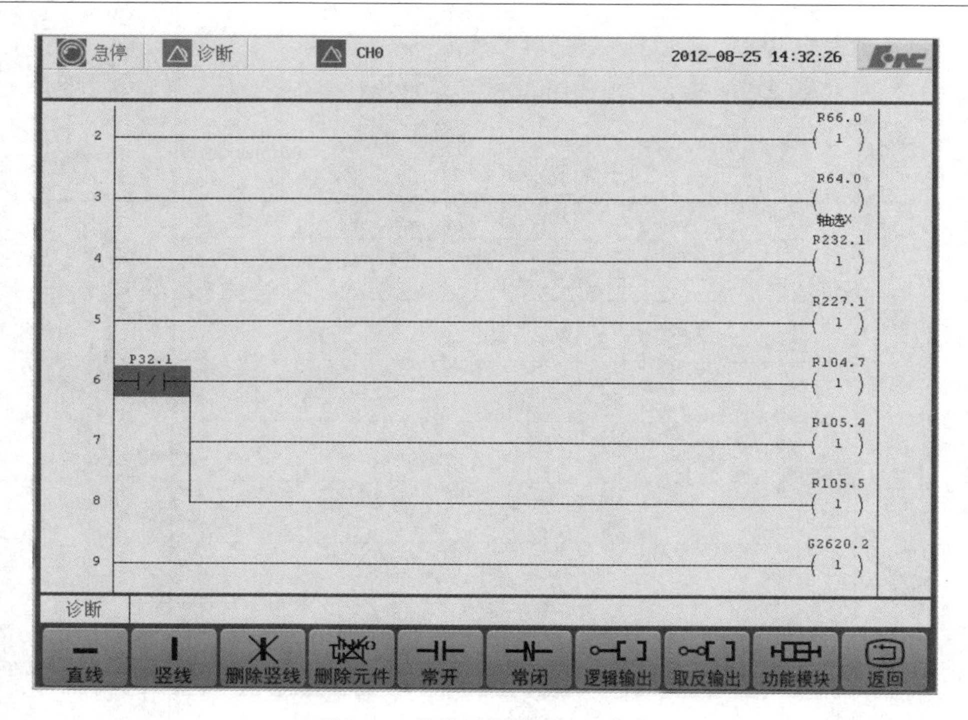

图 3-35　梯形图修改第二级菜单

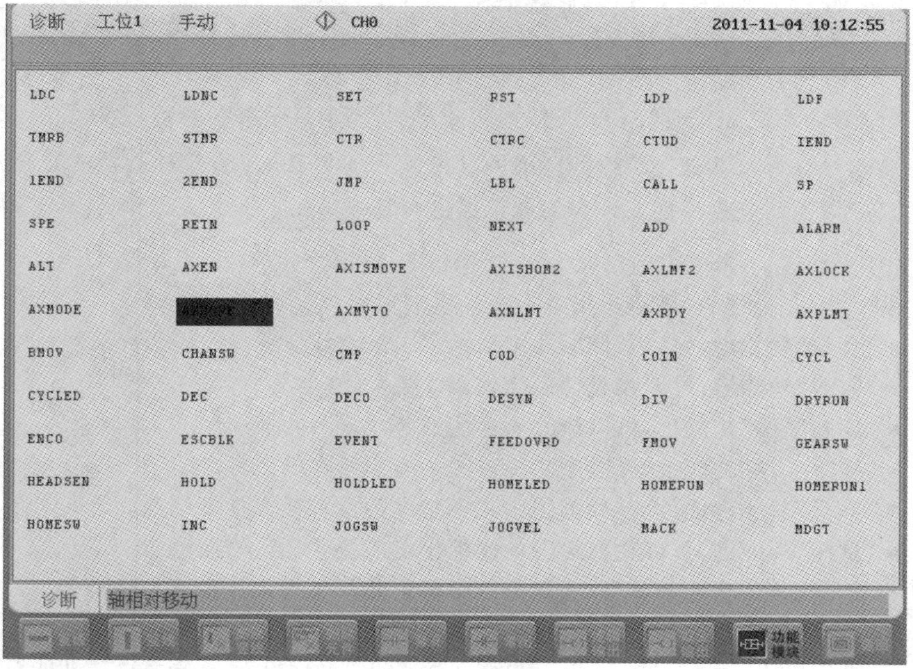

诊断　工位1　手动
CH0
2011-11-04 10:12:55
LDC LDNC SET RST LDP LDF
TMRB STMR CTR CTRC CTUD IEND
1END 2END JMP LBL CALL SP
SPE RETN LOOP NEXT ADD ALARM
ALT AXEN AXISMOVE AXISHOM2 AXLMF2 AXLOCK
AXMODE AXMVTO AXNLMT AXRDY AXPLMT
BMOV CHANSW CMP COD COIN CYCL
CYCLED DEC DECO DESYN DIV DRYRUN
ENCO ESCBLK EVENT FEEDOVRD FMOV GEARSW
HEADSEN HOLD HOLDLED HOMELED HOMERUN HOMERUN1
HOMESW INC JOGSW JOGVEL MACK MDGT
诊断
轴相对移动
功能模块

图 3-36　功能模块

母，可直接选择元件。再次按下“功能模块”键时即可返回到修改操作界面。

- “返回”功能键，即返回上级操作界面，进行其他操作。

4. 命令

梯形图命令二级菜单如图 3-37 所示，用户可以通过按以下按键，进行编辑梯形图，命令指的是用户常用的一些操作命令，如选择行、删除、复制、粘贴等文本编辑所需要的命令。

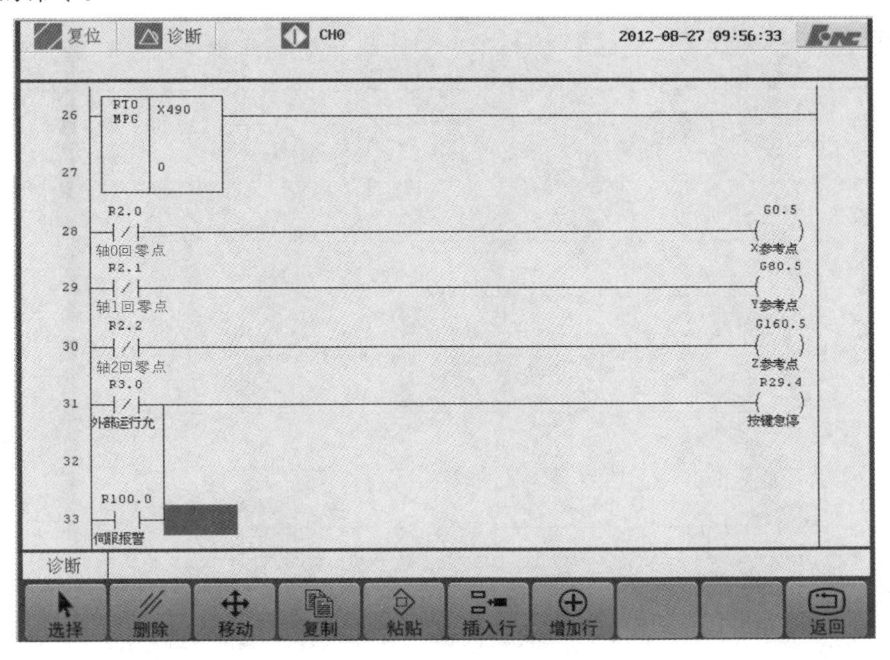

图 3-37 梯形图命令二级菜单

- “选择”功能键　按下“选择”功能键，所选择的行变为蓝色，再次按下“选择”功能键，将选择当前行的下一行。选择所选的行可以进行删除、移动、复制等后续操作。
- “删除”功能键　用“选择”功能键选择需要删除的行（删除多行），或将光标移向需要删除的行（删除单行），选择该行，颜色变成蓝色，然后按“删除”功能键即可删除所选行。
- “移动”功能键　首先将光标移到需要移动的行，按“选择”功能键，该行变为蓝色，这里移动行的意思相当于剪切功能。然后按“移动”功能键，所选的行消失；将光标移到目标行，按“粘贴”功能键，即可以移动到目标行。
- “复制”功能键　将光标移到需要复制的行所在的位置，按“选择”功能键后，再按“复制”功能键。然后将光标移到目标行，按“粘贴”功能键即完成复制功能。
- “粘贴”功能键　将移动或复制的行，粘贴到目标行。
- “插入行”功能键　将光标移到需要插入行的下一行，按“插入行”功能键，即可以插入行。需要注意的是，插入行一般是插入光标所在行的上方。

● “增加行”功能键　增加行与插入行相反的是，增加的行是加在光标所在位置的下方，即在光标所在的行下方增加一行。

● “返回”功能键　返回上级操作界面，进行其他操作。

5. 载入

梯形图编写完成，经过核对无误后，按下“载入”功能键，系统即载入当前梯形图，如图 3-38 所示。

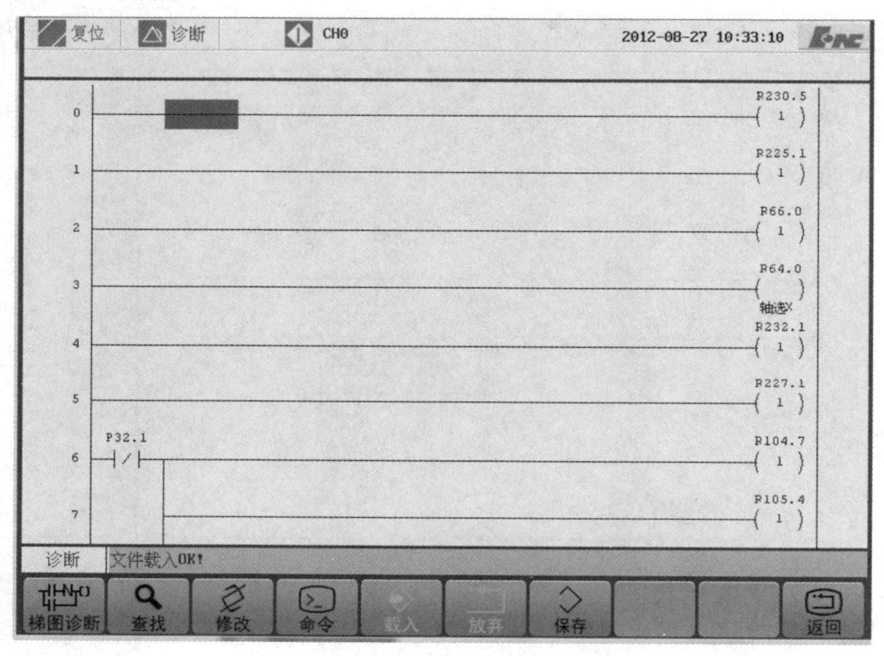

图 3-38　梯形图载入界面

出现“文件载入 OK”即载入成功。

6. 放弃

编辑梯形图后如果需要重新编辑或编辑错误了，可以按“放弃”功能键（见图 3-39），就可以撤销对梯形图的编辑操作。

需要注意的是“放弃”功能键放弃的内容是从你开始修改一直到放弃这之间所有的内容。

7. 保存

载入梯形图后，按“保存”功能键（见图 3-40），可保存对梯形图的编辑操作。

出现“文件保存 OK”即保存成功。如果没有进行此操作，则下次开机时，修改的梯形图就不复存在了。

8. 返回

按下“返回”功能键，即返回到诊断操作界面。

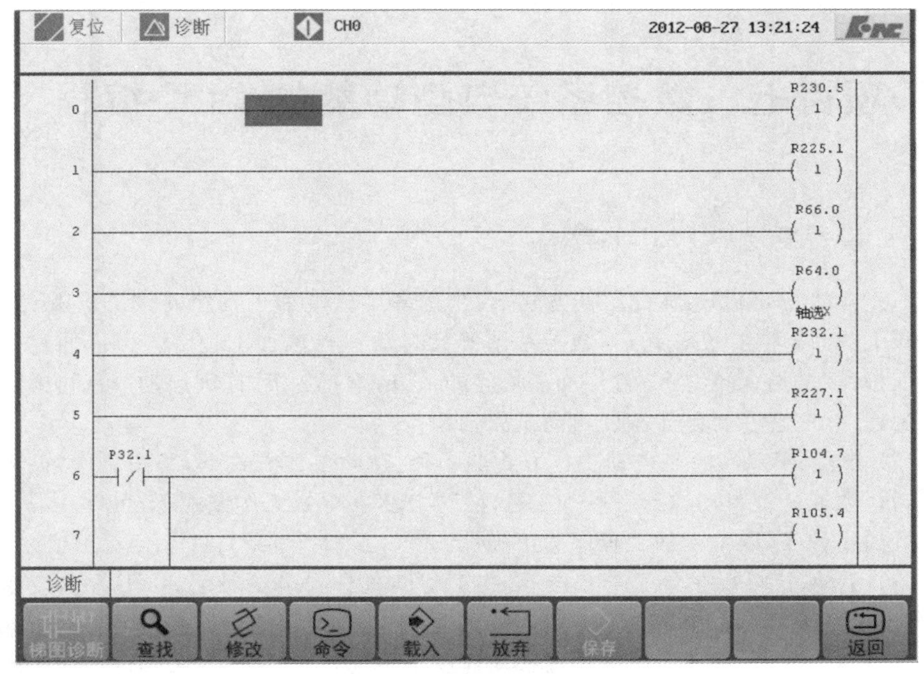

图 3-39　梯形图放弃界面

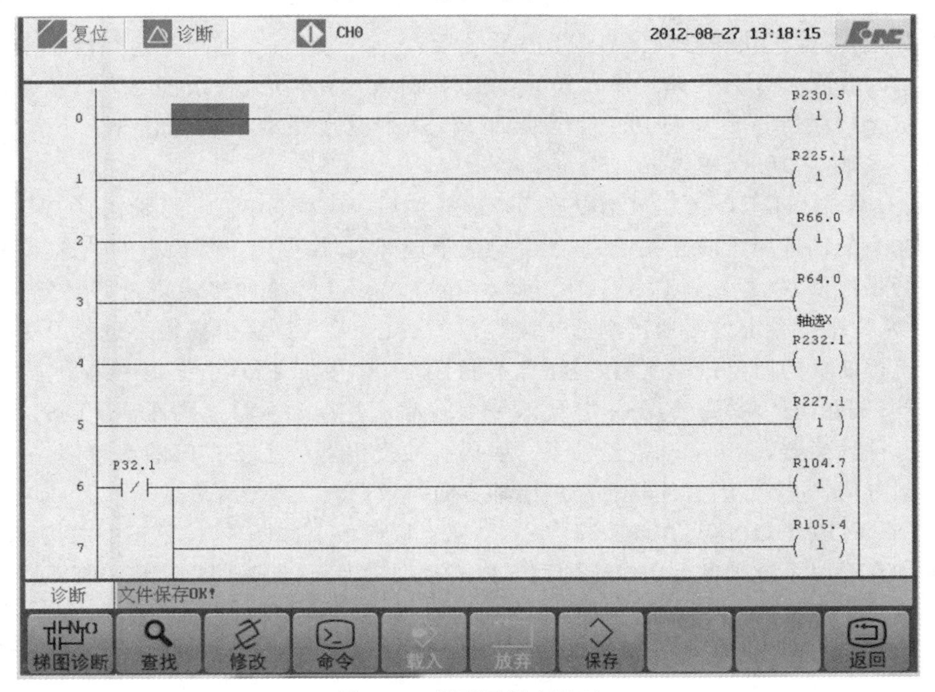

图 3-40　梯形图保存界面

项目七 数控系统典型功能的PLC编程

一、模式设定的PLC编程

(1) 自动(AUTO):在此工作方式下,当选择了指定加工程序并按下了MCP工程面板上的"循环启动"按钮后,数控系统开始自动运行该加工程序。可以通过按下工程面板的"进给保持"按钮暂停加工程序的执行,重新按下"循环启动"按钮,继续执行加工程序(注意在暂停后不要移动机床轴)。

(2) 单段(SBK):它是自动工作方式的一种,在此工作方式下,每按一次"循环启动"按钮,数控系统自动执行一段加工程序。因此,在单段工作方式下,可以一段一段地执行加工程序,以检查加工程序的正确性。

(3) 手动(JOG):在此工作方式下,在工程面板选择进给轴后,按下方向按钮不松手,该进给轴将沿着所选择的方向连续移动(手动进给轴的方向必须与自动时该轴的正负方向一致)。手动进给的最大移动速度由系统轴参数设定,实际进给速度通过进给修调倍率波段开关调节。同时按下快移按钮,该轴将快速移动,快移速度由系统轴参数设定,通过快移修调倍率调节快移速度。

(4) 增量(INC):在此工作方式下,在工程面板选择轴后,每按一下方向按钮,进给轴都会按照所选方向移动一个设定距离,这个设定距离由增量倍率按钮(×1、×10、×100、×1000,单位μm)决定。

(5) 手摇(HND):在此工作方式下,选择轴后(有两种方法进行轴选择:一是用手持盒上的轴选择波段开关;二是无手持盒轴选开关时,可用工程面板的轴选复用),再进行手摇倍率(×1、×10、×100,单位μm)选择(也有两种方法进行手摇倍率选择:一是用手持盒上的手摇倍率选择波段开关;二是无手持盒手摇倍率选择开关时,可用工程面板的增量倍率复用,但注意不能有×1000这一挡),手摇倍率是手摇脉冲发生器(又称为手轮)每转动一格(代即一个脉冲),进给轴所移动的距离。通过旋转手摇脉冲发生器,就可移动进给轴了。手摇脉冲发生器的正反方向的旋转即进给轴的移动方向,这个方向必须与手动进给轴方向一致。

(6) 回零(HOME):在此工作方式下,在工程面板上选择后,按下正方向按钮,则进给轴自动以系统轴参数中设定的回零模式返回参考点,同时建立机床坐标系。

HNC-8系列数控系统进行模式选择的按钮如图3-41所示。

图3-42即为HNC-8系列数控系统中所使用的模式切换梯形图。采用F/G寄存器编程方式。

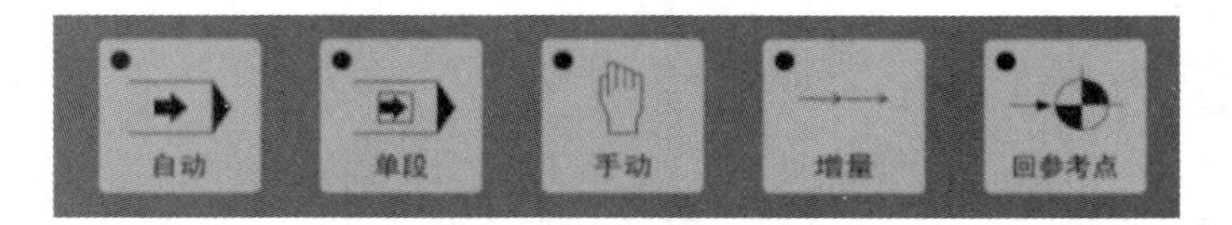

图 3-41　HNC-8 系列数控系统模式选择按钮

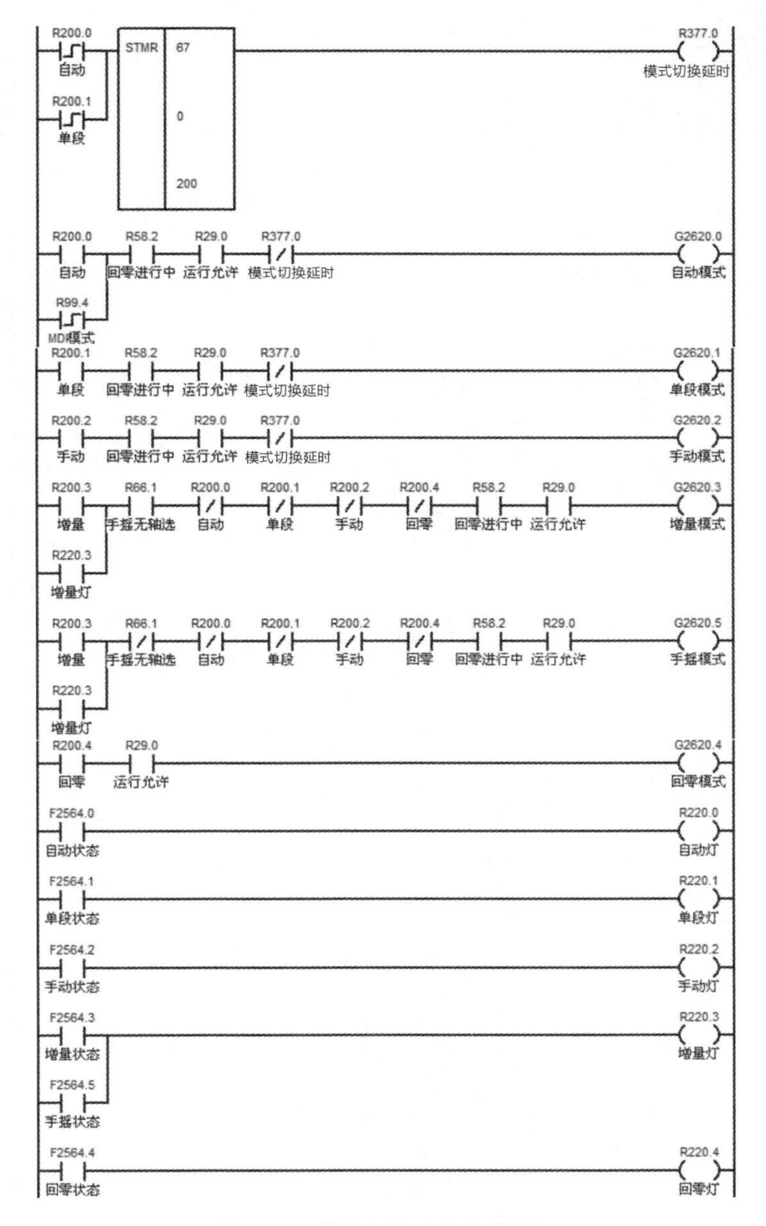

图 3-42　模式切换及点亮模式灯

二、进给修调的 PLC 编程

通过进给系统波段开关（见图 3-43），既可以修调进给程序运行时的进给速度，也可以选择手动方式时进给轴的移动速度。

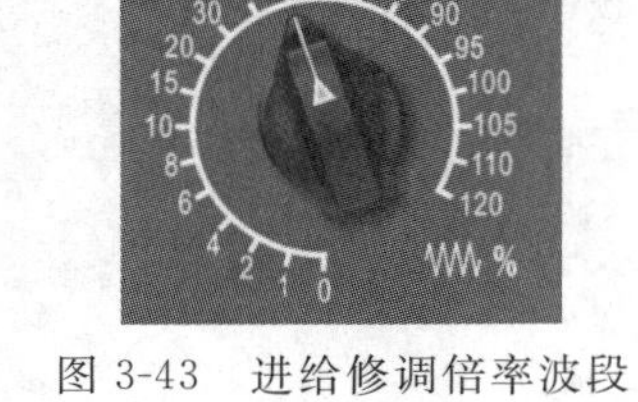

图 3-43　进给修调倍率波段开关及挡位

HNC-8 系列数控系统是将进给修调的挡位百分数值保存在用户参数 P8 开始的 21 个 P 参数（单位是%）之中，在梯形图中是使用 COD 功能模块根据波段开关的 I/O输入挡位编码状态进行转换的。进给修调的 PLC 梯形图如图 3-44 所示，其中 COD 功能模块的说明如图 3-45 所示。

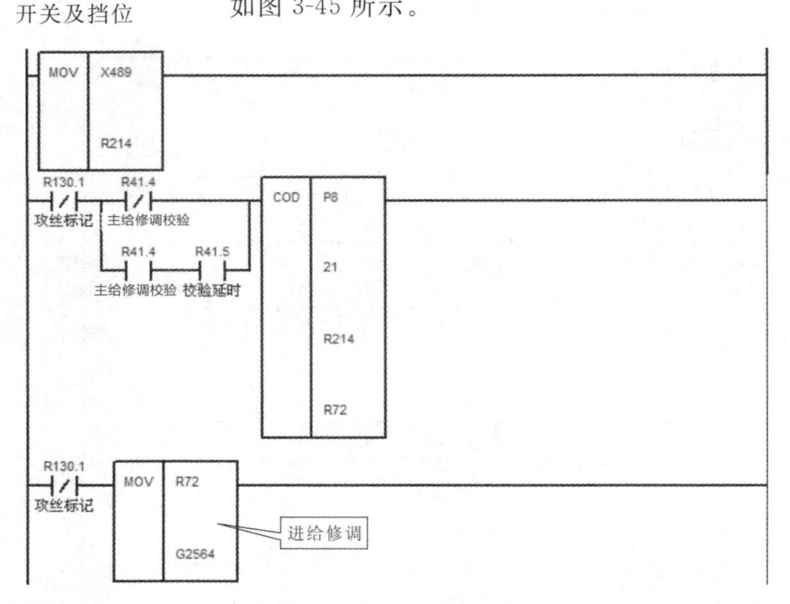

图 3-44　进给修调梯形图

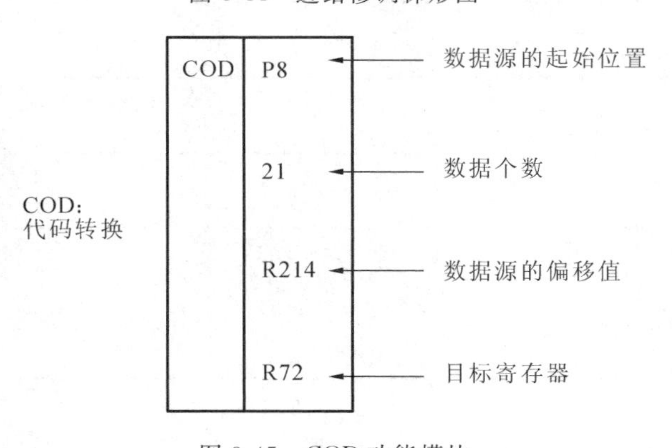

图 3-45　COD 功能模块

说明:根据 R214 寄存器的状态将从用户参数 P8 开始的 21 个数据中所对应该状态的那个数据从 P 参数中取出,送到 R72 寄存器中。

三、增量倍率/快移修调的 PLC 编程

增量倍率与快移修调是复用按钮,如图 3-46 所示。

增量倍率为×1、×10、×100、×1000 四挡;而快移修调为 F0、25%、50%、100% 四挡。在增量倍率梯形图(见图 3-49)中采用编码方式传递给 G 寄存器。

梯形图采用 PTN 功能模块进行快移修调的点数转换,如图 3-47 所示。增量倍率/快移修调复用按钮,如图 3-48 所示。快移修调梯形图,如图 3-50 所示。

×1
F0
×10
25%
×100
50%
×1000
100%

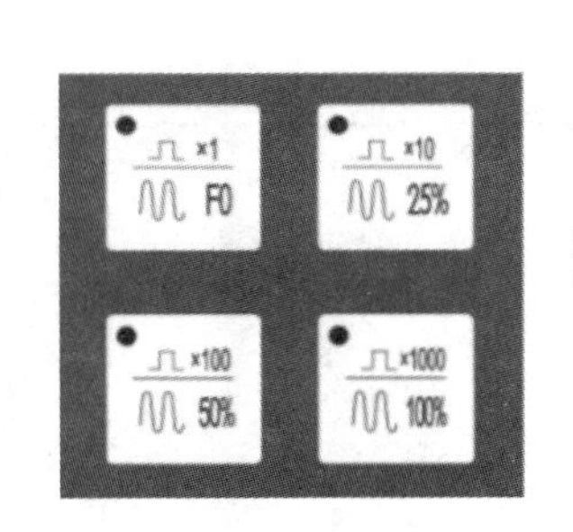

图 3-46　增量倍率/快移修调

目标寄存器
PTN: 根据I/O点传递多个数
PTN
w0
R232.0 1
R232.1 10
R232.2 100
R232.3 1000
条件1
条件2
条件3
条件4
源数据1
源数据2
源数据3
源数据4

图 3-47　功能模块 PTN

R212.0 x1
R212.1 x10
R212.2 x100
R212.3 x1000
R232.0 x1灯
R232.0 x1灯
R232.1 x10灯
R232.2 x100灯
R232.3 x1000灯
R212.1 x10
R212.0 x1
R212.2 x100
R212.3 x1000
R232.1 x10灯
R232.1 x10灯
R232.0 x1灯
R232.2 x100灯
R232.3 x1000灯
R212.2 x100
R212.0 x1
R212.1 x10
R212.3 x1000
R232.2 x100灯
R232.2 x100灯
R232.0 x1灯
R232.1 x10灯
R232.3 x1000灯
R212.3 x1000
R212.0 x1
R212.1 x10
R212.2 x100
R232.3 x1000灯
R232.3 x1000灯
R232.0 x1灯
R232.1 x10灯
R232.2 x100灯

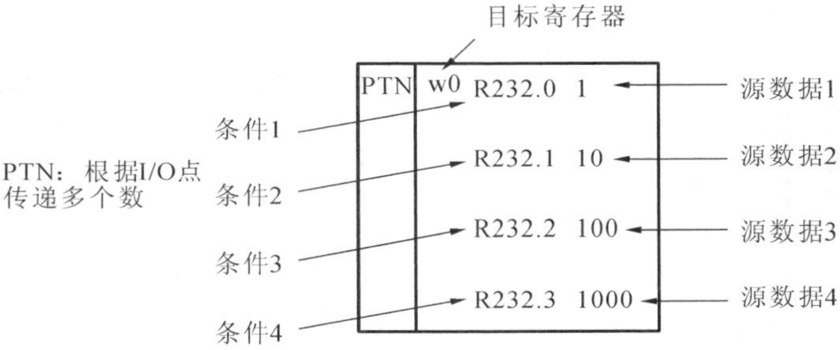

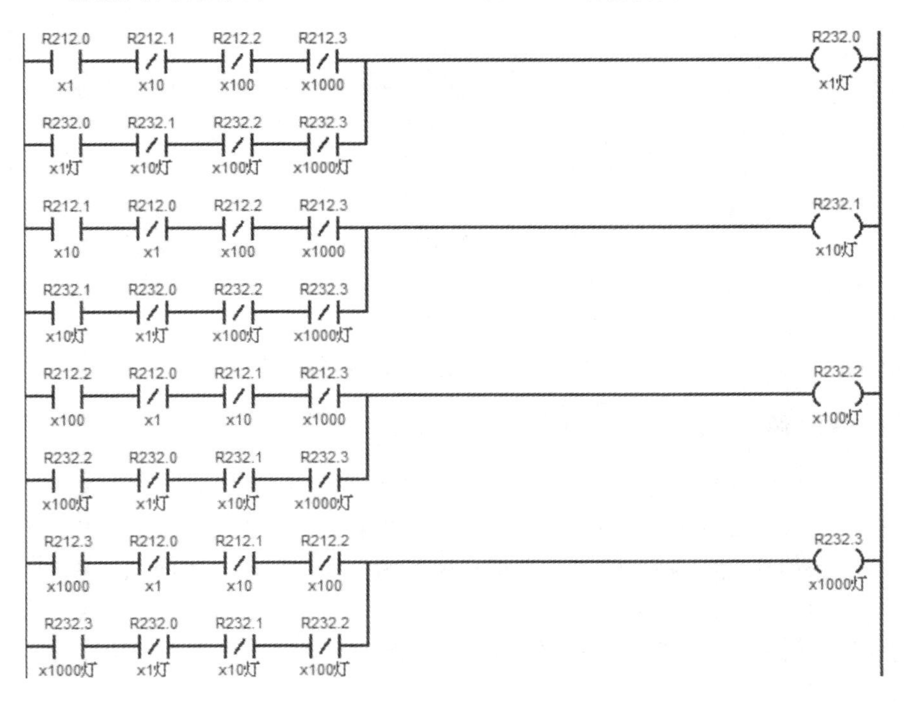

图 3-48　增量倍率/快移修调复用按钮

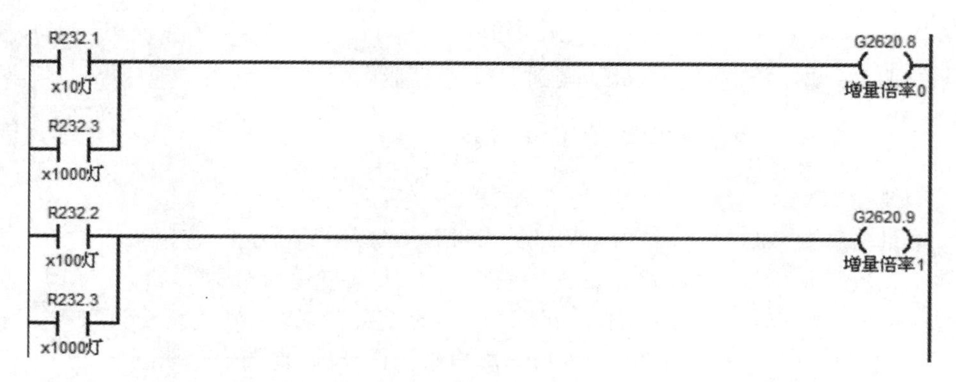

图 3-49　增量倍率梯形图

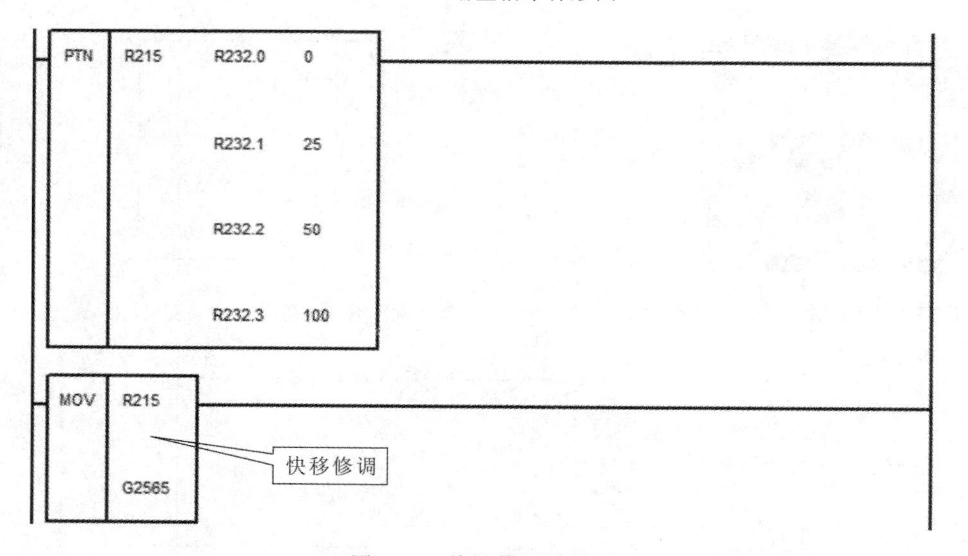

图 3-50　快移修调梯形图

说明：图 3-47 中，R232.0 有效，1 送到 W0；R232.1 有效，10 送到 W0；R232.2 有效，100 送到 W0；R232.3 有效，1000 送到 W0。

由于 4 个按钮复用，故图 3-48 是增量倍率/快移修调共用的。

四、主轴修调的 PLC 编程

HNC-8 系列数控系统是将主轴修调（见图 3-51）的挡位百分数值保存在用户参数 P0 开始的 8 个 P 参数（以百分数表示）之中，在梯形图中是使用 COD 功能模块根据波段开关的 I/O 输入挡位编码状态进行转换的。功能模块的说明如图 3-52 所示，主轴修调梯形图如图 3-53 所示。

说明：根据 R213 的状态将从用户参数 P0 开始的 8 个数据中的对应状态的那个数据从 P 参数中取出，送到 R71 中。

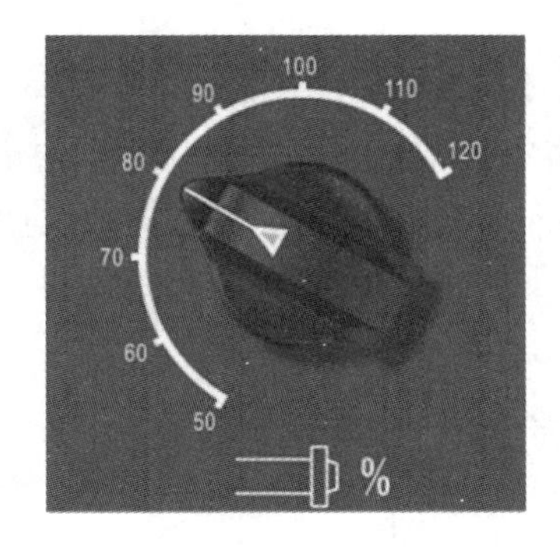

图 3-51　主轴修调波段开关及挡位

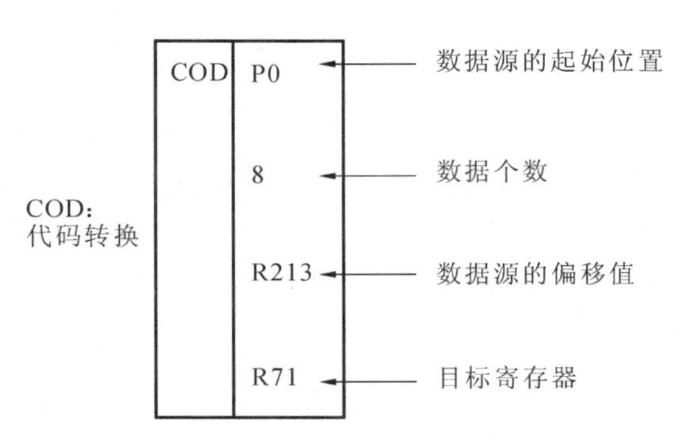

图 3-52　功能模块 COD

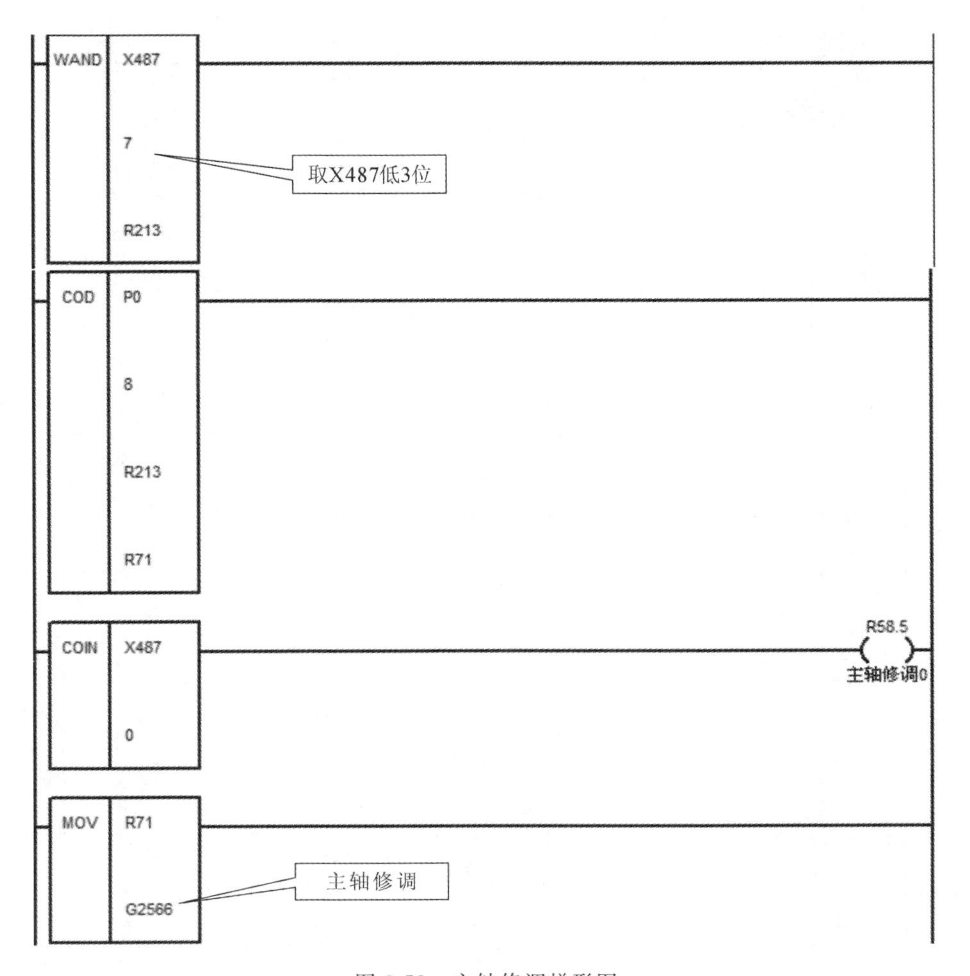

图 3-53　主轴修调梯形图

五、手摇的 PLC 编程

此模块在梯形图的 PLC1 中必须编写，否则手轮的脉冲就不能进入系统，旋转手轮系统将无反应。手持操作盒如图 3-54 所示，梯形图中使用的手摇模块的说明如图 3-55 所示，手摇模块设定梯形图如图 3-56 所示，手持盒手摇轴选梯形图如图 3-57 所示，手持盒手摇倍率梯形图如图 3-58 所示。

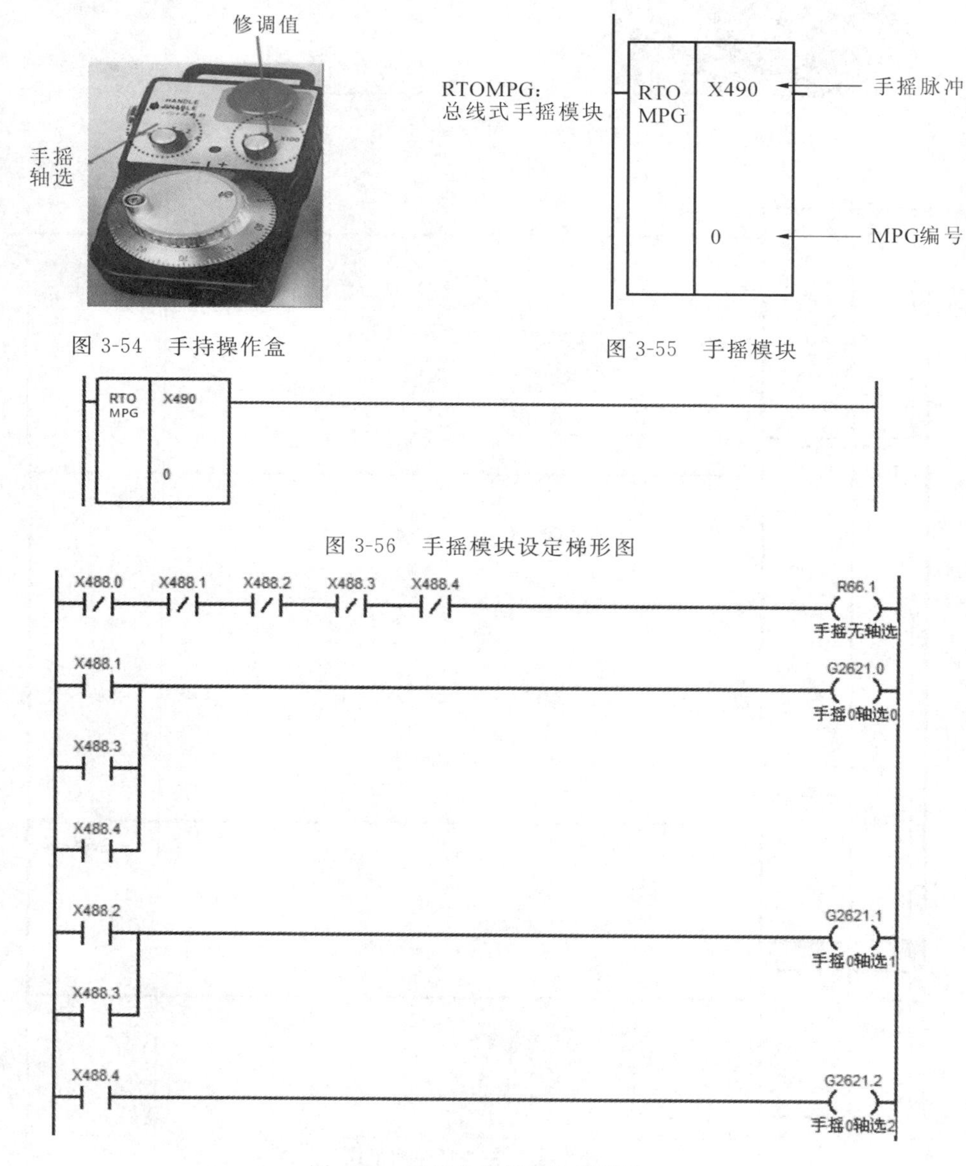

图 3-54　手持操作盒

图 3-55　手摇模块

图 3-56　手摇模块设定梯形图

图 3-57　手持盒手摇轴选梯形图

手持盒的轴选在梯形图中是以编码方式传递给 G 寄存器的。

同样，手持盒手摇倍率在梯形图中也是以编码方式传递给 G 寄存器的。

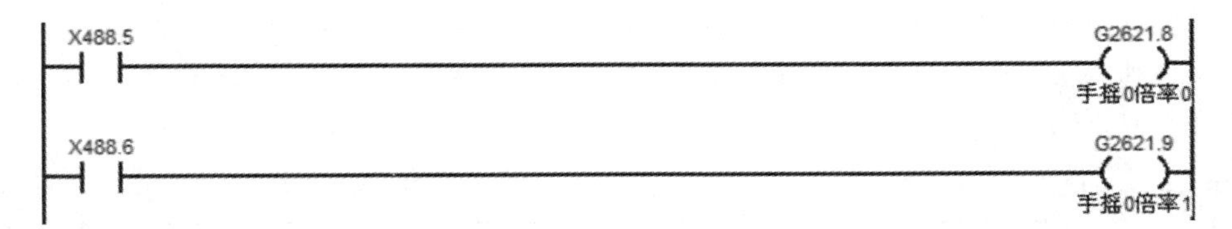

图 3-58　手持盒手摇倍率梯形图

六、急停的 PLC 编程

数控系统急停按钮如图 3-59 所示，急停处理梯形图如图 3-60 所示。

图 3-59　急停

数控系统急停信号是通过 HIO-1000 的 I/O 输入板进入系统的。如果有手持盒，则手持盒也有一个急停，这个信号不通过 HIO-1000 的 I/O 输入板，而是直接从 XS8 接口进入系统的，其地址为 X488.7。

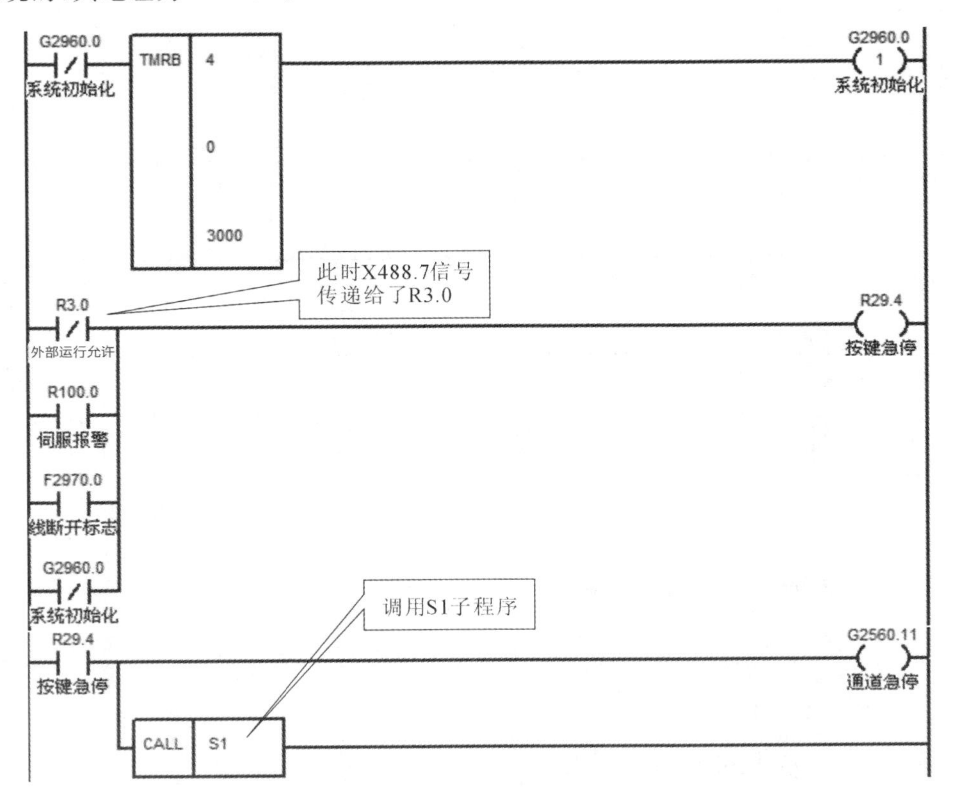

图 3-60　急停处理梯形图

七、复位的 PLC 编程

复位是由复位键或者在急停按钮弹起以后触发的。而复位键触发的只对系统中的数据和状态进行重置，而不会切断各伺服电动机的使能。复位处理梯形图如图 3-61 所示。

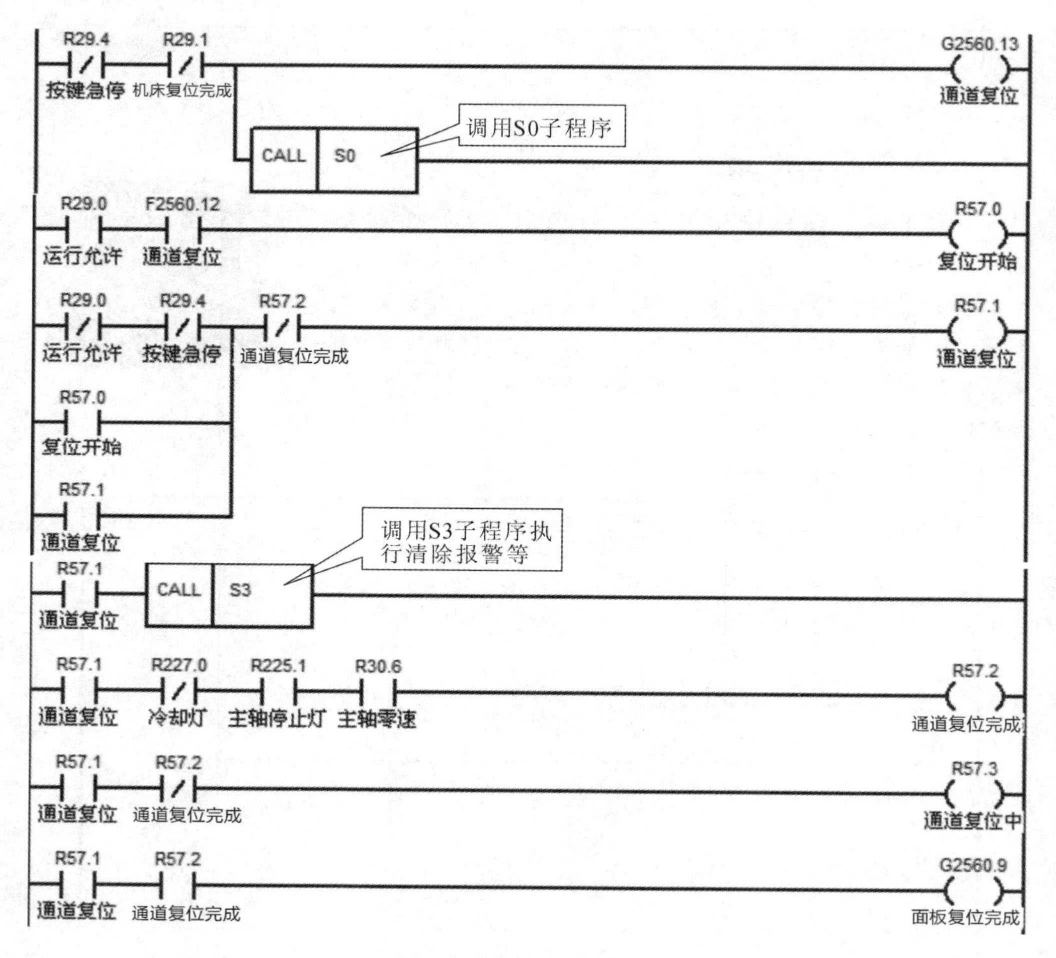

图 3-61　复位处理梯形图

八、手动轴选择的 PLC 编程

进给轴及其方向选择按钮如图 3-62 所示，手动轴选处理梯形图如图 3-63 所示。

九、轴使能的 PLC 编程

HNC-8 系列数控系统具有两种使能：一是轴使能（见图 3-64），它是 PLC 通知系统该轴可以使用了；二是伺服使能（见图 3-65），是 PLC 通知系统通过总线使各总线

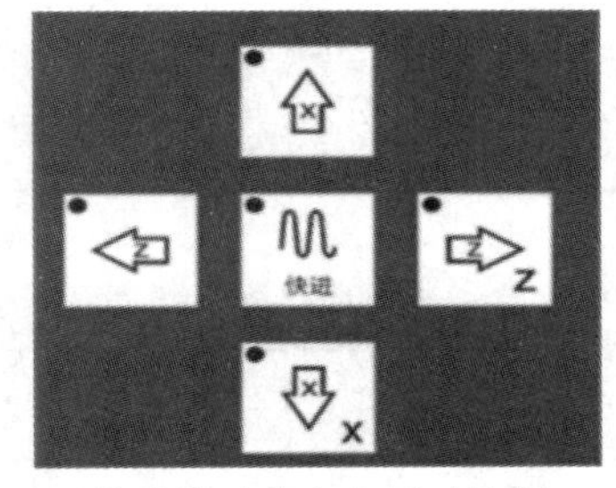

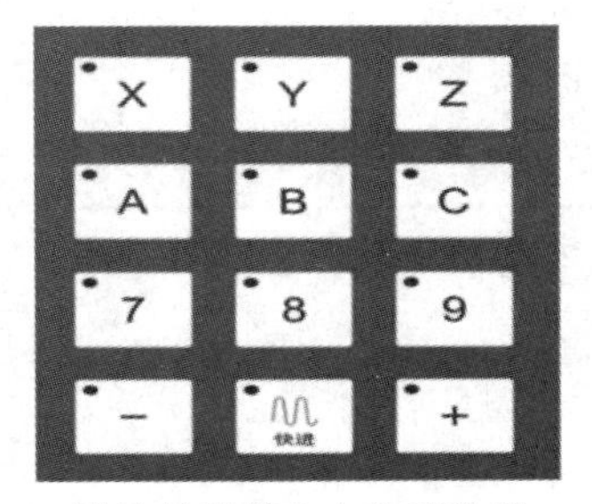

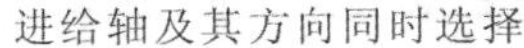

进给轴及其方向同时选择　　　进给轴及其方向分开选择

图 3-62　进给轴及其方向选择

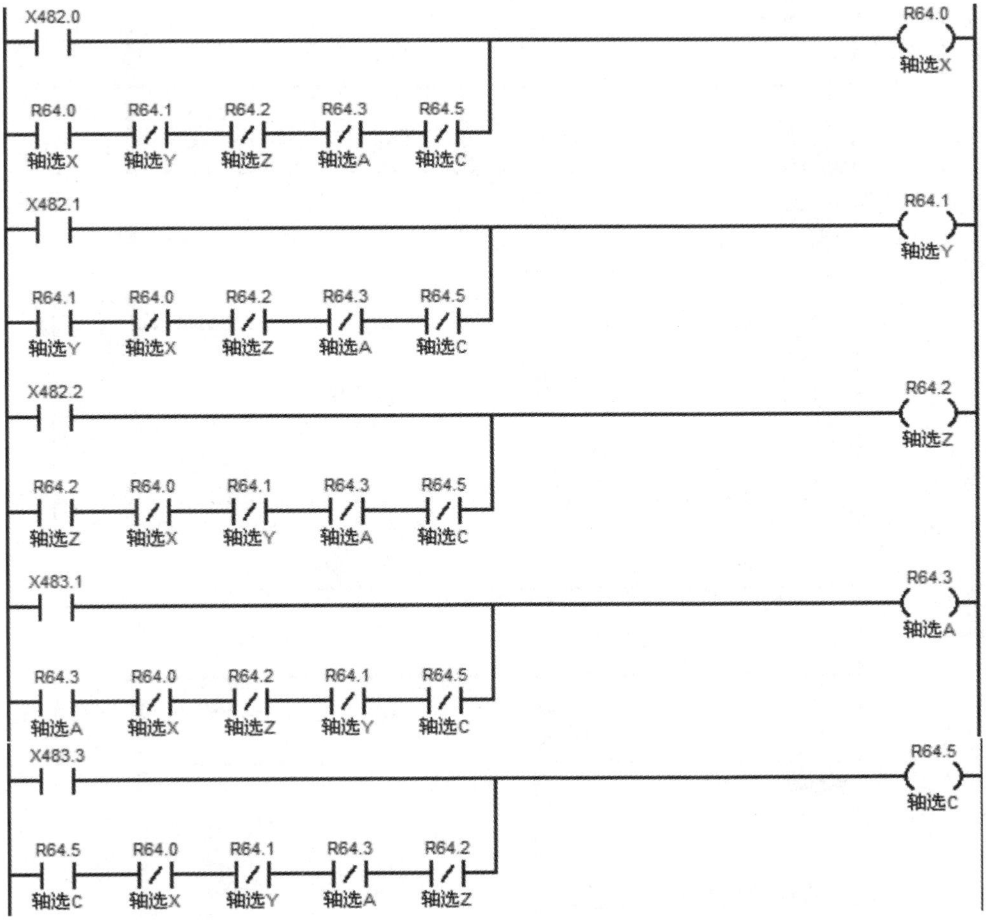

图 3-63　手动轴选处理梯形图

伺服驱动进行使能。

这两种使能缺一不可。如缺轴使能，则对应轴通过系统不能操纵；如缺伺服使能，则相应总线伺服驱动不能使能，系统不能检测到对应驱动准备好信号，从而系统不能复位完成。

图 3-64　轴使能梯形图

图 3-65　轴伺服使能梯形图

十、进给轴移动的 PLC 编程

HNC-8 系列数控系统进给轴的移动，都是以逻辑轴号来控制的。进给轴移动梯形图如图 3-66 所示，进给轴快移处理梯形图如图 3-67 所示。

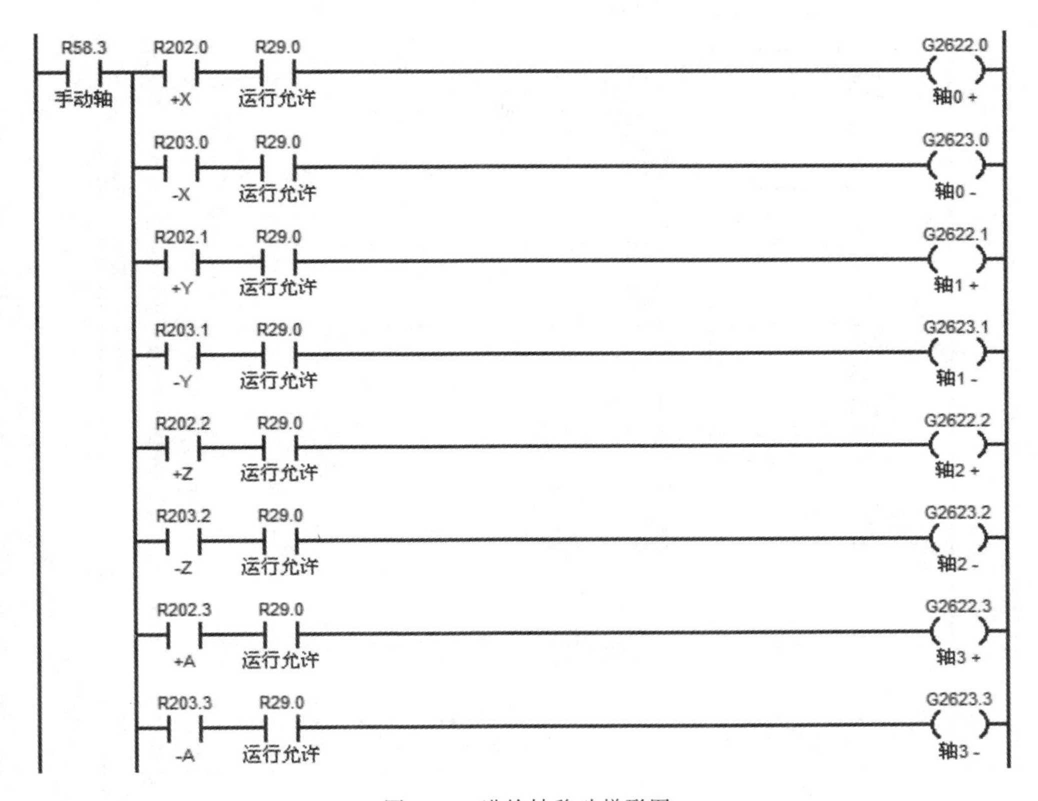

图 3-66　进给轴移动梯形图

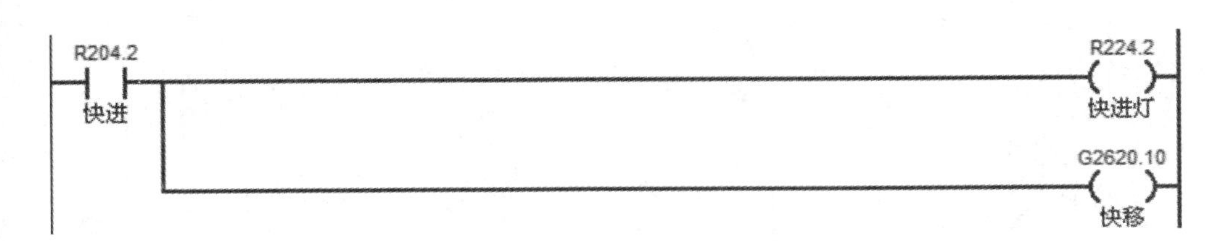

图 3-67　进给轴快移处理梯形图

十一、主轴控制的 PLC 编程

HNC-8 系列数控系统将主轴也设定有逻辑轴号，主轴的控制是以逻辑轴号来进行控制的。主轴除了手动/自动正转、反转、停止(梯形图见图 3-68)外，还有主轴定向、主轴位置控制方式(梯形图见图 3-69)等，同时还要考虑松/紧刀等。

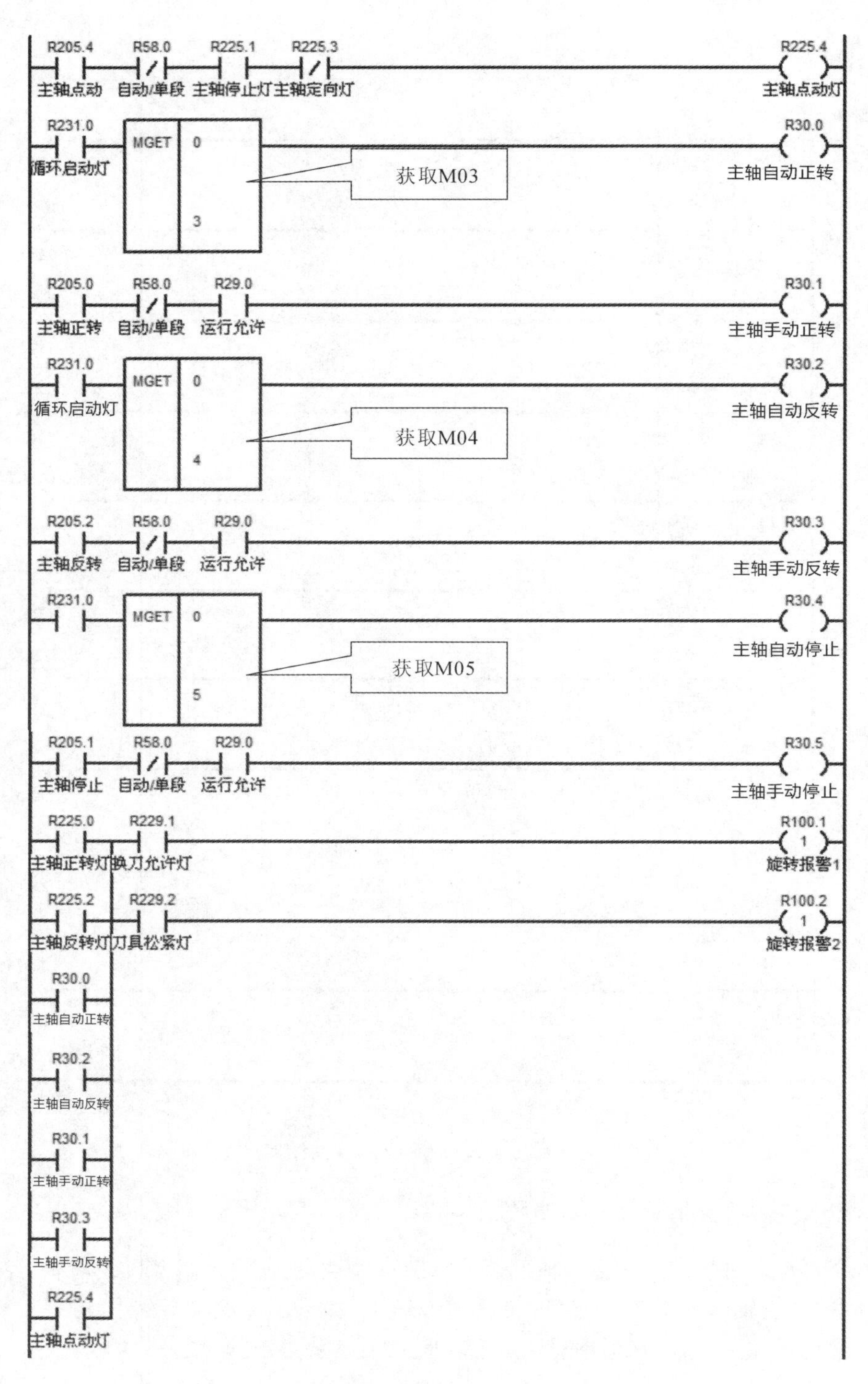

图 3-68　主轴手动/自动正转、反转、停止梯形图

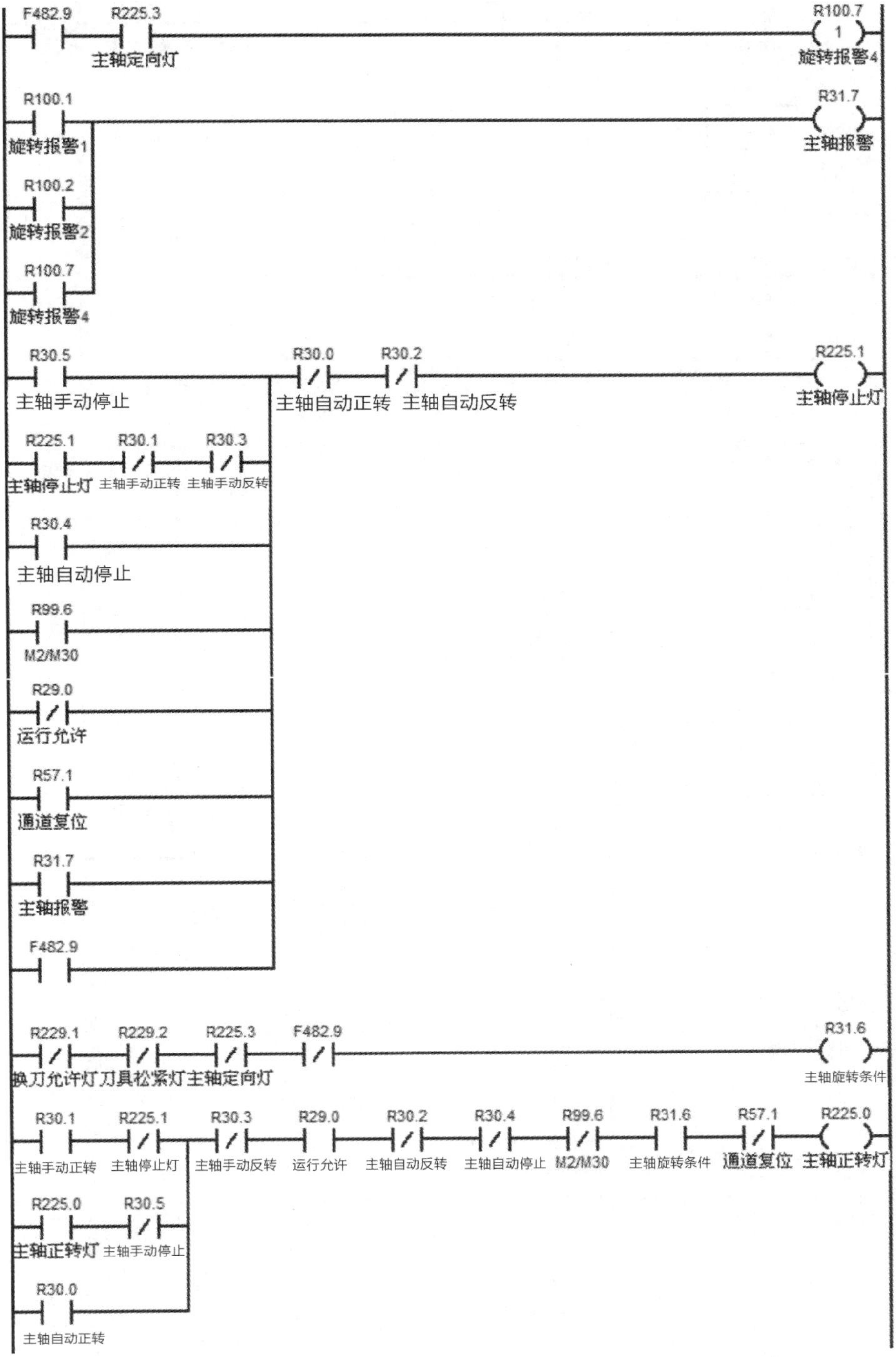

F482.9 R225.3 主轴定向灯 R100.7 1 旋转报警4

R100.1 旋转报警1 R31.7 主轴报警
R100.2 旋转报警2
R100.7 旋转报警4

R30.5 主轴手动停止 R30.0 主轴自动正转 R30.2 主轴自动反转 R225.1 主轴停止灯
R225.1 主轴停止灯 R30.1 主轴手动正转 R30.3 主轴手动反转
R30.4 主轴自动停止
R99.6 M2/M30
R29.0 运行允许
R57.1 通道复位
R31.7 主轴报警
F482.9

R229.1 换刀允许灯 R229.2 刀具松紧灯 R225.3 主轴定向灯 F482.9 R31.6 主轴旋转条件

R30.1 主轴手动正转 R225.1 主轴停止灯 R30.3 主轴手动反转 R29.0 运行允许 R30.2 主轴自动反转 R30.4 主轴自动停止 R99.6 M2/M30 R31.6 主轴旋转条件 R57.1 通道复位 R225.0 主轴正转灯
R225.0 主轴正转灯 R30.5 主轴手动停止
R30.0 主轴自动正转

续图 3-68

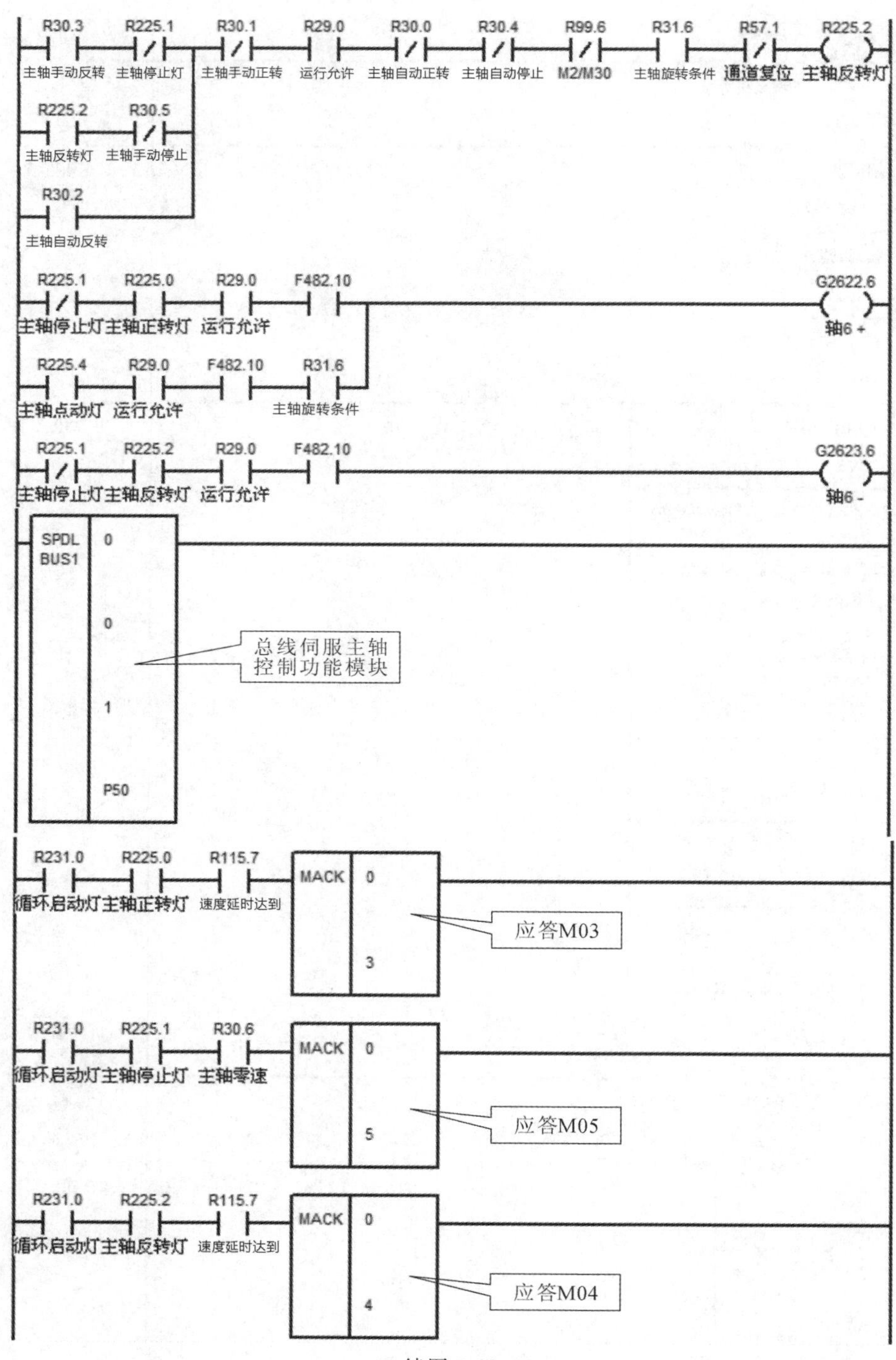
R30.3
R225.1
R30.1
R29.0
R30.0
R30.4
R99.6
R31.6
R57.1
R225.2
主轴手动反转
主轴停止灯
主轴手动正转
运行允许
主轴自动正转
主轴自动停止
M2/M30
主轴旋转条件
通道复位
主轴反转灯
R225.2
R30.5
主轴反转灯
主轴手动停止
R30.2
主轴自动反转
R225.1
R225.0
R29.0
F482.10
G2622.6
主轴停止灯
主轴正转灯
运行允许
轴6 +
R225.4
R29.0
F482.10
R31.6
主轴点动灯
运行允许
主轴旋转条件
R225.1
R225.2
R29.0
F482.10
G2623.6
主轴停止灯
主轴反转灯
运行允许
轴6 -
SPDL
BUS1
0
0
1
P50
总线伺服主轴
控制功能模块
R231.0
R225.0
R115.7
MACK
0
3
循环启动灯
主轴正转灯
速度延时达到
应答M03
R231.0
R225.1
R30.6
MACK
0
5
循环启动灯
主轴停止灯
主轴零速
应答M05
R231.0
R225.2
R115.7
MACK
0
4
循环启动灯
主轴反转灯
速度延时达到
应答M04

续图 3-68

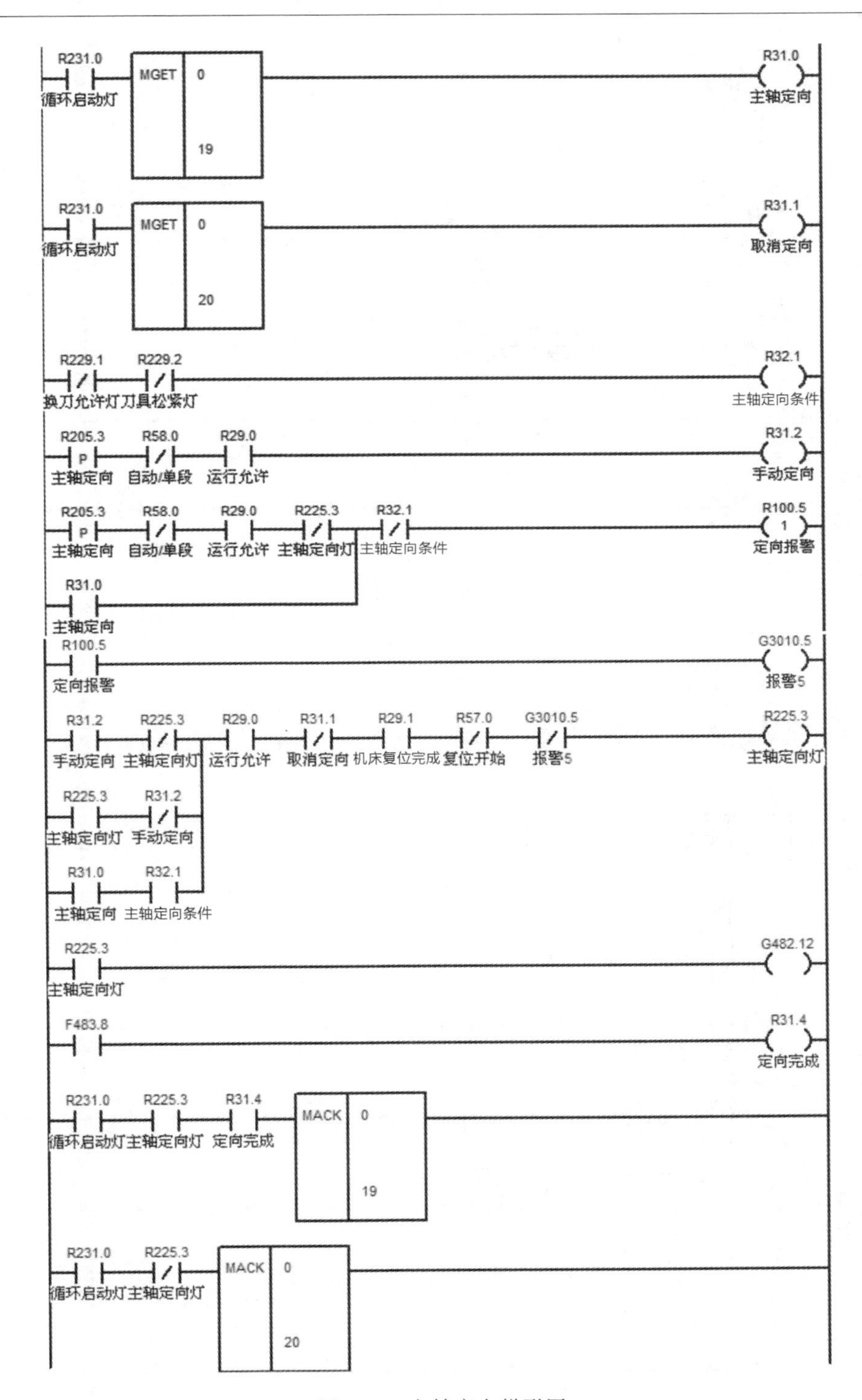

图 3-69　主轴定向梯形图

十二、循环启动/进给保持的 PLC 编程

循环启动/进给保持梯形图如图 3-70 所示。

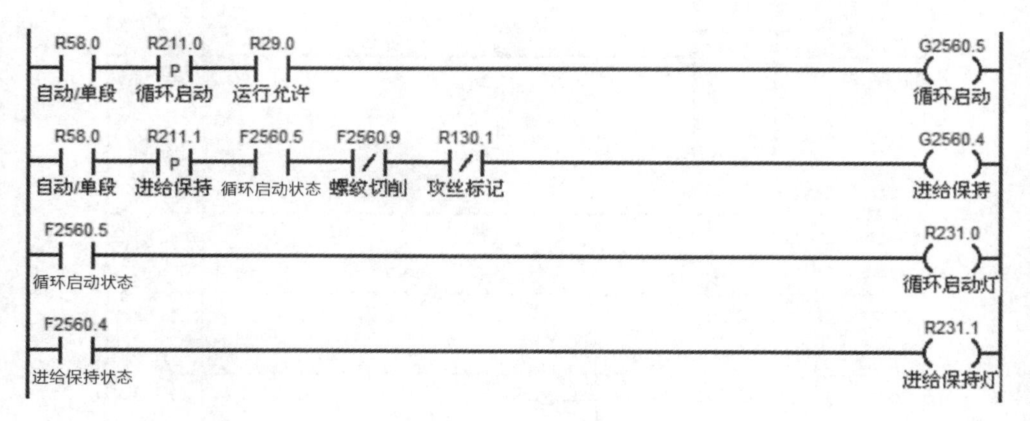

图 3-70 循环启动/进给保持梯形图

十三、四工位刀架控制的 PLC 编程

四工位刀架换刀梯形图如图 3-71 所示，其中换刀子程序如图 3-72 所示。

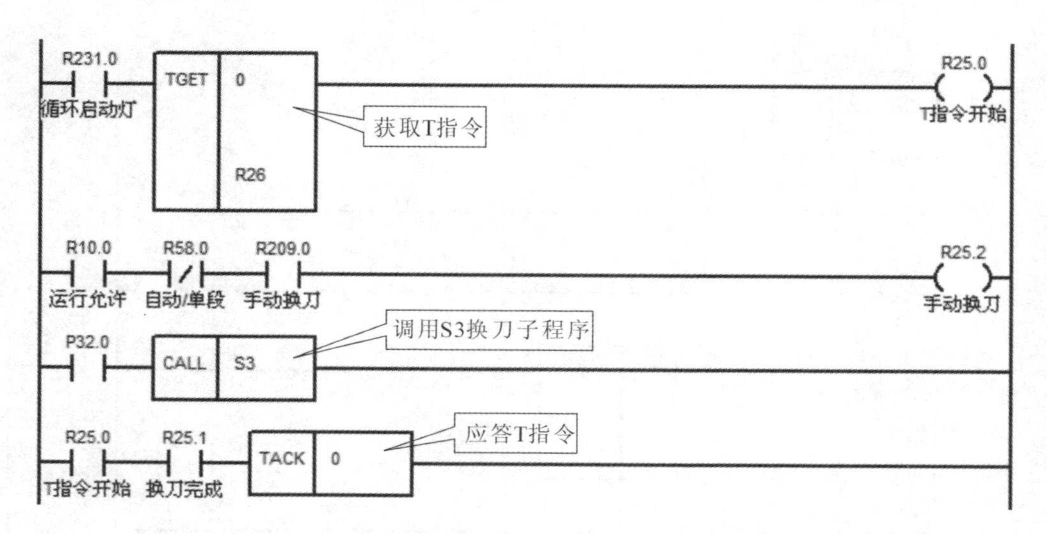

图 3-71 四工位刀架换刀梯形图

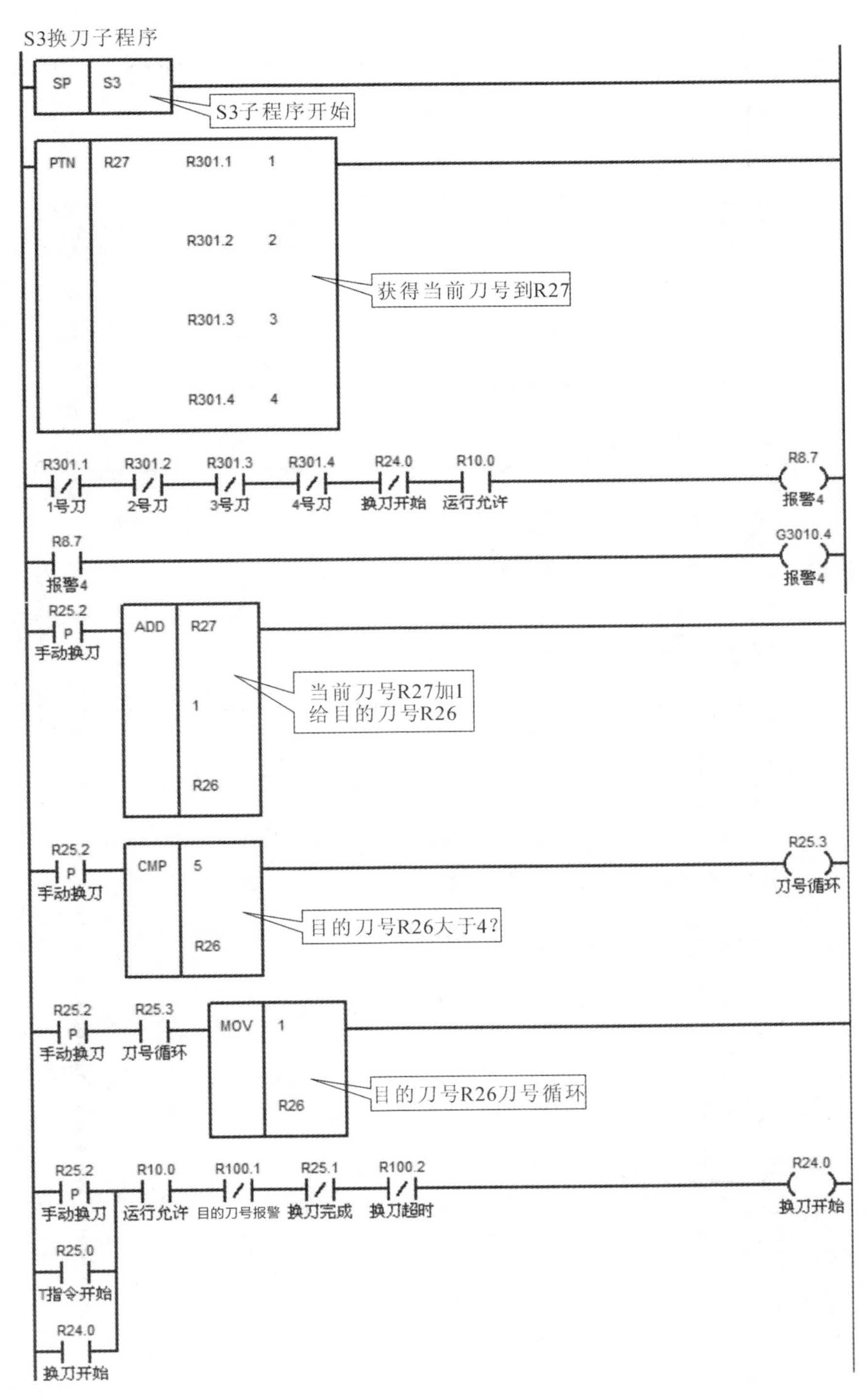

图 3-72　四工位刀架换刀子程序

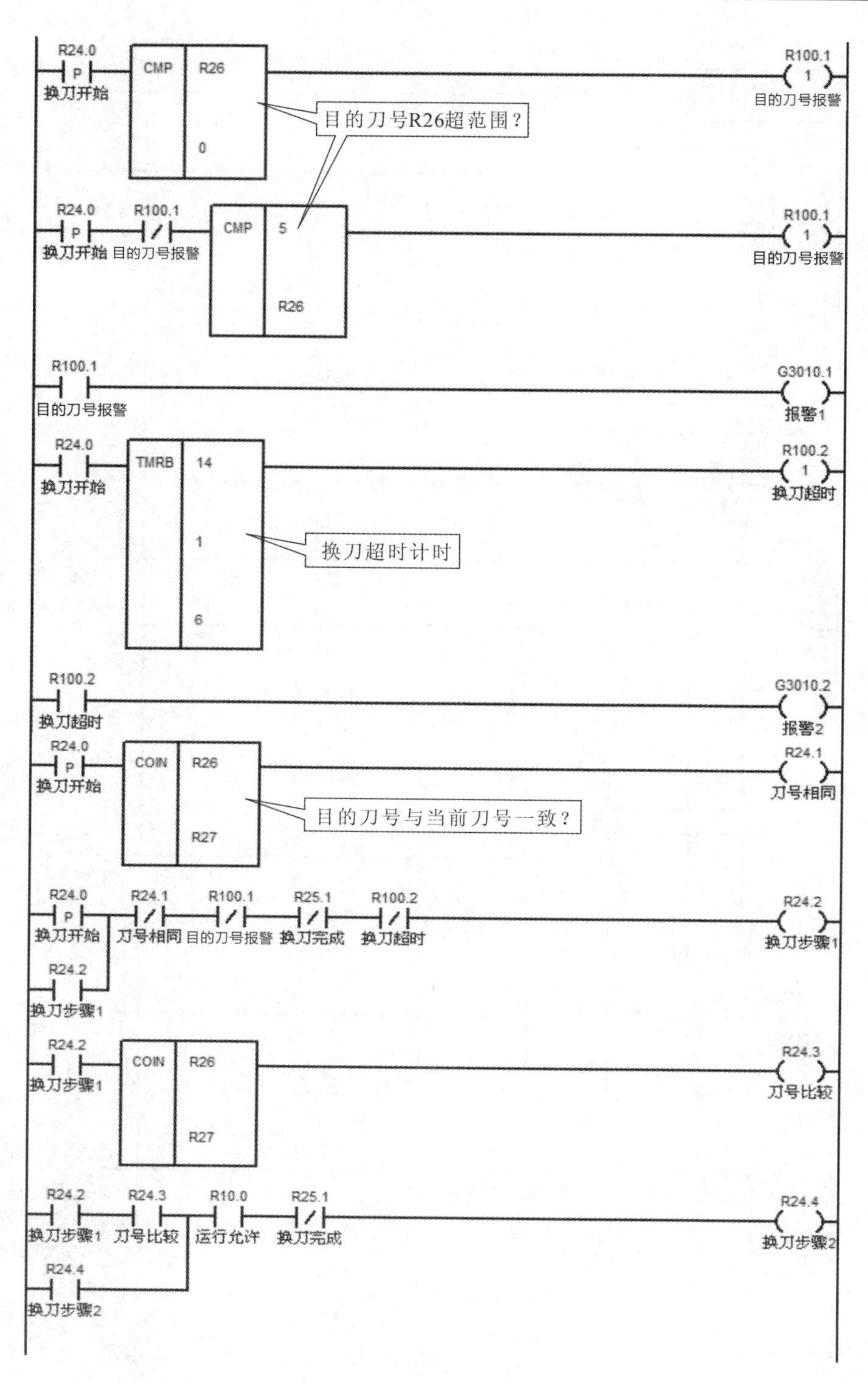
R24.0
P
换刀开始
CMP
R26
0
R100.1
1
目的刀号报警
目的刀号R26超范围？
R24.0
P
换刀开始
R100.1
目的刀号报警
CMP
5
R26
R100.1
1
目的刀号报警
R100.1
目的刀号报警
G3010.1
报警1
R24.0
换刀开始
TMRB
14
1
6
R100.2
1
换刀超时
换刀超时计时
R100.2
换刀超时
G3010.2
报警2
R24.0
P
换刀开始
COIN
R26
R27
R24.1
刀号相同
目的刀号与当前刀号一致？
R24.0
P
换刀开始
R24.1
刀号相同
R100.1
目的刀号报警
R25.1
换刀完成
R100.2
换刀超时
R24.2
换刀步骤1
R24.2
换刀步骤1
R24.2
换刀步骤1
COIN
R26
R27
R24.3
刀号比较
R24.2
换刀步骤1
R24.3
刀号比较
R10.0
运行允许
R25.1
换刀完成
R24.4
换刀步骤2
R24.4
换刀步骤2

续图 3-72

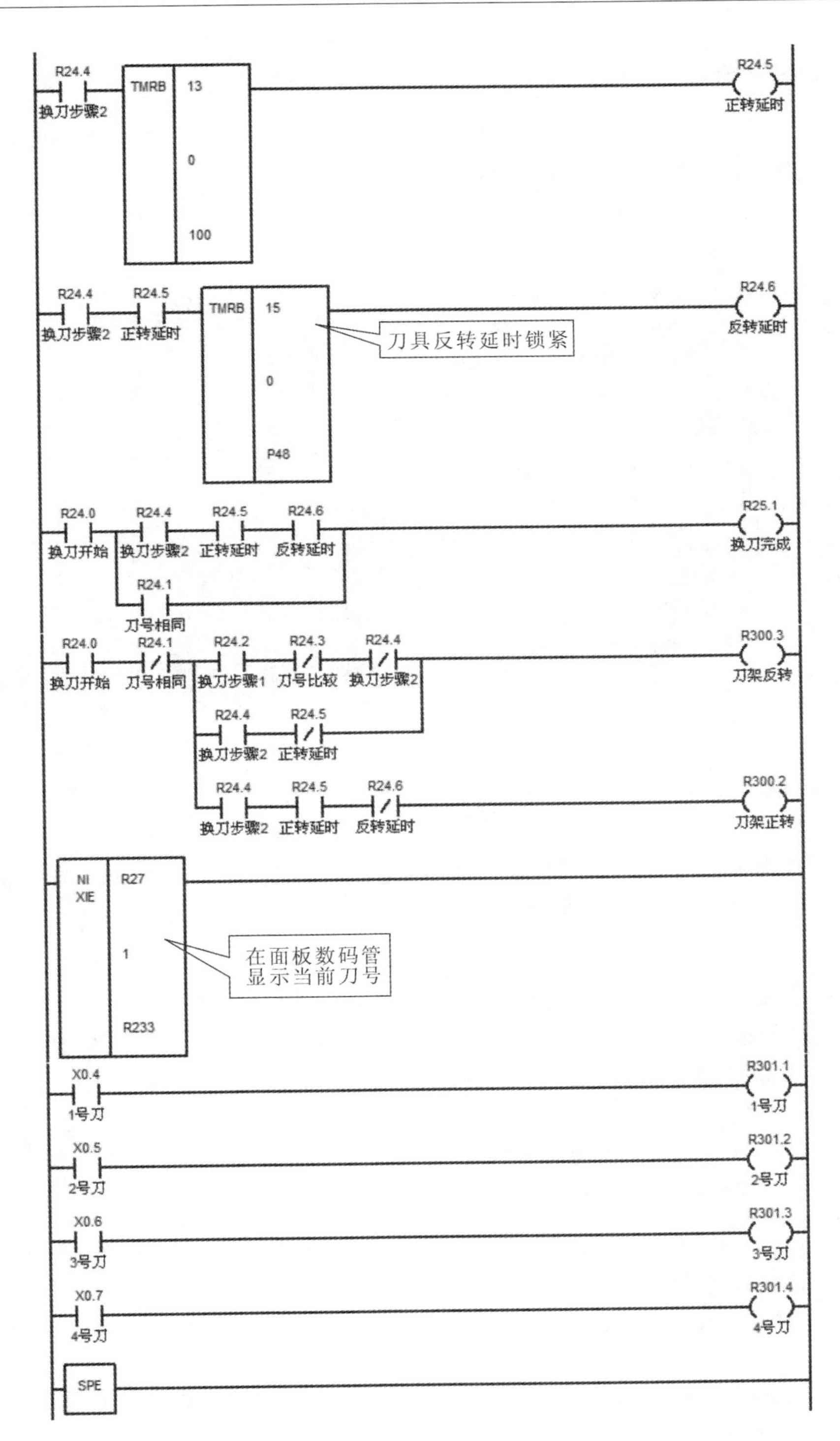
R24.4
换刀步骤2
TMRB
13
0
100
R24.5
正转延时
R24.4
换刀步骤2
R24.5
正转延时
TMRB
15
0
P48
刀具反转延时锁紧
R24.6
反转延时
R24.0
换刀开始
R24.4
换刀步骤2
R24.5
正转延时
R24.6
反转延时
R24.1
刀号相同
R25.1
换刀完成
R24.0
换刀开始
R24.1
刀号相同
R24.2
换刀步骤1
R24.3
刀号比较
R24.4
换刀步骤2
R24.4
换刀步骤2
R24.5
正转延时
R300.3
刀架反转
R24.4
换刀步骤2
R24.5
正转延时
R24.6
反转延时
R300.2
刀架正转
NI
XIE
R27
1
R233
在面板数码管
显示当前刀号
X0.4
1号刀
R301.1
1号刀
X0.5
2号刀
R301.2
2号刀
X0.6
3号刀
R301.3
3号刀
X0.7
4号刀
R301.4
4号刀
SPE

续图 3-72

十四、刀库换刀的 PLC 编程

刀库换刀是指加工中心的刀库进行自动换刀。编写刀库换刀的梯形图必须详细理解刀库的工作原理、换刀过程和详细步骤。

1. 斗笠式刀库

斗笠式刀库如图 3-73 所示。

图 3-73 斗笠式刀库换刀

1）基本概念

（1）当前刀具号

当前刀具号是指被安放在主轴上的刀具被用户自定义的 ID 号，该号码在同一刀库中是唯一的，用户可以在数控系统刀库刀补功能中选择刀库表进行编辑。

在系统中当前主轴上的刀具号在刀库表 0 位置，0 号位置映射的是 B188 寄存器，所以当前主轴上的刀号对应的断电寄存器是 B188 所存的值。

刀具号的最大数值不能大于设定的刀库刀具总数。

刀具号和刀库中的刀套号是一一对应的，所以在斗笠式刀库中只需要填写当前刀具号。

数控系统中所使用的刀库表如图 3-74 所示。

（2）当前刀位号

刀位号是指当前刀库停在换刀缺口上的那把刀的刀具号。在旋转刀库找刀的时候需要该数据进行数值计算。

刀位号对应的断电寄存器是 B189。

（3）最大刀具数量

最大刀具数量是用来定义刀库的最大容量的数值。该数值由 B187 断电寄存器设定。B187 数据如果不设置，则刀库表就显示不出来。

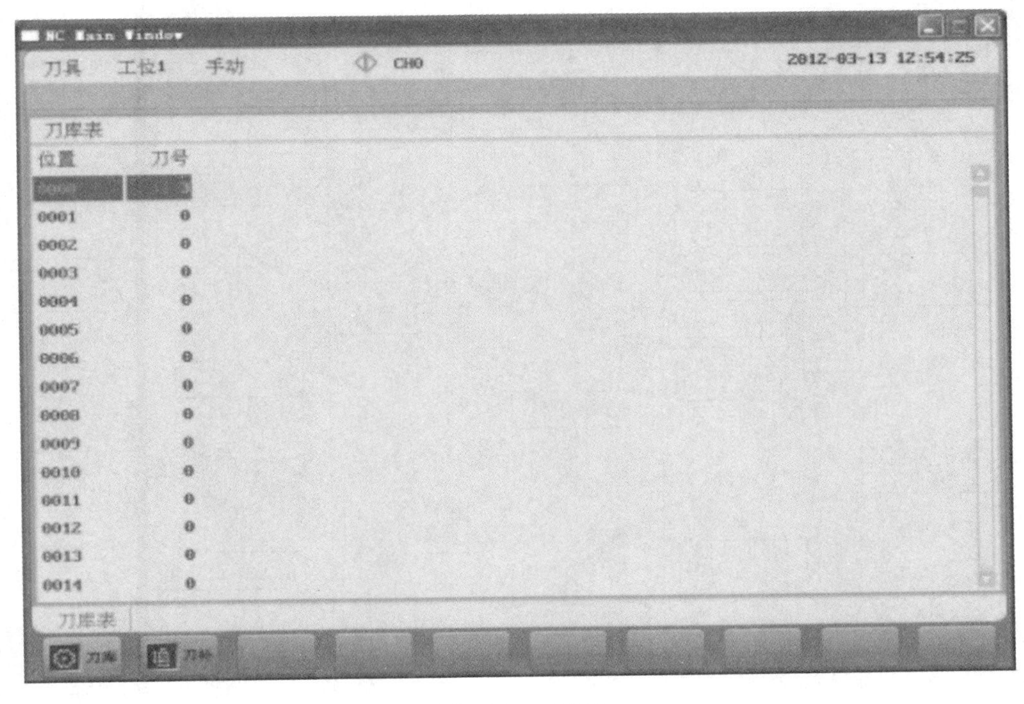

图 3-74 刀库表

(4) 换刀点(一般设定在第二参考点)

在换刀过程中取刀和还刀的位置称为换刀点,也就是所谓的机床第二参考点。可以在坐标轴参数中进行设置。

(5) 抬刀点(一般设定在第三参考点)

松开刀具以后主轴将抬刀到一个安全的避让位置用以避开刀柄的碰撞,此安全位置称为抬刀点,也就是所谓的第三参考点。

2) 换刀基本流程

斗笠式刀库换刀流程图如图 3-75 所示,整个流程分为 3 步。

(1) 换刀过程:Z 轴首先抬刀到第二参考点,主轴定向开始,检查是否到达第二参考点,检查当前刀具号和当前刀位号是否对应,如果不对应首先应将刀库转到当前刀位号位置,刀库进到位,刀具松开,Z 轴抬刀到第三参考点。

(2) 选刀过程:旋转到预选刀刀号所对的刀位号。

(3) 取刀过程:Z 轴到第二参考点,刀具紧刀,回退刀库,取消主轴定向。

3) 存放文件

换刀用户自定义循环存放在文件名为 USERDEF. CYC 的文件中。

4) 刀库主要功能

斗笠式刀库的主要功能见表 3-3。

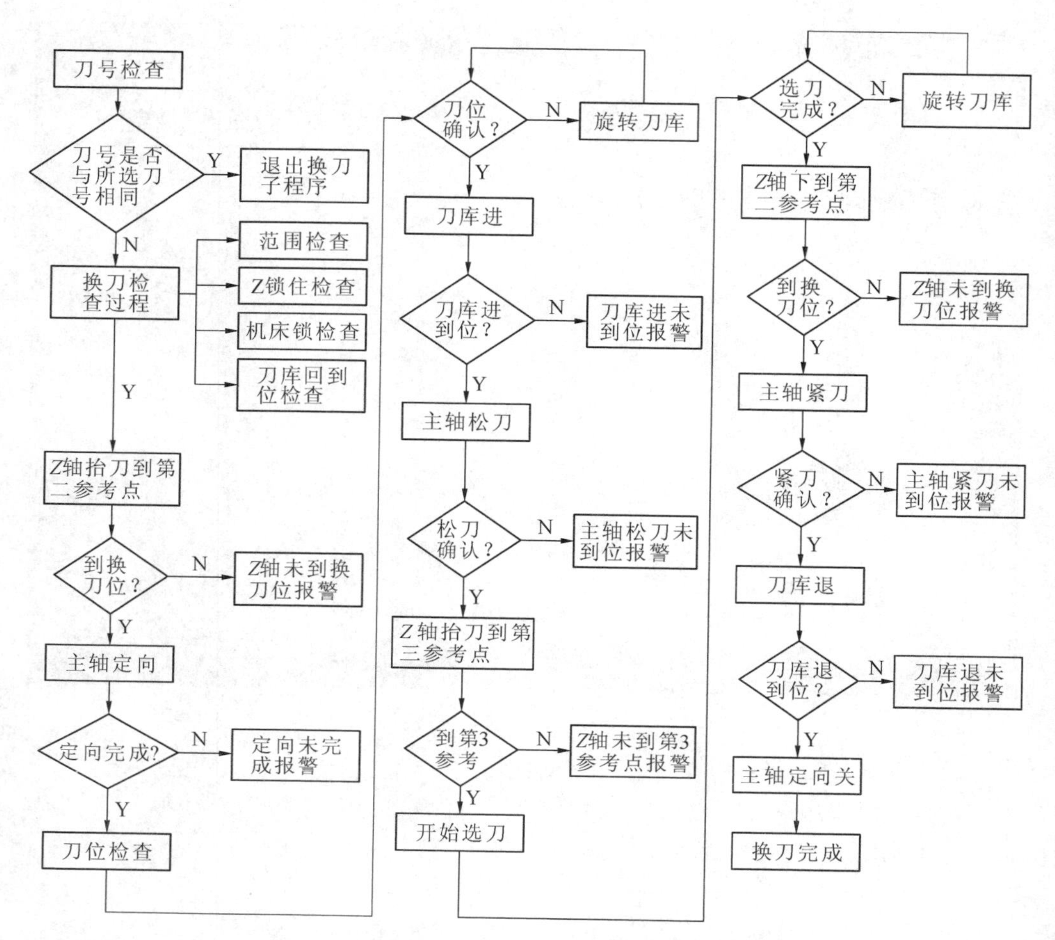

图 3-75　斗笠式刀库换刀流程图

表 3-3　斗笠式刀库主要功能

功　能	M代码	结 束 条 件
换刀开始标记状态位	M35	换刀开始
换刀结束标记	M36	所有换刀步骤完成
换刀检查	M32	机床没有锁住，Z 轴没有锁住，刀具未松开
第二参考点到位检查	M33	到达第二参考点
第三参考点到位检查	M34	到达第三参考点
选刀	M25	选刀完成
刀库进到位	M23	刀库进到位
刀库退到位	M24	刀库退到位
主轴定向开始	M19	定向完成
主轴定向取消	M20	取消完成

S5 斗笠式刀库换刀子程序如图 3-76 所示，其中嵌套调用的 S4 刀库点动子程序如图 3-77 所示。

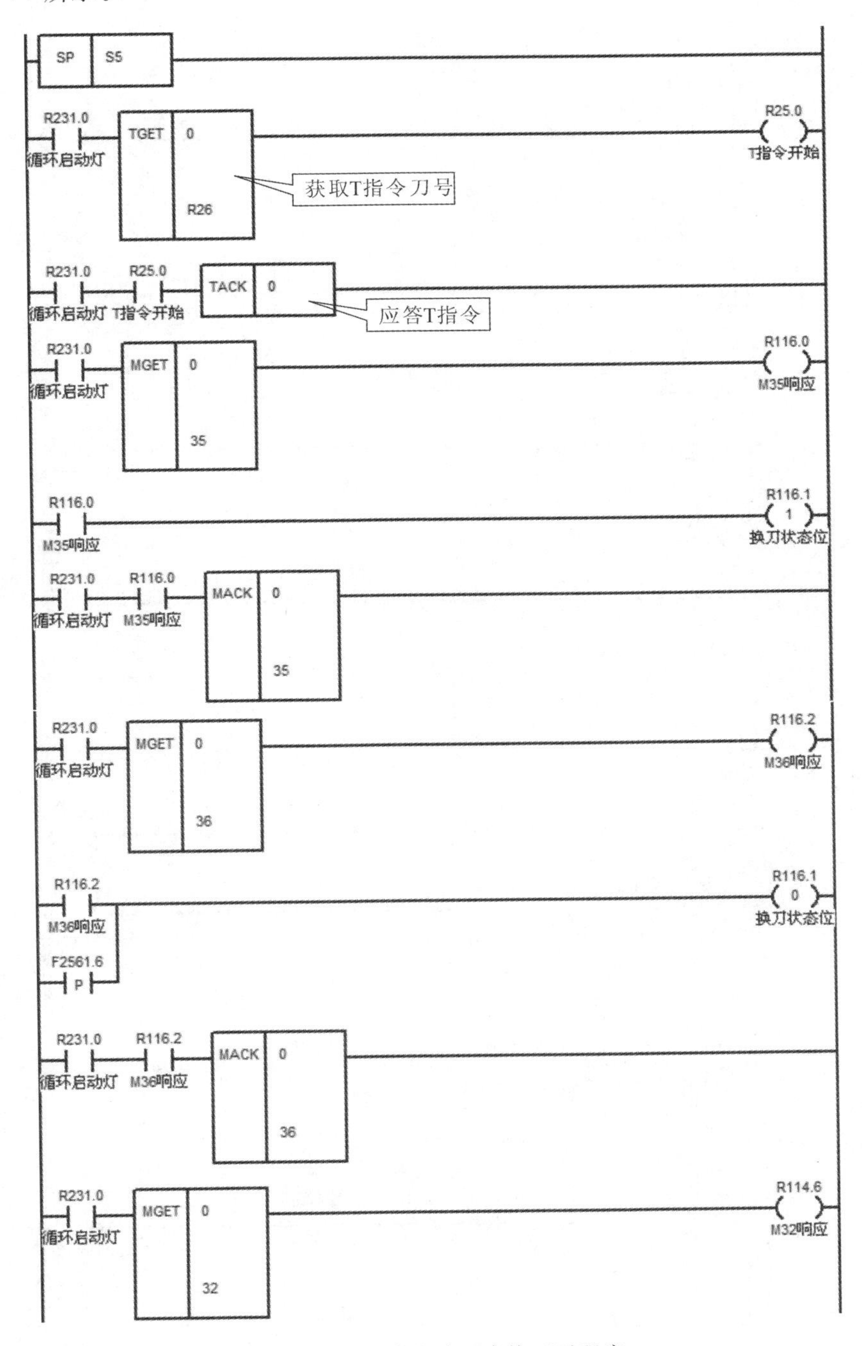

图 3-76　S5 斗笠式刀库换刀子程序

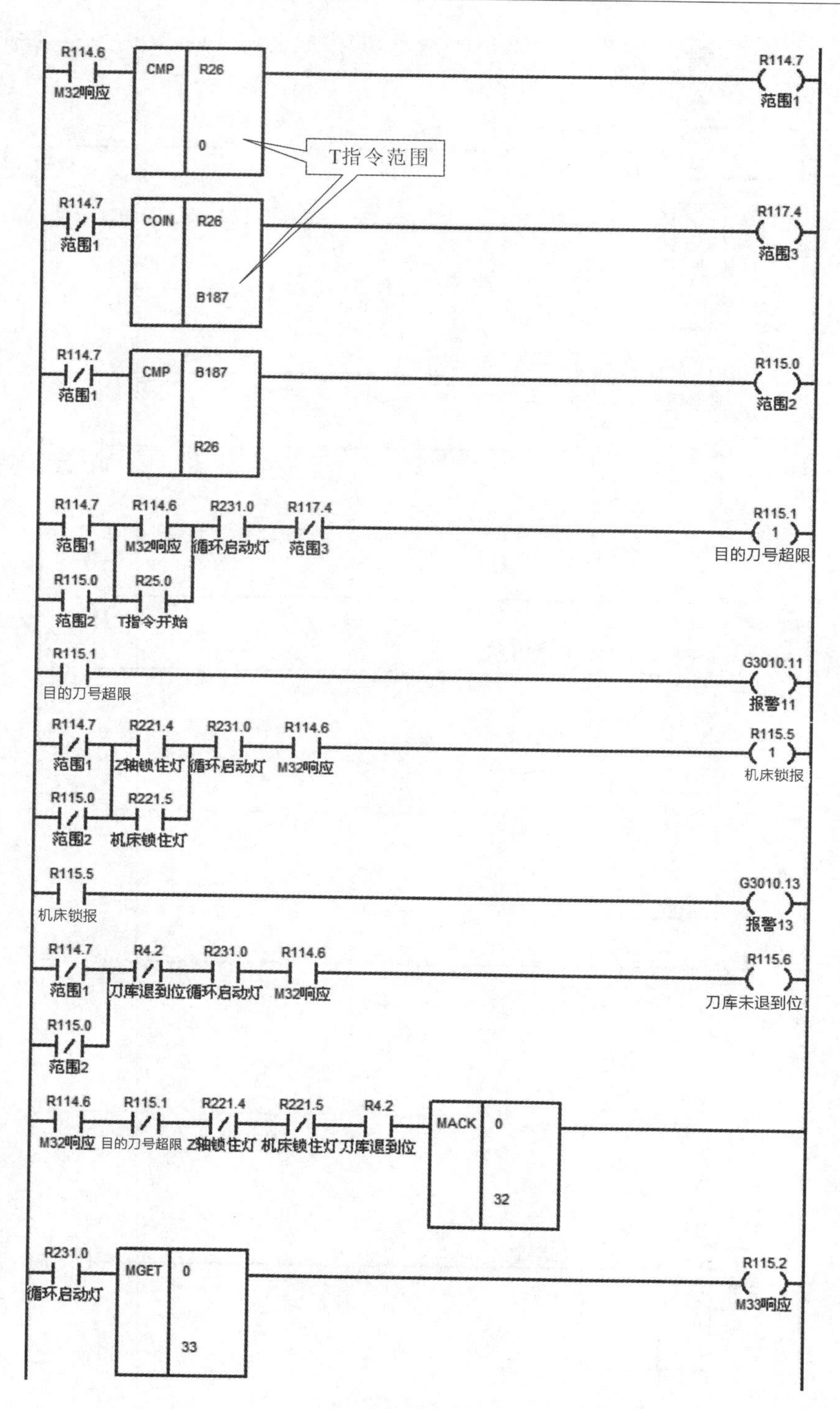
R114.6
M32响应
CMP
R26
0
R114.7
范围1
T指令范围
R114.7
范围1
COIN
R26
B187
R117.4
范围3
R114.7
范围1
CMP
B187
R26
R115.0
范围2
R114.7
范围1
R114.6
M32响应
R231.0
循环启动灯
R117.4
范围3
R115.1
目的刀号超限
R115.0
范围2
R25.0
T指令开始
R115.1
目的刀号超限
G3010.11
报警11
R114.7
范围1
R221.4
Z轴锁住灯
R231.0
循环启动灯
R114.6
M32响应
R115.5
机床锁报
R115.0
范围2
R221.5
机床锁住灯
R115.5
机床锁报
G3010.13
报警13
R114.7
范围1
R4.2
刀库退到位
R231.0
循环启动灯
R114.6
M32响应
R115.6
刀库未退到位
R115.0
范围2
R114.6
M32响应
R115.1
目的刀号超限
R221.4
Z轴锁住灯
R221.5
机床锁住灯
R4.2
刀库退到位
MACK
0
32
R231.0
循环启动灯
MGET
0
33
R115.2
M33响应

续图 3-76

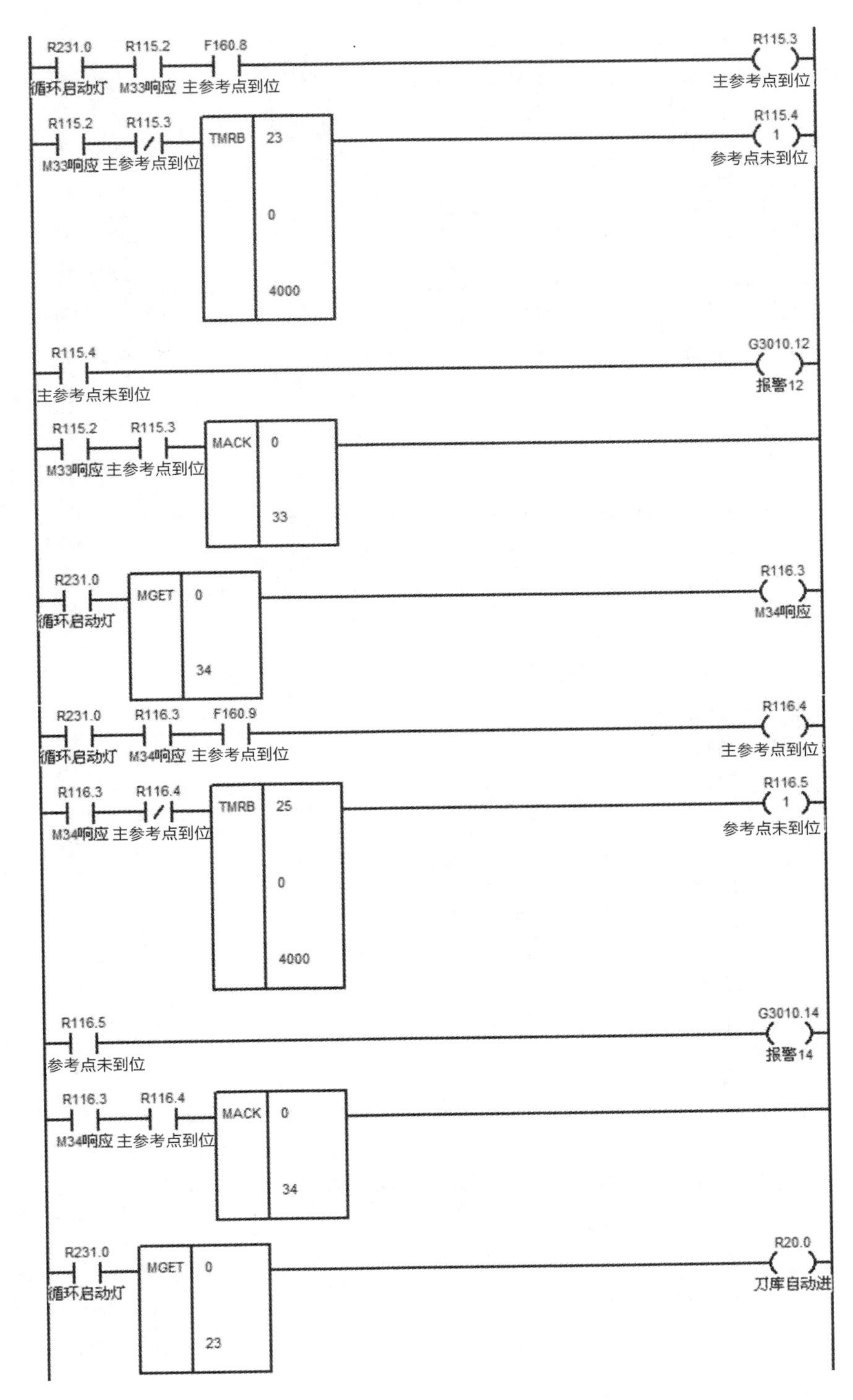
R231.0
R115.2
F160.8
R115.3
循环启动灯
M33响应
主参考点到位
主参考点到位
R115.2
R115.3
TMRB
23
0
4000
R115.4
1
M33响应
主参考点到位
参考点未到位
R115.4
G3010.12
主参考点未到位
报警12
R115.2
R115.3
MACK
0
33
M33响应
主参考点到位
R231.0
MGET
0
34
R116.3
循环启动灯
M34响应
R231.0
R116.3
F160.9
R116.4
循环启动灯
M34响应
主参考点到位
主参考点到位
R116.3
R116.4
TMRB
25
0
4000
R116.5
1
M34响应
主参考点到位
参考点未到位
R116.5
G3010.14
参考点未到位
报警14
R116.3
R116.4
MACK
0
34
M34响应
主参考点到位
R231.0
MGET
0
23
R20.0
循环启动灯
刀库自动进

续图 3-76

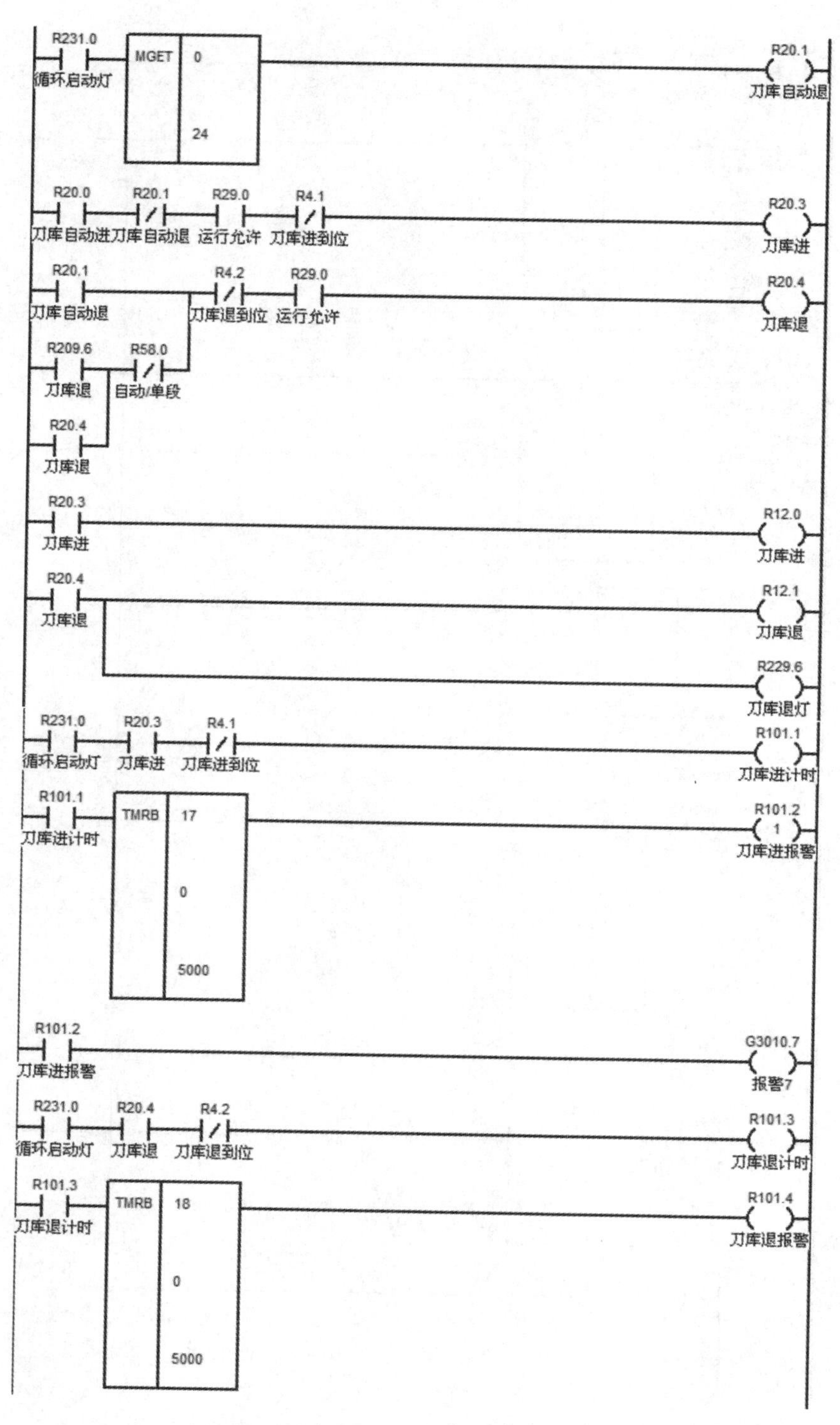
R231.0
循环启动灯
MGET
0
24
R20.1
刀库自动退
R20.0
刀库自动进
R20.1
刀库自动退
R29.0
运行允许
R4.1
刀库进到位
R20.3
刀库进
R20.1
刀库自动退
R4.2
刀库退到位
R29.0
运行允许
R20.4
刀库退
R209.6
刀库退
R58.0
自动/单段
R20.4
刀库退
R20.3
刀库进
R12.0
刀库进
R20.4
刀库退
R12.1
刀库退
R229.6
刀库退灯
R231.0
循环启动灯
R20.3
刀库进
R4.1
刀库进到位
R101.1
刀库进计时
R101.1
刀库进计时
TMRB
17
0
5000
R101.2
1
刀库进报警
R101.2
刀库进报警
G3010.7
报警7
R231.0
循环启动灯
R20.4
刀库退
R4.2
刀库退到位
R101.3
刀库退计时
R101.3
刀库退计时
TMRB
18
0
5000
R101.4
刀库退报警

续图 3-76

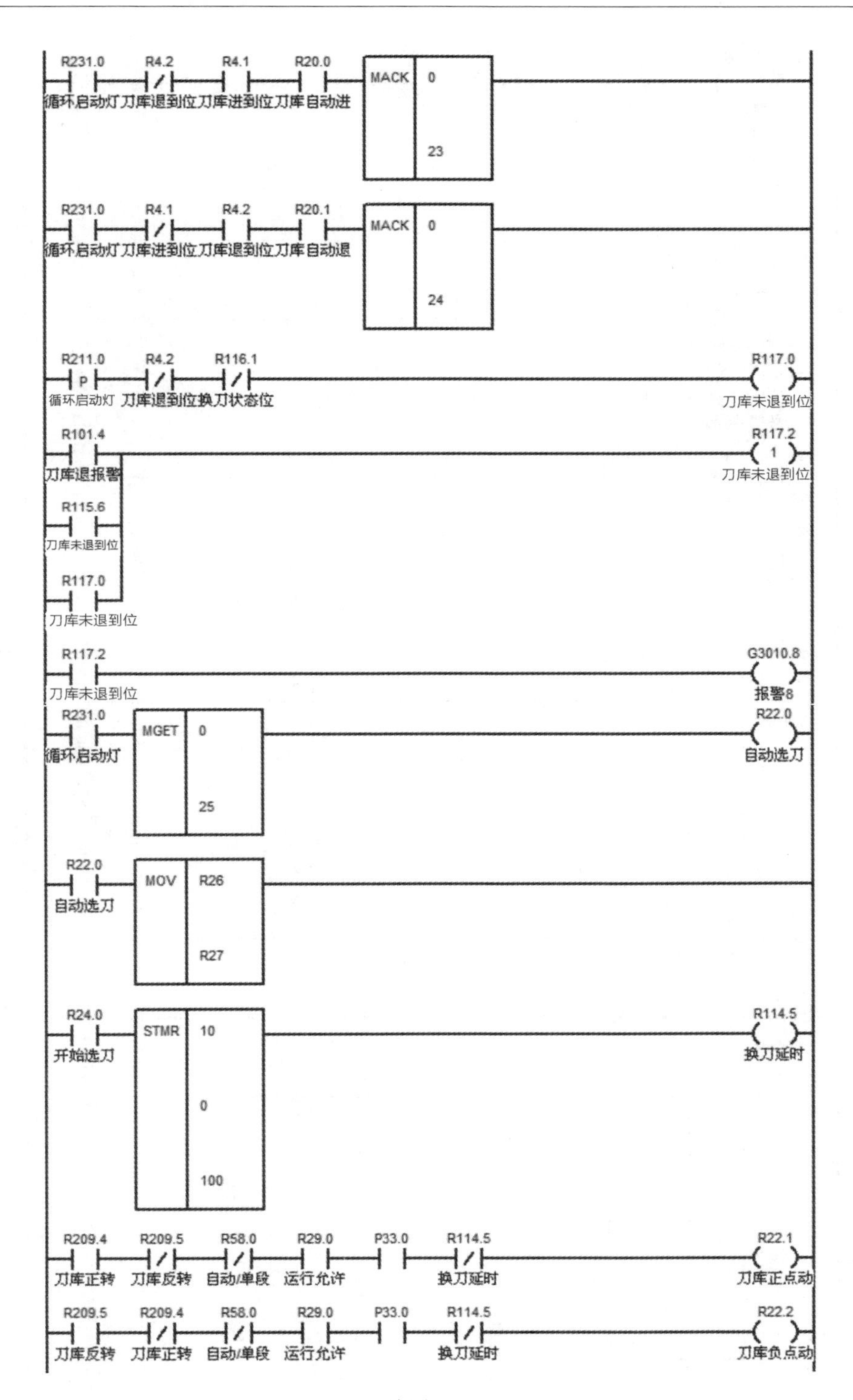

R231.0
R4.2
R4.1
R20.0
循环启动灯
刀库退到位
刀库进到位
刀库自动进
MACK
0
23
R231.0
R4.1
R4.2
R20.1
循环启动灯
刀库进到位
刀库退到位
刀库自动退
MACK
0
24
R211.0
P
R4.2
R116.1
循环启动灯
刀库退到位
换刀状态位
R117.0
刀库未退到位
R101.4
刀库退报警
R117.2
1
刀库未退到位
R115.6
刀库未退到位
R117.0
刀库未退到位
R117.2
刀库未退到位
G3010.8
报警8
R231.0
循环启动灯
MGET
0
25
R22.0
自动选刀
R22.0
自动选刀
MOV
R26
R27
R24.0
开始选刀
STMR
10
0
100
R114.5
换刀延时
R209.4
R209.5
R58.0
R29.0
P33.0
R114.5
刀库正转
刀库反转
自动/单段
运行允许
换刀延时
R22.1
刀库正点动
R209.5
R209.4
R58.0
R29.0
P33.0
R114.5
刀库反转
刀库正转
自动/单段
运行允许
换刀延时
R22.2
刀库负点动

续图 3-76

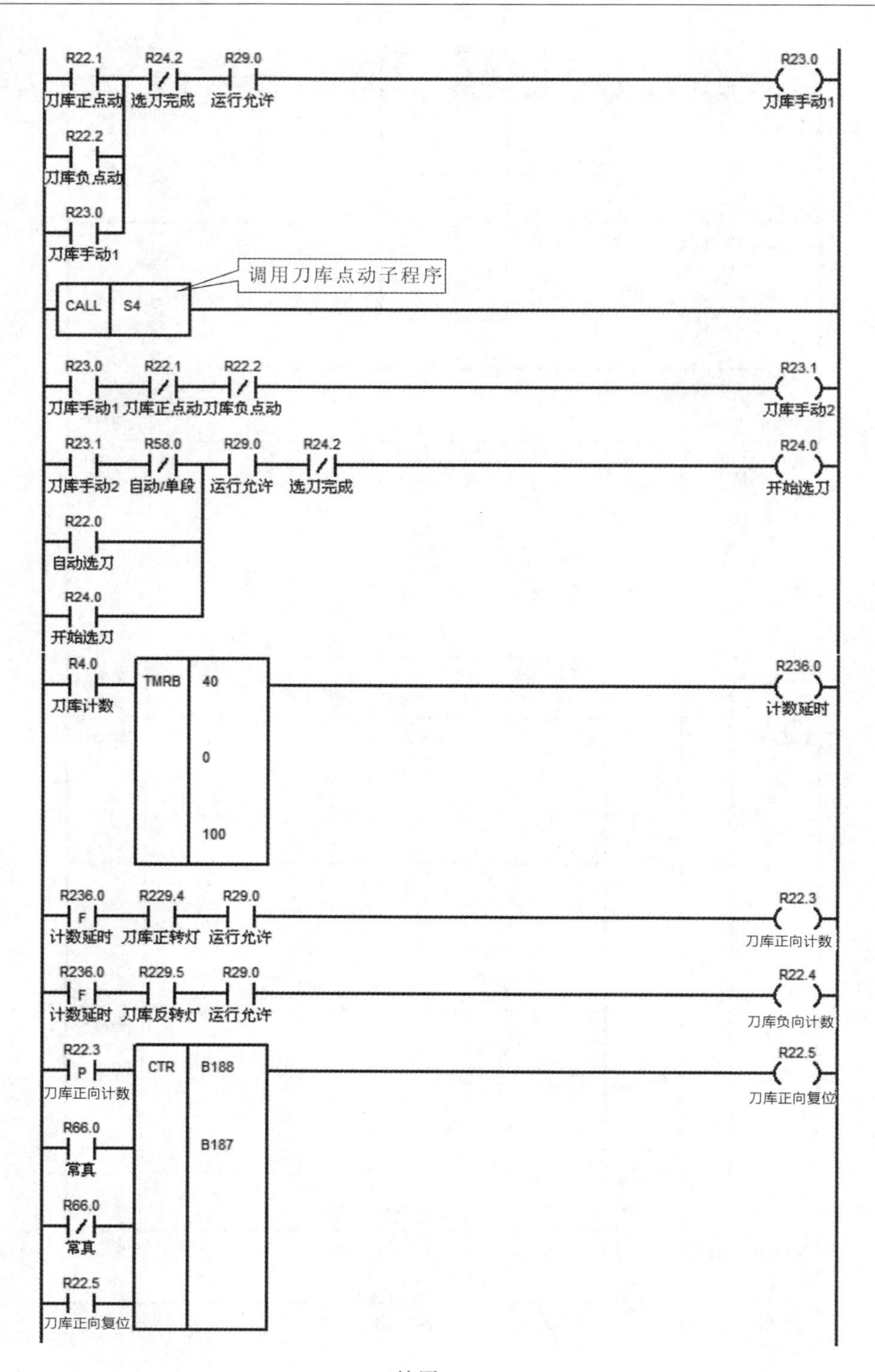
R22.1
刀库正点动
R24.2
选刀完成
R29.0
运行允许
R23.0
刀库手动1
R22.2
刀库负点动
R23.0
刀库手动1
调用刀库点动子程序
CALL
S4
R23.0
刀库手动1
R22.1
刀库正点动
R22.2
刀库负点动
R23.1
刀库手动2
R23.1
刀库手动2
R58.0
自动/单段
R29.0
运行允许
R24.2
选刀完成
R24.0
开始选刀
R22.0
自动选刀
R24.0
开始选刀
R4.0
刀库计数
TMRB
40
0
100
R236.0
计数延时
R236.0
F
计数延时
R229.4
刀库正转灯
R29.0
运行允许
R22.3
刀库正向计数
R236.0
F
计数延时
R229.5
刀库反转灯
R29.0
运行允许
R22.4
刀库负向计数
R22.3
P
刀库正向计数
CTR
B188
B187
R22.5
刀库正向复位
R66.0
常真
R66.0
常真
R22.5
刀库正向复位

续图 3-76

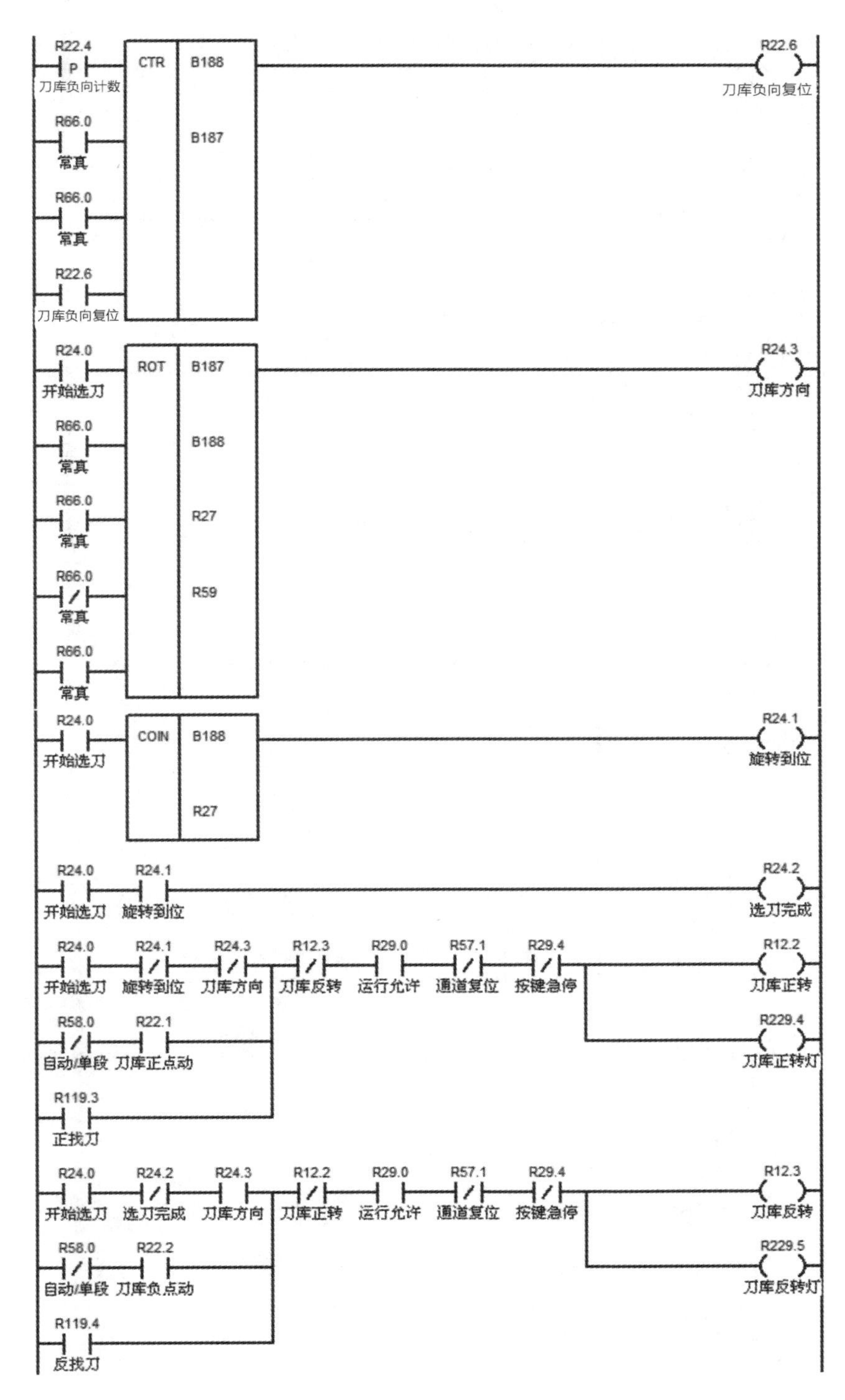
R22.4
P
刀库负向计数
CTR
B188
R22.6
刀库负向复位
R66.0
常真
B187
R66.0
常真
R22.6
刀库负向复位
R24.0
开始选刀
ROT
B187
R24.3
刀库方向
R66.0
常真
B188
R66.0
常真
R27
R66.0
常真
R59
R66.0
常真
R24.0
开始选刀
COIN
B188
R24.1
旋转到位
R27
R24.0
开始选刀
R24.1
旋转到位
R24.2
选刀完成
R24.0
开始选刀
R24.1
旋转到位
R24.3
刀库方向
R12.3
刀库反转
R29.0
运行允许
R57.1
通道复位
R29.4
按键急停
R12.2
刀库正转
R58.0
自动/单段
R22.1
刀库正点动
R229.4
刀库正转灯
R119.3
正找刀
R24.0
开始选刀
R24.2
选刀完成
R24.3
刀库方向
R12.2
刀库正转
R29.0
运行允许
R57.1
通道复位
R29.4
按键急停
R12.3
刀库反转
R58.0
自动/单段
R22.2
刀库负点动
R229.5
刀库反转灯
R119.4
反找刀

续图 3-76

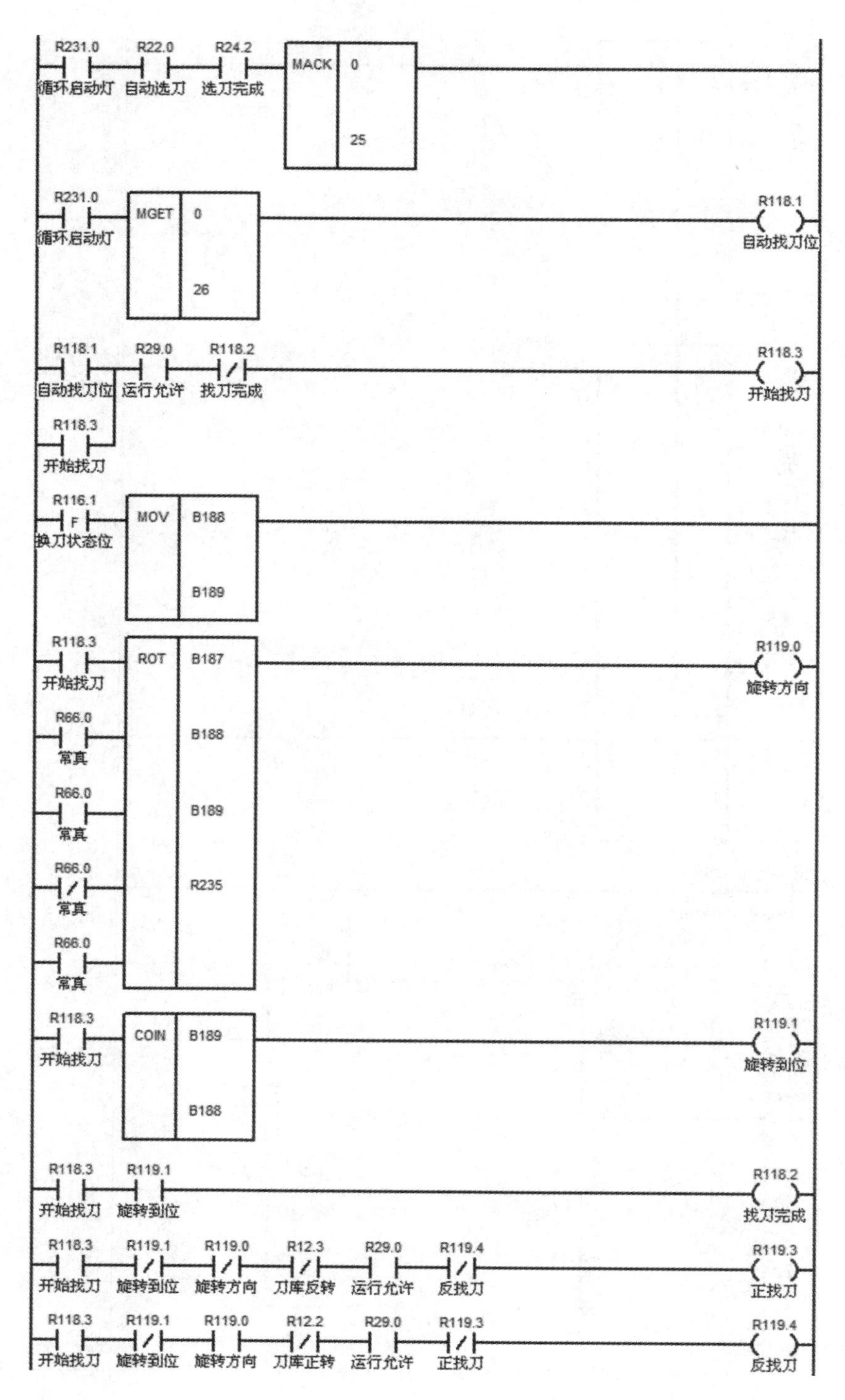
R231.0
R22.0
R24.2
循环启动灯
自动选刀
选刀完成
MACK
0
25
R231.0
循环启动灯
MGET
0
26
R118.1
自动找刀位
R118.1
R29.0
R118.2
自动找刀位
运行允许
找刀完成
R118.3
开始找刀
R118.3
开始找刀
R116.1
F
换刀状态位
MOV
B188
B189
R118.3
开始找刀
ROT
B187
B188
B189
R235
R119.0
旋转方向
R66.0
常真
R66.0
常真
R66.0
常真
R66.0
常真
R118.3
开始找刀
COIN
B189
B188
R119.1
旋转到位
R118.3
R119.1
开始找刀
旋转到位
R118.2
找刀完成
R118.3
R119.1
R119.0
R12.3
R29.0
R119.4
开始找刀
旋转到位
旋转方向
刀库反转
运行允许
反找刀
R119.3
正找刀
R118.3
R119.1
R119.0
R12.2
R29.0
R119.3
开始找刀
旋转到位
旋转方向
刀库正转
运行允许
正找刀
R119.4
反找刀

续图 3-76

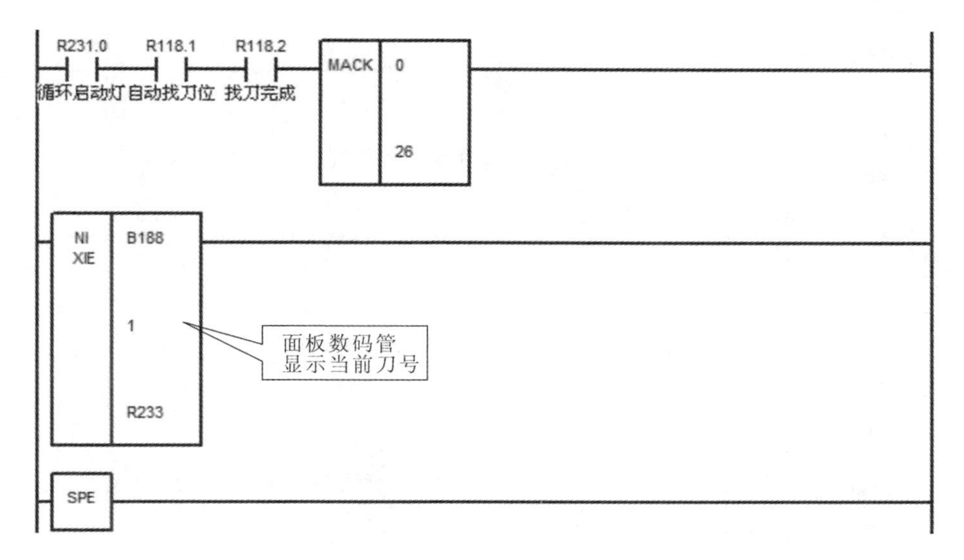

续图 3-76

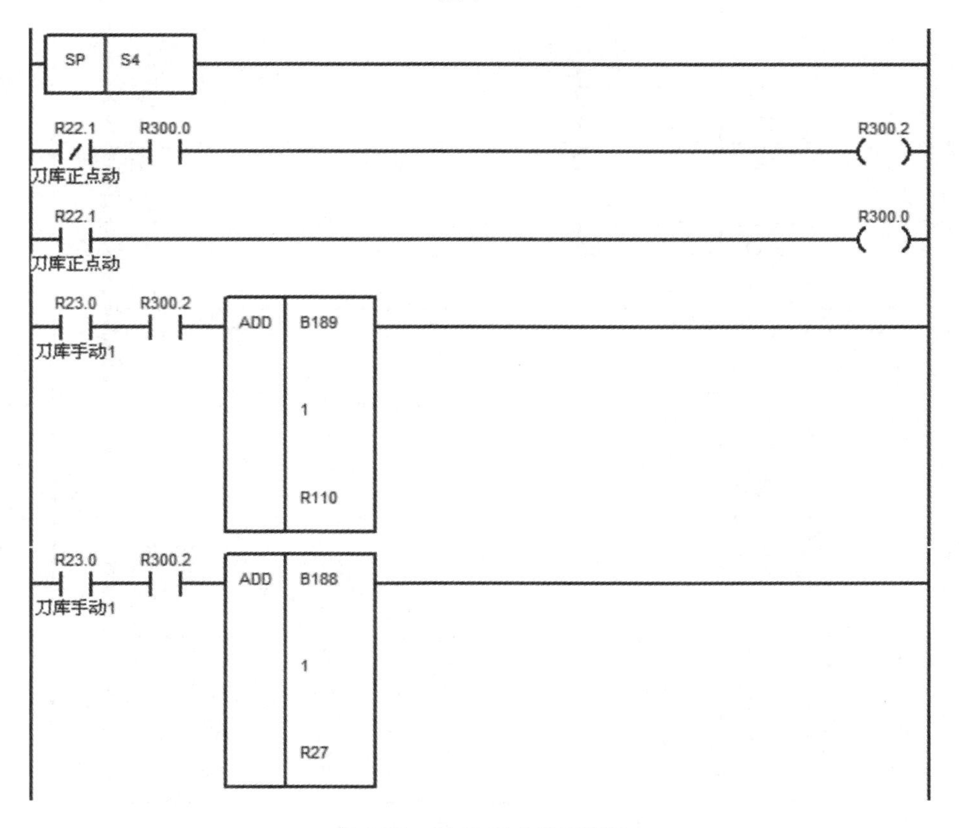

图 3-77　S4 刀库点动子程序

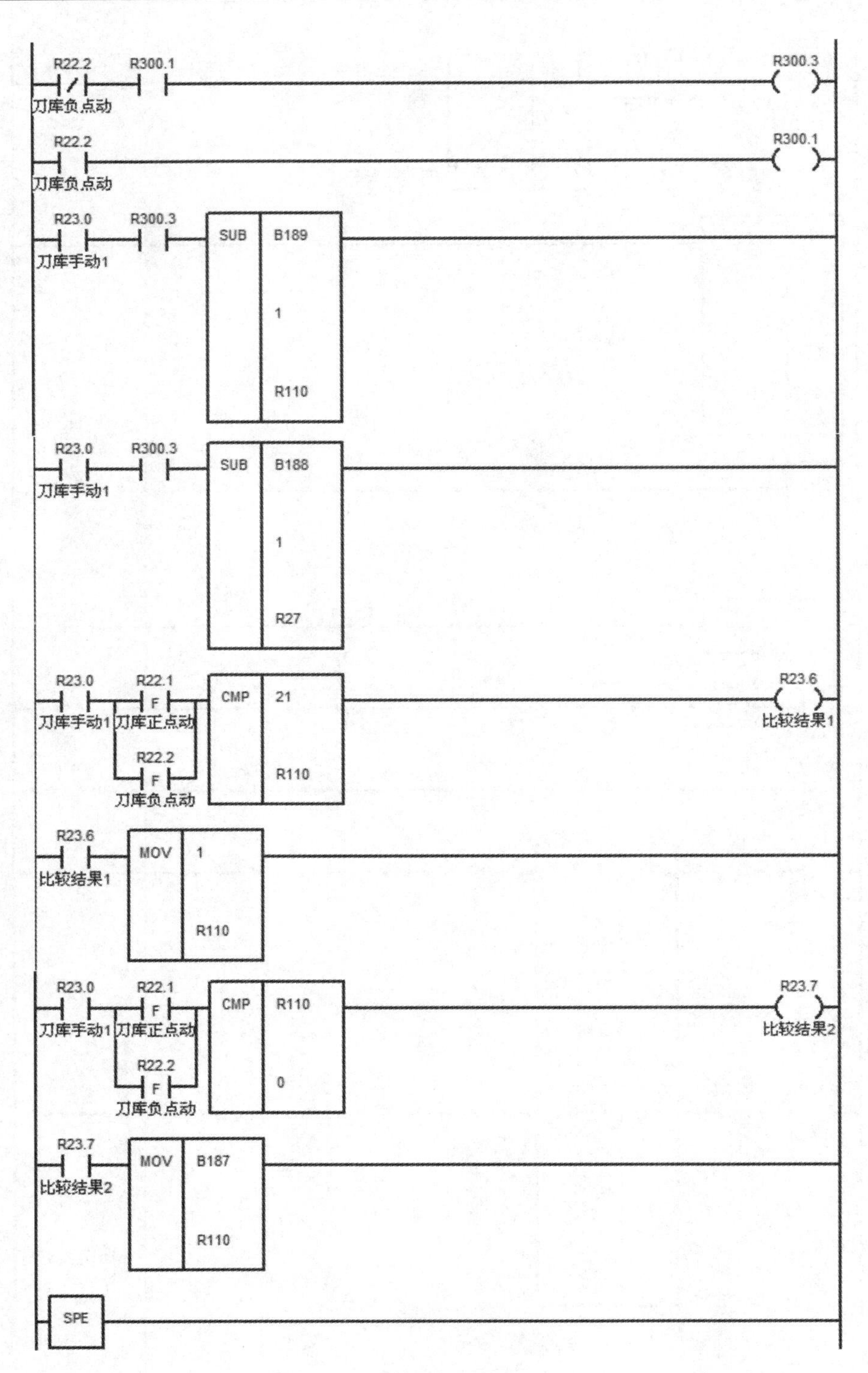

R22.2
R300.1
R300.3
刀库负点动
R22.2
R300.1
刀库负点动
R23.0
R300.3
SUB
B189
1
R110
刀库手动1
R23.0
R300.3
SUB
B188
1
R27
刀库手动1
R23.0
R22.1
CMP
21
R110
R23.6
刀库手动1
刀库正点动
R22.2
刀库负点动
比较结果1
R23.6
MOV
1
R110
比较结果1
R23.0
R22.1
CMP
R110
0
R23.7
刀库手动1
刀库正点动
R22.2
刀库负点动
比较结果2
R23.7
MOV
B187
R110
比较结果2
SPE

续图 3-77

2.机械手式(盘式)刀库

机械手式(盘式)刀库如图 3-78 所示。

图 3-78　机械手式(盘式)刀库

1) 基本概念

(1) 刀具号

刀具号是指装在刀库刀套中或者被安放在主轴上的刀具被用户自定义的 ID 号,该号码在同一刀库中是唯一的,用户可以在数控系统刀库刀补功能中选择刀库表进行编辑。

在系统中,当前主轴上的刀具号在刀库表 0 位置,0 号刀具号默认表示空刀,0 号位置映射的是 B188 寄存器,所以当前主轴上的刀号对应的断电寄存器是 B188 所存的值。

刀具号可以任意定义,除了保持唯一性和不要超过最大的刀具号定义范围就可以。

(2) 刀套号

刀套号其实指的就是刀库表中的位置号,每一个刀具号都唯一对应着一个刀套号。在进行了机械手交换刀动作以后,该对应关系将发生改变,但对应关系仍然保持唯一。

刀库的最大容量由最大刀套数量来设定。

刀套号对应的断电寄存器由 B698 开始,换言之,刀套号 1 中所存的刀具号将保存在 B698 寄存器中,以此类推。

(3) 刀位号

刀位号是指当前刀库停在换刀缺口上的那把刀的刀套号。在旋转刀库找刀的时候需要根据该数据进行数值计算。

刀位号对应的断电寄存器是 B189。

(4) 最大刀套数量

最大刀套数量是用来定义刀库的最大容量的数值。该数值由 B187 断电寄存器设定。B187 必须首先设定,否则刀库表不能显示。

(5) 机械手原始位

换刀开始或换刀完成时,机械手所停止到的安全位置。在该点会有机械上的传感器信号,通常称为刀臂原点信号。

(6) 机械手扣刀位

机械臂扣紧刀具的位置,在该位置会有扣刀刀位信号和机械手刹车信号。

(7) 机械手交换位

机械臂拉出刀具并进行 180°旋转并上升插回刀具后停止的位置。在该位置会有扣刀到位信号和机械手刹车信号。

2) 机械手动作基本流程

机械手动作基本流程可以分解为选刀过程和换刀过程,选刀动作必须在换刀动作之前完成。选刀动作主要是负责选取指定刀号的刀具,旋转刀库到指定刀具位置,然后等待换刀动作开始(机械手式(盘式)刀库的选刀流程如图 3-79 所示)。换刀动作主要负责将刀库上选定的刀具和主轴上的刀具进行交换的动作(机械手式(盘式)刀库的换刀流程如图 3-80 所示)。

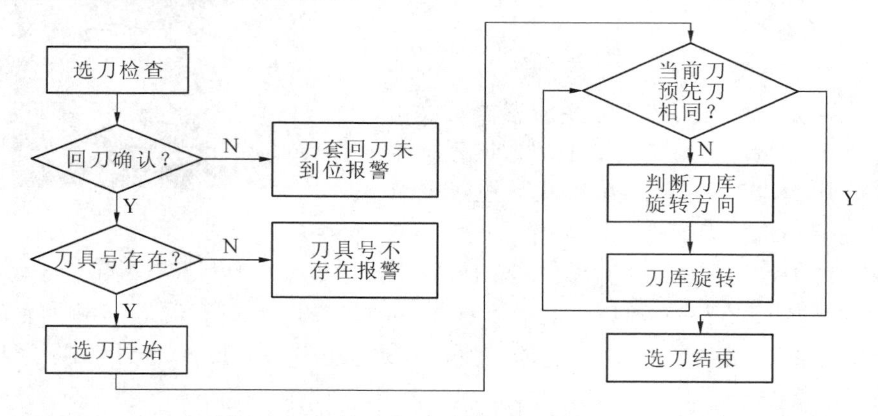

图 3-79 机械手式(盘式)刀库的选刀流程图

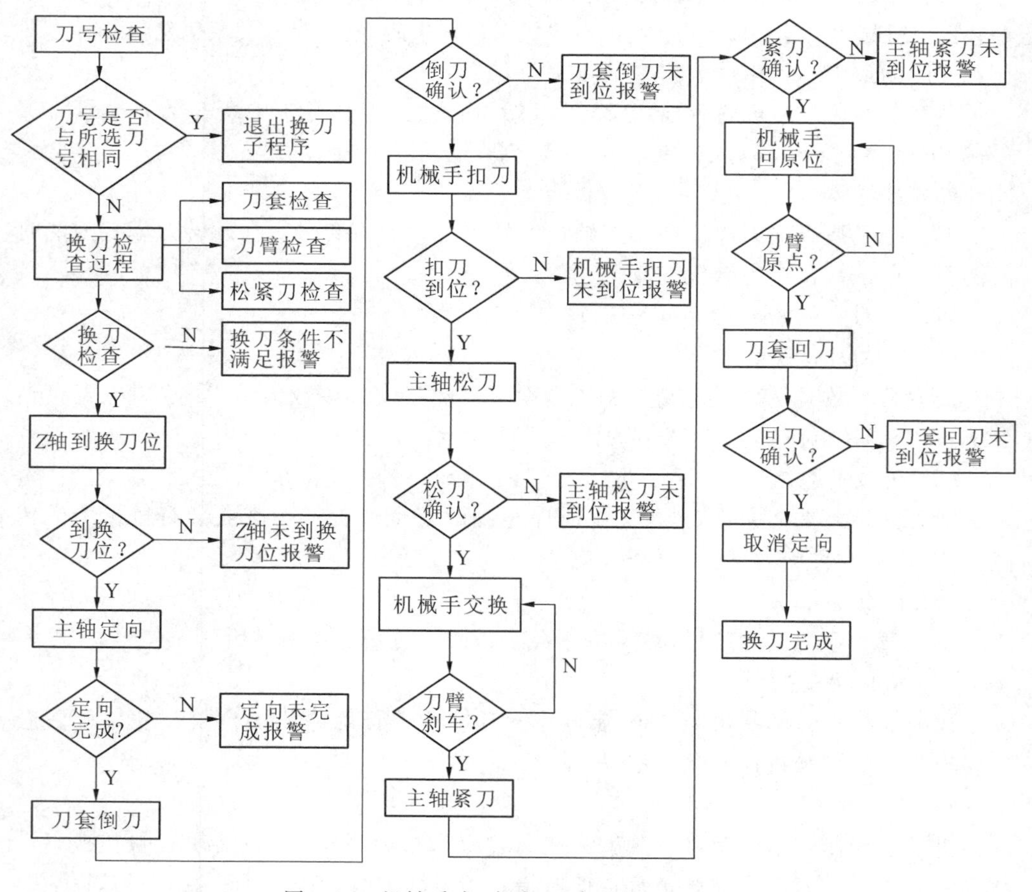

图 3-80 机械手式(盘式)刀库的换刀流程图

3）刀库主要功能

机械手式刀库用户自定义循环也存放在文件名为 USERDEF. CYC 的文件中。机械手式刀库的主要功能见表 3-4。

表 3-4　机械手式刀库的主要功能

功　能	M 代码	结束条件
正转一个刀位	M10	正转一个刀位到指定刀套号
反转一个刀位	M11	反转一个刀位到指定刀套号
自动松刀	M12	松刀到位信号
自动紧刀	M13	紧刀到位信号
主轴定向	M19	置主轴定向标记 G402.12（主轴为 5 号轴）
取消主轴定向	M20	主轴定向完成标记 F403.8（主轴为 5 号轴）
刀具范围检查	M32	刀套号应该满足 0＜刀套号＜B187
第二参考点检查	M33	第二参考点刀位信号 F160.8
第三参考点检查	M34	第三参考点刀位信号 F160.9
换刀检查	M61	刀具夹紧状态，刀套在回刀位，刀臂处于原始位
换刀起始标记	M60	换刀允许
机械手动作步骤 1 扣刀	M63	机械手完成第一步扣刀动作
机械手动作步骤 2 交换刀具	M66	机械手完成第二步交换刀动作
机械手动作步骤 3 回原始位	M65	机械手完成回原始位动作
刀套倒下	M68	倒刀确认信号
刀套回位	M69	回刀确认信号
换刀结束标记	M72	换刀结束，换刀不允许

项目八　HNC-8 系列 LADDER 软件的使用

一、HNC-8 系列 LADDER 软件简介

HNC-LADDER 数控梯形图编程软件是为 HNC-8 系列数控系统研发的 PLC 程序开发环境软件。该软件在 Windows XP 操作系统中运行，通过可视化图形编程方便地进行梯形图开发，兼容多种标准 PLC 语言，并符合国际标准，是一种简捷、高效、

可靠的 PLC 开发工具。

二、HNC-8 系列 LADDER 软件的安装

以 Windows XP 中文版下用光盘完全安装梯形图开发环境为例说明梯形图开发环境的安装。

(1) 进入 Windows XP 中文版的操作环境。

(2) 在光盘驱动器中插入含梯形图开发环境软件的光盘。

(3) 双击光盘华中数控梯形图目录下的 Setup. exe 文件,安装程序将自动运行,稍后会出现一个安装向导。然后按照提示进行安装。

三、梯形图开发环境

梯形图开发环境被划分为四个部分:菜单、梯形图、语句表和符号表。

1. 菜单

在开发环境顶部的一水平的长条称为菜单,如图 3-81 所示,在菜单里列出了梯形图界面的各个下拉菜单项。用鼠标单击某个菜单项,便会显示出下拉菜单中的各个命令选项,用鼠标单击某个命令,就可完成相应的操作。

文件(F) 编辑(E) 查看(V) 工具(O) 窗口(W) 帮助(H)

图 3-81 菜单

开发环境菜单分为文件、编辑、查看、工具、窗口和帮助六项。下面分别介绍这些菜单项的具体内容。

1) 文件

在"文件"菜单中包含用于对文件进行操作的命令选项。主要为用户提供对梯形图文件的各种操作(见表 3-5)。

表 3-5 文件菜单中的各种操作

新建	该选项用于创建新的工程
打开	该选项用于打开已有的 dft 文件
保存	该选项用于把当前窗口的文件内容保存为 dft 文件
另存为	该选项的功能与"保存梯图"选项类似,也是保存打开的文件,不过该选项是将打开的文件用新的文件名加以保存
关闭	该选项用于关闭当前梯形图界面
载入 dit 文件	该选项用于打开已有的 dit 文件
打印	该选项用于打印当前窗口中的内容
打印预览	该选项用于查看将要打印出来的效果
打印设置	该选项用于设置打印的参数
退出	选择该选项将退出程序

2）编辑

编辑包含了复制粘贴等快速操作方式(见表 3-6)，编辑中的各种功能是为了提高用户编写梯形图的效率，主要在用户编写梯形图时应用。

表 3-6　编辑菜单中的各种操作

剪切	剪切字符串或元件
复制	复制字符串或元件
粘贴	粘贴字符串或元件
插入行	在光标所在位置插入行
删除行	删除光标所在行

3）查看

查看项用于控制在主窗口中显示的子窗口(见表 3-7)。

表 3-7　查看菜单中显示的子窗口

梯形图	打开(关闭)梯形图视图
语句表	打开(关闭)语句表视图
符号表	打开(关闭)符号表视图
图元树	打开(关闭)左边的图元树
消息框	打开(关闭)下边的消息框
工具栏	打开(关闭)工具栏
状态栏	打开(关闭)状态栏

4）工具

查找替换功能(见表 3-8)。

表 3-8　工具菜单中的操作

搜索	该选项用于查找指定的字符串
搜索下一个	继续查找指定的字符串
替换	该选项用于替换指定的字符串

5）窗口

选项中的内容是用于打开各个窗口(见表 3-9)。

表 3-9　窗口菜单中打开各个子窗口操作

层叠	以层叠方式显示所有子窗口
平铺	以平铺方式显示所有子窗口
REG	显示符号表窗口
STL	显示语句表窗口
LADDER	显示梯形图窗口

6）帮助

关于 NEWPLC：显示软件版本。

2. 梯形图界面

在梯形图界面(见图 3-82)中包括工具栏、图元树、编辑窗口和消息框部分。

工具栏和图元树都可以随意停靠。也就是说它们可以放置在主窗口的 4 个侧边的任意一个上，也可以使工具栏“浮”在桌面上的任何位置。

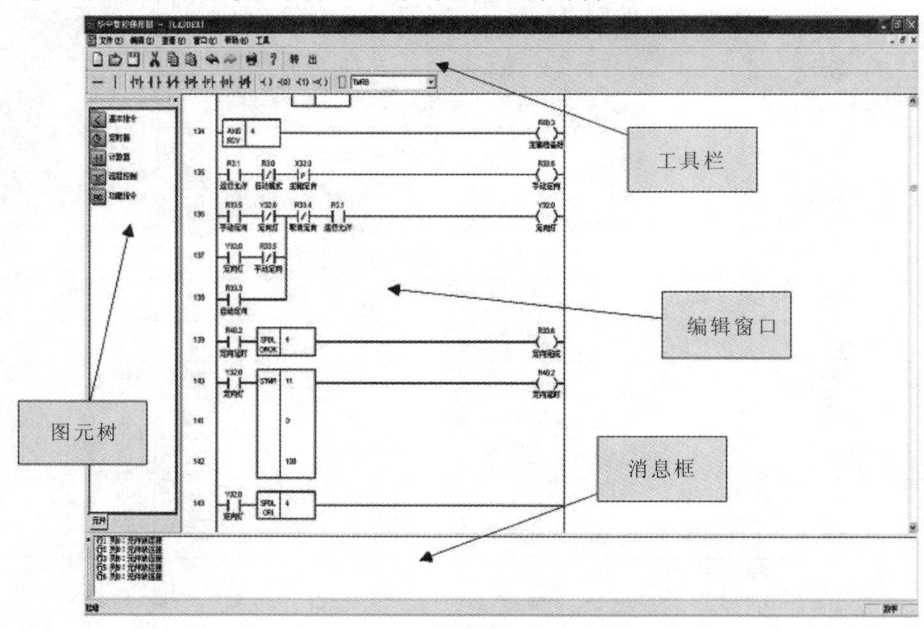

图 3-82　梯形图开发界面

1）工具栏

在梯形图界面中包括操作工具栏(见图 3-83)和元件工具栏(见图 3-84)。

(1) 操作工具栏用于快捷的操作新建文件，放大缩小，撤销恢复等菜单中的操作。

图 3-83　操作工具栏

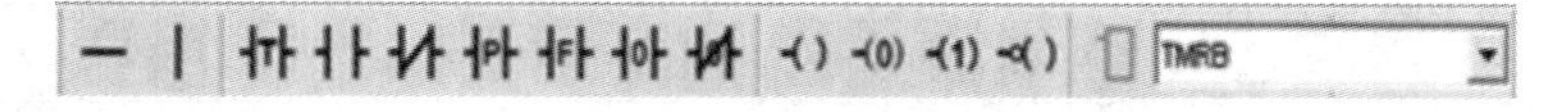

图 3-84　元件工具栏

，在工具栏上选择此键，则只能打开以.dft 为后缀的梯形图文件。此文件是数控系统不认识的文件。

，在工具栏上选择此键，就可以撤销以前的操作。

，在工具栏上选择此键，就可以恢复以前撤销的操作。

转，在工具栏上选择此键，将把当前的梯形图转换成对应的语句表。如果梯形图中存在错误，将弹出消息框，显示错误信息。

出，在工具栏上选择键，将把当前的梯形图转换成对应的语句表，并且输出 PLC. dit 文件(梯形图执行文件，如要将此文件载入数控系统，必须再将此文件的文件名的部分 PLC 改成与数控系统备份出的梯形图文件名相同的以. dit 为后缀的文件名，且都为大写)。如果梯形图中存在错误，将弹出消息框，显示错误信息。

(2) 元件工具栏用于快捷加入基本输入输出单元和选择功能模块。

文件(F)→载入 dit 文件→打开从数控系统中备份出的以. dit 为后缀的梯形图文件。

2) 图元树

图元树(见图 3-85)用于选择功能模块。通过双击图标来展开或收起指令树，然后从指令树中选取需要使用的指令图标。

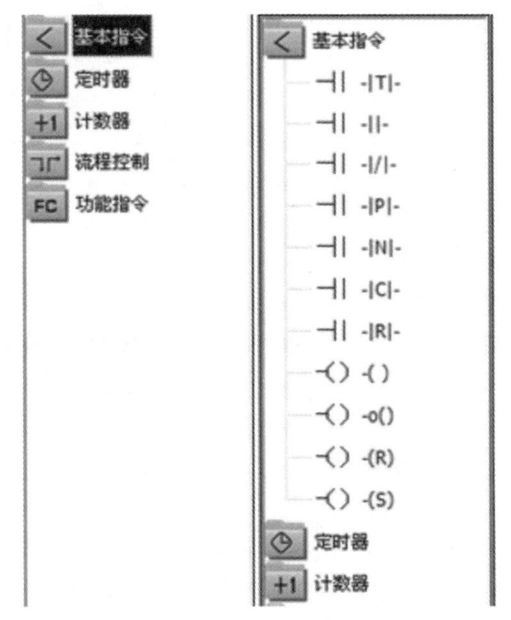

图 3-85　图元树

3) 编辑窗口

编辑窗口(见图 3-86)用于显示和编辑梯形图。左右母线之间的区域是梯形图的编辑区，左母线左侧显示当前编辑的行号，右母线的右侧显示的是当前行输出状态含义的注释。

4) 消息框

在编译转换梯形图的时候，如果在梯形图中存在着语句错误或者可以识别的语法错误，这时就需要用消息框(见图 3-87)来显示转换、输出时出现的错误。

422
R100.1
0
旋转报警1
换刀允许灯亮时，禁止转主轴
423
R100.2
0
旋转报警2
松刀时，禁止转主轴
424
R100.3
0
旋转报警3
主轴定向时，禁止转主轴
425
R100.4
0
松刀报警
主轴旋转时，禁止松刀
426
R100.5
0
定向报警
换刀允许灯亮时，禁止主轴定向

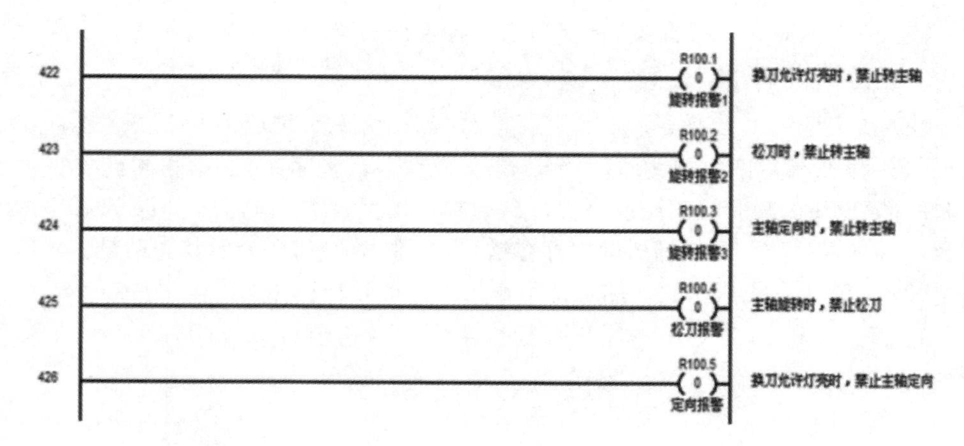

图 3-86　编辑窗口

行5 列7：元件缺连接
行5 列9：元件缺连接
行15 列2：元件缺连接

图 3-87　消息框

3. 语句表界面

语句表界面如图 3-88 所示。

语句表界面中包括工具栏和编辑窗口部分。

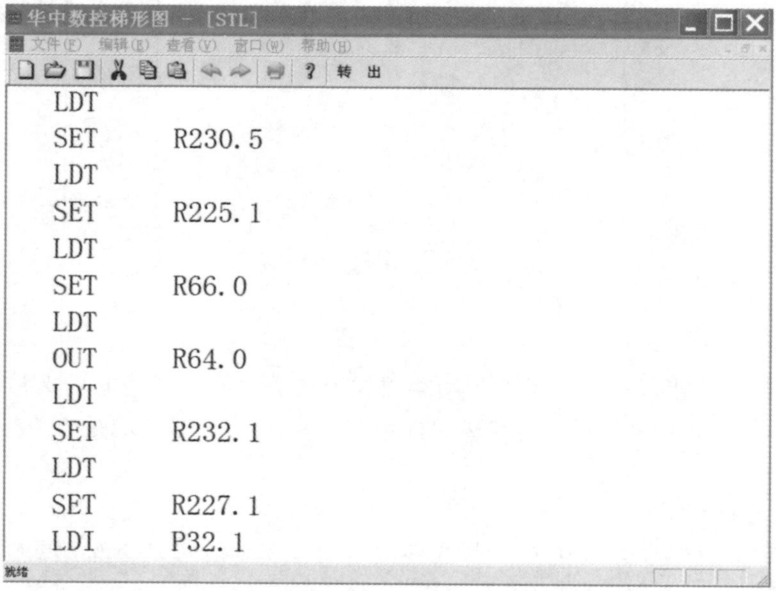

华中数控梯形图 - [STL]
文件(F)　编辑(E)　查看(V)　窗口(W)　帮助(H)
转　出
LDT
SET　R230.5
LDT
SET　R225.1
LDT
SET　R66.0
LDT
OUT　R64.0
LDT
SET　R232.1
LDT
SET　R227.1
LDI　P32.1
就绪

图 3-88　语句表界面

4. 符号表界面

符号表界面(见图 3-89)用于定义相应地址的符号名和注释。

华中数控梯形图 - [REG]

文件(F)　编辑(E)　查看(V)　窗口(W)　帮助(H)

转　出

regster
X
Y
F
G
R
W
D
B

编号	地址	符号名	注释
	X0		
1	X0.0	X正限位	
2	X0.1	X负限位	
3	X0.2	Y正限位	
4	X0.3	Y负限位	
5	X0.4	Z正限位	
6	X0.5	Z负限位	
7	X0.6		
8	X0.7		
	X1		
9	X1.0	X回零点	
10	X1.1	Y回零点	
11	X1.2	Z回零点	
12	X1.3		
13	X1.4	主轴报警	
14	X1.5	压力报警	
15	X1.6	冷却报警	
16	X1.7	外部报警	
	X2		
17	X2.0	外部松刀...	
18	X2.1		
19	X2.2		
20	X2.3		

就绪

图 3-89　符号表界面

符号表编辑窗口左边为寄存器选择框，右边为寄存器编辑框。

在寄存器编辑框中包括编号、地址、符号名和注释四部分。

(1) 编号：显示当前符号名在所有符号名中的编号，自动生成。

(2) 地址：指定的地址。

(3) 符号名：指定地址所对应的符号名。

(4) 注释：指定地址所对应的注释。

四、HNC-8 系列 LADDER 软件的操作

在开始编辑 PLC 前，首先要在符号表界面中对要用到的地址定义符号名，并对其进行注释，然后再使用梯形图或语句表方式进行编辑 PLC。

1. 符号表操作

符号表用于对指定地址定义符号名和注释。

1) 增加符号表

增加符号表如图 3-90 所示。

下面以 X10.0(X 轴正限位)为例。

编号	地址	符号名	注释
	X9.2		
	X9.3		
	X9.4		
	X9.5		
	X9.6		
	X9.7		
	X10		
0	X10.0	X正限位	X正限位，高电平有效
	X10.1		
	X10.2		
	X10.3		
	X10.4		
	X10.5		
	X10.6		
	X10.7		
	X11		
	X11.0		
	X11.1		

图 3-90　增加符号表

X10.0 在 X 寄存器中，首先在寄存器选择框中选中 X 寄存器。X10.0 在 X000—X0049 中，选择分栏项。找到 X10.0 的地址，在符号名项上点击，将弹出编辑框。在编辑框中输入"X 正限位"，然后点击"Enter"键。输入符号名后，再对此地址进行注释。在注释项上点击 3 次，将弹出编辑框。在编辑框中输入"X 正限位，高电平有效"，然后点击"Enter"键。

2）删除符号表

当不需要 X10.0 的符号名和注释时，就需要删除它。

首先在地址项上选中 X10.0，按下"Delete"键，就可删除此项了。

2. 梯形图操作

梯形图是由行组成，每行最多有 10 个单元。

1）插入元件

插入元件分为两种方式：一种为插入基本元件，另一种为插入功能元件。

（1）插入基本元件

① 插入基本元件时，首先在梯形图上选中位置，如图 3-91 所示。

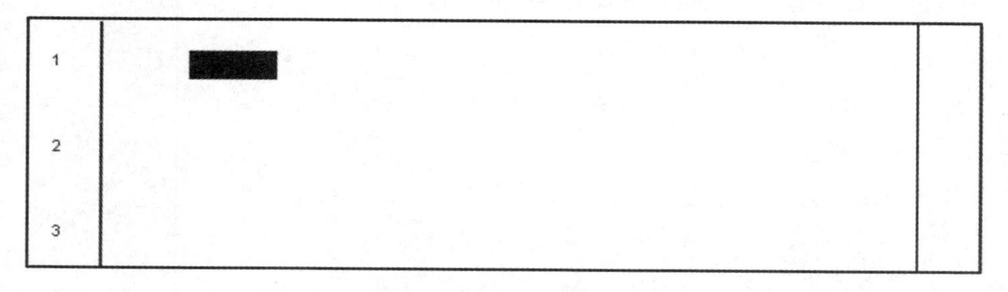

图 3-91　插入基本元件时选中位置

② 在工具栏上单击要加入的基本元件，如图 3-92 所示。

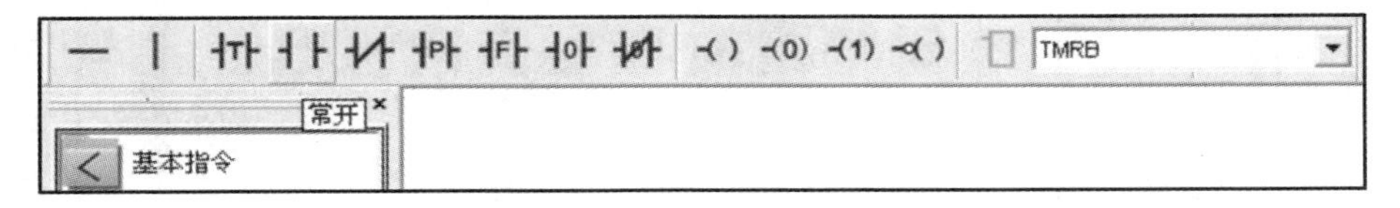

图 3-92　工具栏上单击所需加入的基本元件

③ 基本元件被加入到梯形图中，如图 3-93 所示。

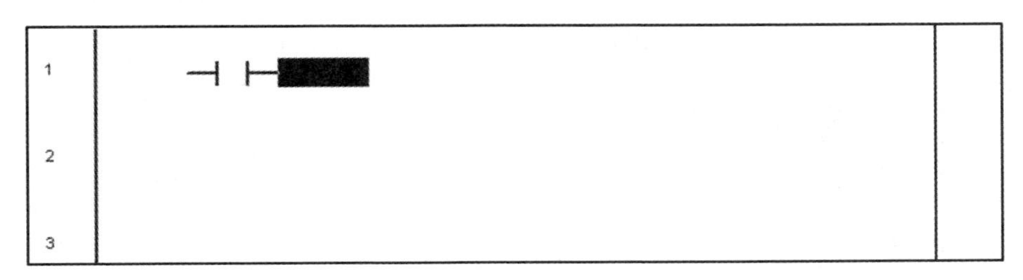

图 3-93　基本元件被加入到梯形图

(2) 插入功能元件

插入功能元件时，首先要选中需要加入的功能元件(见图 3-94)，可以在图元树中选择；也可以在工具栏的功能元件选择框中选择。图 3-95 所示为功能元件被加入。

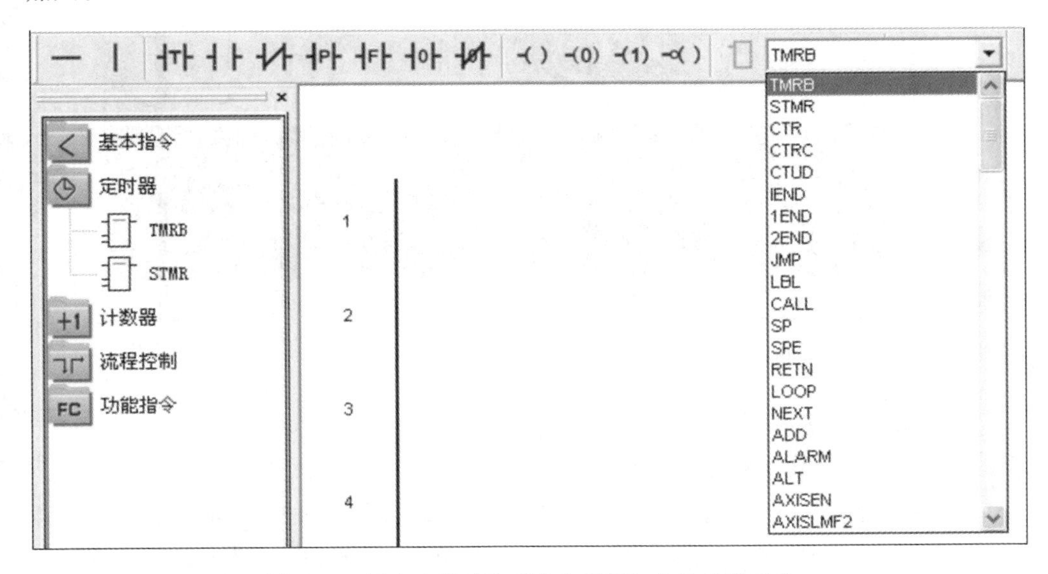

图 3-94　插入功能元件时选中需要加入的功能元件

2) 删除元件

删除元件先要在梯形图中选中要删除的元件，如图 3-96 所示。

按下“Delete”键就可以删除选中的元件。

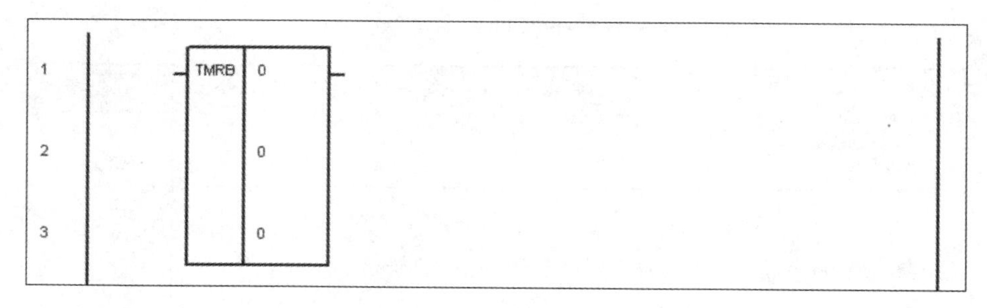

图 3-95　功能元件被加入

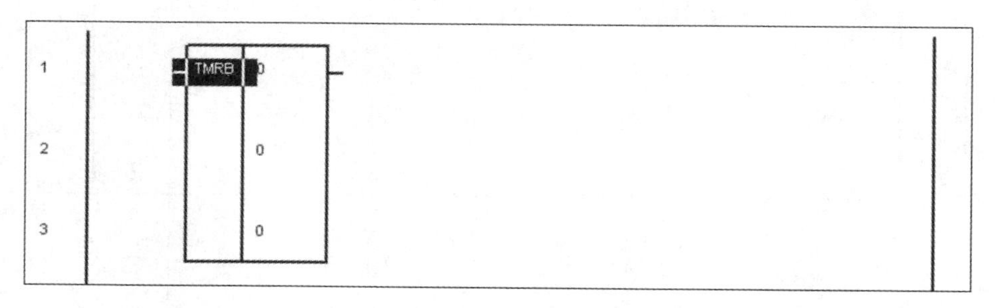

图 3-96　删除元件

3）删除多行

删除多行先要选中需要删除的行(使用鼠标拖动选择区域)，如图 3-97 所示。

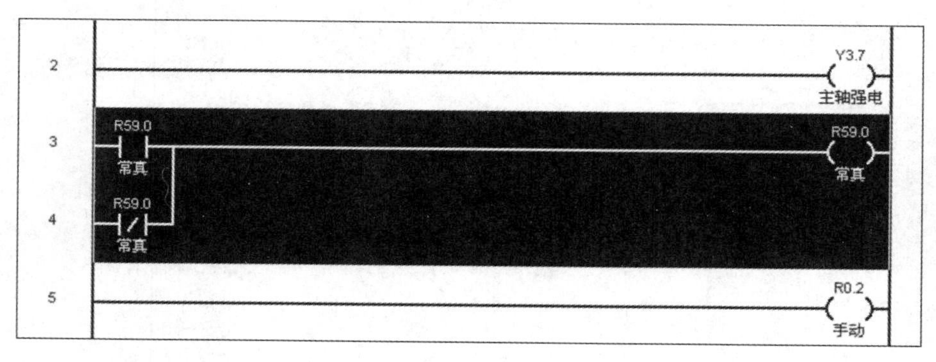

图 3-97　删除多行

按下“Delete”键就可以删除选中的区域。

4）剪切、复制和粘贴元件

剪切、复制元件时，首先在梯形图中选择一个元件，如图 3-98 所示。

然后再在“编辑”菜单中选择剪切或复制项(见图 3-99)，也可以在要剪切或复制的元件上单击鼠标右键，选择剪切或复制项。

方式 1：用编辑菜单中的剪切、复制和粘贴。

方式 2：在要剪切或复制的元件上单击鼠标右键。

最后将此元件粘贴在其他位置。

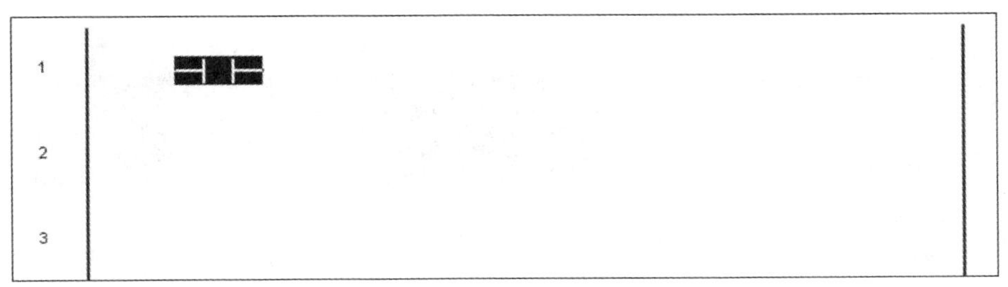

图 3-98　在梯形图中选择一个元件

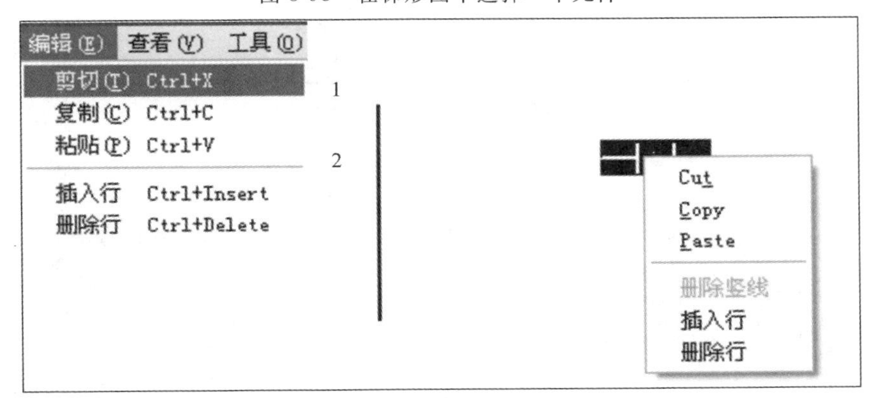

图 3-99　剪切、复制和粘贴元件

5）剪切、复制和粘贴多行

第一步：剪切、复制多行先要选中需要操作的行（见图 3-100）使用鼠标拖动选择的区域。

图 3-100　选中需要操作的行

第二步：在菜单中选择剪切或复制项（见图 3-101），也可以在要剪切或复制的元件上单击鼠标右键，选择剪切或复制项。

第三步：在梯形图中选择某个位置，如图 3-102 所示。

第四步：选择粘贴项，如图 3-103 所示。

6）插入行

在梯形图中选中某个位置后，可以在此位置前插入一行，如图 3-104 所示。

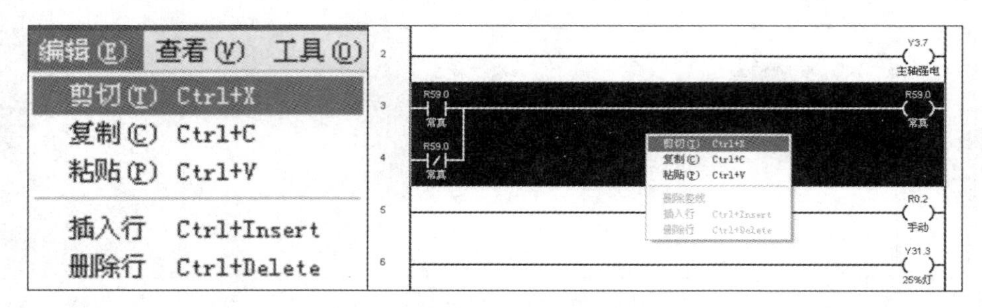

图 3-101 剪切、复制

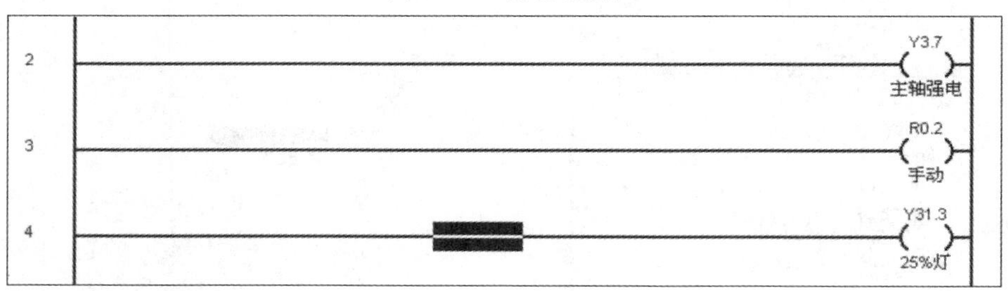

表 3-102 在梯形图中选择位置

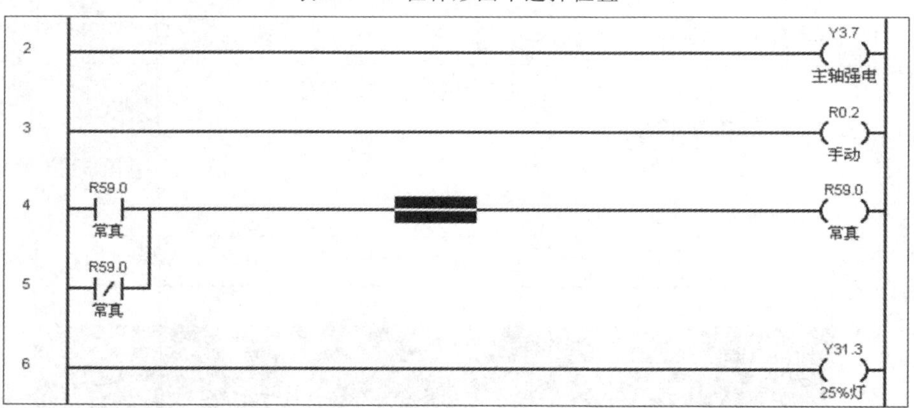

图 3-103 粘贴

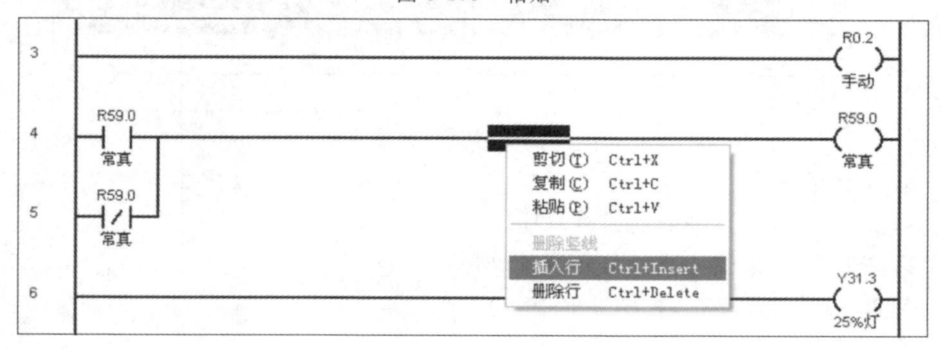

图 3-104 插入行

7）删除行

在梯形图中选中某个位置后，可以删除此行，如图 3-105 所示。

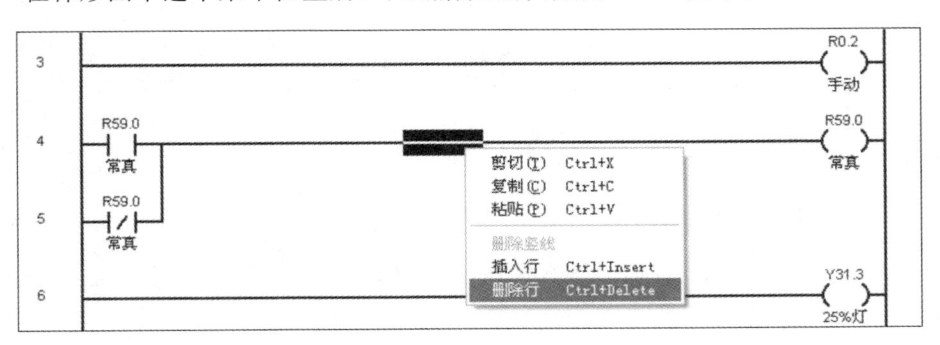

图 3-105　删除行

模块四　HNC-8 数控系统特殊应用

项目九　C/S 轴切换和刚性攻丝

一、C/S 轴的参数设置

以轴 5 为 C/S 轴切换为例，C/S 轴切换 G 寄存器（见表 4-1），C/S 轴切换轴配置如图 4-1 所示。

表 4-1　C/S 轴切换 G 寄存器

G402.9	切换到位置控制
G402.10	切换到速度控制
G402.11	切换到力矩控制

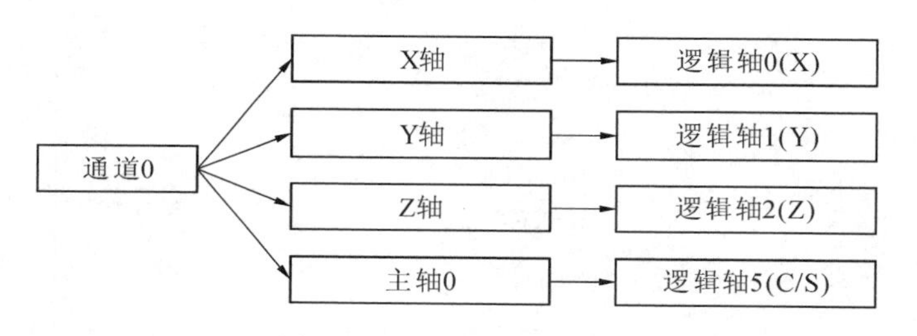

图 4-1　C/S 轴切换轴配置

（1）将通道参数中的“C 坐标轴轴号”设为－2，如图 4-2 所示。

参数列表	参数号	参数名	参数值	生效方式
NC参数	040000	通道名	CH0	复位
机床用户参数	040001	X坐标轴轴号	0	复位
[-]通道参数	040002	Y坐标轴轴号	1	复位
通道0	040003	Z坐标轴轴号	2	复位
通道1	040004	A坐标轴轴号	-1	复位
通道2	040005	B坐标轴轴号	-1	复位
通道3	040006	C坐标轴轴号	-2	复位
[+]坐标轴参数	040007	U坐标轴轴号	-1	复位
[+]误差补偿参数	040008	V坐标轴轴号	-1	复位
[+]设备接口参数	040009	W坐标轴轴号	-1	复位
数据表参数	040010	主轴0轴号	5	复位

图 4-2　“C 轴坐标轴轴号”设定为－2

（2）修改轴参数中将主轴所对应的逻辑轴，将显示轴名设为 C，修改此轴电子齿轮比等参数，如图 4-3 所示。

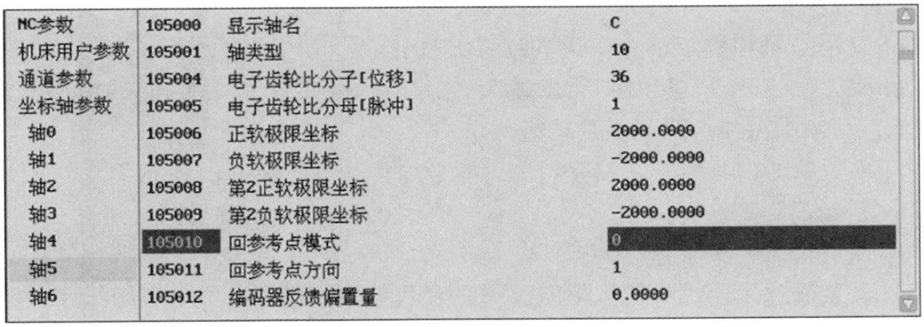

NC参数	105000	显示轴名	C
机床用户参数	105001	轴类型	10
通道参数	105004	电子齿轮比分子[位移]	36
坐标轴参数	105005	电子齿轮比分母[脉冲]	1
轴0	105006	正软极限坐标	2000.0000
轴1	105007	负软极限坐标	-2000.0000
轴2	105008	第2正软极限坐标	2000.0000
轴3	105009	第2负软极限坐标	-2000.0000
轴4	105010	回参考点模式	0
轴5	105011	回参考点方向	1
轴6	105012	编码器反馈偏置量	0.0000

图 4-3　主轴逻辑轴号、轴参数及显示轴名设定

(3) 在工位显示轴标志中加入主轴的显示，如图 4-4 所示。

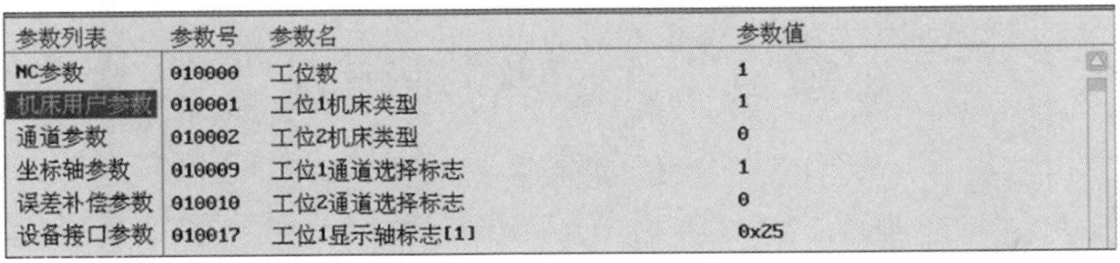

参数列表	参数号	参数名	参数值
NC参数	010000	工位数	1
机床用户参数	010001	工位1机床类型	1
通道参数	010002	工位2机床类型	0
坐标轴参数	010009	工位1通道选择标志	1
误差补偿参数	010010	工位2通道选择标志	0
设备接口参数	010017	工位1显示轴标志[1]	0x25

图 4-4　主轴加入显示轴标志

(4) 在 G 代码中使用 STOC 将主轴切换成 C 轴，使用 CTOS 将 C 轴切换成主轴。根据轴号可以查看主轴工作在哪个模式下，也可在 PLC 中做判断以控制主轴工作。

二、调整驱动参数

和刚性攻螺纹相关的伺服参数如下：

(1) 控制参数 STA-8、位置控制参数 PA-0 设置见表 4-2。

表 4-2　控制参数 STA-8 和位置控制参数 PA-0 的设置

8	STA-8	是否允许模式开关切换功能		0:不允许
				1:允许
序号	名称	范围	默认值	单位
PA-0	位置控制比例增益	10～2000	200	0.1 Hz

(2) 位置控制参数 PA-42 设置见表 4-3。

表 4-3　位置控制参数 PA-42 设置

序号	名称	范围	默认值	单位
PA-42	位置控制速度比例增益	25～5000	450	0.1 Hz

功能及设置：

① 设定 C 轴模式下位置环调节器的比例增益。

② 设置值越大，增益越高，刚度越大，相同频率指令脉冲条件下，位置滞后量越小。但数值太大可能会引起振荡或超调。

③ 参数数值由具体的主轴驱动单元型号和负载情况确定。

功能及设置：

① 设定 C 轴模式下速度调节器的比例增益。

② 设置值越大，增益越高，刚度越大。参数数值根据具体的主轴驱动系统型号和负载值情况确定。一般情况下，负载惯量越大，设定值越大。

③ 系统不产生振荡的条件下，尽量设定较大的值。

项目十　PMC 轴配置

一、PMC 轴简介

PMC 轴是伺服轴不是由 CNC 控制，而是由 PMC 相关信号控制。PMC 轴在使用中需要给出轴运动的三要素：运动方式、运动位移、运动速度。华中数控 HNC-8 系列系统软件对于 PMC 轴已经规范出标准的功能指令 AXISMVTO、AXISMOVE，8 系列软件 PMC 轴必须设置在一个没有使用过的通道中，并且置此通道为 PMC 模式。在编程时只需要使用这个指令，不需要在梯形图中进行运动三要素的赋值和缓冲处理。

二、PMC 轴的参数设置

PMC 轴的参数设置步骤如下：

(1) 设置参数 010050“PMC 及耦合从轴总数”，有多少个 PMC 轴就设多少个。

(2) 设置参数 010051“PMC 及耦合从轴编号”，使用当前通道里没有配置过的逻辑轴号。

(3) 在一个没有使用的通道里设置之前在参数 010051“PMC 及耦合从轴编号”中所设置的轴号。

(4) 选择参数 010051“PMC 及耦合从轴编号”中所指定的逻辑轴，设置第 100 号参数“PMC 及耦合轴类型”为 0(PMC 轴)。

(5) 在 PLC 中将参数 010051“PMC 及耦合从轴编号”中所指定的逻辑轴使能，并且复位通道。将通道 1 的模式设为 PMC 模式。

(6) 最后在 PLC 中使用 AXISMVTO 模块将轴 6 走到一个绝对位置，或用 AXISMOVE 模块使轴 6 走到一个相对位置。

三、PMC 轴举例

铣床带 PMC 轴如图 4-5 所示。

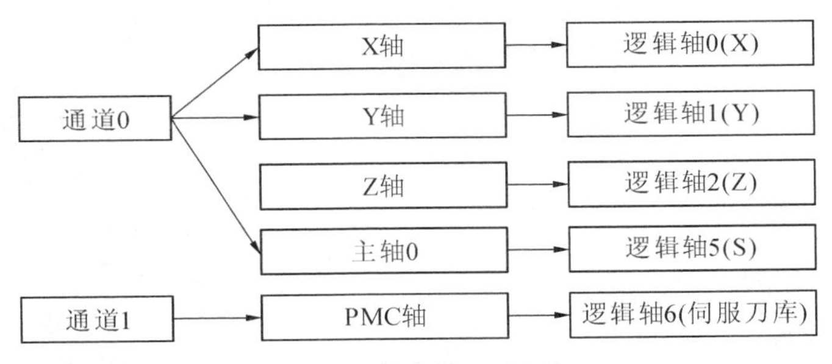

图 4-5　铣床带 PMC 轴

(1) 由于只有一个伺服刀库需要 PMC 轴，所以设置参数 010050“PMC 及耦合从轴总数”为 1，如图 4-6 所示。

参数列表	参数号	参数名	参数值	生效方式
NC参数	010000	工位数	1	复位
机床用户参数	010001	工位1切削类型	1	复位
[-]通道参数	010002	工位2切削类型	0	复位
通道0	010009	工位1通道选择标志	1	复位
通道1	010010	工位2通道选择标志	0	复位
通道2	010017	工位1显示轴标志[1]	0x2d	保存
通道3	010019	工位2显示轴标志[1]	0x0	保存
[+]坐标轴参数	010033	工位1负载电流显示轴定制	0,2,3,5	保存
[+]误差补偿参数	010041	是否动态显示坐标轴	0	复位
[+]设备接口参数	010049	机床允许最大轴数	10	复位
数据表参数	010050	PMC及耦合从轴总数	1	复位

图 4-6　PMC 及耦合从轴总数设置

(2) 设置参数 010051“PMC 及耦合从轴编号”为 6，如图 4-7 所示。

参数列表	参数号	参数名	参数值	生效方式
NC参数	010051	PMC及耦合从轴编号[0]	6	复位
机床用户参数	010052	PMC及耦合从轴编号[1]	-1	复位
[-]通道参数	010053	PMC及耦合从轴编号[2]	-1	复位
通道0	010054	PMC及耦合从轴编号[3]	-1	复位
通道1	010055	PMC及耦合从轴编号[4]	-1	复位

图 4-7　PMC 及耦合从轴编号设置

(3) 因为铣床 X、Y、Z 轴和主轴都在通道 0 中，通道 1 未被使用，因此在通道 1 中的参数 041001“X 坐标轴轴号”处设 6，如图 4-8 所示。

(4) 设置轴 6 参数中的轴类型及齿轮比等，一切按旋转轴的参数来设置，如图 4-9 所示。

(5) 选择“坐标轴参数”中的“轴 6”，修改参数 106100“PMC 及耦合轴类型”为 0，如图 4-10 所示。

参数列表	参数号	参数名	参数值	生效方式
NC参数	041000	通道名	CH	立即
机床用户参数	041001	X坐标轴轴号	6	立即
[-]通道参数	041002	Y坐标轴轴号	-1	立即
通道0	041003	Z坐标轴轴号	-1	立即
通道1	041004	A坐标轴轴号	-1	立即
通道2	041005	B坐标轴轴号	-1	立即

图 4-8　PMC 通道及轴号设置

参数列表	参数号	参数名	参数值	生效方式
NC参数	106000	显示轴名	P1	保存
机床用户参数	106001	轴类型	3	保存
[+]通道参数	106004	电子齿轮比分子[位移](um)	360000	复位
[-]坐标轴参数	106005	电子齿轮比分母[脉冲]	131072	复位

图 4-9　PMC 轴参数设置

[-]坐标轴参数	106067	轴每转脉冲数(脉冲)	131072	立即
逻辑轴0	106068	丝杠导程	0.0000	保存
逻辑轴1	106073	旋转轴速度显示系数	0.0028	保存
逻辑轴2	106082	旋转轴短路径选择使能	1	保存
逻辑轴3	106090	编码器工作模式	256	立即
逻辑轴4	106094	编码器计数位数	29	复位
逻辑轴5	106100	轴运动控制模式	0	立即
逻辑轴6	106101	导引轴1编号	-1	立即

图 4-10　设置逻辑轴 6 为 PMC 轴

(6) 在 PLC 中将通道 1 复位，开轴 6 使能。用 MDST 模块将通道 1 设 64(PMC 模式)。

① 设置通道 0、通道 1 急停，如图 4-11 所示。

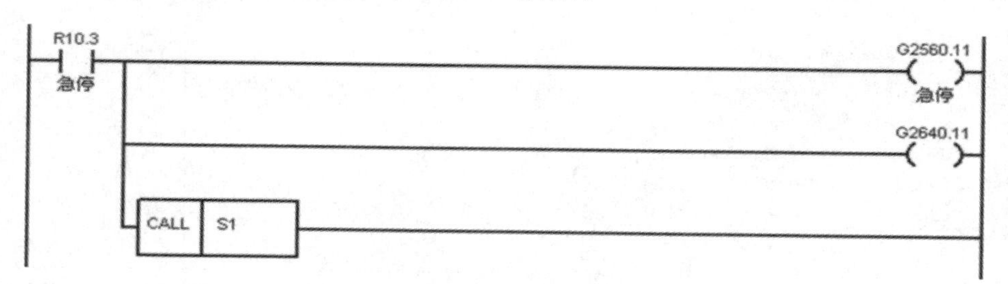

图 4-11　通道急停梯形图

② 设置通道 0、通道 1 复位，如图 4-12 所示。

③ 设置通道 1 为 PMC 模式，如图 4-13 所示。

(7) 最后在 PLC 中使用 AXISMVTO 模块将轴 6 走到一个绝对位置，或用 AXISMOVE 模块使轴 6 走到一个相对位置，如图 4-14 所示。

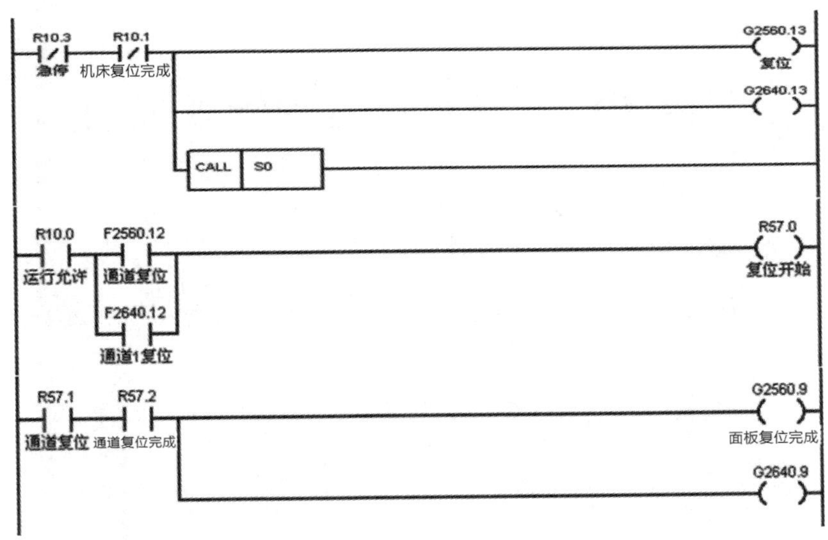

图 4-12　通道复位梯形图

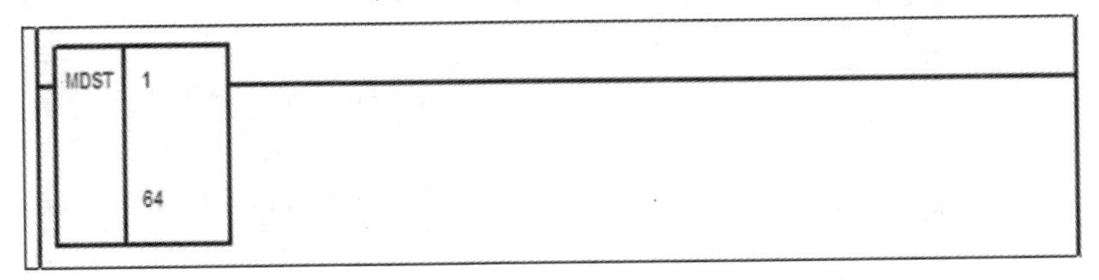

图 4-13　通道 1 设置 PMC 模式梯形图

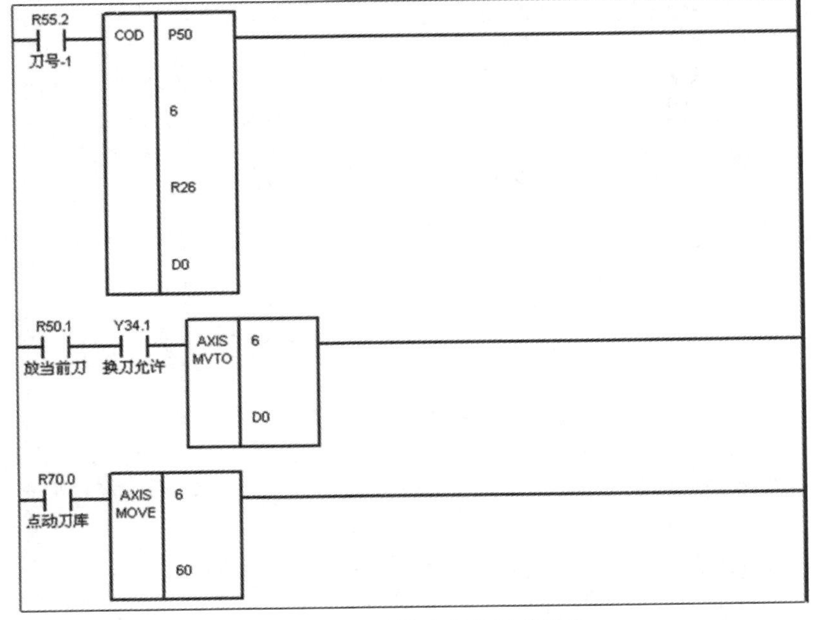

图 4-14　PMC 轴走行控制梯形图

项目十一　模拟量主轴配置说明

一、使用 D/A 板时的配置方法

只接 D/A 板输出模拟电压控制变频主轴不带反馈，如图 4-15 所示。I/O 盒上接 D/A 板如图 4-16 所示。

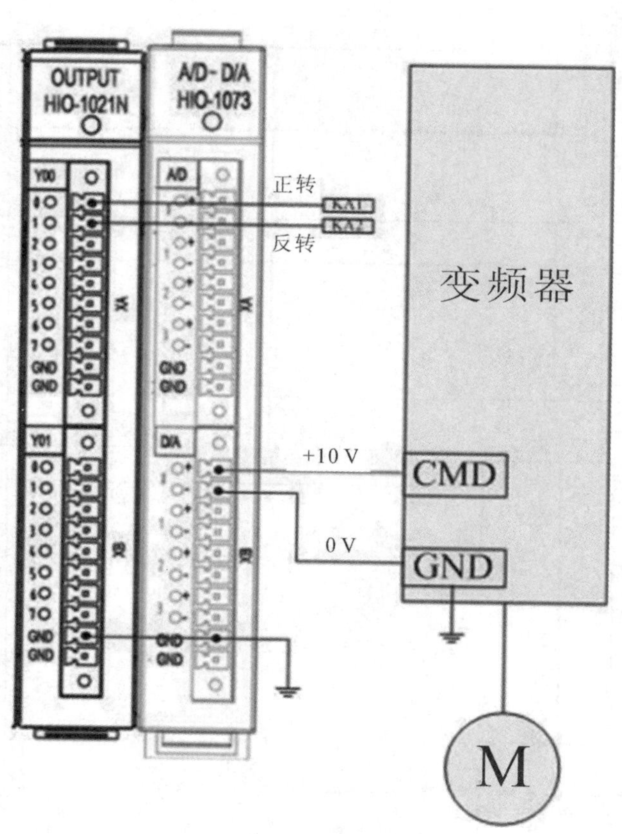

图 4-15　D/A 板输出模拟电压控制变频主轴

这时在设备接口参数中，可顺序识别两个 I/O 设备：第一个设备为总线 I/O 模块，第二个设备就是模拟量输入/输出模块，设备号分别为 9 和 10，如图 4-17 所示。

1. 配置总线 I/O 模块所在设备参数

总线 I/O 模块需配置以下参数，如图 4-18 所示。

(1) 参数 509012“输入点起始组数”设置为 0，即从第 0 组开始；

总线I/O输入模块：
每个端口占用1位，
16个端口为一组占16位，
选中区域共2组。
总线I/O输出模块：
每个端口占用1位，
16个端口为一组占16位，
选中区域共2组。
模拟量输入板：
每个端口占用8位，
两个端口为一组占16位，
选中区域共四组。
模拟量输出板：
每个端口占用8位，
两个端口为一组占16位，
选中区域共四组。
HCNC
HIO-1061
INPUT
HIO-1011P
INPUT
HIO-1011N
OUTPUT
HIO-1021N
OUTPUT
HIO-1021N
A/D- D/A
HIO-1073
X1
+24V
GND
PE
ID1
ID2
X2A
X2B
AD

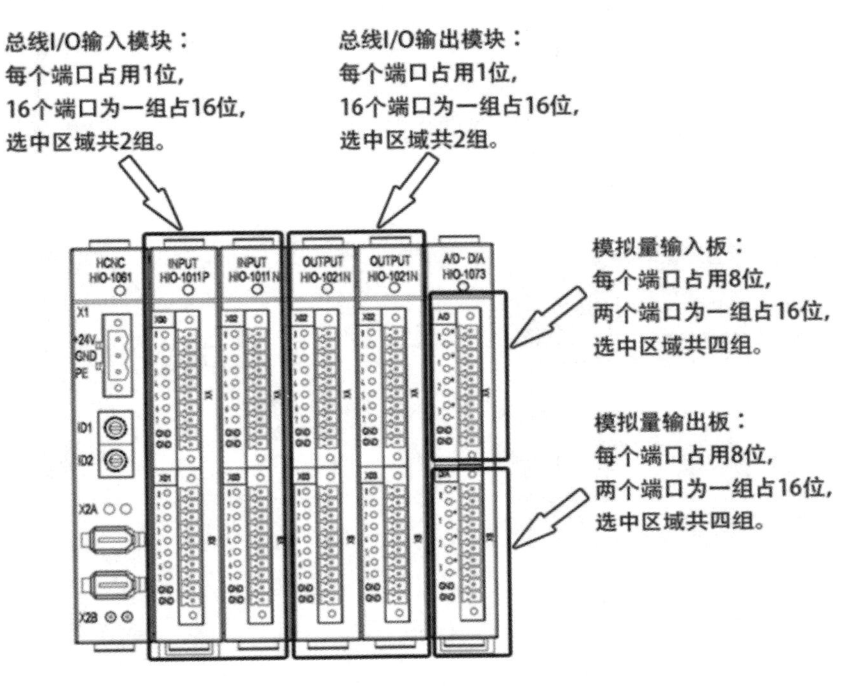

图 4-16　I/O 盒上接 D/A 板图

参数列表
参数号
参数名
参数值
生效方式
设备1
设备2
设备3
设备4
设备5
设备6
设备7
设备8
设备9
设备10
设备11
510000 设备名称 IO_NET 固化
510002 设备类型 2007 固化
510003 同组设备序号 1 固化
510012 输入点起始组号 0 复位
510013 输入点组数 10 复位
510014 输出点起始组号 0 复位
510015 输出点组数 10 复位
510016 编码器A类型 0 复位
510017 编码器A每转脉冲数 0 复位
510018 编码器B类型 0 复位
510019 编码器B每转脉冲数 0 复位
设备9为总线I/O模块,设备10为模拟量输入/输出模块

图 4-17　设备接口参数中找到两个 I/O 设备

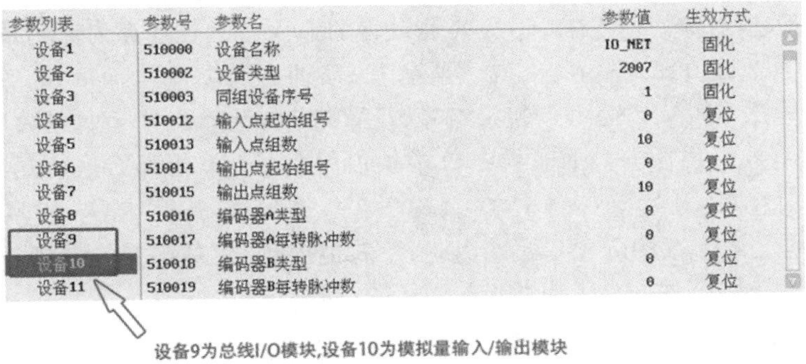

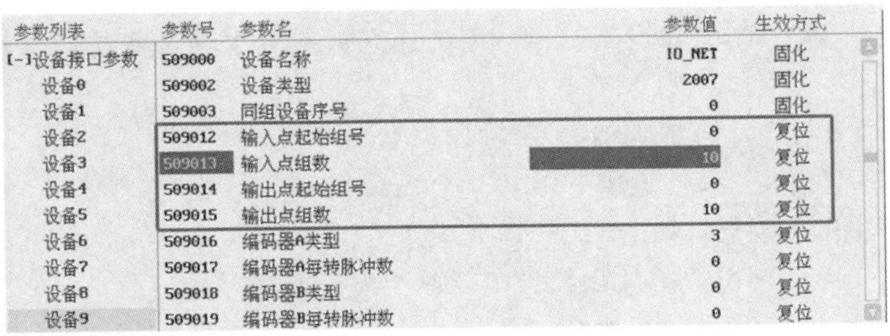

参数列表
参数号
参数名
参数值
生效方式
[-]设备接口参数
设备0
设备1
设备2
设备3
设备4
设备5
设备6
设备7
设备8
设备9
509000 设备名称 IO_NET 固化
509002 设备类型 2007 固化
509003 同组设备序号 0 固化
509012 输入点起始组号 0 复位
509013 输入点组数 10 复位
509014 输出点起始组号 0 复位
509015 输出点组数 10 复位
509016 编码器A类型 3 复位
509017 编码器A每转脉冲数 0 复位
509018 编码器B类型 0 复位
509019 编码器B每转脉冲数 0 复位

图 4-18　总线 I/O 模块配置

(2) 参数 509013“输入点组数”设置为 10；

(3) 参数 509014“输出点起始组数”设置为 0，即从第 0 组开始；

(4) 参数 509015“输出点组数”设置为 10。

2. 配置模拟量输入/输出模块所在设备参数

模拟量输入/输出模块需配置以下参数，如图 4-19 所示。

参数列表	参数号	参数名	参数值	生效方式
设备1	510000	设备名称	IO_NET	固化
设备2	510002	设备类型	2007	固化
设备3	510003	同组设备序号	1	固化
设备4	510012	输入点起始组号	10	复位
设备5	510013	输入点组数	10	复位
设备6	510014	输出点起始组号	10	复位
设备7	510015	输出点组数	10	复位
设备8	510016	编码器A类型	0	复位
设备9	510017	编码器A每转脉冲数	0	复位
设备10	510018	编码器B类型	0	复位
设备11	510019	编码器B每转脉冲数	0	复位

图 4-19　模拟量输入/输出模块配置

(1) 将参数 510012“输入点起始组号”设置为 10，此输入点起始组数不要和总线 I/O 模块输出点组数冲突！如总线 I/O 模块占用第 0～10 组，那么这时此参数可以设为 10，即从第 10 组开始。

注意：此起始组数的配置以不与其他设备的输入点组数冲突为原则。

(2) 将参数 510013“输入点组数”设置为 10，即占用 10 组。

(3) 将参数 510014“输出点起始组号”设置为 10，此输出点起始组数不要和总线 I/O 模块输出点组数冲突！如总线 I/O 模块占用第 0～10 组那么这时此参数可以设为 10，即从第 10 组开始。

注意：此起始组数的配置以不与其他设备的输出点组数冲突为原则。

(4) 参数 510015“输出点组数”设置为 10，即占用 10 组。

3. 配置设备接口参数中的设备 4“SP”

设备 4 中需配置的参数如下，如图 4-20 和图 4-21 所示。

(1) 设置参数 504010“工作模式”：模拟量主轴工作模式应设置为 3。

(2) 设置参数 504011“逻辑轴号”：用于建立模拟量主轴设备与逻辑轴之间的映射关系。

(3) 设置参数 504013“主轴 D/A 输出类型”。

0：不区分主轴正反转，输出 0～10 V 电压值

1：区分主轴正反转，输出 −10～10 V 电压值

可根据实际的情况选择输出模拟电压的类型。

(4) 设置参数 504017“主轴 D/A 输出设备号”，此参数填入总线 I/O 模块所占设备的设备号。比如总线 I/O 模块在设备 9，那么此时此参数就填入 9。

(5) 设置参数 504019“主轴 D/A 输出端口号”，一个 D/A 输出端口占用 2 组 Y 寄存器(16 位输出)，当指定了主轴 D/A 输出对应的 I/O 设备号后，该参数用于定位 D/A 输出 Y 寄存器的位置，即相对于 I/O 设备输出点起始组号的偏移量。如图 4-16 所示，在 I/O 盒子上有两块开关量输出子模块(HIO-1021N)，并且模拟量输出使用的是模拟量输入/输出模块的第 0 组(即第 1、2 号引脚)，那么 D/A 输出 Y 寄存器的位置相对于 I/O 设备输出点起始组号的偏移量就为 2，如果使用的是输入/输出模块的第 1 组，那么就设为 3，以此类推。

参数列表	参数号	参数名	参数值	生效方式
设备1	504000	设备名称	SP	固化
设备2	504002	设备类型	1001	固化
设备3	504003	同组设备序号	0	固化
设备4	504010	工作模式	3	复位
设备5	504011	逻辑轴号	5	复位
设备6	504012	编码器反馈取反标志	0	复位
设备7	504013	主轴DA输出类型	0	复位
设备8	504015	反馈位置循环脉冲数	4096	复位
设备9	504016	主轴编码器反馈设备号	-1	复位
设备10	504017	主轴DA输出设备号	9	复位
设备11	504018	主轴编码器反馈接口号	0	复位

图 4-20　模拟主轴 SP 设备设置

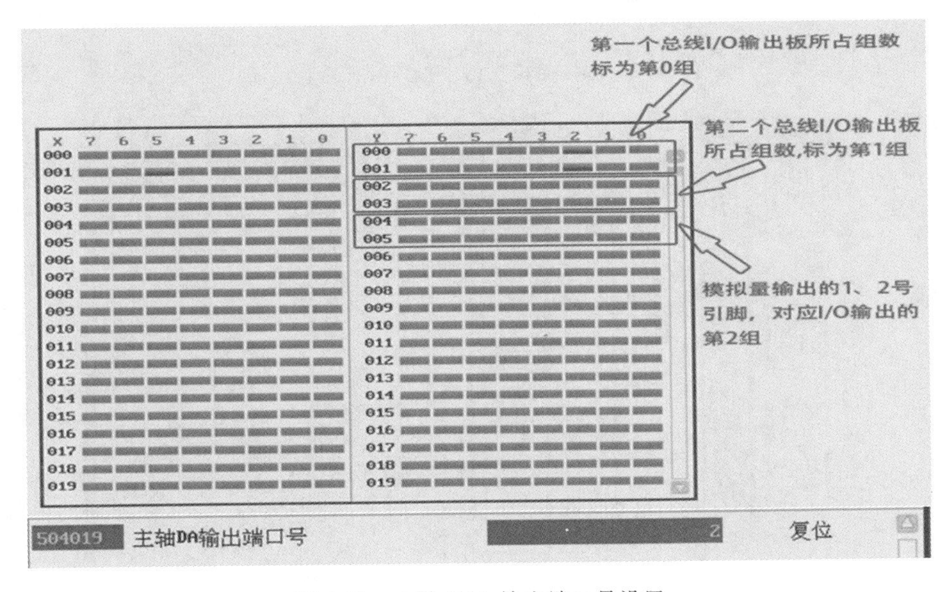

图 4-21　主轴 D/A 输出端口号设置

二、使用轴控制板发射模拟信号并接收反馈

使用轴控制板发射模拟信号并接收反馈，如图 4-22 所示，I/O 盒上的接轴控制板如图 4-23 所示。

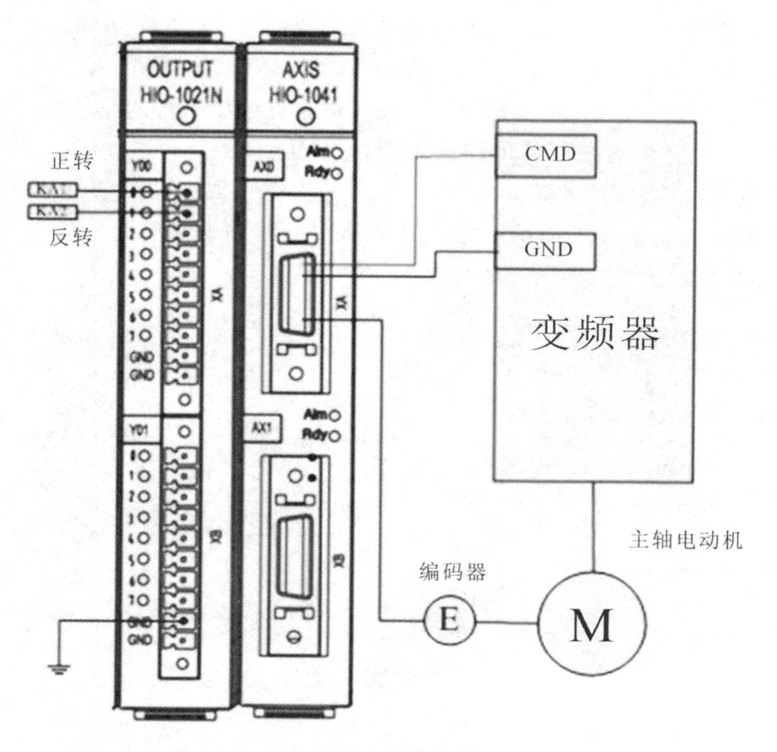

图 4-22 轴控制板发射模拟信号并接收反馈

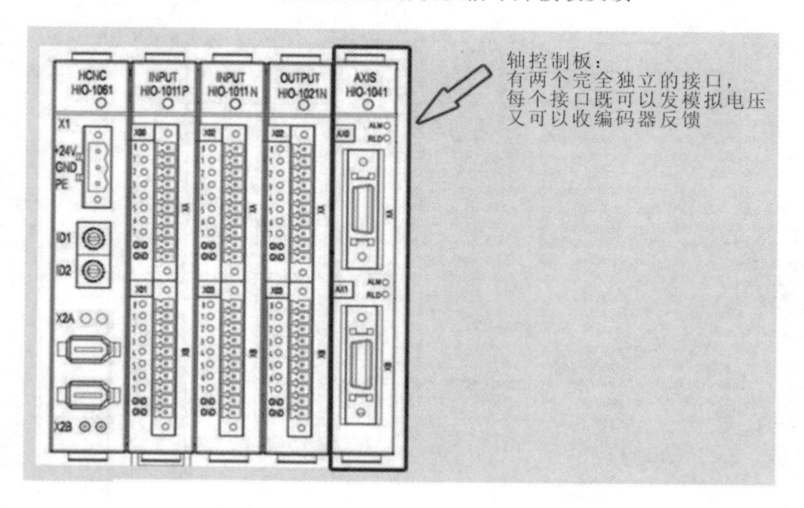

图 4-23 I/O 盒上接轴控制板

这时在设备参数中，可识别 2 个 I/O 设备，识别顺序为：第一个，轴控制板；第二个，总线 I/O 模块，如图 4-24 所示。

1. 轴控制板所在设备参数设置

模拟电压指令式主轴控制板所在设备设置如图 4-25 所示。

参数列表	参数号	参数名	参数值	生效方式
设备2	511000	设备名称	IO_NET	固化
设备3	511002	设备类型	2007	固化
设备4	511003	同组设备序号	1	固化
设备5	511012	输入点起始组号	0	复位
设备6	511013	输入点组数	0	复位
设备7	511014	输出点起始组号	0	复位
设备8	511015	输出点组数	0	复位
设备9	511016	编码器A类型	0	复位
设备10	511017	编码器A每转脉冲数	0	复位
设备11	511018	编码器B类型	0	复位
设备12	511019	编码器B每转脉冲数	0	复位

设备12为总线I/O模块,设备11为轴控制板

图 4-24　I/O 盒上接轴控制板有两个“IO_NET”设备

参数列表	参数号	参数名	参数值	生效方式
设备2	511000	设备名称	IO_NET	固化
设备3	511002	设备类型	2007	固化
设备4	511003	同组设备序号	1	固化
设备5	511012	输入点起始组号	10	复位
设备6	511013	输入点组数	10	复位
设备7	511014	输出点起始组号	10	复位
设备8	511015	输出点组数	10	复位
设备9	511016	编码器A类型	1	复位
设备10	511017	编码器A每转脉冲数	4096	复位
设备11	511018	编码器B类型	0	复位
设备12	511019	编码器B每转脉冲数	0	复位

图 4-25　轴控制板所在设备设置

(1) 输入点起始组号。

如总线 I/O 模块占用第 0～10 组,那么这时此参数可以设为 10,即从第 10 组开始。

(注意:此起始组数的配置以不要与其他设备的输出点组数冲突为原则。)

(2) 编码器 A/B 类型。

该参数用于指定端口 A/B 接入编码器的类型。

0 或 1:增量式编码器

3:绝对式编码器

(3) 编码器 A/B 每转脉冲数。

当端口 A/B 接入编码器的类型为增量式编码器时,该参数应设置为编码器A/B每转脉冲数。当使用编码器反馈板的 A 接口时,就设置编码器 A 类型和编码器 A 每转脉冲数;当使用 B 接口时,就设置编码器 B 类型和编码器 B 每转脉冲数)。

2. 配置设备接口参数中的设备 4“SP”

(1) 主轴 D/A 输出类型。

0:不区分主轴正反转,输出 0～10 V 电压值;

1:区分主轴正反转,输出－10～10 V电压值。

可根据实际的情况选择输出模拟电压的类型。

(2) 反馈位置循环脉冲数。

该参数用于设定主轴编码器反馈循环脉冲数,一般情况下应填入主轴每转脉冲数。如主轴电动机为1024线的增量编码器电动机,那么此参数设置为4096(1024×4＝4096)。

(3) 主轴编码器反馈设备号。

此参数填入编码器反馈块所占设备的设备号。比如编码器反馈块在设备11,那么此时此参数就填入11。

(4) 主轴D/A输出设备号。

此参数填入总线I/O模块所占设备的设备号。比如总线I/O模块在设备12,那么此时此参数就填入12。

(5) 主轴编码器反馈接口号。

一个编码器接口设备包含两个编码器反馈端口,该参数用于指定当前模拟量主轴使用的端口号。

0:使用编码器反馈端口A;

1:使用编码器反馈端口B。

(6) 主轴D/A输出端口号。

一个D/A输出端口占用2组Y寄存器(16位输出),当指定了主轴D/A输出对应的I/O设备号后,该参数用于定位D/A输出Y寄存器的位置,即相对于I/O设备输出点起始组号的偏移量。

如图4-26所示,在I/O盒子上有一块开关量输出子模块(HIO-1021N)并且模拟

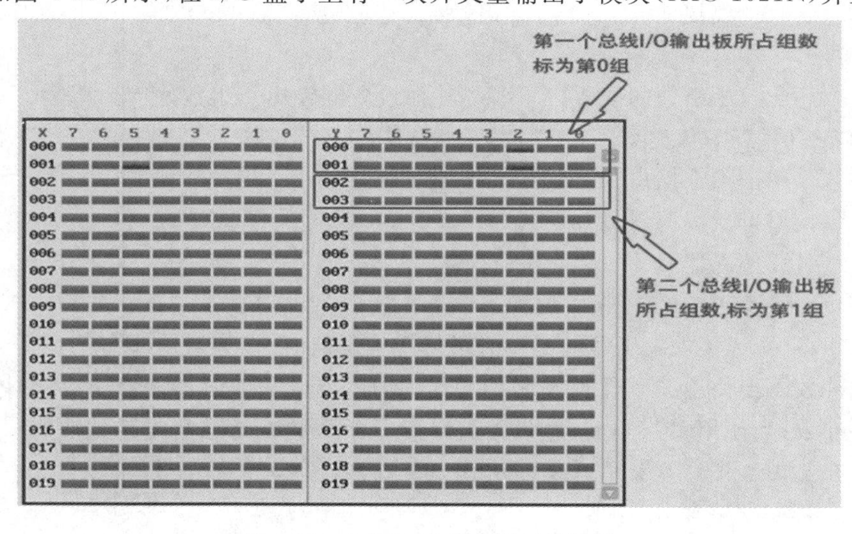

图4-26　主轴D/A输出端口号设置

量输出使用的是模拟电压指令式主轴控制板的第 0 组(发出模拟电压的是通过接口的 1、2 号引脚),那么 D/A 输出 Y 寄存器的位置相对于 I/O 设备输出点起始组号的偏移量就为 2。

3. 模拟量主轴 PLC 梯形图修改

模拟量主轴 PLC 梯形图修改,如图 4-27 所示。

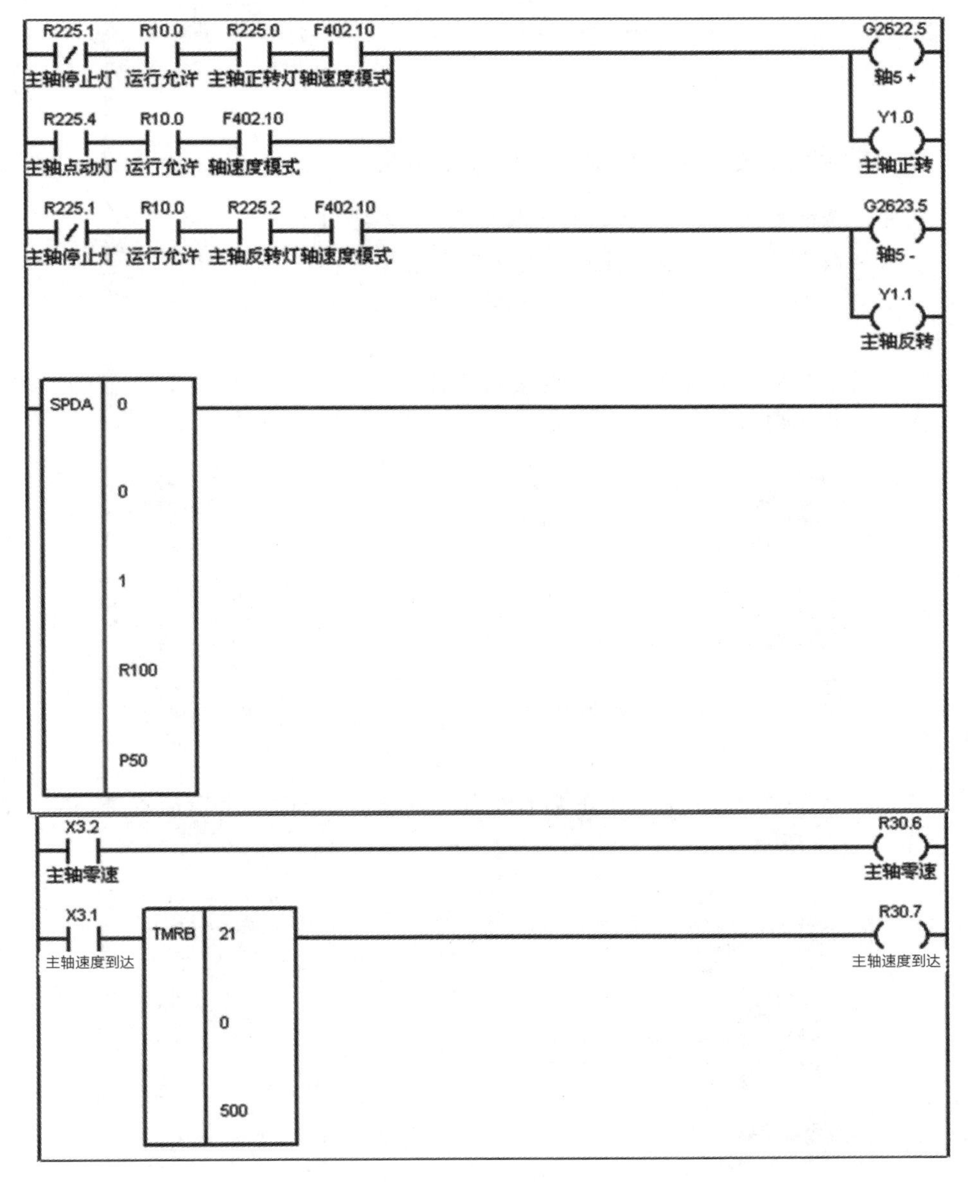

图 4-27　模拟量主轴 PLC 梯形图修改

(1) 将 SPDLBUS1 修改为 SPDA。

(2) 在主轴正反转处加入主轴正反转的 Y 输出。

(3) 将主轴零速及主轴速度到达信号修改为 X 输入信号。

项目十二　进给轴切主轴配置

一、进给轴切主轴参数配置参数部分

需要设置的参数有通道参数、坐标轴参数、设备接口参数。

通道参数内只需将没有使用过的物理轴配置在主轴 1 轴号参数内就行了。这个参数内配置的轴号将和坐标轴参数内的逻辑轴及设备接口参数内的“AX”达成映射关系。

将轴类型改为 9，这里的 9 是作为第二主轴使用的轴类型，如图 4-28 所示。逻辑轴 3 内其他的参数与第一主轴的参数一样。

NC参数	103000	显示轴名	A	保存
机床用户参数	103001	轴类型	9	保存
[+]通道参数	103004	电子齿轮比分子[位移](um)	360000	重启
[-]坐标轴参数	103005	电子齿轮比分母[脉冲]	10000	重启
逻辑轴0	103006	正软极限坐标(mm)	2000.000	复位
逻辑轴1	103007	负软极限坐标(mm)	-2000.000	复位
逻辑轴2	103008	第2正软极限坐标(mm)	2000.000	复位
逻辑轴3	103009	第2负软极限坐标(mm)	-2000.000	复位
逻辑轴4	103010	回参考点模式	0	保存
逻辑轴5	103011	回参考点方向	1	保存
逻辑轴6	103012	编码器反馈偏置量(mm)	0.000	重启

图 4-28　逻辑轴设定

将设备参数内找到的轴 3 按正常的配置方法设置，然后将反馈位置循环方式改为 2，如图 4-29 所示。

参数列表	参数号	参数名	参数值	生效方式
设备0	509000	设备名称	AX	固化
设备1	509002	设备类型	2002	固化
设备2	509003	同组设备序号	2	固化
设备3	509010	工作模式	1	重启
设备4	509011	逻辑轴号	3	重启
设备5	509012	编码器反馈取反标志	0	重启
设备6	509014	反馈位置循环方式	2	重启
设备7	509015	反馈位置循环脉冲数	131072	重启
设备8	509016	编码器类型	3	重启
设备9	509017	保留[0]	0	重启
设备10	509018	保留[1]	0	重启

图 4-29　设备接口参数设定

二、进给轴切主轴 PLC 设置

与进给轴切主轴 PLC 有关的 F/G 寄存器见表 4-4。

表 4-4　有关的 F/G 寄存器

F241.5	定向完成
F241.6	零速完成
F241.7	转速到达
G241.4	点动
G241.5	定向
G241.6	正转
G241.7	反转
G244	进给轴与主轴旋转手动移动标志 1:正向移动或主轴正转 —1:负向移动或主轴反转 0:停止移动或主轴停止
G243.0,G240.7	主轴使能
G240.15	轴复位
F242.8	伺服驱动准备好
F240.0	轴停止

作为第二主轴使用时与第一主轴 PLC 方面没有太大变化，将图 4-30 的第二主轴梯形图编入一个子程序放在梯形图内调用即可。

第二主轴的正转输入 M103，反转输入 M104，停止输入 M105，手动正/反转及停止，可以选择面板上没有使用过的按键来使用。

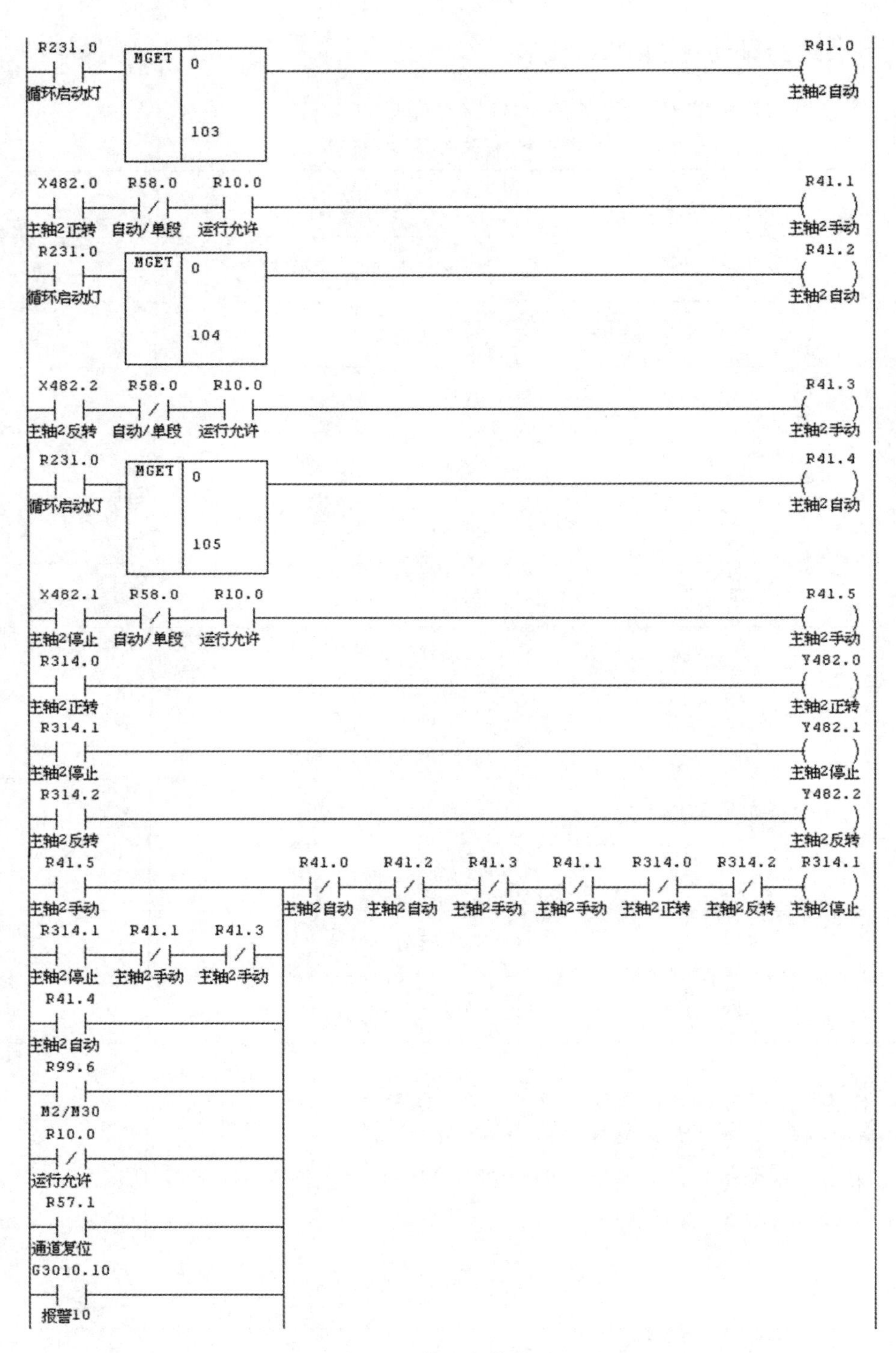

图 4-30　第二主轴梯形图

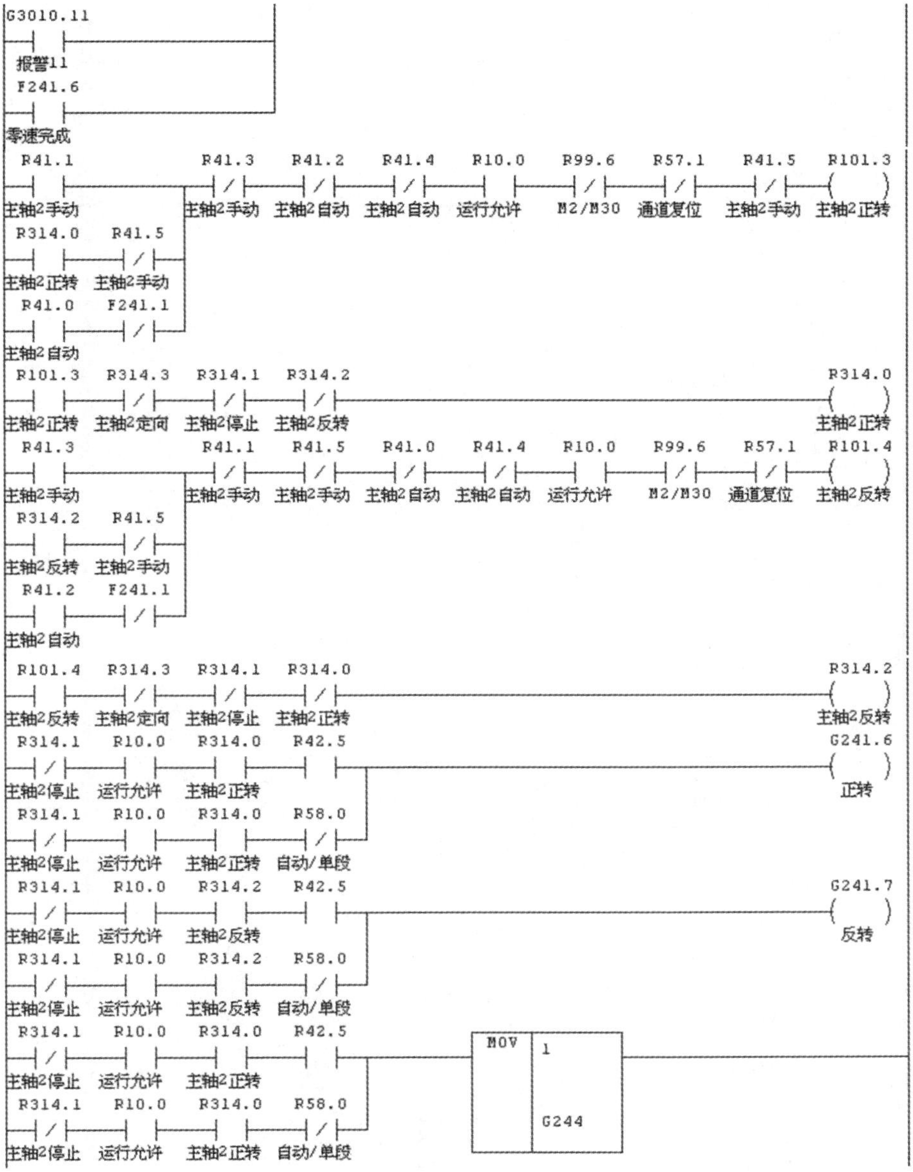

G3010.11
报警11
F241.6
零速完成

R41.1 主轴2手动　R41.3 主轴2手动　R41.2 主轴2自动　R41.4 主轴2自动　R10.0 运行允许　R99.6 M2/M30　R57.1 通道复位　R41.5 主轴2手动　R101.3 主轴2正转
R314.0 主轴2正转　R41.5 主轴2手动
R41.0 主轴2自动　F241.1

R101.3 主轴2正转　R314.3 主轴2定向　R314.1 主轴2停止　R314.2 主轴2反转　R314.0 主轴2正转

R41.3 主轴2手动　R41.1 主轴2手动　R41.5 主轴2手动　R41.0 主轴2自动　R41.4 主轴2自动　R10.0 运行允许　R99.6 M2/M30　R57.1 通道复位　R101.4 主轴2反转
R314.2 主轴2反转　R41.5 主轴2手动
R41.2 主轴2自动　F241.1

R101.4 主轴2反转　R314.3 主轴2定向　R314.1 主轴2停止　R314.0 主轴2正转　R314.2 主轴2反转

R314.1 主轴2停止　R10.0 运行允许　R314.0 主轴2正转　R42.5　G241.6 正转
R314.1 主轴2停止　R10.0 运行允许　R314.0 主轴2正转　R58.0 自动/单段

R314.1 主轴2停止　R10.0 运行允许　R314.2 主轴2反转　R42.5　G241.7 反转
R314.1 主轴2停止　R10.0 运行允许　R314.2 主轴2反转　R58.0 自动/单段

R314.1 主轴2停止　R10.0 运行允许　R314.0 主轴2正转　R42.5　MOV 1 G244
R314.1 主轴2停止　R10.0 运行允许　R314.0 主轴2正转　R58.0 自动/单段

续图 4-30

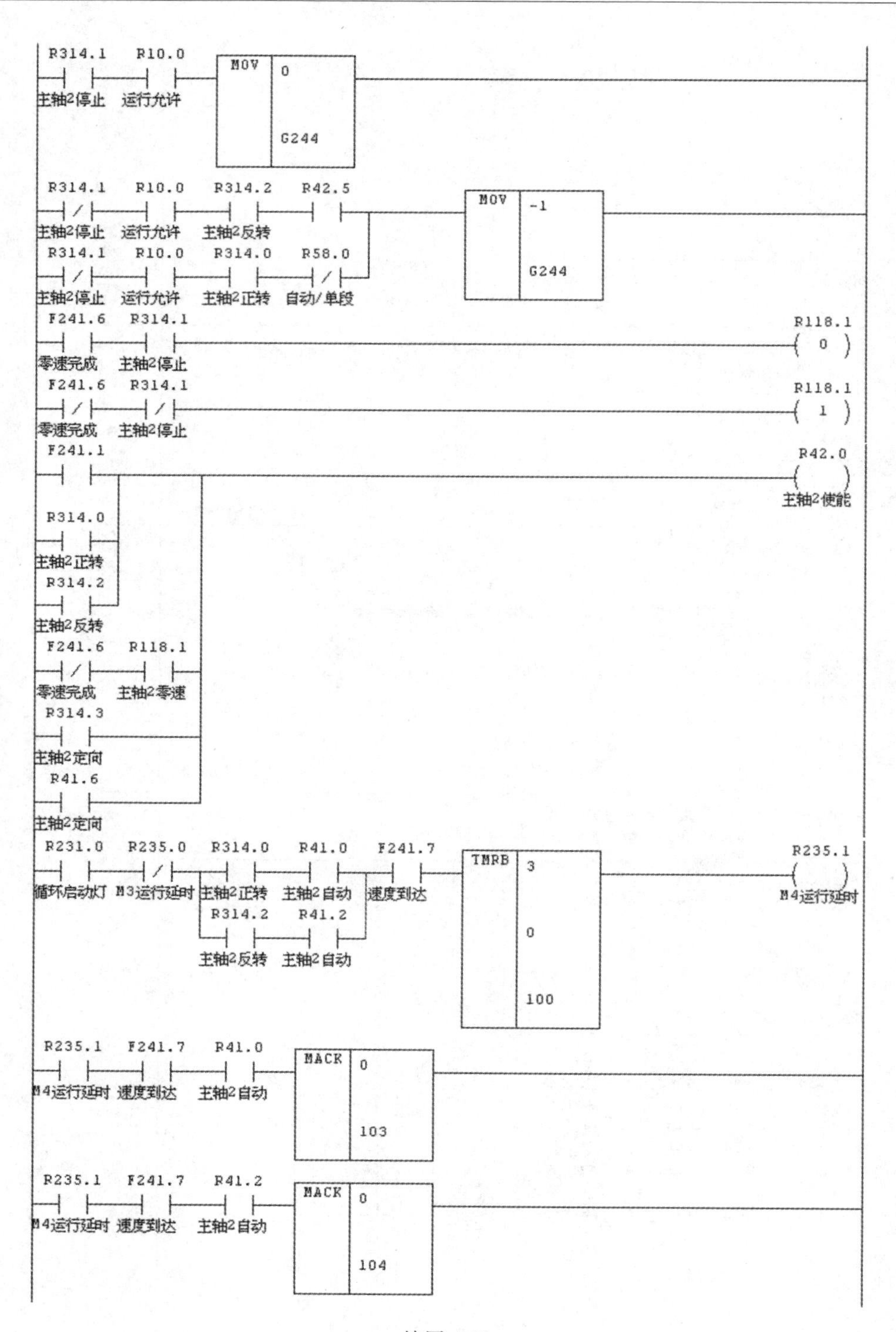
R314.1 R10.0
主轴2停止 运行允许
MOV 0 G244
R314.1 R10.0 R314.2 R42.5
主轴2停止 运行允许 主轴2反转
R314.1 R10.0 R314.0 R58.0
主轴2停止 运行允许 主轴2正转 自动/单段
MOV -1 G244
F241.6 R314.1
零速完成 主轴2停止
R118.1 0
F241.6 R314.1
零速完成 主轴2停止
R118.1 1
F241.1
R42.0
主轴2使能
R314.0
主轴2正转
R314.2
主轴2反转
F241.6 R118.1
零速完成 主轴2零速
R314.3
主轴2定向
R41.6
主轴2定向
R231.0 R235.0 R314.0 R41.0 F241.7
循环启动灯 M3运行延时 主轴2正转 主轴2自动 速度到达
R314.2 R41.2
主轴2反转 主轴2自动
TMRB 3 0 100
R235.1
M4运行延时
R235.1 F241.7 R41.0
M4运行延时 速度到达 主轴2自动
MACK 0 103
R235.1 F241.7 R41.2
M4运行延时 速度到达 主轴2自动
MACK 0 104

续图 4-30

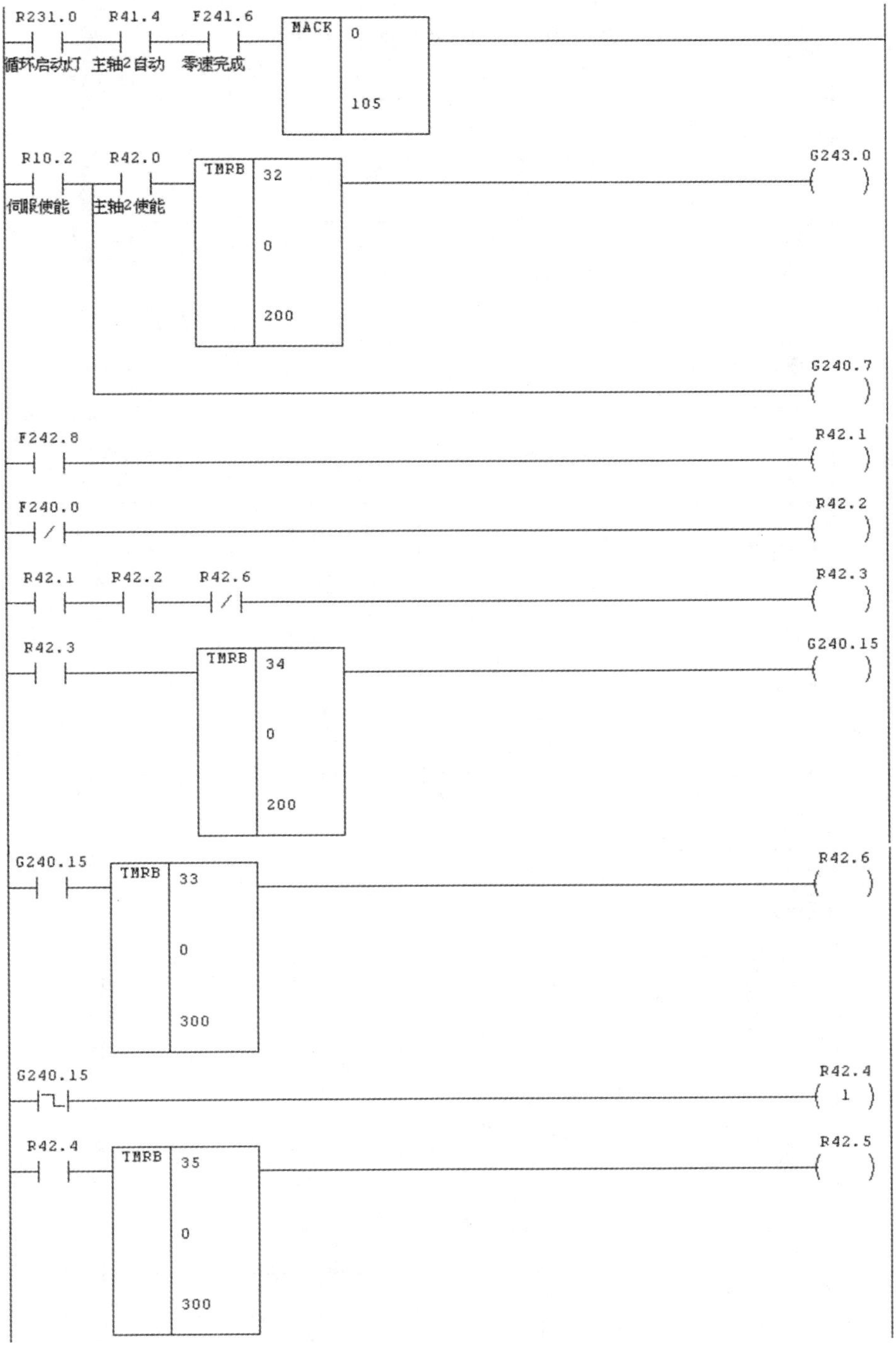

R231.0 循环启动灯　R41.4 主轴2自动　F241.6 零速完成　MACK 0 105

R10.2 伺服使能　R42.0 主轴2使能　TMRB 32 0 200　G243.0

G240.7

F242.8　R42.1

F240.0　R42.2

R42.1　R42.2　R42.6　R42.3

R42.3　TMRB 34 0 200　G240.15

G240.15　TMRB 33 0 300　R42.6

G240.15　R42.4 1

R42.4　TMRB 35 0 300　R42.5

续图 4-30

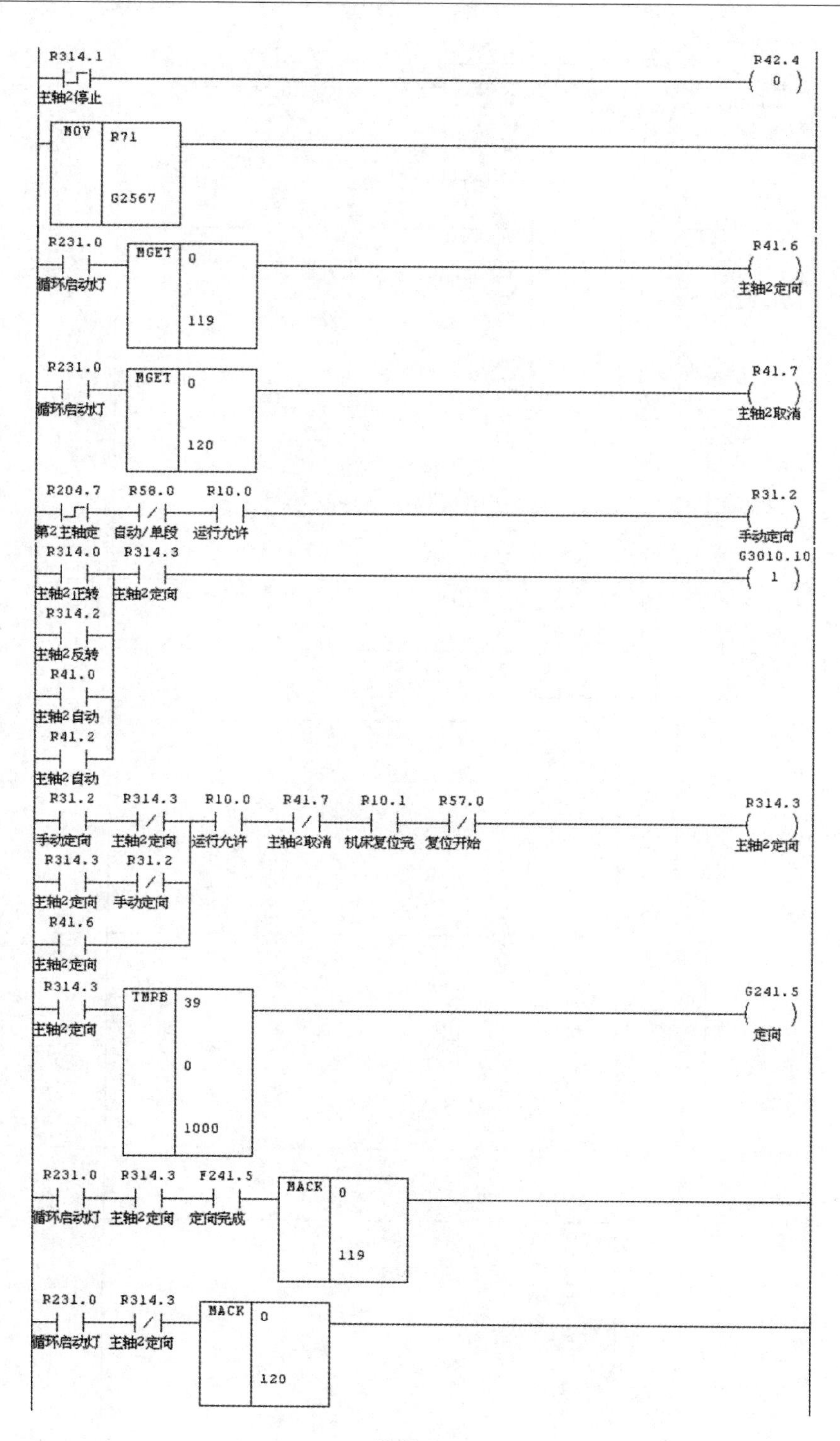
R314.1
R42.4
0
主轴2停止
MOV
R71
G2567
R231.0
MGET
0
119
R41.6
循环启动灯
主轴2定向
R231.0
MGET
0
120
R41.7
循环启动灯
主轴2取消
R204.7
R58.0
R10.0
R31.2
第2主轴定
自动/单段
运行允许
手动定向
R314.0
R314.3
G3010.10
1
主轴2正转
主轴2定向
R314.2
主轴2反转
R41.0
主轴2自动
R41.2
主轴2自动
R31.2
R314.3
R10.0
R41.7
R10.1
R57.0
R314.3
手动定向
主轴2定向
运行允许
主轴2取消
机床复位完
复位开始
主轴2定向
R314.3
R31.2
主轴2定向
手动定向
R41.6
主轴2定向
R314.3
TMRB
39
0
1000
G241.5
主轴2定向
定向
R231.0
R314.3
F241.5
MACK
0
119
循环启动灯
主轴2定向
定向完成
R231.0
R314.3
MACK
0
120
循环启动灯
主轴2定向

续图 4-30

项目十三 全闭环配置

一、全闭环参数配置

HNC-8系列数控系统的全闭环控制是将光栅尺(或旋转编码器)接到HSV-180U伺服驱动器的第二编码器,HSV-180U伺服驱动器通过总线把实际工作台移动的值反馈回数控系统,实现全闭环控制。

1. HSV-180U伺服驱动器参数设置

(1) 对于进给轴,控制参数设定见表4-5。

表4-5 光栅尺(或旋转编码器)反馈协议参数设定

第二编码器类型	STB-13	STB-12
增量式编码器(TTL)	0	0
BISS绝对式编码器	0	1
ENDAT绝对式编码器	1	0
正余弦1Vpp模拟信号	1	1

PB-53:使能延时时间(半闭环默认10000,全闭环一般为200)

(2) 对于主轴,控制参数设定如下。

STA8=1(允许模式开关切换功能 0:不允许 1:允许)

STA13=1{全闭环C轴控制反馈(0:电动机编码器反馈 1:主轴编码器反馈)}

STA15=1{主轴定向编码器选择(0:电动机编码器定向 1:主轴编码器定向)}

2. 查看码盘反馈方向

查看第一码盘位置反馈方向:DP-PFH(第一码盘反馈位置高位)、DP-PFL(第一码盘反馈位置低位)。

查看第二码盘位置反馈方向:DP-FPH(第二码盘反馈位置高位)、DP-FPL(第二码盘反馈位置低位)。

若第一码盘与第二码盘反馈方向相反:

(1) 对于进给轴,将PA-10改为512(原来为0时)或0(原来为512时)。

(2) 对于主轴,将原来STA-11=0时改为STA-11=1(主轴编码器位置反馈取反)或将原来STA-11=1时改为STA-11=0。

3. 全闭环使能状态

(1) STB-14=1 使能全闭环反馈,使用第二码盘反馈。

（2）STB-14＝0　关闭全闭环反馈，使用第一码盘（电动机编码器）反馈。

4. 第一码盘与第二码盘间分频比的设定

当第二码盘反馈脉冲数与第一码盘反馈脉冲数相差过大（一般大于 5 倍）时，需在伺服驱动器修改参数，降低反馈脉冲数。

若第一码盘反馈脉冲数过高，超过系统发送脉冲频率，则需修改伺服驱动器参数 PB-52（第一码盘降分辨率，为 2 的 n 次方，比如 PB-52 设置为 2，则为 $2^2=4$，第一码盘反馈脉冲数＝第一码盘分辨率/4）。

若第二码盘反馈脉冲数过高（全闭环反馈），则需修改伺服驱动器参数 PB-55（第二码盘降分辨率，为 2 的 n 次方，例如：PB-55 设置为 3，则为 $2^3=8$，第二码盘反馈脉冲数＝第二码盘分辨率/8）。

5. 第二码盘反馈脉冲设定

PB-46（第二码盘反馈高位）、PB-47（第二码盘反馈低位）的设置：电动机运行一圈对应全闭环反馈脉冲数＝（PB-46）×10000＋（PB-47）。例如：

对于直线轴，如果电动机与丝杆之间的传动比为 1∶5，光栅反馈线数为 1280000，电动机运行一圈对应全闭环反馈脉冲数为 128000/5＝25600，那么设置 PB-46＝2，PB-47＝5600。

对于旋转轴，如果电动机和转台之间的减速比为 1∶1340，圆光栅线数为 72000，电动机运行一圈对应全闭环反馈脉冲数 72000/1340＝53.73，设置 PB46＝0，PB47＝54。

6. 报警阈值设定

PB-54（第一码盘与第二码盘反馈误差报警阈值）设定为

PB54＝（电动机每转脉冲数/电动机运行一圈对应全闭环反馈脉冲数）×6。

二、数控系统参数设定

1. 设备接口参数

将外部实际接有光栅尺（或旋转编码器）的物理设备的对应设备号中的 15 号参数“反馈位置循环脉冲数”修改，此脉冲数计算公式如下所示。

（1）直线轴。

① 光栅尺为方波 TTL 的型号时，丝杠螺距/光栅信号周期×4；

② 光栅尺为 ENDAT 绝对式，丝杠螺距/光栅信号周期；

③ 光栅尺为正余弦 1 Vpp，丝杠螺距/光栅信号周期×256。

（2）旋转轴。

① 光栅尺为方波 TTL 的型号，反馈线数×4；

② 光栅尺为 ENDAT 绝对式，2^n（n 为绝对式位数）；

③ 光栅尺为正余弦 1 Vpp，反馈分辨率×256。

2. 数控系统轴参数设定

(1) 直线轴,电子齿轮比分子为丝杠螺距×1000。

电子齿轮比分母如下:

① 光栅尺为方波 TTL 的型号,丝杠螺距/光栅信号周期×4;

② 光栅尺为 ENDAT 绝对式,丝杠螺距/光栅信号周期;

③ 光栅尺为正余弦 1 Vpp,丝杠螺距/光栅信号周期×256。

(2) 旋转轴,电子齿轮比分子为 360×1000。

电子齿轮比分母如下:

① 光栅尺为方波 TTL 的型号,反馈线数×4;

② 光栅尺为 ENDAT 绝对式,2^n(n 为绝对式位数);

③ 光栅尺为正余弦 1 Vpp,反馈分辨率×256。

3. 回零方式

(1) 光栅尺为 TTL 方波的型号,为 3(正负正的回零方式);

(2) 光栅尺为 ENDAT 绝对式型号,为 0(不用回零);

(3) 光栅尺为带距离码的型号,如第一码盘与第二码盘反馈方向相同,则设置为 4;如方向相反,则设置为 5。

若第一码盘反馈方向与第二码盘反馈方向相反,且伺服驱动参数 PA-10 已修改为 512 时:

当电子齿轮比为正值,数控系统设备接口参数编码器方向取反标志应设置为 3;

当电子齿轮比为负值,数控系统设备接口参数编码器方向取反标志应设置为 2。

4. 报警

在设置全闭环时,伺服驱动装置报警 A37,需要检查光栅尺类型是否选择正确。或者,PB54 报警阈值设置过小,需要设置较大范围。

在设置全闭环时,若不能确认参数设置是否正确,请勿进行回零操作,否则易造成机床飞车!

附录A HSV-180U/HSV-160U伺服驱动器多摩川绝对值电动机编码器调零

多摩川绝对值电动机编码器在伺服电动机出厂时一般都进行了电气调零(即绝对值编码器第0圈0位需要对应伺服电动机U、V、W三相驱动电流磁场的空间零电角度)。如果没有进行调零,则驱动器无法正确地进行位置控制。下面介绍HSV-180U/HSV-160U伺服驱动器多摩川绝对值电动机编码器进行调零的方法。

(1) 首先保证电动机在运行过程中没有负载,电动机运转起来没有安全隐患。

(2) 调零方法如图A-1所示。

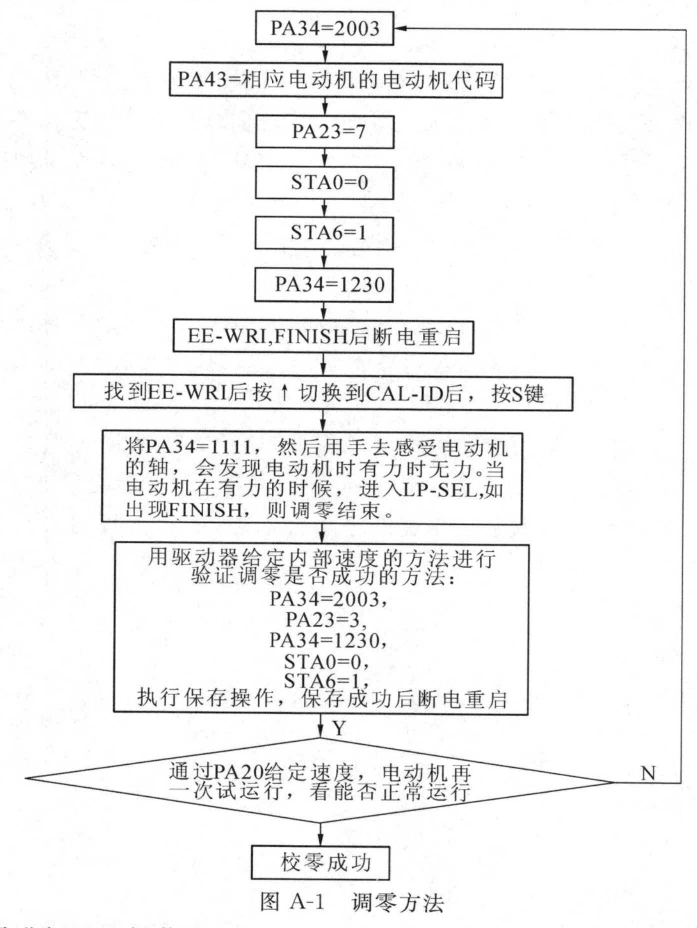

图A-1 调零方法

(3) 如果进行以上操作后,电动机运行正常。则将参数PA-23=0,STA-0=1,STA-6=0,PA-34=1230,执行保存操作,断电重启。

(4) 通过HNC-8系列数控系统控制驱动器带电动机运行。

附录 B　HSV-180UD/160U 参数一览表

1. PA 运动参数说明

HSV-180UD 系列伺服驱动单元提供了 44 种运动参数，表 B-1 所示为 PA 运动参数一览表，表 B-2 所示为 PB 扩展运动参数一览表。

适用方法：P 为位置控制方式；S 为速度方式；T 为转矩方式。

◆修改此参数，必须先将 PA-34 号参数修改为 2003，否则修改无效。

表 B-1　PA 运动参数一览表

参数序号	名　　称	适用方法	参 数 范 围	缺省值	单　　位
0	位置比例增益	P	20～10000	400	0.1 Hz
1	位置前馈增益	P	0～150	0	1%
2	速度比例增益	P,S	20～10000	500	
3	速度积分时间常数	P,S	15～500	20	ms
4	速度反馈滤波因子	P,S	0～9	1	
5	最大力矩输出倍率	P,S,T	30～500	300	%
6	加速时间常数	S	1～32000	200	ms/(1000 r/min)
7	保留				
8	保留				
9	保留				
10	全闭环反馈信号计数取反	P	0 或 512	0	
11	定位完成范围	P	0～3000	100	0.0001 圈
12	位置超差范围	P	1～100	20	0.1 圈
13	位置指令脉冲分频分子	P	1～32767	1	
14	位置指令脉冲分频分母	P	1～32767	1	
15	正向最大力矩输出值	P,S,T	0～500	280	%
16	负向最大力矩输出值	P,S,T	－500～0	－280	%
17	最高速度限制	P,S	100～12000	2500	r/min
18	系统过载力矩设置	P,S,T	30～200	120	%
19	过载时间设置	P,S	40～32000	1000	0.01 s
20	内部速度	S	－32000～32000	0	0.1 r/min

续表

参数序号	名　　称	适用方法	参 数 范 围	缺省值	单　　位
21	JOG 运行速度	P,S	0～2000	300	r/min
22	保留				
23	控制方式选择	P,S,T	0～7	0	1:模拟速度 3:内部速度 7:编码器校零
24	伺服电动机磁极对数◆	P,S,T	1～12	3	
25	编码器类型选择◆	P,S,T	0～9	4	0:1024 线 1:2000 线 2:2500 线 3:6000 线 4:ENDAT2.1 5:BISS 6:HiperFACE 7:TAMAGAWA
26	编码器零位偏移量◆	P,S,T	−32767～32767	0	增量式编码器:距离零脉冲的脉冲数。绝对式编码器:折算到 16 位分辨率时的脉冲数
27	电流控制比例增益◆	P,S,T	10～32767	2600	
28	电流控制积分时间◆	P,S,T	1～2047	98	0.1 ms
29	第 2 位置指令脉冲分频分子	P	1～32767	1	
30	第 3 位置指令脉冲分频分子	P	1～32767	1	
31	状态控制字 1		−32767～32767	0	对应 STA15-STA0
32	转矩指令滤波时间常数	P,S	0～500	1	0.1 ms
33	位置前馈滤波时间常数	P,S	0～3000	0	ms
34	用户密码设置	P,S,T	0～2806	210	缺省值表示软件版本号: 如 210 表示 2.0 版本。 保存参数密码为:1230; 使用扩展参数密码为:2003
35	位置指令平滑滤波时间	P	0～3000	0	ms
36	通信波特率		0～3	2	0:2400 bps 1:4800 bps 2:9600 bps 3:19200 bps

续表

参数序号	名　　称	适用方法	参数范围	缺省值	单　　位
37	轴地址	P,S	0～15	0	
38	减速时间常数	S	1～32000	200	ms/(1000 r/min)
39	第4位置指令脉冲分频分子	P	1～32767	1	
40	抱闸输出延时	P,S	0～2000	0	单位:ms;伺服 OFF 后输出抱闸的延时时间
41	允许抱闸输出的速度阈值	P,S	10～300	100	单位:r/min,低于该设置时才允许抱闸动作
42	速度到达范围	P,S	1～500	10	单位:r/min
43	驱动单元规格及电动机类型代码◆	P,S	0～1999	101	千位: 0:HSV-180UD 百位: 0:35 A 1:50 A 2:75 A 3:100 A 4:150 A 5:200 A 6:300 A 7:450 A 十位及个位表示电动机类型

2. PB 运动参数

表 B-2　PB 扩展运动控制参数一览表

参数序号	名　　称	适用方法	参数范围	缺省值	单　　位
0	第二位置比例增益	P	20～10000	400 *	0.1 Hz
1	第二速度比例增益	P,S	20～10000	250 *	
2	第二速度积分时间常数	P,S	15～500	20 *	ms
3	第二转矩指令滤波时间常数	P,S	0～500	0	0.1 ms
4	增益切换条件	P	0～5	0	0:固定为第一增益 1:固定为第二增益 2:开关控制切换 3:指令频率控制 4:偏差脉冲控制 5:电动机转速控制

续表

参数序号	名　　称	适用方法	参数范围	缺省值	单　　位
5	增益切换阀值	P	0～10000	10	指令频率 0.1 Kpps/unit 偏差脉冲 pulse 电动机转速 r/min
6	增益切换滞环宽度	P	1～10000	5	同参数 5
7	增益切换滞后时间	P	0～10000	2	ms 增益切换条件满足到开始切换的时间
8	位置增益切换延迟时间	P	0～1000	5	ms 增益切换时可以设定对位置增益的一阶低通滤波器
9	零速输出检测范围	P,S	1～100	10	r/min
10	伺服 OFF 引起的电动机断电延时	P,S	0～3000	20	ms 伺服 OFF 输入后延时关断 PWM 的时间
11	弱磁速度	P,S	1000～4500	1800	r/min
12	转矩惯量比值	P,S	10～20000	880	$N \cdot m/kg \cdot m^2$
13	负载惯量比	P,S	10～300	10	0.1 单位
14	数字输出 O4 功能	P,S	－9～＋9	6	
15	数字输入 I1 功能	P,S	－16～＋16	1	0:输入无效 1:伺服使能 2:报警清除 3:偏差清除 4:脉冲禁止 5:正向超程 6:反向超程 7:零速锁定 8:增益切换开关 9:电子齿轮切换开关 0 10:电子齿轮切换开关 1 11:正转矩限制 12:负转矩限制 13:急停开关 14:内部速度选择 1 15:内部速度选择 2 16:内部速度选择 3 负号表示输入电平取反

续表

参数序号	名 称	适用方法	参数范围	缺省值	单 位
16	数字输入I2功能	P,S	−16～+16	2	
17	数字输入I3功能	P,S	−16～+16	3	
18	数字输入I4功能	P,S	−16～+16	4	
19	数字输入I5功能	保留			
20	数字输入I6功能	保留			
21	数字输出O1功能	P,S	−9～+9	2	0:无效 1:强制有效 2:伺服准备好 3:报警输出 4:零速到达 5:定位完成 6:速度到达 7:转矩限制中 8:电磁抱闸输出 9:零速锁定中 负号表示输出电平取反
22	数字输出O2功能	P,S	−9～+9	3	
23	数字输出O3功能	P,S	−9～+9	5	
24	内部速度1	S	−6000～6000	0	r/min
25	内部速度2	S	−6000～6000	0	r/min
26	内部速度3	S	−6000～6000	0	r/min
27	内部速度4	S	−6000～6000	0	r/min
28	内部速度5	S	−6000～6000	0	r/min
29	内部速度6	S	−6000～6000	0	r/min
30	内部速度7	S	−6000～6000	0	r/min
31	状态控制字2		−32767～32767		对应STB15-STB0
32	第一陷波器频率	P,S	100～2000	1500	Hz
33	第一陷波器宽度	P,S	0～20	2	
34	第一陷波器深度	P,S	0～100	0	
35	第二陷波器频率	P,S	100～2000	1500	Hz

续表

参数序号	名　称	适用方法	参数范围	缺省值	单　位
36	第二陷波器宽度	P,S	0～20	2	
37	第二陷波器深度	P,S	0～100	0	
38	陷波器应用模式	P,S	0～3	0	0:陷波器无效 1:陷波器 1 有效 2:陷波器 2 有效 3:陷波器 1、2 有效
39	位置指令平滑系数	P	0～31	0	位置指令 FIR 滤波的移动平均次数
40	反馈脉冲输出分频系数	P,S	1000～15000	2500	电动机反馈输出到上位机的每转脉冲个数(×4)
41	指令脉冲输入对应的电动机反馈脉冲个数	P	1000～25000	10000	脉冲(pulse) 上位机输出的对应电动机转动一圈的脉冲个数(×4)；当 STB4 为零时，电子齿轮参数 PA13，PA14 为有效。当 STB4 为 1 时，电子齿轮为使伺服电动机旋转一周所需要的指令输入脉冲直接计算。此时，电子齿轮参数无效
42	电动机额定电流	P,S	300～15000	680	0.01 A
43	电动机额定转速	P,S	100～9000	2000	r/min

3. 控制参数(见表 B-3)

表 B-3　控制参数一览表(状态控制字 1)

参数序号	名　称	功　能	说　明
0	STA-0	位置指令接口选择	0:串行脉冲 1:NCUC 总线
1	STA-1	保留	
2	STA-2	是否允许反馈断线报警	0:允许 1:不允许

续表

参数序号	名称	功能	说明	
3	STA-3	是否允许系统超速报警	0:允许	
			1:不允许	
4	STA-4	是否允许位置超差报警	0:允许	
			1:不允许	
5	STA-5	是否允许软件过热报警	0:允许	
			1:不允许	
6	STA-6	是否允许由系统内部启动SVR-ON控制	0:不允许	
			1:允许	
7	STA-7	是否允许主电源欠压报警	0:允许	
			1:不允许	
8	STA-8	是否允许正向超程开关输入	0:不允许	
			1:允许	
9	STA-9	是否允许反向超程开关输入	0:不允许	
			1:允许	
10	STA-10	是否允许正负转矩限制	0:不允许	
			1:允许	
11	STA-11	保留		
12	STA-12	是否允许伺服电动机过热报警	0:允许	
			1:不允许	
13	STA-13	电子齿轮比动态切换选择	0:不允许动态切换电子齿轮比	
			1:允许动态切换电子齿轮比(PA13、PA14、PA29为有效的电子齿轮比)	
14	STA-14	增益切换使能	用于位置控制	0:不允许增益切换
				1:允许增益切换
15	STA-15	是否允许驱动单元过热报警	0:允许	
			1:不允许	

4. 扩展控制参数(见表B-4)

在运动参数中选择PA-34,将其值设为2003,即可打开扩展控制参数模式。

表 B-4 扩展控制参数一览表(状态控制字 2)

参数号	名　称	功　能	说　明
0	STB-0	脉冲指令来源	0:位置脉冲来自上位机
			1:位置脉冲来自内部 PA20
1	STB-1	零速开关使能	0:不允许零速开关输入
			1:允许
2	STB-2	输出 Z 脉冲宽度是否扩展	0:不扩展
			1:扩展
3	STB-3	定位完成输出模式选择	0:位置跟踪偏差小于限定值
			1:无位置指令输入且位置跟踪偏差小于限定值
4	STB-4	电子齿轮功能选择	0:选择参数 PA13 和 PA14
			1:选择 PB41 指令脉冲对应的反馈个数计算电子齿轮比
5	STB-5	速度自适应功能选择	0:不选择
			1:选择
6	STB-6	保留	
7	STB-7	位置滤波器选择	0:低通滤波器
			1:平滑滤波器
8	STB-8	是否允许使用急停功能	0:不允许
			1:允许
9	STB-9	力矩电动机模式选择	0:电动机为普通伺服电动机
			1:电动机为力矩伺服电动机
10	STB-10	脉冲分频输出方式使能	0:增量式编码器直接输出
			1:数字式编码器分频输出
11	STB-11	速度反馈滤波器选择	0:一阶低通滤波器
			1:二阶低通滤波器
12,13	STB-12 STB-13	全闭环位置反馈信号类型选择	增量式编码器反馈 STB-13=0　STB-12=0
			BISS　绝对式编码器反馈 STB-13=0　STB-12=1
			ENDAT　绝对式编码器反馈 STB-13=1　STB-12=0
			正余弦　1 Vpp 模拟信号反馈 STB-13=1　STB-12=1

续表

参数号	名　称	功　能	说　明
14	STB-14	全闭环位置控制使能	0:禁止全闭环功能
			1:允许全闭环功能
15	STB-15	按键锁定控制选择	0:不锁定操作按键
			1:锁定按键 解锁:SET+MODE

附录C　HSV-180US参数一览表

1. 运动参数

HSV-180US系列主轴驱动单元提供了60种运动参数，如表C-1所示。

适用方法：P为位置控制方式（适用于主轴位置控制和主轴定向）；S为速度方式。

◆修改此参数，必须先将PA34号参数修改为2003，否则修改无效。

表C-1　运动参数一览表

参数序号	名　　称	适用方法	参数范围	缺省值	单　　位
0	位置控制比例增益	P	10～2000	200	0.1 Hz
1	转矩滤波时间常数	P,S	0～499	4	0.1 ms
2	速度控制比例增益	S	25～5000	350	
3	速度控制积分时间常数	S	5～32767	30	ms
4	速度反馈滤波因子	P,S	0～9	1	
5	减速时间常数	S	1～1800	40 *	0.1 s/8000 r/min
6	加速时间常数	S	1～1800	40 *	0.1 s/8000 r/min
7	保留				
8	保留				
9	保留				
10	最大转矩电流限幅	P,S	10～300	200	电额定电流的0.1到3倍(10%～300%)
11	速度到达范围	P,S	0～32767	10	r/min
12	位置超差检测范围	P	1～32767	30	0.1圈
13	主轴与电动机传动比分子	P	1～32767	1	仅适用于定向控制
14	主轴与电动机传动比分母	P	1～32767	1	仅适用于定向控制
15	保留				
16	C轴前馈控制增益	P	0～100	0	
17	最高速度限制	P,S	1000～25000	9000	r/min
18	过载电流设置	P,S	10～200	150	电动机额定电流的10%～200%

续表

参数序号	名　　称	适用方法	参数范围	缺省值	单　　位
19	系统过载允许时间设置	P,S	10～30000	100	0.1 s
20	内部速度	S	－20000～20000	0	r/min
21	JOG 运行速度	P,S	0～500	300	r/min
22	保留				
23	控制方式选择	P,S	0～3	1	选择驱动单元的控制方式： 0:C 轴位置控制方式，接收位置脉冲输入指令。 1:外部速度控制方式，接收外部速度模拟输入指令。 2:外部速度控制方式，接收外部速度脉冲输入指令。 3:内部速度控制方式，由参数 PA20 设定内部速度
24	主轴电动机磁极对数◆	P,S	1～4	2	
25	主轴电动机编码器分辨率◆	P,S	0～3601	0	0:1024 pps 1:2048 pps 2:2500 pps 3:256 线正余弦增量编码器 4:EQN1325/13135:其他正余弦增量式编码器如 1201 为 1200 线正余弦增量式编码器，个位 1 表示正余弦信号
26	同步主轴电动机偏移量补偿◆	P,S	－32767～32767	0	
27	电流控制比例增益◆	P,S	25～32767	1000	
28	电流控制积分时间常数◆	P,S	1～32767	50	0.1 ms
29	零速到达范围	P,S	0～300	10	r/min
30	速度倍率	S	1～256	64	1/64
31	状态控制字 1		－32768～32767	4097	对应 STA15～STA0

续表

参数序号	名　　称	适用方法	参数范围	缺省值	单　　位
32	状态控制字 2		－32768～32767	0	对应 STB15～STB0
33	IM 磁通电流	P,S	10～80	60	对应异步电动机额定电流的 10％～80％
34	IM 主轴电动机转子电气时间常数	P,S	1～4500	1500	0.1 ms
35	IM 主轴电动机额定转速	P,S	100～12000	1500	r/min
36	IM 最小磁通电流	P,S	5～30	10	5％～30％的磁通电流
37	主轴定向完成范围	P	0～100	10	脉冲
38	主轴定向速度	P	40～600	100	r/min
39	主轴定向位置	P	－32767～32767	0	脉冲
40	分度定向增量角度	P	0～32767	0	分度定向增量角度＝PA40×360/ppr0/8×分度增量定向角度倍率，ppr0：SET13＝0 主轴电动机光电编码器分辨率×4 SET13＝1 主轴编码器分辨率×4 分度增量定向角度倍率：由开关量 INC_Sel1 和 INC_Sel2 决定
41	保留		0～2003	340	查询时显示软件版本。 1230：保存参数密码 2003：查看扩展参数 315：修改扩展参数
42	位置控制方式速度比例增益	P	25～5000	450	
43	位置控制方式速度积分时间常数	P	5～32767	20	ms
44	定向方式位置比例增益	P	10～2000	200	0.1 Hz
45	定向方式磁通电流	P	30～150	110	对应定向方式下使用的异步电动机的励磁流（10％～300％）
46	位置控制方式磁通电流	P	30～150	110	对应 C 轴方式下使用的异步电动机的励磁电流（30％～150％）

续表

参数序号	名　　称	适用方法	参数范围	缺省值	单　　位
47	主轴编码器分辨率	P,S	1～32767	4096	4 倍频
48	定向起始偏移角度	P,S	0～18	0	20°
49	C 轴电子齿轮比分子	P	1～32767	1	
50	C 轴电子齿轮比分母	P	1～32767	1	
51	串行通信波特率	P,S	0～5	2	
52	通信子站地址	P,S	1～63	1	
53	IM 电动机额定电流	P,S	60～1500	188	0.1 A
54	IM 第二速度点对应的最大负载电流	P,S	100～3000	200	此值应小于或等于 PA10
55	IM 第二负载电流限幅速度	P,S	500～10000	2000	r/min 必须大于或等于 PA35
56	PM 主轴电动机额定电流	P,S	100～3000	420	0.1 A
57	PM 主轴电动机额定转速	P,S	100～5000	2000	r/min
58	PM 主轴电动机弱磁起始点速度	P,S	100～10000	2500	r/min 必须大于或等于 PA57
59	驱动单元及电动机类型代码◆	P,S	0～799	202	百位表示驱动单元型号： 0:35 A 1:50 A 2:75 A 3:100 A 4:150 A 5:200 A 6:300 A 7:450 A 十位及个位表示电动机代码

2. 控制参数一(见表 C-2)

表 C-2　控制参数一说明(状态控制字 1)

参数序号	名　　称	功　　能	说　　明
0	STA0	指令来源选择	0:根据参数 PA20 设置 1:NCUC 总线

续表

参数序号	名　称	功　能	说　明
1	STA1	位置指令脉冲方向或速度指令输入取反	0:正常 1:反向
2	STA2	是否允许反馈断线报警	0:允许 1:不允许
3	STA3	是否允许系统超速报警	0:允许 1:不允许
4	STA4	是否允许位置超差报警	0:允许 1:不允许
5	STA5	是否允许系统过载报警	0:允许 1:不允许
6	STA6	是否允许由系统内部启动 SVR-ON 控制	0:外部使能 1:内部使能
7	STA7	是否允许主电源欠压报警	0:允许 1:不允许
8	STA8	是否允许模式开关切换功能	0:不允许 1:允许
9	STA9	保留	
10	STA10	是否选择外部开关定向	0:不选择 1:选择
11	STA11	主轴编码器位置反馈脉冲取反	0:正常 1:反馈脉冲取反
12	STA12	是否允许系统或电动机过热报警	0:允许 1:不允许
13	STA13	全闭环 C 轴控制反馈选择	0:选择电动机编码器反馈 1:选择主轴编码器反馈
14	STA14	主轴定向旋转方向设定	0:正转定向(CCW) 1:反转定向(CW)
15	STA15	主轴定向编码器选择	0:电动机编码器定向 1:主轴编码器定向

3. 控制参数二(见表C-3)

表C-3　控制参数二说明(状态控制字2)

参数号	名　称	功　能	说　明
0	STB0	速度反馈滤波方式选择	0:一阶低通滤波
			1:二阶低通滤波
1	STB1	主轴电动机类型选择	0:异步主轴电动机
			1:同步主轴电动机
2	STB2	IM弱磁方法选择	0:闭环控制方法
			1:开环修正方法
3	STB3	IM滑差补偿选择	0:不补偿
			1:补偿
4	STB4	是否允许系统过热报警	0:允许
			1:不允许
5	STB5		
6	STB6	PWM频率选择	0:10 K
			1:5 K
7	STB7		
8	STB8		
9	STB9		
10	STB10		
11	STB11		
12	STB12		
13	STB13		
14	STB14		
15	STB15	操作面板按键锁定控制	0:不锁定操作按键
			1:锁定按键(解锁SET+MODE)

附录D 登奇/华大电动机标准配置类型代码

1. 登奇 GK6 伺服电动机类型代码(见表 D-1)

表 D-1 登奇 GK6 伺服电动机类型代码

伺服电动机型号	额定转速/(r/min)	静转矩/(N·m)	相电流/A	电动机类型代码	适配驱动单元
GK6073-6AC61	2000	11	5.6	00	HSV-180UD-035
GK6080-6AC61	2000	16	6.8	01	
GK6081-6AC61	2000	21	10	02	HSV-180UD-050
GK6083-6AC61	2000	27	13.3	03	
GK6085-6AC61	2000	33	16.5	04	HSV-180UD-075
GK6087-6AC61	2000	37	18.5	05	
GK6089-6AC61	2000	42	21	06	HSV-180UD-100
GK6105-8AC61	2000	45	19.5	07	
GK6107-8AB61	1500	55	17.9	08	
GK6109-8AB61	1500	70	23.1	09	

2. 登奇 GM7 伺服主轴电动机规格型号(见表 D-2)

表 D-2 登奇 GM7 伺服主轴电动机规格型号

主轴电动机型号	额定功率/kW	额定转矩/(N·m)	额定电流/A	额定转速/(r/min)	最大转速/(r/min)
GM7101-4SB61	3.7	23.6	10	1500	6000/9000
GM7103-4SB61	5.5	35	13	1500	6000/9000
GM7105-4SB61	7.5	47.8	18.8	1500	6000/8000
GM7109-4SB61	11	70	25	1500	6000/8000
GM7133-4SB61	15	95.5	34	1500	6000/8000
GM7135-4SB61	18.5	117.8	42	1500	6000/8000
GM7137-4SB61	22	140.1	57	1500	6000/8000
GM7181-4SB61	30	191	72	1500	6500
GM7183-4SB61	37	235.5	82	1500	6500
GM7185-4SB61	51	325	120	1500	5000
GM7221-4SB61	100	636	188	1500	4500

3. 华大低压伺服电动机类型代码(见表D-3)

表D-3 华大低压伺服电动机类型代码

伺服电动机型号	额定转矩/(N·m)	额定转速/(r/min)	额定相电流/A	电动机类型代码	适配驱动单元	驱动器PA43设置值
80ST-M01330LMBB	1.3	3000	2.8	0	HSV160U-20A	1100
110ST-M02420LMBB	2.4	2000	2.9	1		1101
110ST-M02515LMBB	2.5	1500	3.5	2		1102
80ST-M02430LMBB	2.4	3000	4.8	3	HSV160U-30A	1203
80ST-M03330LMBB	3.3	3000	6.2	4		1204
110ST-M03215LMBB	3.2	1500	4.5	5		1205
110ST-M05415LMBB	5.4	1500	6.5	6		1206
110ST-M04820LMBB	4.8	2000	6.0	7		1207
130ST-M03215LMBB	3.2	1500	4.5	8		1208
130ST-M04820LMBB	4.8	2000	6.2	9		1209
110ST-M06415LMBB	6.4	1500	8.0	10		1210
130ST-M05415LMBB	5.4	1500	7.0	11		1211
130ST-M06415LMBB	6.4	1500	8.0	12		1212
130ST-M09615LMBB	9.6	1500	11.5	13	HSV160U-50A	1313
130ST-M07220LMBB	7.2	2000	9.5	14		1314
130ST-M09620LMBB	9.6	2000	13.5	15		1316
130ST-M14615LMBB	14.3	1500	16.5	16	HSV160U-75A	1415
130ST-M14320LMBB	14.3	2000	17.0	17		1417

4. 华大高压伺服电动机类型代码(见表 D-4)

表 D-4　华大高压伺服电动机类型代码

伺服电动机型号	额定转速/(r/min)	静转矩/(N·m)	相电流/A	电动机类型代码	适配驱动单元
110ST-M02515HMBB	1500	2.5	2.5	20	HSV-180UD-035
110ST-M03215HMBB	1500	3.2	2.5	21	
110ST-M05415HMBB	1500	5.4	3.5	22	
110ST-M06415HMBB	1500	6.4	4.0	23	
110ST-M02420HMBB	2000	2.4	2.5	24	
110ST-M04820HMBB	2000	4.8	3.5	25	
130ST-M03215HMBB	1500	3.2	2.5	26	
130ST-M05415HMBB	1500	5.4	3.8	27	
130ST-M06415HMBB	1500	6.4	4.0	28	
130ST-M09615HMBB	1500	9.6	6.0	29	
130ST-M14615HMBB	1500	14.3	9.5	30	
130ST-M04820HMBB	2000	4.8	3.5	31	
130ST-M07220HMBB	2000	7.2	5.0	32	
130ST-M09620HMBB	2000	9.6	7.5	33	HSV-180UD-050
130ST-M14320HMBB	2000	14.3	9.5	34	
150ST-M14615HMBB	1500	14.6	9.0	35	
150ST-M19115HMBB	1500	19.1	12.0	36	
150ST-M22315HMBB	1500	22.3	13.0	37	HSV-180UD-075
150ST-M28715HMBB	1500	28.7	17.0	38	
150ST-M14320HMBB	2000	14.3	9.0	39	
150ST-M23920HMBB	2000	23.9	14.0	40	
150ST-M26320HMBB	2000	26.3	15.5	41	

附录 E HNC-8 系统参数简表

HNC-8 数控系统参数见表 E-1 至表 E-7。

表 E-1 HNC-8 **数控系统** NC **参数**

参数号	参数名称	默认值	参数说明
000001	插补周期	1000	CNC 插补器进行一次插补运算的时间间隔，是 CNC 的重要参数之一。通过调整该参数可以影响加工工件表面精度，插补周期越小，加工出来的零件轮廓平滑度越高，反之越低
000002	PLC2 周期执行语句数	200	HNC-8 数控系统采用两级 PLC 模式，即高速 PLC1 模式和低速 PLC2 模式。PLC1 执行实时性要求相对较高的操作，如模式切换、运行控制等，必须每扫描周期（即每个插补周期）执行一次；PLC2 执行实时性要求相对较低的操作，如数控面板指示灯控制等，一个扫描周期（即插补周期）内只执行此参数指定的语句表行数
000005	角度计算分辨率	100000	用于设定数控系统角度计算的最小单位。一般只在机床出厂前配置一次，且必须为 10 的倍数。用户以及调试人员不允许随便修改
000006	长度计算分辨率	100000	用于设定数控系统长度计算的最小单位。一般只在机床出厂前配置一次，且必须为 10 的倍数。用户以及调试人员不允许随便修改
000010	圆弧插补轮廓允许误差	0.005	理论圆弧轨迹与实际插补轨迹之间的弓高误差（或称逼近误差）。其大小与插补周期 T、进给速度 F 以及圆弧半径 R 有关，当 R、T 一定时，F 越大，则逼近误差越大
000011	圆弧编程端点半径允许误差	0.1	进行圆弧编程时，圆心到圆弧终点的距离（半径）可能存在微小差别，其最大允许偏差由该参数设定，超过这个偏差值系统将报警
000012	刀具轴选择方式	0	该参数用于设定 G43/G44 刀具长度补偿功能 0：刀具长度补偿总是补偿到 Z 轴上 1：刀具长度补偿轴根据坐标平面选择模态 G 指令（G17/G18/G19）进行切换，分别对应 Z/Y/X 轴 2：G43 指令后的轴名即为刀具长度补偿轴
000013	G00 插补使能	0	设定 G00 是否插补运动，也就是说如 G01 一样插补运行。 0：G00 不做插补运行 1：G00 做插补运行

续表

参数号	参数名称	默认值	参数说明
000014	G53后是否自动恢复刀具长度补偿	0	用于设定执行G53指令后是否自动恢复刀具长度补偿功能。 0:执行G53指令后不会自动恢复刀具长度补偿功能 1:执行G53指令后自动恢复刀具长度补偿功能
000018	系统时间显示使能	1	设定数控系统人机界面是否显示当前系统时间。 0:不显示系统时间 1:显示系统时间
000020	报警窗口自动显示使能	0	设定数控系统是否自动显示报警信息窗口 0:不自动显示报警信息窗口 1:当系统出现新的报警信息时,自动显示报警信息窗口
000022	图形自动擦除使能	1	设定数控系统图形轨迹界面是否自动擦除上一次程序运行轨迹显示。 0:图形轨迹不会自动擦除 1:程序开始运行时自动擦除上一次程序运行轨迹
000023	F进给速度显示方式	1	设置数控系统人机界面中*F*进给速度的显示方式。 0:显示实际进给速度 1:显示指令进给速度
000024	G代码行号显示方式	0	设置数控系统人机界面中G代码行号的显示方式。 0:不显示G代码行号 1:仅在编辑界面显示G代码行号 2:仅在程序运行界面显示G代码行号 3:编辑界面和程序运行界面都显示G代码行号
000025	尺寸公制/英制显示选择	1	0:数控系统人机界面按英制单位显示 1:数控系统人机界面按公制单位显示
000026	位置值小数点后显示位数	4	设定数控系统人机界面中位置值小数点后显示位数,包括机床坐标、工件坐标、剩余进给等
000027	速度值小数点后显示位数	2	设定数控系统人机界面中所有速度值小数点后显示位数,包括*F*进给速度等
000028	转速值小数点后显示位数	0	设定数控系统人机界面中所有转速值小数点后显示位数,包括主轴*S*转速等
000032	界面刷新间隔时间/μs	10000	设定数控系统人机界面刷新显示时间间隔
000033	有没有外接UPS	1	0:数控系统没有配置UPS 1:数控系统已配置UPS
000034	重运行是否提示	1	0:重运行不提示 1:重运行提示

续表

参数号	参数名称	默认值	参数说明
000060	系统保存刀具数据的数目	100	设定刀具表中保存刀具数据(刀偏、磨损、半径、刀尖方位、长度等)的刀具把数,该值要大于等于各个通道内的刀具数目总和
000061	T指令刀偏刀补号位数	2	设定T指令中刀偏号和刀补号的有效位数
000065	车刀直径显示使能	1	设定刀具表中车刀的X轴方向坐标值显示 0:半径显示 1:直径显示
000069	进给保持后重新解释使能	0	设置进给保持后是否将进给保持行之前的G指令重新解释一遍。 0:进给保持后不重新解释进给保持行之前的G指令 1:进给保持后重新解释进给保持行之前的G指令
000070	执行G28/G30指令后是否自动恢复刀具长度补偿	0	刀具长度补偿在执行G28/G30指令后是否自动恢复。 0:不能自动恢复 1:能自动恢复
000080	日志文件保存类型	2	0:当保存日志条目数大于日志保存限制数目参数时自动覆盖最早日志条目。 1:当保存日志天数大于日志保存限制天数时自动覆盖最早日志条目 2:0、1两种保存方式都有效 3:关闭日志
000281	加工信息日志保存限制数目	20000	加工信息保存的限制数目,即最大保存数目。当日志保存类型为0或2时,若保存的日志条目数量大于该参数,日志保存数目的总条数不变,旧的日志条目自动覆盖
000282	文件修改日志保存限制数目	20000	文件修改记录日志保存的限制数目,即最大保存数目。当日志保存类型为0或2时,若保存的日志条目数量大于该参数,日志保存数目的总条数不变,旧的日志条目自动覆盖
000283	面板操作日志保存限制数目	20000	面板操作日志保存的限制数目,即最大保存数目。当日志保存类型为0或2时,若保存的日志条目数量大于该参数,日志保存数目的总条数不变,旧的日志条目自动覆盖
000284	自定义日志保存限制数目	20000	用户自定义日志保存的限制数目,即最大保存数目。当日志保存类型为0或2时,若保存的日志条目数量大于该参数,日志保存数目的总条数不变,旧的日志条目自动覆盖

续表

参数号	参数名称	默认值	参数说明
000285	事件日志保存限制数目	20000	事件日志保存的限制数目，即最大保存数目。当日志保存类型为0或2时，若保存的日志条目数量大于该参数，日志保存数目的总条数不变，旧的日志条目自动覆盖
000291	加工信息日志保存限制天数	3	加工信息日志保存的限制天数，即最大保存天数。当日志保存类型为1或2时，若保存的日志天数大于该参数，日志保存总天数不变，较早日期的日志条目自动覆盖
000292	文件修改日志保存限制天数	3	文件修改日志保存的限制天数，即最大保存天数。当日志保存类型为1或2时，若保存的日志天数大于该参数，日志保存总天数不变，较早日期的日志条目自动覆盖
000293	面板操作日志保存限制天数	3	面板操作日志保存的限制天数，即最大保存天数。当日志保存类型为1或2时，若保存的日志天数大于该参数，日志保存总天数不变，较早日期的日志条目自动覆盖
000294	自定义日志保存限制天数	3	自定义日志保存的限制天数，即最大保存天数。当日志保存类型为1或2时，若保存的日志天数大于该参数，日志保存总天数不变，较早日期的日志条目自动覆盖
000295	事件日志保存限制天数	3	事件日志保存的限制天数，即最大保存天数。当日志保存类型为1或2时，若保存的日志天数大于该参数，日志保存总天数不变，较早日期的日志条目自动覆盖
000351	G代码编辑框架类型	0	用于开启/关闭全屏编辑模式。 0：全屏编辑模式 1：非全屏编辑模式
000352	FTP共享模式	0	用于切换FTP工作方式。 0：普通模式 1：开启适配CAXA连接的工作模式
000353	开启特性坐标系界面	0	用于开启/关闭特性坐标系功能。 0：关闭 1：开启
000354	HMI类型	0	设置工件零点坐标的模式。 0：普通坐标模式 1：精细坐标模式

表 E-2 HNC-8 数控系统机床用户参数

参数号	参数名称	默认值	参数说明
010000	通道最大数	1	设置系统允许开通的最大通道数
010001	通道 0 切削类型		用于指定各通道的类型。 0:铣床切削系统 1:车床切削系统 2:车铣复合系统
010002	通道 1 切削类型		
010003	通道 2 切削类型		
010009	通道 0 选择标志		一个工件装夹位置,可以有多个主轴及传动进给轴工作,即对应多个通道。该组参数属于置位有效参数,位 0～位 7 分别表示通道 0～通道 7 的选择标志。在给工位配置通道时,需要将该工位通道选择标志的指定位设置为 1(换算成十进制数)
010010	通道 1 选择标志		
010011	通道 2 选择标志		
010017	通道 0 显示轴标志【1】		数控系统人机界面可以根据实际需求对每个通道中的轴进行有选择的显示。该组参数属于置位有效参数,"通道显示轴标志【1】"的位 0～位 31 对应表示轴 0～轴 31 的选择标志。当系统最大支持 64 个轴时,扩展参数"通道显示轴标志【2】"的位 0～位 31 对应表示轴 32～轴 63 的选择标志。在给通道配置显示轴时,将该通道显示轴标志的指定位设置为 1(换算成十六进制数)
010019	通道 1 显示轴标志【1】		
010033	通道 0 负载电流显示轴定制		数控系统人机界面可以根据实际需要决定各通道中显示哪些轴的负载电流。用于设定各通道负载电流显示轴的轴号,各轴号用"."分隔输入,用","分隔显示在该组参数中
010034	通道 1 负载电流显示轴定制		
010035	通道 2 负载电流显示轴定制		
010041	是否动态显示坐标轴	0	设定主轴在速度模式下不显示坐标,切换成位置模式后显示坐标位置。 0:不论主轴在位置模式下还是在速度模式下都显示此轴 1:主轴在速度模式下不显示此轴,切换成位置控制后显示此轴
010042	刀具测量仪类型	0	0:接触式,有刀具长度测量,无半径测量 1:非接触式,通常为激光测量,既有刀具长度测量也有半径测量

续表

参数号	参数名称	默认值	参数说明
010044	半径补偿圆弧速度策略	0	用于调整刀补后的圆弧速度 0:功能关闭 1:半径补偿后速度=半径补偿后圆弧半径/半径补偿前圆弧半径×编程速度 2:半径补偿后速度=sqrt(半径补偿后圆弧半径/半径补偿前圆弧半径)×编程速度 11～19:半径补偿后速度=编程速度×(0.1～0.9)
010045	半径补偿减/加磨损	1	0:半径补偿=半径－半径磨损 1:半径补偿=半径+半径磨损(与FANUC、三菱系统计算方式相同)
010046	半径补偿干涉控制	0	0:干涉报警 1:自动修正干涉 在防止半径补偿干涉时,可选择报警,停止运行;或自动进行干涉路径修正,具有干涉回避功能,防止过切
010047	半径补偿干涉检查段数	2	设定半径补偿干涉检查的段数
010049	机床允许最大轴数		设定机床允许使用的最大逻辑轴数
010050	PMC及耦合从轴总数		表示用于辅助动作的PMC轴的轴数和耦合轴中的从轴总数之和
010083	钻攻固定循环类型	0	选择采用哪种数控系统的钻攻固定循环: 0:HNC8 1:新代系统(SYNTEC) 2:三菱系统(MITSUBISHI) 3:FANUC系统
010084	啄式攻螺纹/深孔攻螺纹	0	0:啄式攻螺纹,其回退量有参数的G74/G84(参数号010087)设定 1:深孔攻螺纹,攻螺纹每次回退到R参考平面 该值只有在G74/G84指令中有下刀量Q值时起效
010110	机床保护区内部禁止掩码	0	针对机床上的重要部件如机床尾架、刀库等而设置的保护区域,以避免人为误操作造成机床损坏。机床保护区有内属性与外属性供用户选择。 该参数用于配置数控系统保护区的内属性,置位有效,按十进制值输入和显示。指定机床保护区是区域内禁止
010111	机床保护区外部禁止掩码	0	该参数用于配置数控系统保护区的外属性,置位有效,按十进制值输入和显示。指定机床保护区是区域外禁止。如某机床需要配置2个机床保护区,其中1号和2号机床保护区外部禁止,则该参数设置为6,同时需要注意1号和2号机床保护区内部的禁止位置为0

续表

参数号	参数名称	默认值	参数说明
010112～010123	机床保护区轴边界		用于设定各有效机床保护区的轴边界值
010165	回参考点延时时间/ms	2000	用于设定机床进给轴回参考点过程中找到 Z 脉冲到回零完成之间的延时时间
010166	准停检测最大时间(ms)	2000	用于设定快移定位(G00)到某点后检测坐标轴定位允差的最大时间。该参数仅在坐标轴参数“定位允差”不为0时生效
010169	G64拐角准停校验检查使能	0	用于设置G64指令是否在拐角处准停校验。该参数为1时,数控系统在G64模态下将开启拐角准停校验检查功能
010299	G代码文件密钥	123456	用于G代码文件加密的密钥
010300	用户参数【0】或主轴修调50%	50	从010300(用户参数【0】)～010499(用户参数【199】)分别对应PLC程序中的P0～P199,用于配置PLC中的P变量值。 在标准配置中P0对应主轴修调50%
010301	用户参数【1】或主轴修调60%	60	从010300(用户参数【0】)～010499(用户参数【199】)分别对应PLC程序中的P0～P199,用于配置PLC中的P变量值。 在标准配置中P1对应主轴修调60%
010302	用户参数【2】或主轴修调70%	70	从010300(用户参数【0】)～010499(用户参数【199】)分别对应PLC程序中的P0～P199,用于配置PLC中的P变量值。 在标准配置中P2对应主轴修调70%
010303	用户参数【3】或主轴修调80%	80	从010300(用户参数【0】)～010499(用户参数【199】)分别对应PLC程序中的P0～P199,用于配置PLC中的P变量值。 在标准配置中P3对应主轴修调80%
010304	用户参数【4】或主轴修调90%	90	从010300(用户参数【0】)～010499(用户参数【199】)分别对应PLC程序中的P0～P199,用于配置PLC中的P变量值。 在标准配置中P4对应主轴修调90%
010305	用户参数【5】或主轴修调100%	100	从010300(用户参数【0】)～010499(用户参数【199】)分别对应PLC程序中的P0～P199,用于配置PLC中的P变量值。 在标准配置中P5对应主轴修调100%

续表

参数号	参数名称	默认值	参数说明
010306	用户参数【6】 或主轴修调 110%	110	从 010300（用户参数【0】）～010499（用户参数【199】）分别对应 PLC 程序中的 P0～P199，用于配置 PLC 中的 P 变量值。 在标准配置中 P6 对应主轴修调 110%
010307	用户参数【7】 或主轴修调 120%	120	从 010300（用户参数【0】）～010499（用户参数【199】）分别对应 PLC 程序中的 P0～P199，用于配置 PLC 中的 P 变量值。 在标准配置中 P7 对应主轴修调 120%
010308	用户参数【8】 或进给修调 0%	0	从 010300（用户参数【0】）～010499（用户参数【199】）分别对应 PLC 程序中的 P0～P199，用于配置 PLC 中的 P 变量值。 在标准配置中 P8 对应进给修调 0%
010309	用户参数【9】 或进给修调 1%	1	从 010300（用户参数【0】）～010499（用户参数【199】）分别对应 PLC 程序中的 P0～P199，用于配置 PLC 中的 P 变量值。 在标准配置中 P9 对应进给修调 1%
010310	用户参数【10】 或进给修调 2%	2	从 010300（用户参数【0】）～010499（用户参数【199】）分别对应 PLC 程序中的 P0～P199，用于配置 PLC 中的 P 变量值。 在标准配置中 P10 对应进给修调 2%
010311	用户参数【11】 或进给修调 4%	4	从 010300（用户参数【0】）～010499（用户参数【199】）分别对应 PLC 程序中的 P0～P199，用于配置 PLC 中的 P 变量值。 在标准配置中 P11 对应进给修调 4%
010312	用户参数【12】 或进给修调 6%	6	从 010300（用户参数【0】）～010499（用户参数【199】）分别对应 PLC 程序中的 P0～P199，用于配置 PLC 中的 P 变量值。 在标准配置中 P12 对应进给修调 6%
010313	用户参数【13】 或进给修调 8%	8	从 010300（用户参数【0】）～010499（用户参数【199】）分别对应 PLC 程序中的 P0～P199，用于配置 PLC 中的 P 变量值。 在标准配置中 P13 对应进给修调 8%
010314	用户参数【14】 或进给修调 10%	10	从 010300（用户参数【0】）～010499（用户参数【199】）分别对应 PLC 程序中的 P0～P199，用于配置 PLC 中的 P 变量值。 在标准配置中 P14 对应进给修调 10%

续表

参数号	参数名称	默认值	参数说明
010315	用户参数【15】或进给修调15%	15	从010300(用户参数【0】)～010499(用户参数【199】)分别对应PLC程序中的P0～P199,用于配置PLC中的P变量值。在标准配置中P15对应进给修调15%
010316	用户参数【16】或进给修调20%	20	从010300(用户参数【0】)～010499(用户参数【199】)分别对应PLC程序中的P0～P199,用于配置PLC中的P变量值。在标准配置中P16对应进给修调20%
010317	用户参数【17】或进给修调30%	30	从010300(用户参数【0】)～010499(用户参数【199】)分别对应PLC程序中的P0～P199,用于配置PLC中的P变量值。在标准配置中P17对应进给修调30%
010318	用户参数【18】或进给修调40%	40	从010300(用户参数【0】)～010499(用户参数【199】)分别对应PLC程序中的P0～P199,用于配置PLC中的P变量值。在标准配置中P18对应进给修调40%
010319	用户参数【19】或进给修调50%	50	从010300(用户参数【0】)～010499(用户参数【199】)分别对应PLC程序中的P0～P199,用于配置PLC中的P变量值。在标准配置中P19对应进给修调50%
010320	用户参数【20】或进给修调60%	60	从010300(用户参数【0】)～010499(用户参数【199】)分别对应PLC程序中的P0～P199,用于配置PLC中的P变量值。在标准配置中P20对应进给修调60%
010321	用户参数【21】或进给修调70%	70	从010300(用户参数【0】)～010499(用户参数【199】)分别对应PLC程序中的P0～P199,用于配置PLC中的P变量值。在标准配置中P21对应进给修调70%
010322	用户参数【22】或进给修调80%	80	从010300(用户参数【0】)～010499(用户参数【199】)分别对应PLC程序中的P0～P199,用于配置PLC中的P变量值。在标准配置中P22对应进给修调80%
010323	用户参数【23】或进给修调90%	90	从010300(用户参数【0】)～010499(用户参数【199】)分别对应PLC程序中的P0～P199,用于配置PLC中的P变量值。在标准配置中P23对应进给修调90%

续表

参数号	参数名称	默认值	参数说明
010324	用户参数【24】或进给修调95%	95	从010300(用户参数【0】)～010499(用户参数【199】)分别对应PLC程序中的P0～P199,用于配置PLC中的P变量值。 在标准配置中P24对应进给修调95%
010325	用户参数【25】或进给修调100%	100	从010300(用户参数【0】)～010499(用户参数【199】)分别对应PLC程序中的P0～P199,用于配置PLC中的P变量值。 在标准配置中P25对应进给修调100%
010326	用户参数【26】或进给修调105%	105	从010300(用户参数【0】)～010499(用户参数【199】)分别对应PLC程序中的P0～P199,用于配置PLC中的P变量值。 在标准配置中P26对应进给修调105%
010327	用户参数【27】或进给修调110%	110	从010300(用户参数【0】)～010499(用户参数【199】)分别对应PLC程序中的P0～P199,用于配置PLC中的P变量值。 在标准配置中P27对应进给修调110%
010328	用户参数【28】或进给修调120%	120	从010300(用户参数【0】)～010499(用户参数【199】)分别对应PLC程序中的P0～P199,用于配置PLC中的P变量值。 在标准配置中P28对应进给修调120%
010329	用户参数【29】或润滑时间	10	从010300(用户参数【0】)～010499(用户参数【199】)分别对应PLC程序中的P0～P199,用于配置PLC中的P变量值。 在标准配置中P29对应润滑时间10 min
010330	用户参数【30】或停润滑时间	3600	从010300(用户参数【0】)～010499(用户参数【199】)分别对应PLC程序中的P0～P199,用于配置PLC中的P变量值。 在标准配置中P30对应停润滑时间3600 s
010331	用户参数【31】或手摇设置(0:1003;1:1013;2:面板)	0	从010300(用户参数【0】)～010499(用户参数【199】)分别对应PLC程序中的P0～P199,用于配置PLC中的P变量值。 在标准配置中P31对应手摇类型设置(0:1003;1:1013;2:面板)
010332	用户参数【32】或刀架选择或刀库选择		从010300(用户参数【0】)～010499(用户参数【199】)分别对应PLC程序中的P0～P199,用于配置PLC中的P变量值。 在标准配置中P32对应车床刀架类型设置或铣床(加工中心)刀库类型选择

续表

参数号	参数名称	默认值	参数说明
010333	用户参数【33】或液压刀架最大工位数		从010300(用户参数【0】)～010499(用户参数【199】)分别对应PLC程序中的P0～P199,用于配置PLC中的P变量值。 在标准配置中P33对应车床液压刀架最大工位数设置
010334	用户参数【34】或内外卡盘(0:内卡;1:外卡)		从010300(用户参数【0】)～010499(用户参数【199】)分别对应PLC程序中的P0～P199,用于配置PLC中的P变量值。 在标准配置中P34对应车床内、外卡盘设置(0:内卡;1:外卡)
010336	用户参数【36】或有无内外卡盘到位信号(0:有;1:无)		从010300(用户参数【0】)～010499(用户参数【199】)分别对应PLC程序中的P0～P199,用于配置PLC中的P变量值。 在标准配置中P36对应车床内外卡盘到位信号设置(0:有;1:无)
010337	用户参数【37】或是否为液压卡盘(0:是;1:否)		从010300(用户参数【0】)～010499(用户参数【199】)分别对应PLC程序中的P0～P199,用于配置PLC中的P变量值。 在标准配置中P37对应车床是否为液压卡盘设置(0:是;1:否)
010339	用户参数【39】或主轴波动检测时间(ms)		从010300(用户参数【0】)～010499(用户参数【199】)分别对应PLC程序中的P0～P199,用于配置PLC中的P变量值。 在标准配置中P39对应主轴波动检测延时时间设置
010350	用户参数【50】或主轴最高转速		从010300(用户参数【0】)～010499(用户参数【199】)分别对应PLC程序中的P0～P199,用于配置PLC中的P变量值。 在标准配置中P50对应主轴最高转速设置
010351	用户参数【51】或主轴1挡最低转速		从010300(用户参数【0】)～010499(用户参数【199】)分别对应PLC程序中的P0～P199,用于配置PLC中的P变量值。 在标准配置中P51对应主轴1挡最低转速设置
010352	用户参数【52】或主轴1挡最高转速		从010300(用户参数【0】)～010499(用户参数【199】)分别对应PLC程序中的P0～P199,用于配置PLC中的P变量值。 在标准配置中P52对应主轴1挡最高转速设置

续表

参数号	参数名称	默认值	参数说明
010353	用户参数【53】或 主轴1挡齿轮比分子		从010300（用户参数【0】）～010499（用户参数【199】）分别对应PLC程序中的P0～P199，用于配置PLC中的P变量值。 在标准配置中P53对应主轴1挡齿轮比分子设置
010354	用户参数【54】或 主轴1挡齿轮比分母		从010300（用户参数【0】）～010499（用户参数【199】）分别对应PLC程序中的P0～P199，用于配置PLC中的P变量值。 在标准配置中P54对应主轴1挡齿轮比分母设置
010355	用户参数【55】或 主轴2挡最低转速		从010300（用户参数【0】）～010499（用户参数【199】）分别对应PLC程序中的P0～P199，用于配置PLC中的P变量值。 在标准配置中P55对应主轴2挡最低转速设置
010356	用户参数【56】或 主轴2挡最高转速		从010300（用户参数【0】）～010499（用户参数【199】）分别对应PLC程序中的P0～P199，用于配置PLC中的P变量值。 在标准配置中P56对应主轴2挡最高转速设置
010357	用户参数【57】或 主轴2挡齿轮比分子		从010300（用户参数【0】）～010499（用户参数【199】）分别对应PLC程序中的P0～P199，用于配置PLC中的P变量值。 在标准配置中P57对应主轴2挡齿轮比分子设置
010358	用户参数【58】或 主轴2挡齿轮比分母		从010300（用户参数【0】）～010499（用户参数【199】）分别对应PLC程序中的P0～P199，用于配置PLC中的P变量值。 在标准配置中P58对应主轴2挡齿轮比分母设置

表E-3　HNC-8数控系统通道参数

参数号	参数名称	默认值	参数说明
04x000 （x表示不同通道号，下同）	通道名	CHx	用于设定通道名，如将通道0的通道名设置为“CH0”，通道1的通道名设置为“CH1”。数控系统人机界面状态栏能够显示当前工作通道的通道名，进行通道切换时，状态栏中显示的通道名也会随之改变（x表示通道号）

续表

参　数　号	参数名称	默认值	参数说明
04x001～04x009	*X* 坐标轴轴号～*W* 坐标轴轴号		用于配置当前通道内各进给轴的轴号，即实现进给轴与逻辑轴之间的映射。 0～127：指定当前通道进给轴的轴号 －1：当前通道进给轴没有映射逻辑轴，为无效轴 －2：当前通道进给轴保留给 C/S 切换
04x010～04x013	主轴 0 轴号～主轴 3 轴号		配置当前通道内各主轴的轴号，即实现通道主轴与逻辑轴之间的映射。 0～127：指定当前通道主轴的轴号 －1：当前通道主轴没有映射逻辑轴，为无效轴
04x014～04x022	*X* 坐标编程名～*W* 坐标编程名		如果 CNC 配置了多个通道，为了在编程时区分各自通道内的轴，系统支持自定义坐标轴编程名。该组参数用于设定当前通道内各进给轴的编程名，默认值为每个通道内 9 个基于机床直角坐标系的坐标轴名（*X*、*Y*、*Z*、*A*、*B*、*C*、*U*、*V*、*W*）
04x023～04x026	主轴 0 编程名～主轴 3 编程名		HNC-8 数控系统每个通道最多支持 4 个主轴，为了在编程时区分各主轴，系统允许自定义各通道主轴编程名
04x027	主轴转速显示方式		属于置位有效参数，用于设定通道内各主轴转速显示方式，位 0～3 分别对应主轴 0～3 转速显示方式。 1：显示指令转速 0：显示实际转速 该参数按十进制值输入和显示
04x028	主轴显示轴号		用于设置当前通道显示主轴的逻辑轴号，当前通道要显示多少个主轴则设置多少个主轴逻辑轴号。如不填写则主轴转速无法显示。输入多个主轴逻辑轴号时用“.”分隔
04x030	通道的缺省进给速度/(mm/min)		当前通道内编制的加工程序没有给定进给速度时，CNC 将使用该参数指定的缺省进给速度值执行程序
04x031	空运行进给速度/(mm/min)		CNC 切换到空运行模式时，机床将采用该参数设置的加工速度执行程序

续表

参 数 号	参 数 名 称	默认值	参 数 说 明
04x032	直径编程使能		车床加工工件的径向尺寸，通常是以直径方式标注的，因此编制加工程序时，为简便起见，可以直接使用标注的直径方式编写加工程序。此时，直径上一个编程单位的变化，对应径向进给轴（一般是 X 轴）实际为半个单位的移动量。该参数用来选择当前通道的加工程序编程方式。 0：半径编程方式 1：直径编程方式
04x033	UVW 增量编程使能		编程时可以通过 U、V、W 指令实现增量编程，U、V、W 分别代表通道中 X、Y、Z 轴的增量进给值，该参数用于设置 UVW 增量编程是否有效。 0：UVW 增量编程禁止 1：UVW 增量编程使能 对车床而言，一般设置为 1；而对铣床而言，则设置为 0
04x034	倒角使能		HNC-8 数控系统支持在直线与直线、直线与圆弧、圆弧与圆弧插补轨迹之间进行倒角或倒圆角编程，该参数用于开启或关闭倒角与倒圆角功能。 0：关闭倒角功能 1：开启倒角功能
04x035	角度编程使能		为了编程方便，可直接使用加工图纸上的直线角度进行编程。 0：角度编程禁止 1：角度编程使能
04x105	螺纹起点允许偏差/(°)		螺纹加工需根据主轴编码器的零脉冲位置为基准确定起刀点位置，该参数用于设定螺纹起刀点位置相对主轴编码器零脉冲基准的有效偏差角度
04x107	系统上电时 G61/G64 模态设置		0：系统上电后默认 G61 准确停止方式 1：系统上电后默认 G64 连续切削方式
04x110	G28 搜索 Z（零）脉冲使能		设置 G28 指令回参考点时是否搜索 Z（零）脉冲。 该参数仅对增量式编码器电动机。 0：不搜索 Z 脉冲 1：搜索 Z 脉冲 而绝对值式编码器电动机必须为 0

续表

参数号	参数名称	默认值	参数说明
04x111	G28/G30 单位快移选择		0:以 G01 指令的速度回到机床零点 1:以 G00 指令指定的速度回到机床零点
04x112	G28 中间点单次有效		设置多次有效时,G29 快移多次返回 G28 指令设置的中间点。设置单次有效时只对 G28 指令后第一次出现的 G29 生效。 0:G28 中间点多次有效 1:G28 中间点单次有效
04x113	任意行模式选择		0:目标行之前的指令将产生模态效果 1:目标行之前的指令不会产生模态效果
04x127	起始刀具号		设置当前通道刀库在刀补表中的起始刀具号

表 E-4　HNC-8 数控系统坐标轴参数(非驱动器参数)

参数号	参数名称	默认值	参数说明
10x000(x 表示不同逻辑轴号,下同)	显示轴名		此参数配置指定轴的界面显示名称。对多通道而言,命名规则是一个字母加一个数字,如“x0”“x1”
10x001	轴类型		0:未配置 1:直线轴 2:摆动轴,显示角度坐标值不受限制 3:旋转轴,显示角度坐标值只能在指定范围内,实际坐标超出时将取模显示 9:移动轴作主轴使用(此时驱动器为进给轴驱动器) 10:主轴
10x004	电子齿轮比分子[位移](μm)		对于直线轴,伺服电动机每转一圈机床实际移动的距离。 对于旋转轴,伺服电动机每转一圈机床实际移动的角度
10x005	电子齿轮比分母[脉冲]		伺服电动机每转一圈所需脉冲指令数
10x006	正软极限坐标(mm)(或称第 1 正软极限)		机床回参考点后才有效。规定正方向极限软件保护位置,移动轴或旋转轴移动范围不能超过此极限值。根据机床有效行程适当设置。在 PLC 梯形图中,当 G((80×逻辑轴号)+1)寄存器的第 3 位为 1 时,此参数无效,而第 2 正软极限生效

续表

参 数 号	参 数 名 称	默认值	参 数 说 明
10x007	负软极限坐标(mm)(或称第1负软极限)		机床回参考点后才有效。规定负方向极限软件保护位置,移动轴或旋转轴移动范围不能超过此极限值。根据机床有效行程适当设置。在PLC梯形图中,当G((80×逻辑轴号)+1)寄存器的第3位为1时,此参数无效,而第2负软极限生效
10x008	第2正软极限坐标(mm)		机床回参考点后才有效。规定正方向极限软件保护位置,当第2正软极限使能打开时生效,移动轴或旋转轴移动范围不能超过此极限值。根据机床有效行程适当设置。在PLC梯形图中,当第2正软极限生效后,第1正软极限失效。通过G寄存器相应位的值判断是否有效
10x009	第2负软极限坐标(mm)		机床回参考点后才有效。规定负方向极限软件保护位置,当第2负软极限使能打开时生效,移动轴或旋转轴移动范围不能超过此极限值。根据机床有效行程适当设置。在PLC梯形图中,当第2负软极限生效后,第1负软极限失效。通过G寄存器相应位的值判断是否有效
10x010	回参考点模式		0:绝对式编码器方式 2:+ − 方式 3:+ − + 方式 4:距离码回零方式1 5:距离码回零方式2
10x011	回参考点方向	1	1:正方向 −1:负方向 0:不指定方向(用于距离码回零)
10x012	编码器反馈偏置量/mm		针对绝对式编码器电动机,由于绝对式编码器电动机第一次使用时会反馈一个随机位置值,因此在实际机床机械零点时不是机床坐标系零点,必须在实际机床机械零点时,根据公式:编码器反馈偏置量=(电动机位置/1000)×(电子齿轮比分子/电子齿轮比分母)计算出偏置量输入该参数,就把实际机床机械零点设定成了机床坐标系零点。(也可以在系统中使用“自动偏置”功能来自动设定此参数)

续表

参　数　号	参数名称	默认值	参数说明
10x013	回参考点后的偏移量/mm	0	针对增量式编码器电动机。回参考点时，系统检测到 Z 脉冲后，不作为参考点，而是将继续走过偏移量的位置作为参考点
10x014	回参考点 Z 脉冲屏蔽角度		针对增量式编码器电动机。如果进给轴回零挡块与伺服电动机编码器 Z 脉冲位置过于接近，可能导致两次回参考点相差一个螺距。通过设置一个屏蔽角度，将参考点挡块信号附近的 Z 脉冲忽略掉，而去检测下一个 Z 脉冲，从而保证每次回参考点位置一致
10x015	回参考点高速		针对增量式编码器电动机。回参考点时，在压下参考点开关前的快速移动速度。对于旋转轴，必须折算成线速度(mm/min)，折算公式＝旋转轴回零转速×2×π×转动轴折算半径(即参数10x031)
10x016	回参考点低速		针对增量式编码器电动机。回参考点时，在压下参考点开关后，减速定位移动的速度。对于旋转轴，必须折算成线速度(mm/min)，折算公式＝旋转轴回零转速×2×π×转动轴折算半径(即参数10x031)
10x017	参考点坐标值		改变机床坐标系零点的坐标位置值
10x018	距离码参考点间距		增量式光栅尺测量系统采用距离编码参考点时，用于设置相邻两个固定参考点的间隔距离
10x019	间距编码偏差		增量式光栅尺测量系统采用距离编码参考点时，用于设置浮动参考点相对于固定参考点的间距变化增量
10x020	搜索 Z 脉冲最大移动距离		搜索参考点 Z 脉冲允许最大移动距离。通常设置为2.5倍的丝杠导程
10x021	第2参考点坐标值		HNC-8数控系统可以指定机床坐标系下5个参考点。第2参考点在机床坐标系中的坐标值。通过指令G30 P2可以返回到该参考点。在PLC梯形图中，通过判断F(逻辑轴号×80)寄存器的第8位是否为1，确认机床实际位置是否在第2参考点
10x022	第3参考点坐标值		HNC-8数控系统可以指定机床坐标系下5个参考点。本参数为第3参考点在机床坐标系中的坐标值。通过指令G30 P3可以返回到该参考点。在PLC梯形图中，通过判断F(逻辑轴号×80)寄存器的第9位是否为1，确认机床实际位置是否在第3参考点

续表

参　数　号	参数名称	默认值	参数说明
10x023	第4参考点坐标值		HNC-8数控系统可以指定机床坐标系下5个参考点。本参数为第4参考点在机床坐标系中的坐标值。通过指令G30 P4可以返回到该参考点。在PLC梯形图中，通过判断F(逻辑轴号×80)寄存器的第10位是否为1，确认机床实际位置是否在第4参考点
10x024	第5参考点坐标值		HNC-8数控系统可以指定机床坐标系下5个参考点。本参数为第5参考点在机床坐标系中的坐标值。通过指令G30 P5可以返回到该参考点。在PLC梯形图中，通过判断F(逻辑轴号×80)寄存器的第11位是否为1，确认机床实际位置是否在第5参考点
10x025	参考点范围偏差	0.01	用于判断轴当前是否在参考点上的误差范围。实际位置与参考点位置的偏差在此范围内，可确认实际位置在参考点上，否则就不在参考点上
10x030	单向单位(G60)偏移值		在定位时消除丝杠螺母副方向间隙的影响
10x031	转动轴折算半径	57.3	设置旋转轴半径，用于将旋转轴速度由角速度转换成线速度
10x032	慢速点动速度		设定手动模式下轴的慢速点动速度。点动速度还受进给修调的影响。旋转轴还必须折算成线速度(mm/min)，折算公式＝旋转轴回零转速×2×π×转动轴折算半径(即参数10x031)
10x033	快速点动速度		设定手动模式下轴的快速点动速度。点动速度还受进给修调的影响。旋转轴还必须折算成线速度(mm/min)，折算公式＝旋转轴回零转速×2×π×转动轴折算半径(即参数10x031)
10x034	最大快移速度		设定轴快移定位(G00)的速度上限。旋转轴最大快移速度＝旋转轴最高转速×2×π×转动轴折算半径。最大快移速度必须是该轴所有速度设定参数里的最大值。最大快移速度需根据电子齿轮比和伺服电动机最高转速合理设置

续表

参　数　号	参数名称	默认值	参数说明
10x035	最高加工速度		设定轴加工运动(G01、G02……)时的上限。此参数根据加工要求、机械传动情况及负载情况合理设置
10x036	快移加减速时间常数		G00 从零加速到 1000 mm/min 或从 1000 mm/min减速到零的时间。根据电动机转动惯量、负载转动惯量、驱动器加速能力合理设定
10x037	快移加减速捷度时间常数		G00 加速度从零增加到 1 m/s^2 或从 1 m/s^2 减小到零的时间。根据电动机转动惯量、负载转动惯量、驱动器加速能力合理设定
10x038	加工加减速时间常数		加工速度从零加速到 1000 mm/min 或从 1000 mm/min 减速到零的时间。根据电动机转动惯量、负载转动惯量、驱动器加速能力合理设定
10x039	加工加减速捷度时间常数		加工的加速度从零增加到 1 m/s^2 或从 1 m/s^2 减小到零的时间。根据电动机转动惯量、负载转动惯量、驱动器加速能力合理设定
10x042	手摇单位速度系数		用于设置手摇控制时每摇动一格手脉发生器轴运动的最高速度
10x043	手摇脉冲分辨率		手摇倍率为 1 时,摇动一格发出一个脉冲轴所走的距离。在车床中采用直径编程时,*X* 轴的此参数需设为 0.5
10x044	手摇缓冲速率		在摇动手摇时,由于在有效时间内轴不能移动到指定位置,所发出的未执行的脉冲使轴移动的速率
10x045	手摇缓冲周期数		当手摇在手摇缓冲周期数以内摇动时机床以低速移动,超过手摇缓冲周期数时才加速
10x046	手摇过冲系数	1.5	设置快速摇动手摇并突然停止时轴的过冲距离
10x047	手摇稳速调节系数		反映手摇在摇动过程中速度不均匀的程度
10x050	缺省 S 转速值		加工程序中没有填写 S 值时,主轴以此值转动。如加工程序中出现过 S 值,而后面没填写 S 值时,系统以前面最近的 S 值运行

续表

参数号	参数名称	默认值	参数说明
10x052	主轴转速允许波动率		机床主轴转动的允许波动范围＝±当前主轴指令转速×主轴转速允许波动率
10x055	进给主轴定向角度		设置进给轴电动机切换成主轴，作为主轴使用时主轴定向的角度。只有当轴类型参数为 9 时，进给轴电动机切换成主轴，作为主轴使用时才有效
10x056	进给主轴零速允差		当进给轴电机切换成主轴，作为主轴使用时，用于判断此轴是否为零速的一个范围允差。只有当轴类型参数为 9 时，进给轴电动机切换成主轴，作为主轴使用时才有效
10x060	定位允差		G00 所允许的准停误差。 0：当前轴无定位允差限制 大于 0：当达到“准停检测最大时间”参数规定的时间时，当前轴检测坐标仍然超出定位允差设定值，数控系统将报警
10x061	最大跟踪误差		当坐标轴运行时，同一时刻指令值与实际值所允许的最大误差
10x062	柔性同步自动调整功能		0：关闭同步轴的自动调整功能 1：打开同步轴的自动调整功能
10x067	轴每转脉冲数		控制轴旋转一圈，数控装置所接收到的反馈脉冲数
10x073	旋转轴速度显示系数		设为 1.0 时，旋转轴速度 F 显示单位为“角度/分” 设为 0.0028 时，旋转轴速度 F 显示单位为“转/分”
10x077	分度/定位轴类型		1：G 代码中指定机床目标位置必须是分度间距的整数倍，否则报警 2：G 代码中指定机床目标位置是任意的
10x078	分度/定位轴起始值		分度开始的起始度数
10x079	分度/定位轴间距		工作台每转动一次的角度，必须为整数
10x082	旋转轴短路径选择使能		1：旋转轴移动时（绝对指令方式），数控系统将沿选取到终点的最短距离的方向移动。此功能在轴类型为 3，设备参数中“反馈位置循环使能”参数为 1 时才能使用。在增量指令方式下，旋转轴的移动方向为增量的符号，移动量就是指令值

续表

参数号	参数名称	默认值	参数说明
10x087	轴过载判定阀值		0:无效 其他:轴阈值百分比大于此值时,系统将轴寄存器置为过载状态
10x090	编码器工作模式		双字节第8位-进给轴跟踪误差监控方式,此位值的代表意义如下: 0:跟踪误差由伺服驱动器计算,数控系统直接从伺服驱动器获取跟踪误差 1:跟踪误差由数控系统根据编码器反馈自行计算 双字节第12位-是否开启绝对式编码器翻转计数,此位值的代表意义如下: 0:功能关闭,绝对式编码器脉冲计数仅在单个计数范围内有效 1:功能开启,通过记录绝对式编码器翻转次数有效增加编码器计数范围
10x094	编码器计数位数		根据绝对式旋转脉冲编码器的计数位数(单圈+多圈位数)设定。对增量式旋转脉冲编码器和直线光栅尺等其他类型编码器,设为0。仅对直线轴和摆动轴有效,旋转轴和主轴不需要设置
10x100	轴运动控制模式		PMC轴是不由加工程序指令控制的轴,PMC的控制者一般是PLC。本参数指定当前轴PMC轴及耦合轴类型。耦合轴是存在同步多耦合关系的轴。 -1:普通轴,即主轴、直线轴或旋转轴 0:PMC轴类型 1:同步轴
10x106	同步位置误差补偿阈值		允许最大的同步位置误差补偿值
10x107	同步位置误差报警阈值		允许同步位置误差上限
10x108	同步速度误差报警阈值		允许同步速度误差上限
10x109	同步电流误差报警阈值		允许同步电流误差上限
10x130	最大误差补偿率		用于对当前轴综合误差补偿值进行平滑处理,以防止补偿值突变对机床造成冲击。如果相邻两周期的综合误差补偿值改变量大于此值,系统将发出提示信息“误差补偿速率到达上限”,此时程序仍会继续运行,综合误差补偿值将被限制为最大值

续表

参　数　号	参数名称	默认值	参数说明
10x131	最大误差补偿值		当前轴所允许的最大误差补偿值
10x132	进给轴反馈偏差		解决绝对式编码器电动机上电位置突跳。此参数为0时，上电不监测电动机位置突跳。当轴的位置偏差超过此参数值时，会将PLC梯形图中F[逻辑轴号×80+68]设置为1。可根据此寄存器的状态确定机床是报警还是急停
10x197	断电位置允差	16384	0：默认此功能不开启。大于0的值[脉冲个数]：此功能生效。应用于绝对值编码器多圈位置由电池供电记忆的情况下，电池电量用尽，多圈位置丢失后系统报警提示。 该值为编码器一圈的反馈脉冲数
10x198	实际速度超速响应周期	3	设置超速响应报警周期数
10x199	显示速度积分周期数	50	对进给实际速度显示进行平滑处理。如为0，则对应进给轴移动时将无实际速度显示

表 E-5　HNC-8 数控系统误差补偿参数

参　数　号	参数名称	默认值	参数说明
30x000 （x表示不同逻辑轴号，下同）	反向间隙补偿类型		0：反向间隙补偿功能禁止 1：常规反向间隙补偿 2：当前轴快速移动时采用与切削进给时不同的反向间隙补偿值
30x001	反向间隙补偿值		实测反向间隙补偿值。如采用双向螺距误差补偿，则此参数设置为0
30x002	反向间隙补偿率		当反向间隙较大时，通过设置该参数课将反向间隙的补偿分散到多个插补周期内进行，以防止反向时由于补偿造成的冲击。如果该参数设定值大于0，则反向间隙补偿将在 N 个插补周期内完成，N=反向间隙补偿值/反向间隙补偿率。如果反向间隙补偿率大于反向间隙补偿值或设置为0，补偿将在1个周期内完成
30x003	快移反向间隙补偿值		G00时的反向间隙补偿值。（轴点动时视为切削进给）

续表

参数号	参数名称	默认值	参数说明
30x020	螺距误差补偿类型		0:螺距误差补偿功能关闭 1:开启单向螺距误差补偿功能 2:开启双向螺距误差补偿功能
30x021	螺距误差补偿起点坐标		机床坐标系下的坐标值
30x022	螺距误差补偿点数		该参数为螺距误差补偿行程范围内的采样补偿点数。该参数决定了螺距误差补偿表的长度
30x023	螺距误差补偿点间距		该参数为螺距误差补偿范围内两相邻采样补偿点间的距离。补偿点终点坐标计算公式＝补偿起点坐标＋(补偿点数－1)×补偿点间距
30x024	螺距误差取模补偿使能		0:螺距误差取模补偿关闭 1:螺距误差取模补偿开启 仅在轴类型为3时开启螺距误差取模补偿
30x025	螺距误差补偿倍率		实际输出螺距误差补偿值＝螺距误差补偿表的补偿值×螺距误差补偿倍率
30x026	螺距误差补偿表起始参数号		该参数为螺距误差补偿表在数据表参数中的起始参数号
30x125	过象限突跳补偿类型		0:禁止过象限突跳补偿 1:位置环过象限突跳补偿 2:电流环过象限突跳补偿
30x126	过象限突跳补偿值		进给轴过象限时反向的最大突跳值
30x127	过象限突跳补偿延时时间		该参数设置过象限突跳补偿延时时间
30x130	过象限突跳补偿加速时间		该参数设置过象限突跳补偿加速时间
30x131	过象限突跳补偿减速时间		该参数设置过象限突跳补偿减速时间
30x132	过象限突跳补偿力矩值		该参数设置过象限突跳补偿力矩值

表 E-6　HNC-8 数控系统设备接口参数

<table>
<tr><th>参 数 号</th><th>参数名称</th><th>默认值</th><th>参数说明</th></tr>
<tr><td></td><td></td><td></td><td>HNC-8 数控系统中总线上的所有物理部件，总称为设备，包括工程操作面板、总线式驱动器、PLC 输入/输出等。所有设备在系统上电时自动识别，并在设备接口参数的对应设备号中自动填入相应的“设备名称”、“设备类型”及“同组设备序号”这三个参数值，这三个参数不能人工修改。HNC-8 支持的设备名称和设备类型如下：
<table>
<tr><td>设备名称</td><td>设备类型</td><td>设备名称</td><td>设备类型</td><td>设备名称</td><td>设备类型</td></tr>
<tr><td>RESR-EVE</td><td>1000</td><td>MCP_LOC</td><td>1008</td><td>AX</td><td>2002</td></tr>
<tr><td>SP</td><td>1001</td><td>MPG</td><td>1009</td><td>IO_NET</td><td>2007</td></tr>
<tr><td>IO_LOC</td><td>1007</td><td>NCKB</td><td>1010</td><td>MCP_NET</td><td>2008</td></tr>
</table></td></tr>
<tr><td>504010</td><td>工作模式</td><td></td><td>0:无控制指令输出
3:速度模式</td></tr>
<tr><td>504011</td><td>逻辑轴号</td><td></td><td>建立模拟量主轴设备与逻辑轴之间的映射关系。
−1:设备与逻辑轴之间无映射
0～127:映射逻辑轴号</td></tr>
<tr><td>504012</td><td>编码器反馈取反标志</td><td></td><td>0:模拟量主轴的编码器反馈直接输入数控系统
1:模拟量主轴的编码器反馈取反输入数控系统</td></tr>
<tr><td>504013</td><td>主轴 D/A 输出类型</td><td></td><td>0:不区分主轴正反转，输出 0～10 V 电压值
1:区分主轴正反转，输出−10 V～+10 V 电压值</td></tr>
<tr><td>504014</td><td>主轴 D/A 输出零漂调整量</td><td></td><td>当主轴 D/A 输出电压存在零漂时，通过该参数能够校准输出电压。实际输出电压会减去该参数设定值</td></tr>
<tr><td>504015</td><td>反馈位置循环脉冲数</td><td></td><td>主轴转一圈时编码器实际反馈脉冲数(增量式编码器=编码器线数×4)</td></tr>
<tr><td>504016</td><td>主轴编码器反馈设备号</td><td></td><td>用于设定主轴编码器反馈设备号</td></tr>
<tr><td>504017</td><td>主轴 D/A 输出设备号</td><td></td><td>用于设定主轴 D/A 输出设备号</td></tr>
</table>

续表

参　数　号	参数名称	默认值	参数说明
504018	主轴编码器反馈接口号		用于设定主轴编码器反馈接口号
504019	主轴 D/A 输出端口号		用于设定主轴 D/A 输出端口号
505010	MCP 类型		总线控制工程面板类型。 0:无效 MCP 类型 1:HNC-8A 型控制面板 2:HNC-8B 或 808 控制面板 3:HNC-8C 控制面板
505012	输入点起始组号	400	总线控制面板输入信号在 X 寄存器的起始组位置
505013	输入点组数	30	总线控制面板输入信号的组数
505014	输出点起始组号	400	总线控制面板输出信号在 Y 寄存器的起始组位置
505015	输出点组数	30	总线控制面板输出信号的组数
505016	手摇方向取反标志		用于设定手摇方向
505017	手摇倍率放大系数	1	用于设定手摇倍率的放大系数
505018	拨段开关编码类型	1	0:8421(BCD)码 1:格雷码
505019	追加模拟量主轴数		
50x012 (x 为总线 I/O 对应的设备号，下同)	输入点起始组号	0	总线 I/O 模块输入信号在 X 寄存器的起始组位置
50x013	输入点组数	10	总线 I/O 模块输入信号的组数
50x014	输出点起始组号	0	总线 I/O 模块输出信号在 Y 寄存器的起始组位置
50x015	输出点组数	10	总线 I/O 模块输出信号的组数
50x016	编码器 A 类型		用于设定 A 口编码器类型
50x017	编码器 A 每转脉冲数		用于设定 A 口编码器每转脉冲数
50x018	编码器 B 类型		用于设定 B 口编码器类型
50x019	编码器 B 每转脉冲数		用于设定 B 口编码器每转脉冲数

续表

参　数　号	参数名称	默认值	参数说明
50z010 (z为驱动器对应的设备号,下同)	工作模式		0:无位置指令输出 1:位置指令模式 2:位置绝对模式 3:速度模式 4:电流模式 进给轴工作模式一般设为1或2,主轴工作模式一般设为3
50z011	逻辑轴号		建立各轴设备与逻辑轴之间的映射关系。 0:设备与逻辑轴之间无映射 0～127:映射逻辑轴号
50z012	编码器反馈取反标志		0:编码器反馈直接输入数控系统 1:编码器反馈取反输入数控系统
50z014	反馈位置循环方式		0:反馈位置不采用循环计数方式 1:反馈位置采用循环计数方式 2:进给轴伺服切换主轴时 对于直线进给轴或摆动轴设为0;对于旋转轴或主轴设为1
50z015	反馈位置循环脉冲数		实际轴转一圈反馈的脉冲数(增量式编码器还要×4)
50z016	编码器类型		0或1:增量式编码器,有Z脉冲信号反馈 2:增量式直线光栅尺,带距离编码Z脉冲信号反馈 3:绝对式编码器,无Z脉冲信号反馈

表E-7　HNC-8 **数控系统(其他参数)**

参　数　号	参数名称	默认值	参数说明
10x200～10x299 (驱动器参数)			每个坐标轴中从参数号10x200开始到10x299号参数都是相应逻辑轴号的驱动器内部参数,其参数作用与含义参见相应驱动器参数说明。因此,HNC-8数控系统可以方便地从操作面板上对逻辑轴对应的总线式驱动器参数进行修改和维护
700000开始 (数据表参数)			根据逻辑轴号中的定义填写各种补偿值

附录F　HNC-8数控系统F/G寄存器总表

HNC-8数控系统F/G寄存器见表F-1至表F-3所示。

表F-1　HNC-8数控系统中轴的F/G寄存器

F寄存器	F寄存器含义	G寄存器	G寄存器含义
F0.0,F80.0…	判断轴是否移动中。(1为移动中)	G0.0,G80.0…	正限位开关
F0.1,F80.1…	回零第一步。(碰挡位开关)	G0.1,G80.1…	负限位开关
F0.2,F80.2…	回零第二步。(找Z脉冲)	G0.2,G80.2…	正向禁止
F0.3,F80.3…	回零不成功	G0.3,G80.3…	负向禁止
F0.4,F80.4…	回零完成	G0.4,G80.4…	回零指令
F0.5,F80.5…	从轴回零中	G0.5,G80.5…	回零挡块
F0.6,F80.6…	从轴零点检查完成	G0.6,G80.6…	机床轴锁住
F0.7,F80.7…	从轴的跟随状态已经解除	G0.7,G80.7…	轴控制使能开关
F0.8,F80.8…	轴已经在第一参考点上	G0.8,G80.8…	从轴零点检查使能,由PLC控制
F0.9,F80.9…	轴已经在第二参考点上	G0.9,G80.9…	从轴来的零点检查请求,跟随轴置位,作用到引导轴
F0.10,F80.10…	轴已经在第三参考点上	G0.10,G80.10…	从轴零点偏差重置
F0.11,F80.11…	轴已经在第四参考点上	G0.11,G80.11…	从轴耦合解除,PLC或系统置位,作用到跟随轴
F0.12,F80.12…	系统把轴脱开,PLC得到此信号后清除轴的使能	G0.12,G80.12…	脱机指令
F0.14,F80.14…	轴已经锁住	G0.13,G80.13…	采样信号
F1.0,F81.0…	PLC移动控制使能	G0.14,G80.14…	补偿扩展
F2.0,F82.0 …	指示捕获到一次Z脉冲	G0.15,G80.15 …	单轴复位
F2.1,F82.1 …	伺服接收到一个增量数据,当为0时可继续传送	G1.0,G81.0 …	PMC绝对运动控制
F2.2,F82.2 …	在缓冲区中没有数据	G1.1,G81.1 …	PMC增量运动控制
F2.3,F82.3 …	第二编码器零点标志	G1.2,G81.2 …	第2软限位使能
F2.4,F82.4 …	伺服反馈回零标志	G1.3,G81.3 …	扩展软限位使能
F2.7,F82.7 …	编码器没有反馈标志	G2.0,G82.0 …	捕获零脉冲

续表

F 寄存器	F 寄存器含义	G 寄存器	G 寄存器含义
F2.8,F82.8 …	总线伺服准备好	G2.1,G82.1 …	等待零脉冲
F2.9,F82.9 …	伺服为位置工作模式	G2.2,G82.2 …	关闭找零脉冲功能
F2.10,F82.10 …	伺服为速度工作模式	G2.3,G82.3 …	捕获第 2 编码器零脉
F2.11,F82.11 …	伺服为力矩工作模式	G2.9,G82.9 …	切换到位置控制模式
F2.14,F82.14 …	主轴速度到达	G2.10,G82.10 …	切换到速度控制模式
F2.15,F82.15 …	主轴零速(0 表示零速,1 表示还有速度)	G2.11,G82.11 …	切换到力矩控制模式
F3.8,F83.8 …	主轴定向完成	G2.12,G82.12 …	主轴定向
F4,F84 …	轴所属的通道号(此值用十进制存储)	G3.0,G83.0 …	伺服强电开关
F5,F85 …	引导的从轴个数(此值用十进制存储)	G4,G84 …	轴的点动按键开关
F6,F7(32 位)	实时输出指令增量	G5,G85 …	轴的步进按键开关
F8～F11 (64 位)	实时输出指令位置	G6,G7(32 位)	点动速度值 0 停止 1 参数中的手动速度 2 参数中的快移动速度 ＞2 自定义的速度单位脉冲/周期
F12～F15(64 位)	输出指令位置,脉冲单位	G8	步进倍率
F16～F17(32 位)	每个指令周期内输出的增量值,脉冲单位	G9	手摇倍率
F18～F19(32 位)	实时的输出指令力矩	G10,G11	手摇脉冲数
F20～F23(64 位)	1 号编码器反馈实际位置,米度单位	G12～G15(64 位)	实时的轴反馈位置,脉冲单位,占用连续 40 个字节
F24～F27(64 位)	2 号编码器反馈实际位置,米度单位	G16～G19(64 位)	实时的轴反馈位置 2
F28～F31(64 位)	机床指令位置,米度单位	G20～G21(32 位)	轴的实际速度,脉冲单位
F32～F35(64 位)	机床实际位置,米度单位	G22～G23(32 位)	轴的实际速度 2
F36～F37(32 位)	轴报警	G24～G25(32 位)	轴的实际力矩
F38～F39(32 位)	轴提示信息标志	G26～G27(32 位)	跟踪误差
F40～F41	轴最大速度	G28～G31(64 位)	编码器 1 的计数器值

续表

F 寄存器	F 寄存器含义	G 寄存器	G 寄存器含义
F42～F43	回零开关至 Z 脉的距离	G32～G35(64 位)	编码器 2 的计数器值
F44	最大加速度	G36～G37(32 位)	实时补偿值
F45	波形指令周期	G38～G39(32 位)	采样时间
F46～F49	总补偿值,包括静态补偿和动态补偿	G40～G43(64 位)	锁存位置 1 用于 G31 指令或距离码回零
F50～53	同步位置偏差	G44～G47(64 位)	锁存位置 2
F54～F55	同步速度偏差	G48～G51(64 位)	PMC 目的位置
F56～F57	同步电流偏差	G52～G55(64 位)	PMC 增量位移
F58～F59	跟随误差动态补偿值		

表 F-2　HNC-8 数控系统中通道的 F/G 寄存器

F 寄存器	F 寄存器含义	G 寄存器	G 寄存器含义
F2560.0	当前工作模式 0:复位模式 1:自动模式 2:手动模式 3:增量模式 4:手摇模式 5:回零模式 6:PMC 模式 7:单段模式 8:MDI 模式	G2560.0	当前工作模式 0:复位模式 1:自动模式 2:手动模式 3:增量模式 4:手摇模式 5:回零模式 6:PMC 模式 7:单段模式 8:MDI 模式
F2560.1		G2560.1	
F2560.2		G2560.2	
F2560.3		G2560.3	
F2560.4	进给保持	G2560.4	进给保持
F2560.5	循环启动	G2560.5	循环启动
F2560.6	空运行	G2560.6	空运行
F2560.7	有运动的用户干预中	G2560.7	测量中断
F2560.8	正在切削	G2560.9	PLC 对 NC 复位的应答
F2560.9	车螺纹标	G2560.10	内部复位[操作面板复位]
F2560.10	CH_STATE_PARKING	G2560.11	ESTOP[急停]
F2560.11	校验标	G2560.12	清通道缓冲
F2560.12	上层复位	G2560.13	复位通道[外部复位]
F2560.14	复位中	G2560.14	通道数据恢复

续表

F 寄存器	F 寄存器含义	G 寄存器	G 寄存器含义
F2560.15	道内有轴回零找 Z 脉冲，禁止切换模式	G2560.15	通道数据保存
F2561.0	程序选中：译码器置位	G2561.0	解释器启动
F2561.1	程序启动：通道控制置位	G2561.1	程序重新运行第 2 步
F2561.2	程序完成：通道控制置位	G2561.2	跳段
F2561.3	G28/G31 等中断指令完成	G2561.3	选择停
F2561.4	中断指令跳过	G2561.4	解释器复位
F2561.5	等待指令完成	G2561.5	程序重新运行
F2561.6	程序重运行复位	G2561.6	MDI 复位到程序头
F2561.7	任意行请求标志	G2561.7	解释器数据恢复
F2561.8	通道加载断点	G2561.8	解释器数据保存
F2562.8	选刀标记	G2561.10	用户运动控制
F2562.9	刀偏标记[T 中含刀编号]	G2561.11	外部中断
F2562.10	PLC 分度指令标记	G2561.14	主轴外部修调使能
F2562.11	主轴恒线速	G2561.15	进给外部修调使能
F2562.12	第 1 个 S 指令	G2562.0	通道 M 指令应答字
F2562.13	第 2 个 S 指令	G2562.8	通道 T 指令应答字
F2562.14	第 3 个 S 指令	G2562.9	通道 B 指令应答字
F2562.15	第 4 个 S 指令	G2562.10	通道 MST 忙
F2569(16 位)	T 刀编号	G2562.11	通道 MST 锁
F2570～2577 (8*16 位)	通道主轴 S 指令，4 个主轴。单位 r/min	G2562.12	1 号主轴 S 指令应答字
F2578～2579 (32 位)	发生测量中断的 G31 行	G2562.13	2 号主轴 S 指令应答字
F2580(16 位)	当前运行的坐标系	G2562.14	3 号主轴 S 指令应答字
F2581～F2589 (9*16 位)	通道轴号	G2562.15	4 号主轴 S 指令应答字
F2590～F2593 (4*16 位)	通道主轴号	G2563	T 指令

续表

F 寄存器	F 寄存器含义	G 寄存器	G 寄存器含义
F2594～F2595（32 位）	语法错报警号	G2564	进给修调
F2596～F2599（64 位）	通道报警字 64 个通道报警	G2565	快移修调
F2600～F2603（64 位）	通道提示信息标志	G2566～F2569	对应主轴 1、2、3、4 修调
F2604～F2607（64 位）	用户输出	F2570～F2577	主轴输出指令[PLC 根据 F 中的 S 做换挡处理后给 G 寄存器]
F2608～F2615（8 * 16 位）	通道 M 指令，可同时执行 8 个 M 指令	G2579	加工计件
F2616(16 位)	T 刀具号	G2580～G2581	禁区取消(位有效)
F2617(16 位)	镗床 B 轴由 PLC 控制，分度用插补 G 代码	G2582	G31 的编号
		G2584～G2587（64 位）	用户位输入
		G2588～G2607	用户数值(A/D)输入
		G2608～G2615	REG_CH_MCODE_ACK
		G2616	REG_CH_TCODE_ACK
		G2617	REG_CH_BCODE_ACK

表 F-3　HNC-8 数控系统中系统所用的 F/G 寄存器

F 寄存器	F 寄存器含义	G 寄存器	G 寄存器含义
F2960.0	SYS_STATUS_ON	G2960.0	系统初始化 SYS_CTRL_INIT
F2960.1	SYS_PLC_ONOFF	G2960.1	系统退出 SYS_CTRL_EXIT
F2960.3	系统复位标志字	G2960.2	外部急停
F2960.4	断电中	G2960.3	外部复位
F2960.5	保存数据中	G2960.4	停电通知
F2960.6	扫描模式的同步状态	G2960.5	数据保存通知
F2960.7	挂起	G2960.6	钥匙锁
F2960.8	采样状态标记	G2960.7	挂起
F2960.9	采样结束标志	G2960.12	采样使能标记

续表

F 寄存器	F 寄存器含义	G 寄存器	G 寄存器含义
F2960.10	8 个通道的活动标志	G2960.13	采样关闭标记
F2962.0	0:主站控制空闲中 1:主站控制复位中	G2962.0	初始化
F2962.1	主站控制侦测中	G2962.1	复位
F2962.2	主站控制编址中	G2962.2	侦测
F2962.3	主站控制读控制对象数据中	G2962.3	编址
F2962.4	主站控制网络 OK	G2962.4	读控制对象数据
F2962.5	主站控制建立映射中	G2962.5	BUS-NC 数据地址映射
F2962.6	主站控制总线准备好	G2962.6	断开连接
F2962.7	主站控制通信运行	G2962.7	运行
F2970～F2977	预留 8 个控制主站的报警字	G2970	系统活动通道标志(位表示)
F2970.0	总线连接不正常	G2978.0	当前工作模式 0:复位模式 1:自动模式 2:手动模式 3:增量模式 4:手摇模式 5:回零模式 6:PMC 模式 7:单段模式 8:MDI 模式
F2970.1	总线拓扑改变	G2978.1	
F2970.2	总线数据帧校验错误	G2978.2	
F2970.3	总线未知错误	G2978.3	
F2970.4	总线主站控制周期不一致	G2980～G2989	手摇的控制字(上一个轴选)
F2970.5	总线从站设备无法识别	G2990～G3009	手摇的显示输出
F2970.6	总线从站数目不一致	G3010～G3025	PLC 外部报警,同时可有 8×32=256 种 PLC 外部报警
F2970.7	总线从站工作模式配置出错	G3040～G3055	PLC 外部事件,同时可有 8×32=256 种 PLC 外部事件
F2970.8	总线参数校验出错	G3056～G3079	PLC 外部提示信息标志,同时可有 12×32 种 PLC 提示信息 PMC 通道占用
F2970.9	总线参数读写超时	G3080～G3099	温度传感器值
F2970.10	总线参数不存在		

续表

F 寄存器	F 寄存器含义	G 寄存器	G 寄存器含义
F2970.11	总线参数读写权限不够		
F2970.12	总线参数类型错误		
F2978.0	前工作模式 0:复位模式 1:自动模式 2:手动模式 3:增量模式 4:手摇模式 5:回零模式 6:PMC 模式 7:单段模式 8:MDI 模式		
F2978.1			
F2978.2			
F2978.3			
F2980～F2999	手摇编码器周期计数增量(每个 F 寄存器对应一个手摇增量)		
F3000～F3009	手摇编码器的标志(输入)		
F3000.0	最低 4 位手摇倍率(对特定总线手摇生效)		
F3000.4	手摇轴选掩码(对特定总线手摇生效)		
F3000.8	手摇准备好标志(手摇与步进共用模式选择开关时有效)		
F3000.9	手摇有效		

附录G 实训项目

实训一 HNC-8系列数控系统连接

一、实验目的

(1) 了解数控机床加工过程及原理。
(2) 认识HNC-8系列数控系统各部件组成。
(3) 理解数控机床电气控制系统组成及工作原理。

二、实验结果记录

1. 部件记录

部件序号	部件名称	部件型号	数量	作　用

2. 电气连接原理图

实训二　HNC-8 系列数控系统设备接口参数设置

一、实验目的

(1) 认识 HNC-8 系列数控系统设备及设备号。
(2) 理解 HNC-8 系列上电自动识别设备及设备号相关参数和对应关系。
(3) 理解各设备号中参数及设定方法。

二、实验结果记录

1. MCP 设备接口号及参数

序号	参数号	参数名称	修改前	修改后	原因

2. 主轴设备接口号及参数

序号	参数号	参数名称	修改前	修改后	原因

3. X 轴设备接口号及参数

序号	参数号	参数名称	修改前	修改后	原因

4. Y 轴设备接口号及参数

序号	参数号	参数名称	修改前	修改后	原因

5. Z 轴设备接口号及参数

序号	参数号	参数名称	修改前	修改后	原因

6. I/O 设备接口号及参数

序号	参数号	参数名称	修改前	修改后	原因

实训三　HNC-8 系列数控系统 NC 参数设置

一、实验目的

(1) 认识 HNC-8 系列数控系统 NC 参数。

(2) 理解 NC 参数及主要参数设定方法。

二、实验结果记录

序号	参数号	参数名称	修改前	修改后	原因

实训四　HNC-8 系列数控系统机床用户参数设置

一、实验目的

(1) 认识 HNC-8 系列数控系统机床用户参数。

(2) 理解机床用户参数及主要参数设定方法。

二、实验结果记录

序号	参数号	参数名称	修改前	修改后	原因

实训五　HNC-8 系列数控系统通道参数设置

一、实验目的

（1）认识 HNC-8 系列数控系统通道参数。

（2）理解通道参数及主要参数设定方法。

二、实验结果记录

序号	参数号	参数名称	修改前	修改后	原因

实训六　HNC-8系列数控系统坐标轴参数设置

一、实验目的

(1) 认识HNC-8系列数控系统坐标轴参数。

(2) 理解坐标轴参数及主要参数设定方法(含总线驱动器参数)。

二、实验结果记录

1. 主轴设备逻辑轴号及参数

序号	参数号	参数名称	修改前	修改后	原因

2. X轴设备逻辑轴号及参数

序号	参数号	参数名称	修改前	修改后	原因

3. Y 轴设备逻辑轴号及参数

序号	参数号	参数名称	修改前	修改后	原因

4. Z 轴设备逻辑轴号及参数

序号	参数号	参数名称	修改前	修改后	原因

实训七　HNC-8 系列 PLC 逻辑关系编写

一、实验目的

（1）熟悉 HNC-8 系列梯形图的编写方法。

（2）熟悉 HNC-8 系列梯形图的结构。

（3）了解梯形图编写逻辑关系的常用技巧。

二、实验内容

结合对于 HNC-8 系列 PLC 的理论理解，了解 HNC-8 系列 PLC 编写过程中，X/Y 输入/输出寄存器、R-D-W 中间寄存器、G/F 系统控制/状态寄存器的使用，以及熟悉这些寄存器的地址分配。

结合 HNC-8 系列实验台，操作了解 HNC-8 系列梯形图编写中用到的元器件的使用方法。然后循序渐进，依次完成每一步的学习。

三、元件的使用关系及实验

加载一个实验用 PLC，然后将程序输入 PLC2 中，并结合了解的知识完成实验，并将程序记录下来。

1. 点动功能

将程序加载后，能够实现的动作是：

动　　作	现　　象
按下自动按键	
按下单段按键	

1）实验 1

在 PLC2 中编辑程序：按下 X 轴＋（jog＋）的按键时，X 轴＋（jog＋）的灯点亮；松开时，X 轴＋（jog＋）的灯熄灭。

2）实验 2

在 PLC2 中编辑程序：按下 PMC 面板上的保留按键 F1 时，按键 F2 的灯点亮；松开时，按键 F2 的灯熄灭。

2. 自锁逻辑和互锁逻辑

自锁与解锁示例：

X480.2 P R300.0
R300.0 Y480.2 Y480.2
R300.0 Y480.2

将程序加载、保存后，能够实现的动作是：

动　　作	现　　象
按下手动按键	
再按下手动键	
反复按下手动	

1）实验 1

编辑程序使得，按下工作灯（防护门）按键，按下灯亮，松掉不灭；再按，熄灭。

互锁及解除示例：

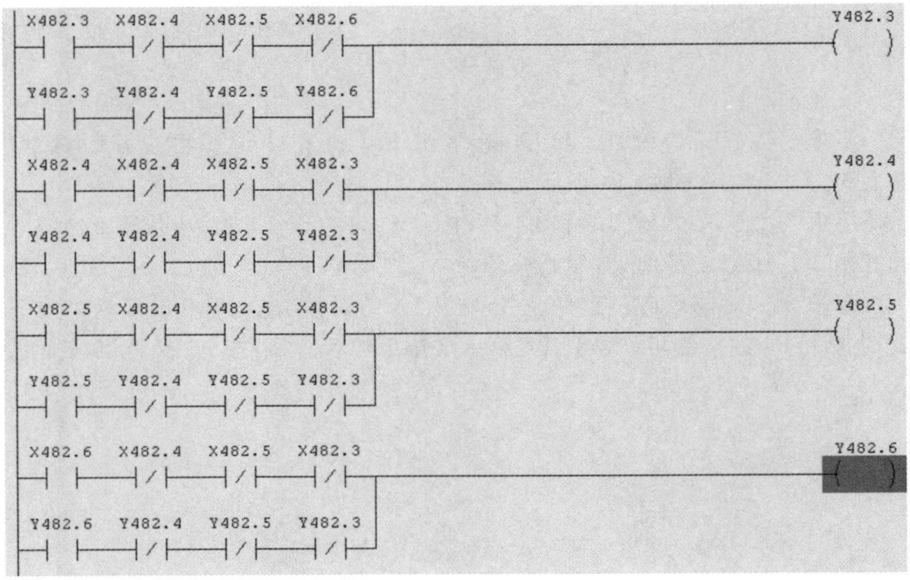

X482.3 X482.4 X482.5 X482.6 Y482.3
Y482.3 Y482.4 Y482.5 Y482.6
X482.4 X482.4 X482.5 X482.3 Y482.4
Y482.4 Y482.4 Y482.5 Y482.3
X482.5 X482.4 X482.5 X482.3 Y482.5
Y482.5 Y482.4 Y482.5 Y482.3
X482.6 X482.4 X482.5 X482.3 Y482.6
Y482.6 Y482.4 Y482.5 Y482.3

将上面程序加载后,能够实现的动作是:

动　作	现　象
按下 X1 按键	
按下 X10 按键	
按下 X100 按键	
按下 X1000 按键	

2）实验 2

在 PLC2 中编辑程序,使得主轴正转、主轴反转和主轴停的选择灯之中只有一个功能被选择。

3.综合性实验(思考题,难度较大,课外思考题目)

1）实验 1

① 按下 F1 按键,L1 和 L2 灯亮;松开 F1 按键,L1 灯熄,L2 灯亮;

② 再按下 F1 按键,L1 灯亮、L2 灯灭;再松开 F1 按键,L1 和 L2 灯都熄灭,如此循环。

2）实验 2

① 要求 1　按下 F3 键,L3 和 L4 亮;松开 F3,L3 亮、L4 熄;再按下 F3,L3 亮、L4 灭;再松开 F3,L3、L4 都熄灭,如此循环;

② 要求 2　按下 F4 键,L3 和 L4 亮;松开 F4,L4 亮、L3 熄;再按下 F4,L4 亮、L3 灭;再松开 F4,L3、L4 都熄灭,如此循环;

③ 要求 3　F3 与 F4 互锁:第一次按下 F3 的时候,进入到 F3 第一次按下的状态;此时按下 F4 的按键可切换到 F4 第一次按下的状态;再按 F3 又可以切换回去。

实训八 HNC-8 系列 PLC 功能模块使用实验

一、实验目的

(1) 掌握 HNC-8 系列梯形图的编写方法。

(2) 熟悉 HNC-8 系列梯形图的功能模块。

(3) 了解梯形图功能元件的常用技巧。

二、实验内容

结合对于 HNC-8 系列 PLC 的理论理解，了解 HNC-8 系列 PLC 编写过程中使用的功能模块，熟悉 T 时间寄存器、C 计数寄存器的使用，以及熟悉这些寄存器的地址分配与功能模块的使用方法。

结合 HNC-8 系列实验台，操作了解 HNC-8 系列梯形图编写中用到的功能模块的使用方法。然后循序渐进，依次完成每一步的学习。

注意事项：

(1) 插入功能模块时，需要空出充足的位置才能正确插入功能模块。

(2) 删除功能模块时，需要选择到合适的地方能删除功能模块；当需要删除有功能模块的整行时，需要将选择键按下多次，直至将功能模块完全覆盖，然后正确删除。

(3) 梯形图中，部分功能模块影响着整个 PLC 及系统的正常工作，请勿随意删除。

(4) 部分功能模块重复调用会有冲突和干扰，请谨慎添加。

1. 部分常用功能模块

1) MOV(移动数据)：将源数据的值传递给目的数据

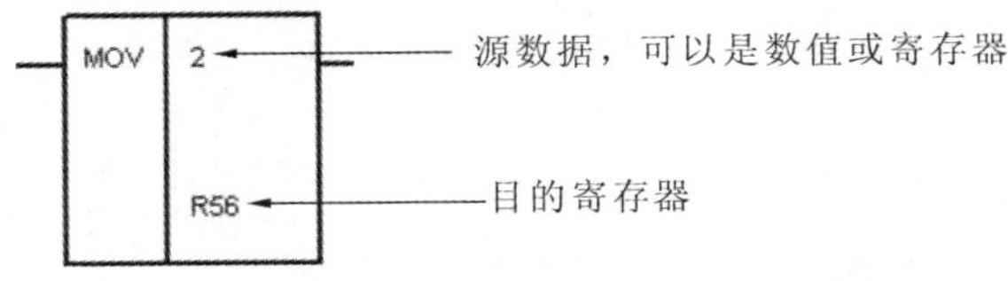

2) TMRB(延时定时模块)：将信号延迟输出

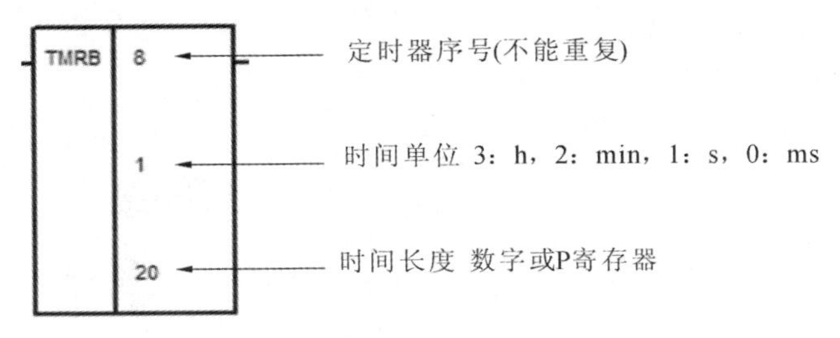

3）COD（代码转换）：主要用于修调值的转换，根据偏移值，在多组数据中选择一组源数据传递给目的数据

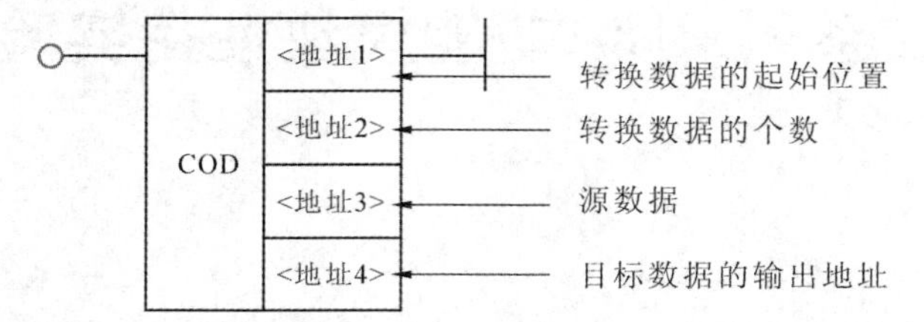

4）PTN（点数转换）：根据 I/O 点传递多个数据

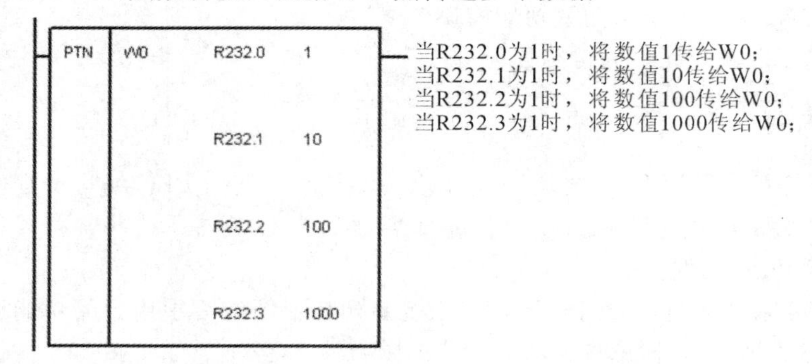

2. 功能模块的使用

加载一个实验用 PLC，然后将程序输入到 PLC2 中，并结合刚了解的知识完成实验，并将程序记录下来。

1）定时器功能使用

（1）自动润滑功能设计实验。

将下面的 PLC 程序加载、保存后，留心观察 I/O 盒子，能够观察到的现象是：

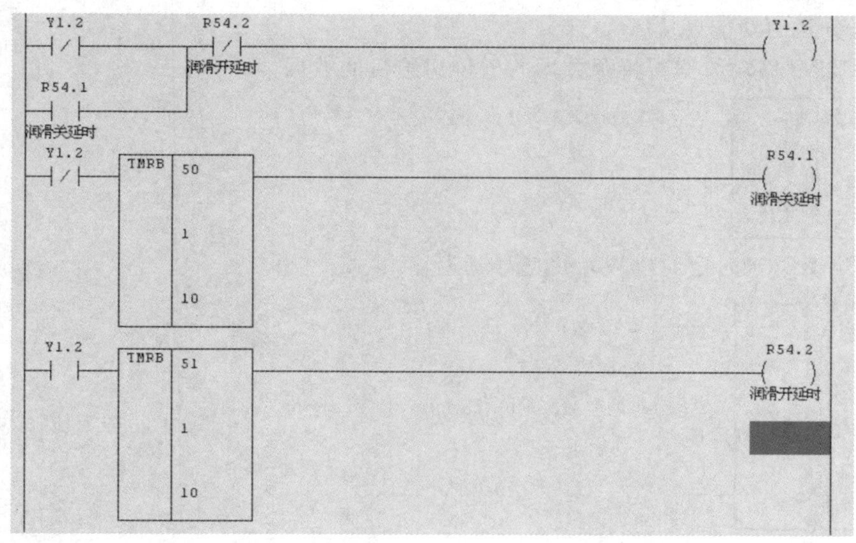

(2) 如果需要增加手动润滑功能,怎么实现?

2) 实验1

每个10 s周期内,前面6 s点亮循环启动灯,后面4 s点亮进给启动灯。

3) 实验2:主轴灯设计实验

要求:在每一个60 s周期内,先点亮主轴正转灯(红灯)27 s,再点亮主轴停止灯(黄灯)3 s,最后点亮主轴反转灯(绿灯)30 s。

4) 实验3:霓虹灯设计实验(思考题)

要求:在每一个10 s周期内,逐次点亮Y1.0,Y1.1,Y1.2,Y1.3,Y1.4各2 s。

实训九　HNC-8 系列 PLC 子程序调用综合实验

一、实验目的

(1) 掌握 HNC-8 梯形图的编写方法。

(2) 熟悉 HNC-8 梯形图的子程序。

(3) 了解梯形图子程序的常用技巧。

二、实验内容

1. 子程序调用示例

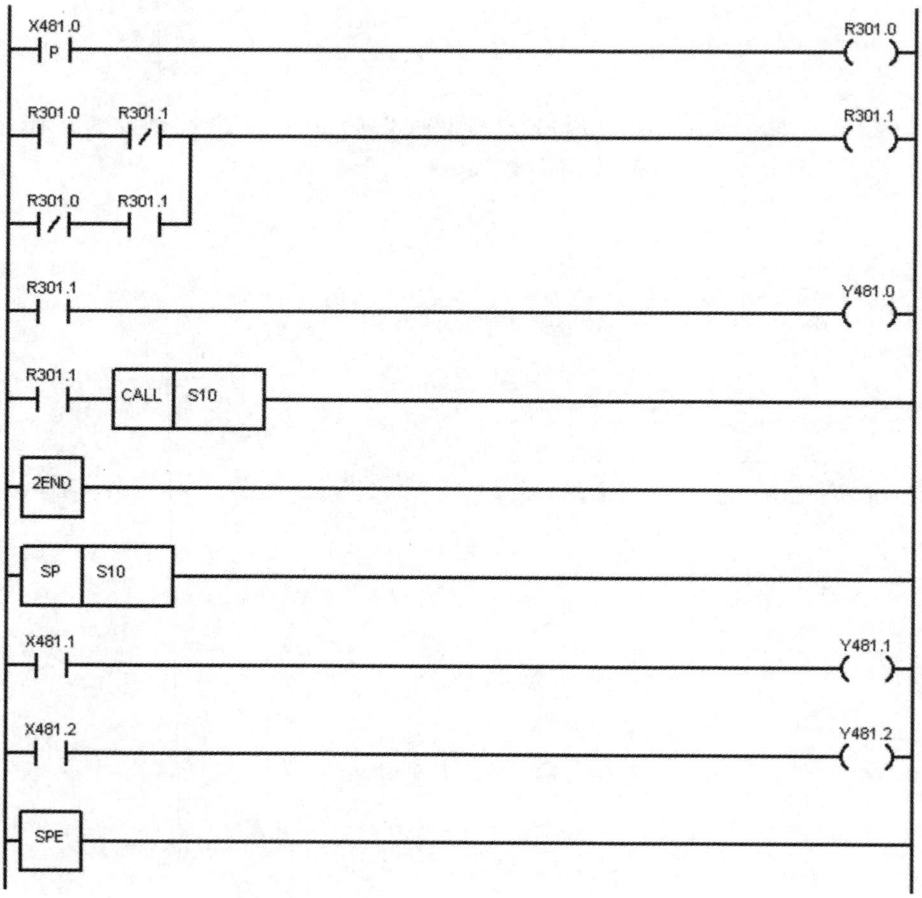

X481.0 P　R301.0
R301.0　R301.1　R301.1
R301.0　R301.1
R301.1　Y481.0
R301.1　CALL　S10
2END
SP　S10
X481.1　Y481.1
X481.2　Y481.2
SPE

将图中程序载入、保存后，理论分析并记录实验现象：

状　　态	奇数次按下程序跳段按键	偶数次按下程序跳段按键
按下选择停按键		
按下 MST 锁住按键		

2. 实验方法(此处要求借助于前面定时器中的实验条件)

要求：在 PLC2 中创建子程序 S13、S14。

定时器实验中的红灯亮时，可以正常使用 MCP 面板上的进给修调的旋钮，且进给修调的倍率功能正常。

定时器实验中的绿灯亮时，可以使用附加按键 F1、F2、F3、F4 来改变进给轴的进给修调。

S13 内容：编写 PLC 使 MCP 面板上的进给修调的旋钮能按 PMC 面板上的指示正常地控制进给轴的修调比例。

S14 内容：编写 PLC 使 MCP 面板上的 F1、F2、F3、F4 能够改变进给轴的修调比例为 10%、30%、60%、90%。

将 PLC 程序记录下来。

实训十　HNC-8 系列 LADDER 软件综合实验

一、实验目的

（1）掌握 HNC-8 系列梯形图 LADDER 软件的编写方法。

（2）掌握 HNC-8 系列梯形图 LADDER 软件编写的梯形图与数控系统的传递。

二、实验内容

实验：用 HNC-8 系列梯形图 LADDER 软件编写工作灯 2 s 闪烁一次的梯形图传递到数控系统中，记录梯形图和实验结果。

参考文献

[1] HNC-8 数控装置连接说明书.
[2] HNC-8 数控系统软件-参数说明书.
[3] HNC-8 数控系统软件-PLC 编程说明书.
[4] HNC-8 数控系统使用说明书.
[5] HSV-180UD 系列交流伺服驱动单元使用说明书.
[6] HSV-180US 系列交流主轴驱动单元使用说明书.
[7] HSV-160U 系列交流伺服驱动单元使用说明书.
[8] 华中 8 型数控系统选型手册.